高性能空间叠加分析
——理论、算法与实践

马 廷 范俊甫 周玉科 周成虎 著

科 学 出 版 社
北 京

内 容 简 介

以地理信息系统中经典的几何分析算法——空间叠加分析为研究对象，结合不同计算环境下的多种算法并行化策略，对如何发展并行计算体系下高性能的空间叠置分析算法在原理、方法和应用实践等方面进行了系统的论述。主要内容包括并行算法的体系设计、空间叠加分析算法并行化的关键问题、基于数据域分解的并行化，以及空间叠加分析算法在多核环境、GPU 环境和集群环境下的并行化与实践等。

本书可供地理信息学、地图学与地理信息系统和相关领域的本科生、研究生和学者参阅。

图书在版编目（CIP）数据

高性能空间叠加分析：理论、算法与实践 / 马廷等著. —北京：科学出版社，2021.3

ISBN 978-7-03-068238-3

Ⅰ. ①高… Ⅱ. ①马… Ⅲ. ①地理信息系统-算法理论 Ⅳ. ①P208.2

中国版本图书馆 CIP 数据核字（2021）第 040292 号

责任编辑：李秋艳 朱 丽 李 静 / 责任校对：何艳萍
责任印制：吴兆东 / 封面设计：蓝正设计

科学出版社 出版
北京东黄城根北街 16 号
邮政编码：100717
http://www.sciencep.com
北京建宏印刷有限公司 印刷

科学出版社发行 各地新华书店经销
*
2021 年 3 月第 一 版 开本：787×1092 1/16
2021 年 3 月第一次印刷 印张：19 1/4
字数：456 000

定价：189.00 元
（如有印装质量问题，我社负责调换）

前　言

随着各种观测、监测、测量和采集技术的不断发展与研究领域的扩展，特别是全空间信息系统概念的提出，各种类型空间数据的规模也不断增大，这就对地理信息系统（GIS）中有关空间数据的处理和计算分析能力提出了很大的挑战。GIS 中的基于单个进程（或者线程）的串行化算法在处理具有一定数据量和复杂性的空间数据时往往会遇到计算资源的使用和计算效率的瓶颈。由于算法本身的复杂性，这种瓶颈在现有的计算机硬件性能下往往很难被突破。因此，一定的计算构架体系下，通过开发并行化的算法来实现高效率的数据处理和分析是实现具有高性能计算（high performance computing, HPC）特征的 GIS 的关键问题，也将是 GIS 领域发展的主要趋势之一。

叠加分析（overlay analysis）也称叠置分析，是 GIS 核心的计算几何算法之一，大量的空间数据操作和计算分析需要由基础的几何对象之间的叠加计算来支持。从算法的角度来看，叠加分析具有典型的计算复杂性。对于给定的两个多边形空间对象，叠加分析的计算复杂度取决于这两个多边形自身组成与形状的复杂性、空间排列和相对位置关系等。从目前来看，给定两个多边形包括与、或、非和异或在内的空间叠置分析的算法复杂度很难被进一步降低。这就需要在要素层叠加分析这个级别进行并行化算法的研究。要素层级别的并行化叠加分析又涉及依赖于不同计算构架的不同数据分解、任务调度和负载均衡策略的研究。

本书以叠加分析这一典型的 GIS 计算几何分析算法为对象，围绕着多边形要素层之间的叠加计算，针对多核并行、集群并行和 GPU 并行构架下，探讨如何研究不同的并行计算策略，实现具有高性能计算特征的叠加分析。本书的主要内容安排如下：第 1 章介绍有关高性能 GIS 算法和空间叠加分析的背景知识；第 2 章从理论上对并行计算的算法设计原理和优化策略进行讨论；第 3 章介绍空间叠加分析的具体算法；第 4 章对叠加分析算法并行化的关键问题进行论述；第 5 章从原理上介绍用于并行化计算的数据分解策略；第 6 章是结合不同并行化架构来探讨不同数据的计算分解方法；第 7 章对并行计算的任务映射和优化进行讨论；第 8 章是对单机多核体系下的叠加分析的并行化进行介绍；第 9 章介绍如何利用 GPU 来进行叠加分析的并行；第 10 章是论述在集群计算环境下开发并行化的叠加分析；第 11 章是以缓冲区生成为例来探讨并行叠加算法的应用；第 12 章对未来具有高性能计算特征的 GIS 发展进行简单的展望。

本书的主要研究内容分别得到国家重点研发计划“全空间信息系统建模理论”（2016YFB0502301）、国家科技支撑计划“开放式地理信息处理工具集研发项目”（2011BAH06B03）、国家重点研发计划“全息地图获取与位置信息聚合技术”（2017YFB0503500）、国家自然科学基金“地理时空数据分析”（41421001）、“模拟人眼视觉特性的高性能矢量多边形叠加分析算法研究”（41501425）等项目的共同支持。范俊甫博士和周玉科博士在其博士论文中分别对部分内容进行了探索性研究。在上述研究项目的支持下，作者对先期的研究成果进行了内容的扩充和系统化的整理，研究生何惠馨、陈嘉浩、李博、张梦真、刘清云、张志锟和翁慧娴等先后参与了本书的图件材料处理工作。

地理信息和计算机等相关领域的发展日新月异，有关空间并行分析与计算和高性能 GIS 的研究成果层出不穷，作为一个系列研究成果的总结，本书所述内容难免存在不妥之处，请读者不吝指正。

作　者

2020 年 10 月于北京

目　　录

第1章　绪　论

1.1　空间大数据及其挑战

近年来，国家不断提高政治、经济建设管理的信息化水平，其中空间信息服务在日常生产生活、国家重大建设项目规划、国土资源调查评估和疾病区域化防治等领域发挥重要作用。数字智能交通、土地利用状态监督、自然灾害预测与损失评估等应用都离不开地理信息系统（geographical information system, GIS）的支持。传统GIS体系构架下海量数据的存取和处理能力相对薄弱，因而不能很好地满足应用需求。近几十年来，各种传感器技术的快速发展使人们获取空间信息的能力与日俱增，以动态、快速、多平台、多时相、高分辨率为特征的现代对地观测手段不仅使空间数据规模快速膨胀，也使其类型得到了极大的丰富。特别是随着全空间信息概念的提出，以多源异构、多维度和高动态为基本特征的时空大数据将成为支持未来地理信息领域的基础。

利用现代数据收集技术，研究人员已经可以低成本地获取海量空间数据，导致空间数据库的覆盖范围日益扩大，同时也扩展了空间数据分发和使用的级别，更多的大众用户可以使用空间数据（如导航地图、气象信息等）服务。空间模型和这些空间数据密切相关，如用来模拟环境变化的模型、空间统计模型、空间插值模型和网络优化模型等，这些模型的应用都不断地提高地理信息系统的计算密集性。传统的计算架构已无法满足由空间数据规模、计算密集性和网络交换频率日益增长所带来的计算能力需求。而广泛应用于地质模拟、天气预报和其他数值计算领域的高性能计算技术为突破传统空间分析算法和工具在应对海量、多源、高度复杂空间数据时产生的性能和处理规模瓶颈提供了有效手段。

1.2　计算模式的发展

空间数据规模的快速增长和多样性的增加不仅给现有的计算资源带来了巨大压力，同时向传统的地学计算方法提出了更高的计算效率需求，使得传统的串行空间分析算法正面临前所未有的挑战。新型计算架构的出现和计算模式的发展为空间叠加分析问题研究带来了新的手段，高性能并行计算、网格计算、集群和云计算技术不断推动地理信息系统软件向着分布式、并行化、高性能、云服务等方向发展。

从20世纪40年代开始的现代计算机发展历程可以分为两个明显的发展时代：串行计算时代和并行计算时代。每一个计算时代都从体系结构发展开始，接着是系统软件（特别是编译器与操作系统）、应用软件，最后随着问题求解环境的发展而达到顶峰。创建和应用并行计算的主要原因是因为并行计算是解决单处理器速度瓶颈的方法之一，而并行计算的硬件平台是并行计算机，它由一组处理单元组成，这组处理单元通过相互之间的通信与协作，以更快的速度共同完成一项大规模的计算任务。

计算模式就是计算机完成任务的一种运行、输入输出及资源使用的方式。从计算机的发展史来看，计算模式一定要跟计算机技术相适应，才能促进计算机技术本身的发展。每一种计算模式都会带动适合其特点的计算机科学技术的发展。至今为止，已经经历了多个不同的计算模式时代，像最初的单主机计算模式，到后来的个人计算模式（一种特殊的主机计算模式）、应用于局域网的分布式计算模式，以及网络计算模式。

单主机计算模式是以大型机为中心（mainframe-centric）的计算模式。在这种计算模式中，许多用户同时共享中央处理器（central processing unit, CPU）资源和数据存储，与其进行数据交换要通过穿孔卡和简单的终端，访问这些大型机会受到严格的控制。这种模式的特点是对资源的集中控制和不友好的用户界面，利用主机的能力来进行应用时，采用无智能的终端来对应用进行控制。

分布式计算模式是 20 世纪 80 年代末期发展起来的。80 年代以前，计算机一直朝着大型化的方向发展，系统的处理能力有了很大的提高，即计算机界的规模向上优化。80 年代后，由于微处理器的日新月异，其强大的处理能力和低廉的价格使微机网络迅速发展，计算机界的规模向下优化，传统的大型主机与哑终端受到了以 PC 机为主体的微机网络的挑战。虽然单机大规模发展受阻，但通信技术（特别是局域网技术）的不断成熟，为把特定范围内相对分散的计算机组合起来形成超乎想象的计算能力提供了可能性，这就是传统的、狭义的分布式计算模式。在此模式下，各个计算机都是同构的，并以静态方式接入系统，在系统中通过紧耦合方式受到集中控制，形成集群式计算环境。

网络计算模式是对狭义的分布式计算模式的突破和扩展。进入 21 世纪以后，网络处理能力和处理器的速度之间出现了一个巨大的差距。这样就出现了一个问题，与网络能力的发展相比，处理器的发展速度要慢很多。关键性的网络技术正以比微处理发展速度更快的速度发展，为了利用网络的优点，我们需要另外一种更有效利用微处理器的方法。这个新观点改变了历史上网络与处理器成本之间的平衡。网格计算就是解决这种差距的手段，它通过将广域的分布式计算资源连通在一起构成一个虚拟计算社区，从而改变资源之间的不均等关系。网格计算概念的提出是借助电力网格的概念提出的。目标是突破地域和异构性等的局限，使人们可以像通过电力网格使用电能一样方便地通过 Internet 使用计算资源。网格计算通过使用大量异构计算机的闲置资源构成一种分布式的虚拟的计算机集群，为解决大规模的计算问题提供了一个可用模型。网格计算强调支持跨管理域计算的能力和异构环境下系统资源的共享和远程访问能力，这是它与传统的计算机集群或传统的分布式计算的主要区别。

除了网格计算，还有更高层次、侧重不同方面的信息网格、知识网格等，它们都是广域网络环境下，从资源共享的不同侧重点被提出的。而网格是对它们更高层次的抽象，网格之父 Foster 和 Kesselman（1999）给出网格的定义：网格是支持在动态的、分布式的虚拟组织（virtual organization）内，通过灵活安全的资源共享、协作，进行问题求解的技术和体系结构。该定义中的虚拟组织是通过网格进行问题求解的个人、机构和资源的动态组合。该定义强调分布式、动态的资源共享是网格的本质特征。

网格的目标是广泛集中、充分共享。网格中的一切资源都被抽象成服务，借助 SOA 架构，通过有效松耦合的方法连通一切尽可能被利用的资源，形成一个网格社区，让网格社区中各种类型的资源不仅仅是服务的提供者，同时也可以共享网格社区中其他资源提供的服务，这样使资源的利用率达到最大。由于网格的目标过于宏大和 Internet 支线带宽的限制等原因，目前，网格研究和应用只在大型机构和研究部门进行。作为网格思路的发展和商业运作——云计算成为焦点。对分布式计算、网格、云计算等的关系，Foster 等（2008）给出了比较清晰的图形描述，如图 1-1 所示。

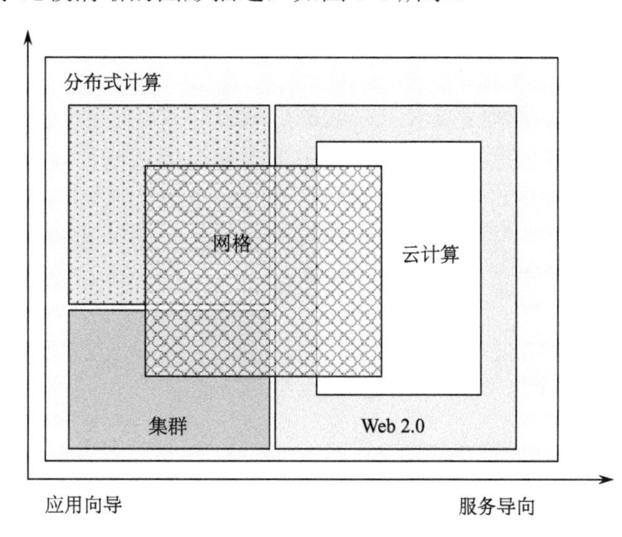

图 1-1 分布式系统、网格、云计算等的关系（根据 Foster et al., 2008）

云计算是一种商业驱动的计算模式，通过前面已经叙述的虚拟化方式，计算资源可以动态部署、动态调度和动态回收。在云计算中，服务提供商将自己拥有的各种资源（包括计算机、存储设备、各种仪器等）连接在一起，形成统一的资源池，这些资源会被动态地分配给不同的服务使用者，满足他们在不同时刻的需求，并以此获得商业利益。云计算技术是网格技术、分布式存储和处理技术、并行计算技术和虚拟机等技术的综合产物，是效用计算（utility computing）、软件即服务（software-as-a-service, SaaS）、硬件即服务（hardware-as-a-service, HaaS）等计算机商业概念结合应用的成果。云计算是通过 Internet 向外提供有价值的商业计算资源和计算价值，而云内部本身还是沿用了网格的松耦合的控制方式思想，所以说云计算是计算网格在局域范围内的实现、扩展和商业服务运作。计算网格的关注重点是将工作负载移到所需的计算资源所在位置的能力，大多数情况下这种位置都是远程的，而且持续可用，用来解决大型问题。到了 20 世纪 90 年代，虚拟化的概念已从虚拟服务器扩展到更高层次的抽象，首先是虚拟平台，而后又是虚拟应用程序。公用计算将集群作为虚拟平台，采用可计量的业务模型进行计算，按提供的计算能力向用户收费。最近，SaaS 将虚拟化提升到了应用程序的层次，它所使用的业务模型不是按消耗的资源收费，而是根据向用户提供的应用程序的价值收费。而在云环境中，计算资源（如服务器）可以根据其底层的硬件基础架构进行动态设置或调整，然后提供给工作负载使用。另外，云不仅支持网格，还可以支持非网格环境，如运行传统的

Web2.0 应用程序的三层 Web 架构。

云计算作为一种新兴的商业计算模式，由 IT 界几大巨头推动其发展，如 IBM、Google、Microsoft、Amazon 等。利用该模式，用户可以在任何地方通过连接设备访问其应用程序。应用程序位于可大规模伸缩的数据中心，计算资源可在其中动态部署并进行共享，以便能够实现显著的经济规模。随着智能移动设备、高速无线连接，以及基于浏览器的功能丰富的 Web2.0 接口的不断增加，使得基于网络的云计算模型不仅切实可行，而且还有助于降低 IT 资源的复杂性，提高网络环境下的资源复用。不过云计算也不是十全十美的，在云基础架构中，资源共享带来的新的数据安全和隐私危机等是目前争议最大的一个问题。

网格和云计算都是网络高速发展下兴起的广域分布式计算模式。网格侧重松耦合和充分共享，形成网格社区，网格用户可以自由加入和退出网格社区，网格社区中的用户不仅是服务提供者，同时也可以使用网格社区中其他资源的服务。云计算则是在商业利益驱动下对外提供的服务。云计算服务商拥有大量的软、硬件和管理资源，用户不需要将自己的设备加入云中，只需要使用云计算服务商提供的有价计算服务。

1.3 高性能计算技术

人们将利用具有超级计算能力的计算机完成对当今一些超大规模、超高复杂度的问题解算称为高性能计算（周兴铭, 2011）。高性能计算存在多种实现形式，如多核并行、集群并行、辅助处理器并行以及混合并行等，都基于并行思想实现（迟学斌和赵毅, 2007; 薛勇等, 2008），几种不同的高性能计算模式及其特点如表 1-1 所示。

表 1-1 几种不同的高性能计算模式及其特点

高性能计算模式	内存模型和编程模型	优点	缺点
多核并行计算	共享内存模型；OpenMP	内存访问友好；应用成本低廉；串行算法改造成本低	处理规模较小；系统扩展困难；维持内存一致性的系统开销大
集群并行计算	分布式内存模型；MPI	系统扩展能力强；搭建成本低；理论上可处理极大规模的问题；不需要维持内存一致性	网络数据交换易成为瓶颈；算法并行改造成本较多核并行计算高
辅助处理器并行加速计算	混合内存模型；Nvidia CUDA/OpenCL/AMD APP/Intel Phi 处理器	能获得巨大的速度提升；扩展较为方便	算法并行化改造困难，移植性差；数据映射和通信复杂；成本高昂
混合并行计算	混合内存模型；OpenMP+MPI+CUDA+…	与系统架构复杂程度相关	与系统架构复杂程度相关

1.3.1 多核并行与线程模型

近 30 多年来，计算机硬件工艺的提高和结构体系的不断发展逐步推动其 CPU 技术的发展，主板芯片集成规模已逼近极限，又由于散热和成本等问题，多核处理器结构产品逐渐成为 CPU 市场主流（陈国良等, 2008）。多核处理器实际上是片上多核处理器，将多个计算内核集成在一个处理器芯片中，每个内核可以独立地接受和执行计算指令。利用多核 CPU 技术可以实现芯片基本的线程级并行，又可以在指定时间内运行更多指令实现任务级别的并行，从而提高解决问题的效率。

多核处理器首先出现在学术界的研究和探讨中，20 世纪 90 年代由主流芯片生产商逐步推出。IBM 于 2001 年第一个推出双核 Power4 处理器，每个 Power4 芯片安装有两个 64bit 的 1GHz 的 PowerPC 内核。随后惠普 2003 年与 SUN 微系统公司 2004 年也推出各自的高端多核处理器。AMD 和 INTEL 也于 2005 年分别推出各自的商用双核处理器 Opteron 和奔腾 D。从此多核处理器在高性能计算机、服务器、工作站和普通 PC 上得到广泛普及应用。

从多核处理器获得的性能提升情况与软件算法密切相关。由于软件在多核体系下同时运行的并行化限制，根据 Amdahl 法则约束实际应用中得到的加速比有限。理想情况下，计算任务和数据间完全松耦合的问题才能达到和处理器核数相近的加速比，或者问题已经分解得足够在处理器缓存中驻留以避免速度较慢的系统主存储。单纯依靠硬件性能提升来获取软件性能的提升已经接近极限，多核可以很好地应对摩尔定律的失效，同时也对程序员提出新的挑战：需要用并发的思想进行算法分析和编程实现。面对多核编程，需要考虑多任务的并发和内存资源抢占，时刻警惕竞争和死锁等情况的出现。

多核计算指的是在集成于同一片集成电路上的多个处理核心同时进行逻辑相关的并行计算过程以协同完成同一个计算任务的计算模式，它以多核心处理器为硬件基础，以共享内存架构为特点。共享内存的并行架构为用户提供了一个友好的角度对全局地址空间进行编程操作，同时 CPU 对内部存储的直接快速访问能力也使任务间的数据共享变得快速而统一。该架构的不足之处是处理器和存储空间不易扩展，系统弹性低，生产配置更多处理器的共享内存架构并行计算机的成本也十分高昂（Grama et al., 2003; Barney, 2012），且系统内部数据访问一致性维护，以及并发操作的冲突检测需要程序开发人员自行处理。因此该种类型的并行计算机往往以个人计算机和工作站最为常见，规模小且成本低廉。

并行计算机的共享内存架构对应的并行编程模型称为共享内存模型，又分为线程模型和非线程模型。非线程模型在并行执行效率上存在明显的缺点，当处理器操作的数据在本地时可以明显降低内存访问次数、总线通信频率及 Cache 刷新次数，但是该架构使得找出数据存放地址并加以管理变得非常困难和难以理解（Barney，2012），因此在多核处理器上实现并行计算，支持多线程执行的线程模型更多地被人们所采用，在线程并行编程模型中，一个进程可以有多个并发的执行路径，主线程负责启动子线程，一般将可以并行处理的计算任务放在多个子线程中执行，最后由主线程回收计算结果，如图 1-2 所示。

线程并行编程模型有两个重要的实现，分别是 POSIX Threads 和 OpenMP。本书将研究并行空间叠加分析算法在 OpenMP 并行编程模型下的实现和优化方法。杨际祥等（2010）指出，单一处理器未来性能的提高将主要依靠片上处理核心的增加，而非仅依靠单处理核心速度的提高，但是决定多核心处理器性能潜力能否得到最大程度发挥的关键

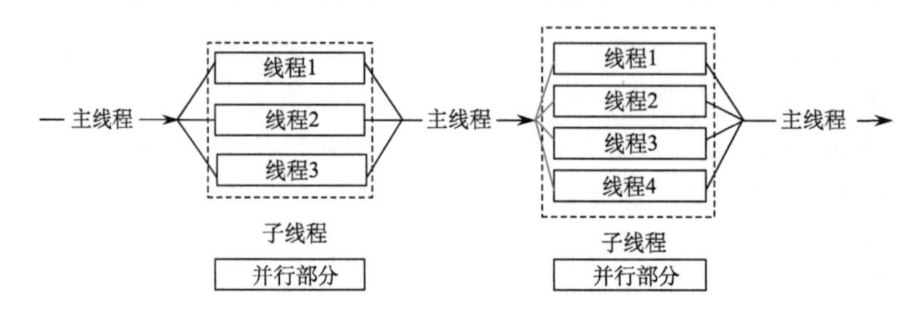

图 1-2　线程并行编程模型示意图

在于多核并行算法和软件的发展。因此必须重视对 OpenMP 程序的优化工作，而陈永健（2004）提出，对 OpenMP 算法的优化方法包括源代码级别的优化、OpenMP 翻译时优化、编译时优化和运行时优化等几个方面。Nikolopoulos 等（2000）指出对 OpenMP 程序运行时优化的好处是可以得到程序准确的上下文信息，但缺点是不能进行精细的优化，否则开销太大，所以通常都使用静态分析确定被优化的程序段，然后在运行时针对这部分代码进行优化。Müller（2001, 2002）介绍了一些简单的 OpenMP 程序的优化方法，用于手工优化；Novillo 等（2000）研究了传统的分析和优化方法的多线程扩展——针对显式多线程程序的常量传播和别名分析技术。

1.3.2　集群并行与分布式内存模型

集群（cluster）是指把多个独立的计算机系统通过以太网或高速通信网络互连，统一调度、协调处理，实现高效并行处理的计算机系统（王文义和张影, 2001），是随着计算机网络技术发展和高性能计算需求的增长所兴起的基于网络的并行计算机系统。集群通过一组松散集成的计算机软件和硬件连接起来高度紧密地协作完成计算工作，在某种意义上它们可以被看作是一台计算机。集群系统中的单个计算机通常称为节点，一般通过局域网或高速网络连接，以廉价个人计算机或者工作站搭建的集群，拥有不输于 MPP 架构超级计算机的计算能力。

Sterling 等（1995）采用以太网连接的 16 个节点搭建起一个名为“Beowulf”的集群，这是世界上第一个使用廉价且广为使用的硬件产品搭建且主要用于科学计算的计算机集群，以至于后来将主要负担大规模计算任务的集群统称为 Beowulf 集群，这与每个节点都是一台既可以专职于桌面任务又可以在空闲时间进行并行计算的工作站集群（cluster of workstations, COW）架构存在区别，也与将一个 Linux 或者伯克利软件套件（Berkeley software distribution, BSD）操作系统并行化运行在一个集群系统上的 MOSIX 架构不同，后者更类似于分布式操作系统的概念（Barak and La'adan, 1998）。人们在日常工作中，在局域网环境下用若干台高性能的个人计算机或者工作站搭建的专门用来进行科学计算或者专业计算的集群，兼具 Beowulf 和 COW 集群架构的特点。

不同于共享内存模型，集群实现并行计算依靠分布于多台计算机上的处理器实现，这意味着集群中的每个节点都有自己的本地内部存储，且一个节点不能直接访问其他节点的内部存储，各个节点之间依靠网络进行通信，这又被称为分布式内存架构，如图 1-3 所示。由于集群节点无法映射和访问其他节点的内存，因此当并行程序必须进行任务间状态同步或者数据交换时，必须由并行程序开发人员显式的定义同步的时刻及通信方式。

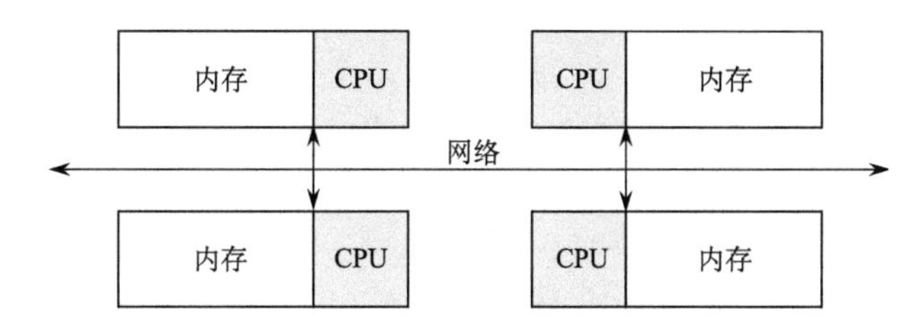

图 1-3 分布式内存架构

以集群架构实现并行高性能计算的优点非常明显，集群可以轻易地增减计算节点，甚至单纯的扩充处理器个数和内存也可以增强性能，系统具有很大的灵活性；每个节点上的处理器可以快速地访问该节点的内存而不需要维持高速缓存一致性，提升了系统性能；使用批量生产的商业产品搭建集群的成本效益显著。Grama 等（2003）也指出集群架构的一些缺点，如很多与任务间通信相关的细节必须由并行程序开发人员完成，可能难以将已有的一些数据结构映射到分布式内存架构下使用，以及不统一的内存访问时间等。

消息传递模型是在分布式内存架构下实现集群并行计算的一种编程模型，它具有以下特点：执行计算任务时，每个节点仅能使用自身的内存空间，但是一组任务可以同时驻留在任意一个物理机器上并行执行；任务间的数据交换通过发送和接收消息实现；数据传输或者消息传递必须由一组协同的操作完成，如发送操作必须有一个与之对应的接收操作，图 1-4 是消息传递模型的进程间消息发送和接收示意图。

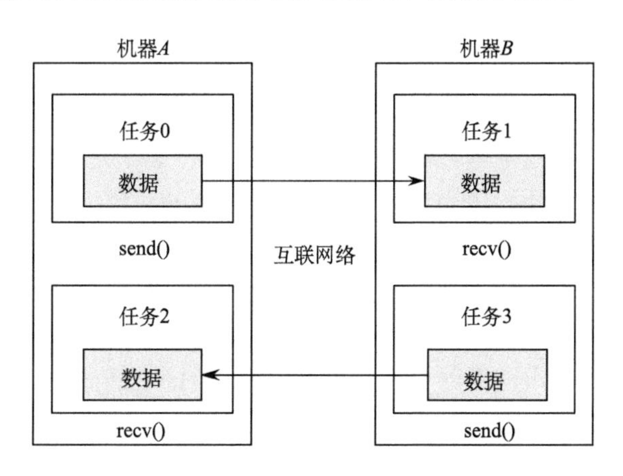

图 1-4 消息传递模型示意图

分布式内存架构下的消息传递模型有多种实现，但是消息传递方式是广泛应用于分布存储并行机的一种模式。从编程的角度来看，消息传递的实现通常包括一个子程序库，对子程序库的调用嵌入源代码中，程序员负责确定所有的并行机制。目前 MPI（message passing interface）已成为消息传递事实上的工业标准且被广泛用来在各种并行计算平台上开发并行计算程序，如 Agarwal 等（2012）所实现的基于 MPI 和 Linux 集群的矢量叠加分析系统，周玉科等（2012）基于 MySQL 集群与 MPI 的并行空间分析系统等。

1.3.3 辅助处理器加速并行

辅助处理器加速并行计算是指采用除通用计算处理器之外的其他处理核心参与计算过程，充分利用辅助处理器计算核心众多的优势来达到大规模加速的目的。流行的辅助处理器主要是图形处理器（graphics processing unit，GPU），由 IBM 等开发的 CELL 处理器，Intel Xeon Phi 融核协处理器也属于这一范畴。

尽管 CPU 硬件技术已经跨入多核时代，但是美国能源部 Sandia 国家实验室于 2008 年关于多核 CPU 核心数的增加对性能影响的模拟实验报告却表明，CPU 的性能并不能随核心数的增加而同步增加，当 CPU 核心数达到 16 时，其性能仅与双核相当，这是由传统 CPU 设计架构下的存储机制和带宽限制所导致（Murphy, 2007），而 GPU 的多核并行架构设计和带宽优势使其计算能力基本保持了与内建核心数量呈正比增长的趋势。2012 年 6 月 TOP500 超级计算机排行中，有约 11%的超级计算机采用了 GPU 加速（TOP500 List, 2013）。图 1-5 展示了通用 CPU 与 GPU 之间的区别。

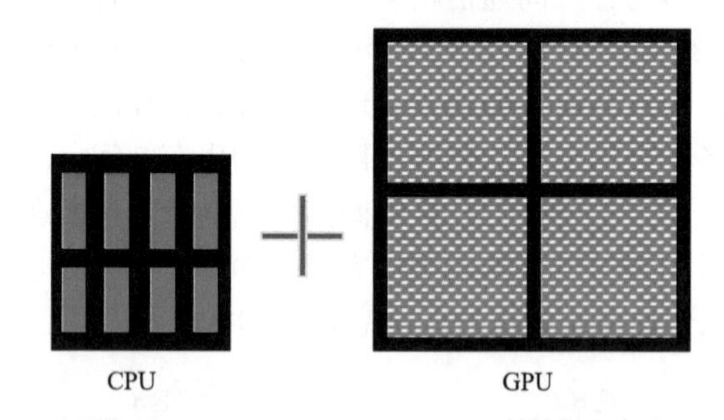

图 1-5　通用 CPU 和 GPU 之间的差别（根据 NVIDIA Corporation, 2012）

图形芯片最初被用作固定函数的图形处理器，这种工作方式也称为固定流水线，但近年来越来越多的研究者开始使用 GPU 来加速一系列的科学应用（Cohen et al.，1988），这就是所谓的 GPU 通用计算运动。目前有多种框架可实现基于 GPU 的通用计算，包括 NVIDIA 公司的统一计算架构框架（compute unified device architecture, CUDA）、AMD 公司的并行加速处理框架（accelerated parallel processing, APP）、Intel 公司的 Larrabee 框架等，而各种框架对开放式计算语言（open computing language, OpenCL）的支持则有望实现接口和调用方法的统一，是未来的发展方向。

越来越多的地学领域的研究人员应用 GPU 并行计算来提高算法效率。Setoain 等（2006, 2007）基于廉价 GPU 进行了高光谱影像分析处理，以及形态学算子提取方面的研究，并指出廉价商用的 GPU 可以以低于集群系统的价格实现类似的并行性能。马纯永（2010）详细分析了基于 GPU 进行虚拟场景渲染的方法和优化手段，通过对基于 GPU 的 Billboard 群渲染算法、标志性建筑渲染算法、硬件遮挡剔除优化算法和粒子系统模拟的实现，发现 GPU 加速可以整体提高虚拟城市场景的渲染效率。McKenney 等（2011）肯定了 GPU 在低成本的个人计算机上所展现出的并行计算能力，分析了 GPU 与 CPU 在架构和设计上的区别，以及由此带来的算法实现差异，以此为基础实现了基于 GPU 的并行求解线段相交算法。赵斯思和周成虎（2013）基于 GPU 实现了多边形最小外包矩形（minimum bounding rectangle, MBR）过滤和裁剪过程，在此基础上采用动态规划的负载均衡策略实现了多边形的叠加分析，获得了超过 3 倍的加速。因此 GPU 并行加速技术在高性能 GIS 算法及可视化功能中有巨大的应用潜力。

Intel 公司的最新融核协处理器——Phi 加速卡的出现为桌面级低成本高性能计算的实现提供了新的技术。Phi 融核协处理器是大量借鉴成熟的 GPU 并行加速硬件设计特点但又保留了通用计算 CPU 核心和编程模型优势的技术融合的产物，它将是解决单芯片集成 CPU 核心数越多将导致性能下降问题的一个有效途径，且与 GPU 并行加速相比，可以以极小的代价将传统 C、C++或者 Fortran 语言编写的算法移植到 Phi 上运行，Cramer 等（2012）采用 OpenMP 及类似编程模型验证了 Phi 加速卡在不需改动或仅需改动很少的传统代码即可实现高性能计算的能力，超级计算机天河-2 的每个计算节点均采用了 3 块 Phi 处理器进行加速（TOP500 List, 2012）。这种基于通用处理器编程语言实现并行编程的技术路线更易被广大应用程序开发者所接受，应用前景广阔。

1.3.4 混合架构并行高性能计算

尽管科学家针对每种高性能计算模式设计和开发了众多的特定应用，但是现实情况下往往需要综合利用多种不同的计算模式才能在整体上发挥并行系统的高性能优势，即混合架构的并行高性能计算。最常用的混合并行高性能计算架构是多核并行与集群并行的组合、GPU 或其他加速卡加速等，在具体的编程模型上即为 OpenMP 与 MPI 的组合、CUDA 或 OpenCL 等与 OpenMP 或/和 MPI 的组合等。

OpenMP 与 MPI 编程模型的组合应用环境中，前者可以提供在单机多核上执行多线程并行的能力，而 MPI 则可以负责不同计算节点间的进程同步和通信，实现节点内多线程并行和节点间多进程并行的混合并行计算架构。混合并行计算架构的一个重要的原则是最大化本地存储器访问次数和最小化非本地存储器访问次数，这样可以有效地降低通信时延，提高并行程序处理速度（Barney, 2012; Lin and Snyder, 2009）。GPU 与集群系统的混合并行计算架构下，GPU 使用本地节点上的数据完成密集计算，而 MPI 则负责节点间的进程间通信。

1.4 高性能 GIS 及其发展

地理计算的倡导者 Openshaw 和 Abrahart（2000）指出，地理计算的发展依赖于 4 项前沿技术，分别是 GIS 为其创生数据，人工智能和计算智能为其提供智能工具、高性能计算为其提供能力以及动力、科学为其提供哲学基础。地理计算发展的一条主线索是计算机科学（在地理学中的应用）→计算科学（与地理学的交叉）→计算地理学→地理计算科学。地理系统分析通过模型计算实现对现实的理解，而模型的设计和实现需要对研究对象进行适当的简化和假设条件构造。但是由于计算能力的限制，以往的地理建模往往设置了过多的简化或理想化假设条件，导致难以获得可靠的研究结果（陈彦光和罗静, 2009；王铮等, 2011）。地理计算可借助计算密集型程序减少地理模型简化，消除由计算能力局限导致的过多理想化假设条件，从而改善研究成果的质量，而提高计算密集型程序计算效率的主要手段是高性能计算。因此，高性能计算是解决地学计算领域计算密集型问题的有效方法，是推动地学计算及高性能 GIS 软件发展的重要技术支撑。Clarke（2003）如此评价高性能计算对 GIS 带来的影响："随着 GIS 从单纯的软件和应用工具向一门科学的不断前进和发展，高性能计算模式在地学计算领域的发展为 GIS 从'贫数据'时代跨入'富数据'时代提供了惊人的应对能力"。

新型计算架构的出现和计算模式的发展为空间叠加分析问题研究带来了新的手段，高性能并行计算、网格计算、集群和云计算技术不断推动地理信息系统软件向分布式、并行化、高性能、云服务等方向发展，进而出现了网格 GIS、集群 GIS 和云 GIS 的概念，它们之间的特点比较如表 1-2 所示。

表 1-2　网格 GIS、集群 GIS 和云 GIS 的比较

名称	特点	主要技术	不足
网格 GIS	节点间多为异构计算环境；需要严格遵守已知协议和规则；能够分散部署在互联网上任意地理位置	Globus ToolKit； Web Service； SOA； 分布式存储和访问； GIS 算法	难以实现高效率和高性能； 难以满足低通信时延、高实时响应能力的要求
集群 GIS	节点间多为同构计算环境；节点集中部署在同一地点的同一局域网内；能实现较大的并行加速比和即时响应；能方便地实现高效率和高性能；同构节点扩展方便，使用廉价硬件，成本低廉	MPI； GIS 算法； 分布式存储和访问； 负载平衡	无法加入异构节点进行扩展；集中式部署和服务
云 GIS	按需服务，灵活性高；系统扩展性强；系统对用户透明，用户使用门槛低；能轻松实现高并行和高效率	虚拟化技术； 集中式数据存储环境（云内部可能是分布式存储）； SOA 与服务租赁； GIS 算法	研究处于起步阶段；缺少成熟技术实用方案；对用户带宽要求高；目前难以应对结构化的矢量空间数据的高效空间分析和可视化表达；基础设施投资成本高昂；数据安全性问题

1.4.1　网格 GIS

网格 GIS 是网格计算技术在 GIS 领域的集成和应用，是利用网格计算的异构资源共享，以及协同计算能力完成大规模空间信息科学问题求解的技术手段。

骆剑承等（2002）在分析网格技术特点和 GIS 发展方向的基础上，提出基于中间件（middleware）技术的网格 GIS 体系框架，以实现基于网络环境下的空间数据处理和跨平台计算、多用户空间数据同步处理、异构系统间的互操作，以及多级分布式系统协同工作等功能。目前研究人员多基于 Globus Toolkit 搭建网格计算环境，Globus 项目是美国能源部 Argonne 实验室的开放性研究项目，其致力于制定网格计算的开放体系结构和标准，Globus Toolkit 是该项目的实现，实质是一种屏蔽网格底层异构性的中间件技术（Foster, 2006）。

网格计算面向复杂异构计算环境，需要处理系统内不同架构节点间的通信和协同，通常要求不同节点间遵循统一的标准和协议，涉及数据抽取、格式转换、数据打包加密、解包解密等复杂的过程，难以满足带有计算密集性和数据密集性特点且兼具专业性和需求单一性特点的高性能 GIS 对低通信时延、高响应能力和高计算效率的严格要求，因此网格技术固有的分散分布和异构对等特性并非高性能 GIS 最合适的实现途径。

1.4.2 集群 GIS

很多学者将集群及 MPI 并行高性能计算应用于高性能地学算法及集群高性能 GIS 系统研究。Mineter 和 Dowers（1999）提出对并行算法和软件分层设计的思想来实现地学计算方法的便捷并行化和较高的代码重用。所谓分层是指将原有串行算法进行分解以形成多个功能层，如一部分代码实现并行 I/O，一部分实现数据分解，另一部分实现并行处理，每一部分代码称为一层。作者对栅格数据和带有拓扑的矢量数据的并行处理分析得到如下结论：软件分层方法对可进行常规分解和空间划分的数据来说可以轻易实现，如大气传输模型数据和遥感数据等栅格数据，该方法以一种将进程间通信的复杂性封装到一个软件框架中的直接方式实现了软件的指定功能，但该方法的关键是初始数据分发、数据整理和结果搜集，以及对进程间数据交换的支持；对于像带有拓扑关系的矢量数据等复杂的数据模型需要开发新的数据分解方法来应用软件分层的思想。

Kerr（2009）阐述了使用 MPI 构建并行 GIS 集群系统的过程，提出使用 MPI 负责多个任务间的通信，开源几何引擎（geometry engine, open scource, GEOS）库负责空间操作，ClusterGIS 库负责从各个分散的任务中加载一个或多个地理空间数据，且提供一系列基础操作库实现并行计算所需要的一些基本操作，在这些库的基础上用户可以更加关注与空间数据处理和分析相关的专业问题。

白树仁等（2011）提出一种利用 MPI 消息通信模型进行降水量最小网格 Kriging 插值的解决方案。从普通 Kriging 算法中可以看出，求系数 λ 时存在大量的矩阵乘法，这也是该算法耗时的关键点。该方案将问题分解为四个步骤：任务划分、通信分析、组合和处理器映射，通常称为分解-通信-组合-映射（partitionning-communication-agglomeration-mapping, PCAM）设计过程，基于上述 4 个过程实现了并行 Kriging 插值算法，达到了一定的并行效果。

Agarwal 等（2012）在其 Crayons 系统工作的基础上实现了从基于微软公司的 Azure 云计算环境向基于 MPI 的 Linux 集群系统的迁移，在多边形叠置分析过程中获得了较大规模的数据处理能力，利用 80 个中央处理器获得了约 15 倍的加速。

集群系统相对集中的数据及计算资源分布方式、同质的计算环境，以及成熟的并行软件编程模型使其成为高性能 GIS 部署的最佳平台之一，目前大部分可用的高性能 GIS 分析和可视化系统都部署在集群系统之上，但应完善系统容错（屈婉霞等，2005）机制。在集群系统上部署实现高性能算法的优点有：

（1）节点间的同构计算环境便于在同一地点的同一局域网内部署和管理；

（2）能实现较大的并行加速比和即时响应从而获得高效率和高性能；

（3）同构节点扩展方便，可以使用廉价硬件，成本低廉，易于在企业内部搭建实现。

集群系统的不足主要体现在无法加入异构节点进行扩展、集中式部署算法和服务等方面。

1.4.3 云 GIS

云计算技术在 GIS 领域的应用是目前服务式与众包 GIS 研究的热点。Aissatou 和 Kone（2011）以 GIS 客户端的优化应用为目的提出了云计算技术在 GIS 领域的一种设计和实现范例，并称其为面向私有应用的 GIS-C 系统架构。该架构通过托管面向私有服务环境的资源库为 GIS 客户端提供高效的资源交换、计算性能和高度安全的数据及信息存储能力。基于该模式可以为客户提供各种按需服务以实现云计算的理念及资源优化。

Bhat 等（2011）提出了一种基于 GIS 云 Web 接口和 GIS 服务器的 2 层结构的云 GIS 架构设计方案。GIS 云 Web 接口基于 Web 2.0 及相关技术为用户提供弹性的、健壮的、基于 Web 方式的高效费比访问接口，具有零延迟和实时内容更新的特点，是云 GIS 系统的核心组成部件。GIS 服务器由 5 部分组成，分别是通信层、存储层、功能层、逻辑层和配置层，该云 GIS 系统架构可被置于任何一种已有的可用、安全的云基础设施中运行。

Hadoop（The Apache Software Foundation, 2013）是 Apache 基金会下属的一个被设计用来在由廉价通用计算设备组成的大型集群上执行分布式应用的开源框架，其核心设计是 MapReduce（Chang et al., 2008）机制和与 GFS（Ghemawat et al., 2003）类似的 Hadoop 分布式文件系统（hadoop distributed file system, HDFS），是目前实现私有云的主要手段。基于 Hadoop 的 HDFS 虽然可以实现数据的分布式部署和访问，利用其映射-规约机制也可以实现不同节点间的通信和协同计算，但是 HDFS 对字节流方式存储的文件具有较好的适用性，却难以有效支持结构化的空间数据的分布式存储及高效的空间查询，需要适用的分布式空间索引支持。范建永等（2012）采用 BigTable（Chang et al., 2008）的开源基于 HBase 实现了矢量数据的分布式存储，基于 Hilbert 空间填充曲线和格网索引进行数据划分，采用 MapReduce 的方式实现空间索引的建立和空间数据查询，达到了提高空间数据的存储和管理效率的目的，并可以通过扩充节点获得较大的存储空间和较高的空间分析计算效率。

虽然云计算技术可提供高灵活性、高扩展性、用户透明的按需服务能力，降低了专业系统及应用的使用门槛，但是目前仍旧处于起步阶段，缺少成熟的技术及实用方案，对普通用户的带宽要求较高，基础设施投资成本高昂，且需要解决数据安全问题，难以应对结构化的矢量空间数据的高效空间分析和可视化表达。云计算技术更适合于提供面向海量数据、大量用户的数据挖掘与知识发现等对瞬时响应与计算能力要求不高的领域。在需要解决高计算密集性问题的高性能地学计算与可视化领域，低延时的高系统响应能力与强计算能力是应用的普遍追求，而配备了多核 CPU、图形处理器或如 Intel Xeon Phi 众核协处理器加速卡（Cramer et al., 2012）的高性能计算集群在这两方面更有优势，且实现起来也较为容易，能够满足高性能地学计算的需求。

1.5 空间叠加分析算法及其发展

1.5.1 空间分析

并行空间分析的核心问题是结合并行计算将传统空间分析算法进行并行化或者重新设计空间分析算法使其从底层开始并行化，以突破串行算法的速度和数量瓶颈。并行空间分析主要涉及的领域包括：空间图形分析、空间数据处理、空间统计、空间插值、空间模拟、网络优化等。空间图形分析主要是计算几何和图论，空间统计涉及数值计算领域，相对几何图形数据的计算较容易利用数据并行解决问题，空间模拟优化等不确定性问题适合利用并行计算能力快速获取最优解。空间叠加分析基础原理是欧几里得空间内几何实体（点、线、面）间的布尔操作外加附带属性的重新组合，因此属于空间图形分析的范畴。

从并行计算技术在空间分析领域的应用来看，主要研究重点均在遥感影像的分布式并行处理上，对于基于矢量拓扑数据的并行空间处理和分析研究较少。栅格影像数据以矩阵的形式进行规则化组织结构，没有矢量数据复杂的拓扑关系，易于进行数据并行划分，但是栅格数据存在海量特性和计算量大等缺点，因此并行计算技术在遥感和航空影像数据处理方面应用已久，而且国内外已有深入研究并取得一定成果。20 世纪 80 年代 NASA 研制的 MPP 并行处理机其主要目的就是用来处理海量的 Landsat 影像。

矢量拓扑数据的空间分析是 GIS 的灵魂和区别于计算机辅助制图的根本区别。由于矢量空间数据结构和算法模型的特殊情况，并不是所有的基于矢量拓扑数据的空间分析都可以进行并行化。通过考察已有的并行矢量拓扑算法实验可以发现，主要还是以并行计算几何的形式实现并行化。较适合进行并行化计算的矢量空间分析基础算法有：平面扫描算法、散点凸壳算法、平面 Voroni 图的构建、最短路径分析等。Aggarwal 等系统地研究计算几何的并行化算法，用来解决机器人运动路径、计算机图形学等问题。在矢量数据预处理方面，研究重点在进行空间数据域分解和空间索引结构的并行化研究，Hoel 和 Samet（2003）使用数据并行化策略构建各种空间索引实现线要素的快速多边形化，包括基于桶方法的数据并行 PMR quadtree、数据并行 R-tree、数据并行 R+tree。Kamel（1994）研究基于分布式空间数据库的并行 R-tree 索引，使用并行 I/O 策略实现空间查询的高吞吐量。

目前的并行空间分析算法研究大多集中在数据并行的模式，需要对空间数据进行处理前的划分与处理后的合并，空间数据分解策略较多，但数据单独处理后结果的合并是一个相对困难的问题，特别是对于分布不规则的矢量拓扑数据合并，需要进行更深入的研究。因此，面向矢量空间数据的并行化存取与处理的相关算法和机制研究有较大难度。

并行环境下 GIS 算法根据算法特点与应用目的不同可以分别属于 SIMD（single instruction multiple data）和 MIMD，从 GIS 空间数据结构角度，栅格影像耦合度较低使用 SIMD 可以实现一次分发高度并行的效果，矢量数据处理属于多指令多数据应用，都可以利用集群架构将地理空间数据分布于它们的计算子节点上，对于矢量数据可以让不同计算节点进行分类、排序和融合处理等。

在并行空间分析与数据处理领域，最经典和具有里程碑意义的研究是英国爱丁堡大学的 Mike Mineter、Rechard Healey 等专家提出的基于分布式框架的并行 GIS 解决方案，利用矢量拓扑模型实现基本的 overlay、buffer、vector2raster 等空间分析运算（图 1-6）（Mineter and Dowers, 1999）。该研究从方法论的高度探索并行空间处理算法的可行性，并针对经典 GIS 算法给出具体的并行解决方案。框架设计利用并行软件包思想封装复杂的空间分析算法，利用空间域分解策略将数据划分为子区域，最大限度的重用串行代码，用户无需太多并行编程经验也可直接使用。该框架重点研究栅格数据和矢量拓扑数据的分割策略。

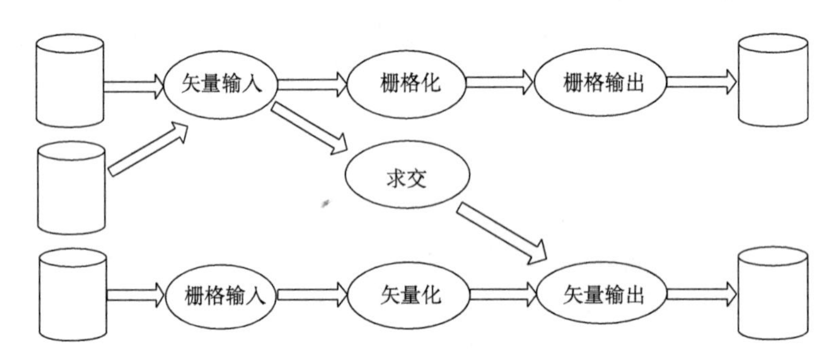

图 1-6　并行 GIS 操作模块（根据 Mineter and Dowers, 1999）

英国 Leeds 大学的 Turton I 与 Openshaw S 领导的 HPC 团队利用 Cray T3D 并行超级计算机解决人文地理问题，具体实现中选择典型串行矢量地理算法，将其代码移植到 512 个处理器的 Cray T3D 中。为保持编程的一致性和移植性，遵循 MPI 与 Fotran 进行开发。将并行算法应用到解决新的计算密集性科学问题中，其研究指出并行计算在空间分析领域的应用并不只是开发并行化的 GIS 函数，除改变串行地学计算模型方法、提高耗时计算的速度和质量外，更深刻的意义在于探寻基于计算技术开发全新甚至奇异的计算模式，如将智能计算应用到空间分析领域（图 1-7）。

串行体系
具体应用
应用工具(eg.GIS操作)
通用工具(eg.数据IO)
操作系统
硬件架构

并行体系
具体应用
应用工具(eg.GIS操作)
数据分解、生成
并行工具(eg.并行IO)
消息传递
操作系统
硬件架构

图 1-7　串行-并行地理应用软件层次结构比较

Hawick 等（2003）系统地总结了高性能计算分布式框架和并行算法在处理海量地理数据的应用，并指出 GIS 仍然是一个资源饥饿领域，可以很好地利用并行技术进行性能提升。数据分布式存储方面，启动在线数据文档（on-line data archives, OLDA）项目，开发计算网格式系统原型，解决海量空间数据的分布式存储问题，管理并行超级计算机、工作站、高速网络等分布式计算资源。Kennth 使用该框架实现并行数据仿真进行天气预报、并行降水克里金插值、并行遥感图像分类和并行图像几何校正等实验。

高级空间分析领域，加州大学 Gene Guan 利用 MPI 作为并行基础，使用多层次栅格数据进行并行元胞自动机试验（SLEUTH），模拟预测城市发展和土地利用变化趋势。SLEUTH 模型复杂的过渡规则、规则的参数多样化和潜在的大量数据使其成为一个计算密集型系统。在假定模型各参数间都是线性关系的前提下，常规的计算模式是采用暴力搜索最佳组合的方法，但是由于模拟的随机性参数之间的关系并不能直接判断为线性相关。为弥补暴力方法的缺点，该校地理系启动 pSLEUTH 项目，以面向计算的形式，使用并行计算技术提升 CA 模型的性能和处理长周期内的空间数据的能力。pSLEUTH 框架采用数据和任务混合并行的方式（图 1-8），利用任务队列维护计算任务状态，将数据和任务动态分发到各节点，实现集群计算的动态负载均衡。

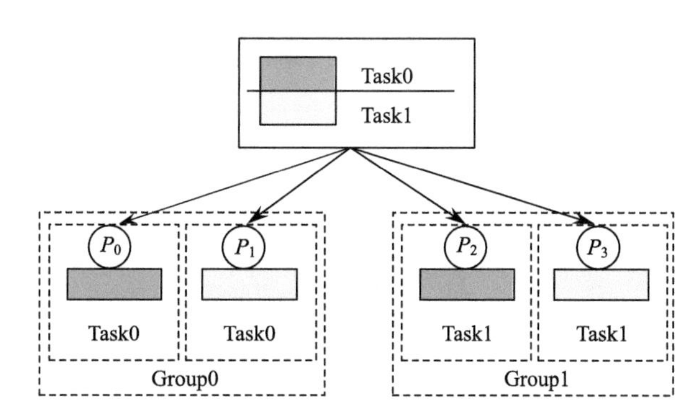

图 1-8 混合并行模式（根据 Guan, 2008）

1.5.2 叠加分析

作为衔接空间数据处理与应用模型的重要部分，空间分析通过对原始数据的特征观察、分析和处理，获得更多的经验和知识，并以此作为空间行为的决策依据（刘湘南等, 2005）。随着应用的深入，数据海量化、构架网络化、处理实时化等要求日益提高，对空间分析功能在计算效率、性能、处理能力等方面的要求也越来越高。叠加分析（overlay analysis）是 GIS 常用的空间分析工具之一，也被称为叠置分析、叠合分析等，在 GIS 空间分析算法体系中占有重要地位。叠加分析定义为将两层或多层地图要素进行叠加而产生一个新要素层的操作，其结果是将原来要素进行分割进而生成新的要素，新要素综合了原来两层或多层要素所具有的属性（陈述彭等, 1999；吴信才, 2002）。在矢量叠加算法中，多边形之间的叠加分析是地理数据处理领域所面临的重要且困难的基础问题之一（Wang, 1993），是矢量数据叠加分析的核心问题之一（Goodchild, 1977; Kriegel et al.,

1992; Shi, 2012; Agarwal et al., 2012），通常具有高算法复杂度和计算时间密集性（Dowers et al., 2000）的特点。目前的多边形裁剪及拓扑叠加问题虽然已有较多的算法描述（李鲁群等, 2002），但是在面临超大数据量的矢量空间数据时依旧存在困难，体现在矢量叠加分析的计算效率和问题处理规模两个重要方面，如难以为大量多边形数据维护和建立拓扑关系，串行化的几何计算效率较低等。因此海量空间数据已经对矢量数据的叠加分析算法的处理能力提出了严峻挑战，矢量叠加分析的高性能计算问题亟待解决。

空间叠加分析问题并行求解的最终目的是将该问题映射到并行机器上，物理上的映射通过不同层次上的抽象映射来实现，结合并行计算的相关技术和概念，我们总结出地学计算并行化过程，图 1-9 为描述空间叠加分析从问题模型到编程求解的并行化映射过程。

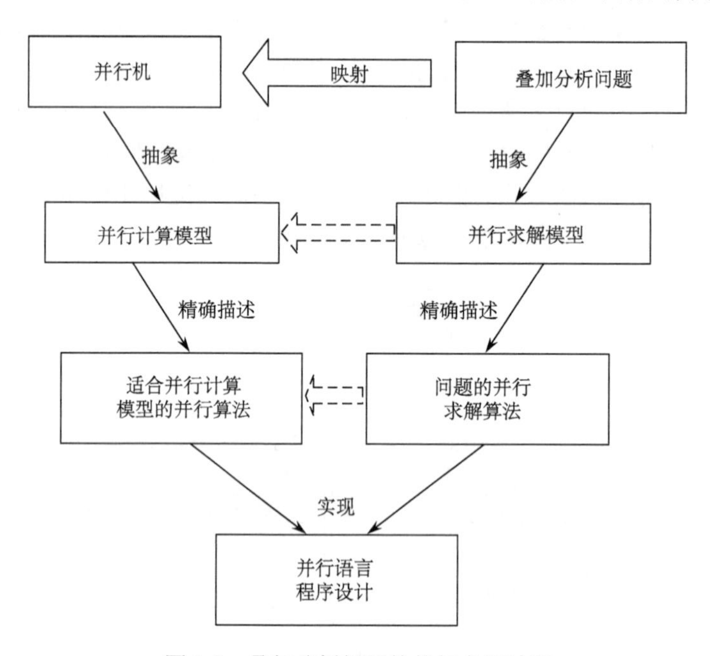

图 1-9　叠加分析问题的并行求解过程

基于矢量数据的常用叠加分析操作有视觉信息叠加、点面叠加、线面叠加和面面叠加，参与叠加分析运算的图层中必须有一个多边形图层作为基本图层，其过程可以分为几何求交和属性分配两步。首先通过空间对象几何要素间的逻辑布尔操作（并、交、差）生成新的图像要素，然后根据逻辑关系对叠置范围内的图像属性信息进行分析评定，最后获得新的空间特性和属性关系。栅格叠加分析相对简单，只要将各栅格图层中同一位置格网（像素）的各层属性值进行代数运算即可，缺点是计算精度存在一定范围的误差。

当前并行化 GIS 空间分析处理研究的状态是主要关注解决空间域分解和空间操作任务调度两方面。因此，矢量拓扑数据的并行叠加算法设计通常与特定的并行计算机架构进行绑定，如 SIMD 或 MIMD 系统。这种紧耦合的方法存在三方面的问题。

（1）逻辑上，基于空间域分解和任务调度的方法必须关注空间数据和分析操作的特点。不同的数据组织形式需要从不同的侧重点考虑数据的分布式划分，如针对多源空间数据开发一套通用的数据分解和任务调度系统会忽略数据的差异性，架构模式的统一化导致特定算法加速比的损失。

（2）一般意义上，任何对空间数据和分析操作特点的改变，其相对应的空间域分解和分析方法的设计和实现必须进行修改，这种情况导致开发通用性地理分析方法具有一定的难度。

（3）并行系统的兼容性上，空间域分解和任务调度依赖于特定并行计算机架构，即使针对特定的空间分析算法，计算架构的变更要求运算方案也随之调整。

目前已有多个应用并行计算加速矢量多边形叠加分析算法的典型案例。

Mineter 和 Dowers（1999）提出一种基于数据切割的分布式叠加操作方法，该方法基于英国 NTF 文件结构，NTF 数据模型中记录三种数据类型：属性数据、拓扑关系和几何数据。其算法过程如图 1-10 所示，描述如下。

（1）使用空间分治法将数据划分为条带。算法中数据的划分过程虽然直观但是实现却十分复杂，切割矢量数据时需要维护复杂的关联关系。

（2）使用坐标排序、链表连接、GAD 模型等对几何对象进行排序。

（3）在每个条带内使用扫描线算法进行快速线段相交检测。但是在条带较多时各任务间的通信开销将大于该算法获得的性能提升。

（4）拼接数据，整体性地收集运算结果。

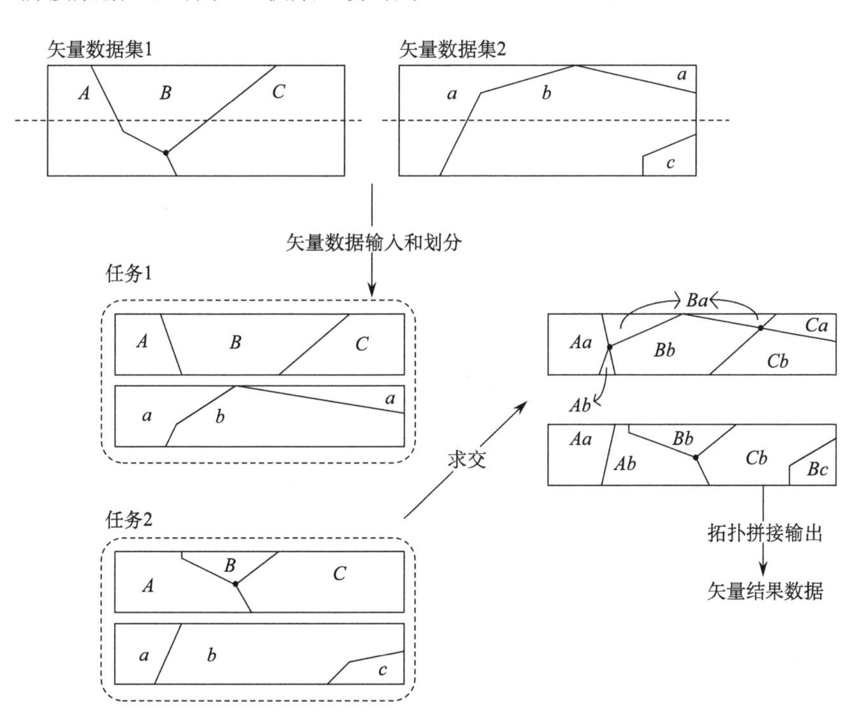

图 1-10 数据切割并行的叠加操作流程（根据 Mineter, 2003）

Mineter 和 Dowers（1999）提出对并行算法和软件分层设计的思想来实现地学计算方法的便捷并行化和较高的代码重用率。所谓分层，指的是将原有串行算法进行分解以形成多个功能层的过程，如一部分代码实现并行 I/O，一部分实现数据分解，另一部分实现并行处理，每一部分代码称为一层。软件分层方法对可进行常规分解和空间划分的数据来说可以轻易实现，如大气传输模型数据和遥感数据等栅格数据，该方法以一种将进程间通信的复杂性封装到一个软件框架中的直接方式实现了软件的指定功能，但该方法的关键是初始数据分发、数据整理和结果搜集，以及对进程间数据交换的支持；对于像带有拓扑关系的矢量数据等复杂的数据模型需要开发新的数据分解方法来应用软件分层的思想。

在上述研究的基础上，Mineter（2003）指出对于并行矢量拓扑分析操作最关键的一点是由并行计算带来的效率提升必须超过因数据分块和拓扑接边导致的额外开销，否则整个并行操作将失去意义。按照这一指导原则，作者基于数据并行的思想（Breshears, 2009）设计了称为拓扑-拼接-输出（topology-stitching-output, TSO）的软件框架，实现了栅格转矢量和多边形叠加问题的并行求解及处理结果的拼接以及拓扑重建，并在共享内存架构的两台多处理器计算机上取得了较高的加速比。该软件框架的工作流程如图 1-11 所示。

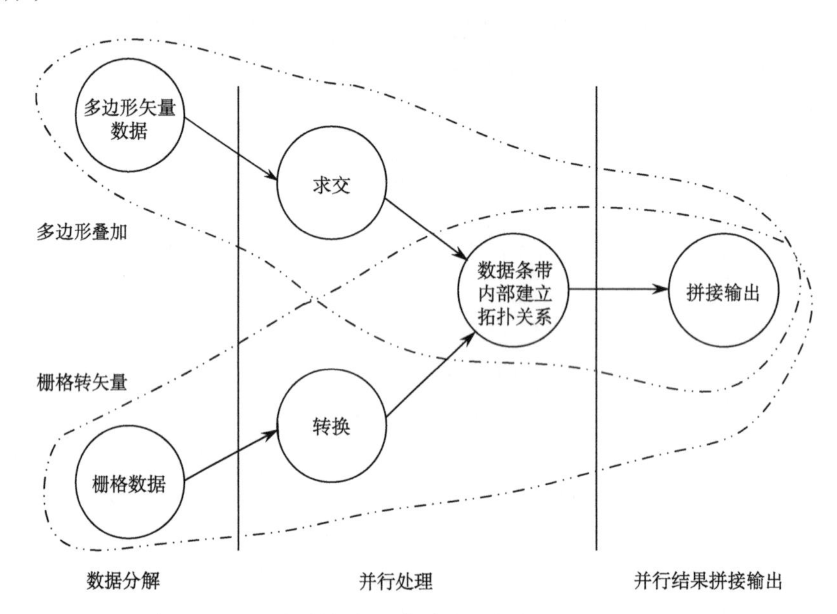

图 1-11　TSO 软件框架工作流程（根据 Mineter, 2003）

吴亮等（2010）在分布式计算环境下分析了空间计算所具有的基本特征，从空间计算任务分解、分布式空间数据划分方法、共享数据复制策略、负载平衡策略和空间计算框架的缓存机制等多个方面研究了分布式空间分析技术体系，设计并实现了一种可行的分布式空间分析框架，提高了分布式环境下海量空间数据并行空间分析计算的效率。

近年来，基于 OGC 简单要素规范/模型的高性能计算方法研究取得了较大发展，这一方面得益于 OGC 简单要素规范已成为空间数据交换过程中事实上的工业标准，另一方面是其非拓扑的数据存储方式所体现出的操作与处理的便捷优势。在相当多的空间应用中，人们并不关心空间要素间复杂的拓扑关系，基于该前提开展的空间叠加分析过程中也就没必要花费大量时间和计算资源去维护拓扑关系。王结臣等（2011）指出，目前高性能空间分析算法的研究仍然以数据并行方式为主。因此，研究基于 OGC 简单要素模型的非拓扑矢量数据并行叠加分析算法具有明显的现实意义与应用价值。

周玉科等（2012）基于 OGC 简单要素模型，采用数据本地化的策略给出了空间叠加的一种管道线并行设计方法，作者基于管道线设计方法实现了多边形求交的并行算法，达到了一定的加速效果。其算法流程如图 1-12 所示。

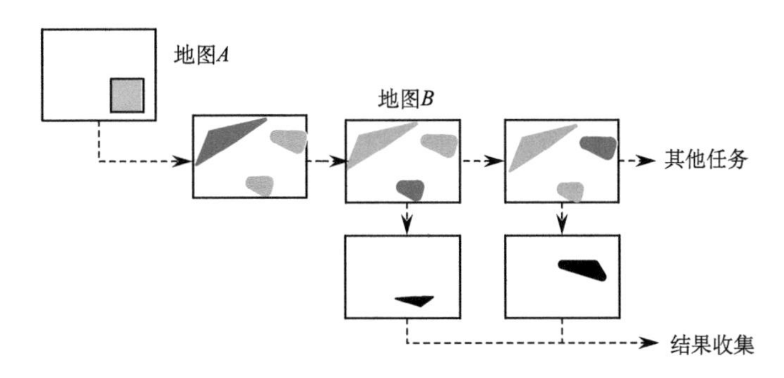

图 1-12　管道线式 Overlay 方法（根据周玉科等, 2012）

Shi（2012）通过检查目标图层中矢量要素的外包矩形顶点与叠加图层中要素外包矩形间的包含关系来对参与叠加分析的要素进行初步筛选，作者使用 1 个线性链表分别存储从目标图层要素到叠加图层要素间 0 或 1 对多的关系，使用另一相同结构的线性链表存储从叠加图层要素到目标图层要素间类似的 0 或 1 对多的关系，上述映射关系的确定过程采用并行计算的方式实现。不同的空间叠加分析操作，包括求交、合并、求差、求异等均基于上述 2 个线性链表实现，作者在多核并行环境下实现了上述多种多边形并行叠加分析算法和工具。

张树清等（2013）在简单要素模型下对多边形的几何部件特征进行了分类，采用单环、多环、大量节点数据构成的多链环进行描述，设计了多重数据包围盒的多边形筛选与并行计算策略，并增加了 Overlay 基本操作类型：共线，实现了多边形叠加操作的共线位置、节点数量的快速计算，相关实验验证了方法的有效性。

赵斯思和周成虎（2013）将 GPU 用于多边形叠置分析过程中的多边形 MBR 过滤和多边形裁剪两个阶段。在多边形 MBR 过滤阶段，作者提出了通过直方图及并行前置基于 CPU 实现多边形的 MBR 过滤的算法。在多边形裁剪阶段，作者通过改进 Weiler-Atherton 算法，使用新的交点插入方法和简化的出入点标记算法，并结合并行前置和算法，提出了基于 GPU 的多边形剪裁算法。作者还考虑了并行算法实现过程中的负载平衡问题，给出了基于动态规划的负载平衡计算方法，最终实现了基于 GPU 的多边形裁剪算法，与 CPU 实现的多边形裁剪算法相比，获得了约 3.4 倍的加速。

邱强等（2013）在 Linux 和 MPI 并行编程模型环境下使用均匀条带划分实现数据分解，对点面包含问题进行了研究，相关实验结果表明，动态调度策略总体优于静态调度策略，而并行过程中可能会影响计算效率的数据划分粒度和 I/O 瓶颈同样是不容忽视的问题。

1.6 本章小结

本章主要对高性能计算的技术、相关算法等进行背景知识的介绍，对理论和应用进行了详细的阐述，并提供了大量实例，使读者能对高性能 GIS 及空间叠加分析等专业知识有初步的认知。

参考文献

白树仁, 李涛, 宁锦阳. 2011. 基于 MPI 的并行 Kriging 空间降水插值. 计算技术与自动化, 30(1): 71-74.
陈国良, 孙广中, 徐云, 等. 2008. 并行算法研究方法学. 计算机学报, 31(9): 1493-1502.
陈军, 赵仁亮. 1999. GIS 空间关系的基本问题与研究进展. 测绘学报, 28(2): 95-102.
陈述彭, 鲁学军, 周成虎. 1999. 地理信息系统导论, 北京: 科学出版社.
陈彦光, 罗静. 2009. 地学计算的研究进展与问题分析. 地理科学进展, 28(4): 481-488.
陈永健. 2004. OpenMP 编译与优化技术研究. 北京: 清华大学博士学位论文.
迟学斌, 赵毅. 2007. 高性能计算技术及其应用. 中国科学院院刊, 22(4): 306-313.
范建永, 龙明, 熊伟. 2012. 基于 HBase 的矢量空间数据分布式存储研究. 地理与地理信息科学, 28(5): 39-42.
李鲁群, 邓敏, 刘冰, 等. 2002. GIS 中空间数据叠置分析的优化算法设计. 山东科技大学学报(自然科学版), 21(2): 62-64.
刘湘南, 黄方, 王平, 等. 2005. GIS 空间分析原理与方法. 北京: 科学出版社.
骆剑承, 周成虎, 蔡少华, 等. 2002. 基于中间件技术的网格 GIS 体系结构. 地球信息科学, 3: 17-25.
马纯永. 2010. 城域景观 VRGIS 一体化仿真平台研究与实现. 青岛: 中国海洋大学博士学位论文.
邱强, 曹磊, 方金云. 2013. 并行点面叠加算法在动态调度和静态调度中的对比研究. 地理与地理信息科学, 29(4): 35-38.
屈婉霞, 蒋句平, 杨晓东, 等. 2005. 并行计算机系统容错设计. 计算机工程与科学, (9): 69-70,84.
王结臣, 王豹, 胡玮, 等. 2011. 并行空间分析算法研究进展及评述. 地理与地理信息科学, 27(6): 1-5.
王文义, 张影. 2001. 构建高性能集群计算机系统的关键技术. 郑州工业大学学报, 22(1): 6-9.
王铮, 吴静. 2011. 计算地理学. 北京: 科学出版社, 251-275.
吴亮, 谢忠, 陈占龙, 等. 2010. 分布式空间分析运算关键技术. 地球科学(中国地质大学学报), 35(3): 362-368.
吴信才. 2002. 地理信息系统原理、方法及应用. 北京: 电子工业出版社.
薛勇, 万伟, 艾建文. 2008. 高性能地学计算进展. 世界科技研究与发展, 30(3): 314-319.
杨际祥, 谭国真, 王荣生. 2010. 多核软件的几个关键问题及其研究进展. 电子学报, 9(38): 2140-2146.
张树清, 张策, 杨典华, 等. 2013. 简单要素模型下的多边形对象叠加并行运算策略研究. 地理与地理信息科学, 29(4): 43-46.
赵斯思, 周成虎. 2013. GPU 加速的多边形叠加分析. 地理科学进展, 32(1): 114-120.
周兴铭. 2011. 高性能计算技术发展. 自然杂志, 5(33): 249-254.
周玉科, 马廷, 周成虎, 等. 2012. MySQL 集群与 MPI 的并行空间分析系统设计与实验. 地球信息科学学报, 14(4): 448-453.

Agarwal D, Puri S, He X, et al. 2012. A system for GIS polygonal overlay computation on Linux cluster: An experience and performance report. Proceedings of the 2012 IEEE 26th International Parallel and Distributed Processing Symposium Workshops & PhD Forum, 1433-1439.

Aissatou, Kone F. 2011. Proposed of a GIS Cloud (GIS-C) system architecture in private used. Future Intelligent Information Systems, 55-63.

Barak A, La'adan O. 1998. The MOSIX multicomputer operating system for high performance cluster computing. Journal of Future Generation Computer Systems, March, 13(4-5): 361-372.

Barney B. 2012. Introduction to Parallel Computing. July 2012, URL: https: //computing. llnl. gov/tutorials/ parallel_comp/#Flynn. Accessed: Sep.

Bhat M A, Shah R M, Ahmad B. 2011. Cloud computing: A solution to geographical information systems (GIS). International Journal on Computer Science and Engineering, 3(2): 594-600.

Breshears C. 2009. The Art of Concurrency: A Thread Monkey's Guide to Writing Parallel Applications. Sebastopol, CA, USA. O'Reilly Media Inc. 23-70.

Chang F, Dean J, Ghemawat S. et al. 2008. Bigtable: A distributed storage system for structured data. ACM Transactions on Computer Systems(TOCS), 26(2): 1-26.

Clarke K C. 2003. Geocomputation's future at the extremes: High performance computing and nanoclients. Parallel Computing, 29: 1281-1295.

Cohen M F, Chen S E, Wallace J R, et al. 1988. A progressive refinement approach to fast radiosity image generation. Proceedings of the 15th Annual Conference on Computer Graphics and Interactive Techniques, 75-84.

Cramer T, Schmidl D, Klemm M, et al. 2012. OpenMP programming on Intel Xeon Phi Coprocessors: An early performance comparison. //Proceedings of the Many-core Applications Research Community (MARC) Symposium at RWTH Aachen University. Aachen, Germany, 38-44.

Dowers S, Gittings B M, Mineter M J. 2000. Towards a framework for high-performance geocomputation: Handling vector-topology within a distributed service environment. Environment Urban Systems. 24: 471-486.

Foster I. 2006. Globus toolkit version 4: Software for service-oriented systems. Journal of Computer Science and Technology, 21(4): 513-520.

Foster I, Kesselman C. 1999. The Grid: Blueprint for a New Computing Infrastructure. San Francisco: Morgan Kaufmann Publishers.

Foster I, Zhao Y, Raicu I, et al. 2008. Cloud Computing and Grid Computing 360-Degree Compared . Grid Computing Environments Workshop, 9-16

Ghemawat S, Gobioff H, Leung S T. 2003. The Google file system. Proceedings of the Nineteenth ACM Symposium on Operating Systems Principles. 29-43.

Goodchild M F. 1977. Statistical aspects of the polygon overlay problem. In Harvard Papers on Geographic Information Systems. Addison-Wesley Publishing Company, 6. Reading, MA, USA.

Grama A, Gupta A, Karypis G, et al. 2003. Introduction to Parallel Computing. Harlow(England): Addison-Wesley.

Guan Q F. 2008. Getting started with pSLEUTH. Papers in Natural Resources, 218.

Hawick K A, Coddington P D, James H A. 2003. Distributed frameworks and parallel algorithms for processing large-scale geographic data. Parallel Computing, 29(10): 1297-1333.

Hoel E G, Samet H. 2003. Data-parallel polygonization. Parallel Computing, 29(10): 1381-1401.

Kamel I. 1994. Hilbert R-tree: An Improved R-tree Using Fractals. Proc. of the 20th International Conference on Very Large Data Bases. San Francisco, USA: Morgan Kaufmann, 500-509.

Kerr N T. 2009. Alternative Approaches to Parallel GIS Processing. M. S. Thesis, Kaiserslautern Tech. University, Germany.

Kriegel H P, Brinkhoff T, Schneider R. 1992. The combination of spatial access methods and computational geometry in geographic database systems. Data Structures and Efficient Algorithms, 70-86.

Lin C, Snyder L. 2009. 并行程序设计原理. 陆鑫达, 林新华译. 北京: 机械工业出版社.

McKenney M, Luna G D, Hill S, et al. 2011. Geospatial overlay computation on the GPU. Proceedings of the 19th ACM SIGSPATIAL International Conference on Advances in Geographic Information Systems, ACM. NY, USA, 473-476.

Mineter M J. 2003. A software framework to create vector-topology in parallel GIS operations. International Journal of Geographical Information Science, 17(3): 203-222.

Mineter M J, Dowers S. 1999. Parallel processing for geographical applications: A layered approach. Journal of Geographical Systems, 1(1): 61-74.

Murphy R. 2007. On the effects of memory latency and bandwidth on supercomputer application performance. Proceedings of the 2007 IEEE 10th International Symposium on Workload Characterization, Boston, MA, USA, 35-43. doi: 10. 1109/IISWC. 2007. 4362179

Müller M S. 2001. Some simple OpenMP optimization techniques. Proceedings of International Workshop on OpenMP Applications and Tools, WOMPAT 2001 West Lafayette, IN, USA, July 30–31, 2104: 31-39. Springer-Verlag: Berlin, Heidelberg.

Müller M S. 2002. A shared memory benchmark in OpenMP. Proceedings of 4th International Symposium, ISHPC 2002 Kansai Science City, Japan, May 15-17, 2327: 380-389. Berlin, Heidelberg: Springer-Verlag.

Nikolopoulos D, Papatheodorou T, Polychronopoulos C, et al. 2000. Leveraging transparent data distribution in OpenMP via user-level dynamic page migration. Proceedings of 3rd International Symposium, ISHPC 2000 Tokyo, Japan, October 16-18, 1940: 415-427. Berlin, Heidelberg: Springer- Verlag.

Novillo D, Unrau R C, Schaeffer J. 2000. Optimizing mutual exclusion synchronization in explicitly parallel programs. Proceeding of Languages, Compilers, and Run-Time Systems for Scalable Computers, Rochester, NY, USA, May 25–27, 1915: 128-142.

NVIDIA Corporation. 2012. What is GPU Computing. URL: http: //www. nvidia. com/object/what-is-gpu-computing. html. [2012-9-1].

Openshaw S, Abrahart R J. 2000. GeoComputation. New York: Tylor & Francis.

Setoain J, Prieto M, Tenllado C, et al. 2007. Parallel morphological endmember extraction using commodity graphics hardware. IEEE Geoscience and Remote Sensing Letters, 4(3): 441-445.

Setoain J, Tenllado C, Prieto M, et al. 2006. Parallel Hyperspectral Image Processing on Commodity Graphics Hardware. International Conference on Parallel Processing Workshops, 465-472.

Shi X. 2012. System and methods for parallelizing polygon overlay computation in multiprocessing environment. US Patent, Pub. No: US 2012/0320087 A1, Dec. 20, 2012.

Sterling T, Savarese D, Becker D J, et al. 1995. Beowulf: A parallel workstation for scientific computation. Proceedings of the 24th International Conference on Parallel Processing, Oconomowoc, Wisconsin, 11-14.

The Apache Software Foundation. 2013. URL: http: //hadoop. apache. org/. [2020-9-1].

TOP500 List. 2013. URL: https: //top500. org/lists/top500/2013/06/. [2020-7-1].

Wang F. 1993. A parallel intersection algorithm for vector polygon overlay. Computer Graphics and Applications, IEEE, 13(2): 74-81.

第 2 章　并行算法设计与优化理论

并行计算（parallel computing）是将一项大的数据分析处理或数值计算问题（或局域性问题）分解为多个相互独立的、同时进行的子任务（广义的并发执行），并通过这些子任务相互协调的运行，实现问题的快速、高效求解（陈国良等, 2008）。并行计算机是由一组处理单元组成，这组处理单元通过相互之间的通信与协作，以更快的速度共同完成一项大规模的计算任务。并行计算机的两个最主要的组成部分是计算节点和节点间的通信与协作机制。相比于串行计算，并行计算需要各计算节点进行协作，共同完成某一项任务，各个执行部件的处理工作可分布在相同的计算机上（MPP、SMP、多核处理器），也可分布在不同的计算机上。广义上，并行计算容纳处理器的数量可以从单个处理器弹性扩展到无数多个处理器，实际应用中受处理器排列形式和处理节点数据交换等限制，通常采用正常串行处理需要处理器的有限倍数个处理器架构。

并行计算机体系结构的发展也主要体现在计算节点性能的提高，以及节点间通信技术的改进两方面。20 世纪 70 年代，大规模集成电路技术的实现极大地推动并行计算机的发展，时至今日并行计算机的发展经历了并行向量处理机（PVP）、对称多处理器（SMP）、大规模并行处理机（MPP）、工作站集群（COW）、分布式共享存储处理机（DSM）等阶段。

按照并行化的不同层次，并行计算可以分为多种方式，主要分为位运算级别、指令级别、数据级别和任务级别的并行。从硬件支持的并行化层次来分，可以分为单个计算机中的多核、多处理器并行化和以集群、网格等形式在多计算机中处理同一任务的并行化。按照并行的维度来分，并行计算可分为时间上的并行和空间上的并行。

2.1　并行化策略

将计算划分成许多小的计算，再把它们分配到不同处理器中以便并行执行，这是并行算法设计中的关键步骤。并行实现的第一个步骤是识别程序的哪些部分可以并行。并行实现的第二个步骤是选择并行化分解策略。并行化策略通常有两种方法：任务并行和数据并行。

任务并行即把程序分解为多个任务，标识出它们之间的依赖关系，并进行任务调度，使得并行执行的任务互不干扰。也就是说，不同的处理机执行不同的功能。例如，某个处理机从二级存储设备输入数据，而另一个处理机根据先前接收的数据产生网络。

数据并行是将问题的数据空间分解为多个区域，并分配给不同的处理机，每个处理机负责计算各个区域的结果。因此，当在 100 个处理机和 1000×1000 的网络上做二维模拟时，可以给每个处理机分配 100×100 的子网格，这样就能有效地利用这些处理机。由于数据并行策略可以使更多的处理机保持忙碌状态，且具有天然的可扩展性，而任务并行策略的并行度不高，所以求解科学问题时通常采用数据并行策略。如果用 10000 个处理机求解同样的问题，每个处理机仍然分配 100×100 的子网格，则总共可以求解 10000×10000 的网格上的问题。由于每个处理机上的计算量没有改变，所以大规模问题仅比小规模问题的求解时间稍微长一些（陈国良等, 2002）。

目前并行空间分析算法研究大多集中在数据并行的模式，需要对空间数据进行处理前的划分与处理后的合并，空间数据分解策略较多，但数据单独处理后结果的合并是一个相对困难的问题，特别是对于分布不规则的矢量拓扑数据合并，需要进行更深入的研究。

完全的并行化对大多数空间分析算法来说并不可行，并且采用何种的并行方式不能一概而论，需要根据具体应用情景采用合适的并行策略，很多时候必须采用数据并行和任务并行混合的方式。例如，栅格影像处理增强、遥感图像的辐射定标、蒙特卡罗（Monte Carlo）模拟和元胞自动机等模型和算法，数据并行具有可行性，而对于更为复杂的地学模型，如卫星气溶胶定量遥感反演、城市化模型等无法依赖简单的并行模式（Clarke and Leonard, 1998）。空间图形分析主要是计算几何和图论，空间统计涉及数值计算领域，相对几何图形数据的计算较容易利用数据并行解决问题，空间模拟优化等不确定性问题适合利用并行计算能力快速获取最优解。

并行计算的发展出现了多种成熟的算法分解方法，如分治策略、流水线技术、并行二叉树技术等。并行二叉树技术主要应用于解决进程间的通信瓶颈问题，可将通信复杂度由 $O(n)$ 下降到 $O(\log n)$。下面主要介绍分治策略和流水线技术。

Foster（1995）提出了一种并行算法设计的经典任务分解模型——任务/通道模型（task/channel model），并基于该模型提出了并行算法设计的经典方法——PCAM 方法，PCAM 方法采用了典型的分治策略。任务/通道模型提高了并行应用程序及算法设计和开发的效率，其更适合于基于分布式存储、并行计算机的并行应用程序的设计与开发，而 PCAM 已成为并行算法设计的重要方法论，PCAM 方法将并行算法分为四个过程，即分解、通信、组合和映射。都志辉（2001）指出，经典的 Ian Foster 的任务/通道模型及其方法论为地学方法并行化中关键问题的求解和并行地学算法设计提供了理论依据和方法论保证。图 2-1 是 PCAM 方法的过程示意图。

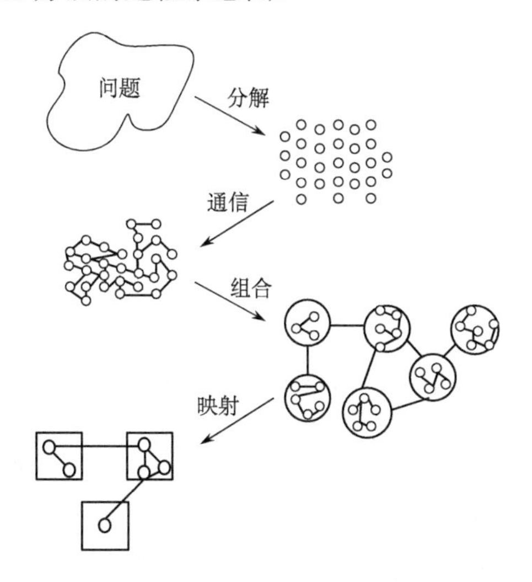

图 2-1　PCAM 并行算法设计方法示意图（根据 Foster，1995）

流水线（pipeline），也称管道线，并非一项新的技术，所谓流水线技术是指利用工业产品流水线的思想完成一系列算法功能操作任务的流程，可解决串行算法中不可避免的数据相关性，如 Gauss-Seidel 迭代、双曲型方程中的上下游流场数据依赖问题等。

翟晓芳等（2011）指出，计算机中的流水线借用了工业流水线的思想，即把需要几个步骤生产的产品同时进行来提高效率。流水线技术可以使处理器在执行程序时将多条指令重叠进行操作，进而达到一种并行处理，提高程序代码执行的效率。它具有两个明显优点：①使用软件流水为解决复杂问题提供了途径；②软件流水线可以使不同的程序再利用。

流水线并行在处理粗粒度并行问题时较为有效。例如，遥感影像功能链处理往往涉及两幅甚至多幅不同的遥感影像，处理数据量大、计算耗时。流水线技术为解决该问题提供了较好的解决途径，即在不同遥感影像进行复合处理时可以根据处理的需要，构建不同功能的流水线。

并行计算还需要一些指标来描述架构或者算法的性能。从效率性能上的比较系数主要有加速比、效率、性能参数，定义如下所示。

（1）加速比的定义：设串行执行时间为 T_{s}，使用 n 个处理器并行执行时间为 $T_{\mathrm{p}}(n)$，那么加速比为

$$S_{\mathrm{p}}(n)=T_{\mathrm{s}}/T_{\mathrm{p}}(n) \tag{2-1}$$

（2）效率定义：设 n 个处理器的加速比为 $S_{\mathrm{p}}(n)$，则并行算法的效率为

$$E_{\mathrm{p}}(n)=S_{\mathrm{p}}(n)/n \tag{2-2}$$

（3）性能参数定义：设求解一个问题的计算量为 W，执行时间为 T，则性能为

$$Perf=W/T \tag{2-3}$$

阿姆达尔定律（Amdahl）是并行算法领域另一个重要的加速效果评价标准，它实际是一个计算机科学界的经验法则，代表使用并行处理器运算之后效率提升的能力。对于一个规模已知的计算问题，如果串行计算所在的百分比为 a，则使用 n 个并行处理器的加速比为

$$S_{\mathrm{p}}(n)=1/[a+(1-a)/n] \tag{2-4}$$

从上述公式可以看出，当 n 增大时，$S_{\mathrm{p}}(n)$ 也随之增大，但并不是简单的线性增大，它有一定的上界。从极限角度看，无论 n 多大，加速比都不可能超过 $1/a$。

2.2　数据分解方法

数据划分是并行程序设计中的基本技术。划分技术可以用于程序的数据，如将数据分解，然后对分解的数据并行操作。对于数据分块策略，为充分开拓地形分析算法的并发性和可扩展性，数据划分阶段常常忽略处理器数目和目标机器的体系结构，因此，动态调整并行数据以适应不同的计算环境显得愈加重要。空间数据一般具有数据类型和存储结构多变、数据量巨大、空间关系复杂等特征，空间对象实体的存储是变长的，除点

对象外，其他类型的空间对象对应的元组的大小均不相同，空间数据之间存在诸如拓扑关系、方位关系、度量关系等多种关联方式，在空间数据的划分过程中需要充分考虑空间关系因素的存在。数据划分方法主要有要素序列划分（Agarwal et al., 2012）、规则条带/格网划分（Waugh and Hopkins, 1992; Mineter and Dowers, 1999; Mineter, 2003），以及面向空间分布特征的数据划分方法。上述数据分解方法具有不同的适用条件，下面分别论述这三种数据划分方法的原理及其适用的多边形叠加分析场景。

2.2.1　序列划分

要素序列划分是指按照要素在文件或数据库中存储的先后次序进行数据划分的一种直接且简单的方法。当叠加多边形的几何形状不需要作为结果输出时，仅需要处理从目标图层到叠加图层“一对多”的映射关系，此时要素序列划分具有较好的适用性。以叠加求差工具为例进行说明：该工具的子操作为两个多边形叠加求差，表现为目标多边形减去与叠加多边形的交集部分，叠加图层中多边形对最终输出结果没有任何贡献，且串行算法可采用对目标图层多边形的直接一次遍历裁剪来实现。因此，对目标图层的循环遍历裁剪过程终止条件明确，每次循环操作之间不存在依赖关系，可基于 OpenMP 轻易实现并行化。图 2-2 是基于要素序列划分实现多核并行计算的方法示意图，该方法同样适用于叠加求交、标识、更新和空间连接操作。

```
#pragma omp parallel for shared(f_count,···) schedule(···)
for(int i = 0; i < f_count; i++){
```

FID	SHAPE	Name	···
0	Polygon		
1	Polygon		
2	Polygon		
3	Polygon		
4	Polygon		
5	Polygon		
6	Polygon		
7	Polygon		
8	Polygon		
9	Polygon		
10	Polygon		
11	Polygon		
12	Polygon		
13	Polygon		
14	Polygon		
15	Polygon		
16	Polygon		

CPU1
CPU2
CPU3
CPU4

```
}//end of parallel for
```

图 2-2　要素序列划分实现多核并行计算方法

2.2.2　规则条带/格网划分

格网划分是一种直观但实现较为复杂的并行数据分解方法，其原理是对输入的数据进行条带或格网切分，将切分后的每一组或几组要素分配到不同的计算单元上执行相同的计算过程以达到并行计算的目的。格网数据划分方法非常直观，但具体实现却较为复杂，不但需要开发多边形切割算法，而且将不可避免地对输入数据造成破坏，导致在分析结果输出后需要额外的结果缝合步骤。该方法的优势是通用性较高，一旦完成了数据切割和结果缝合所需要的算法工具，可方便地应用于任意叠置分析算法的并行化工作，包括需要处理 2 个叠置多边形图层间“多对多”映射的情形。图 2-3 是使用 8×8 的规则格网对数据进行划分以实现多核并行的方法示意图。

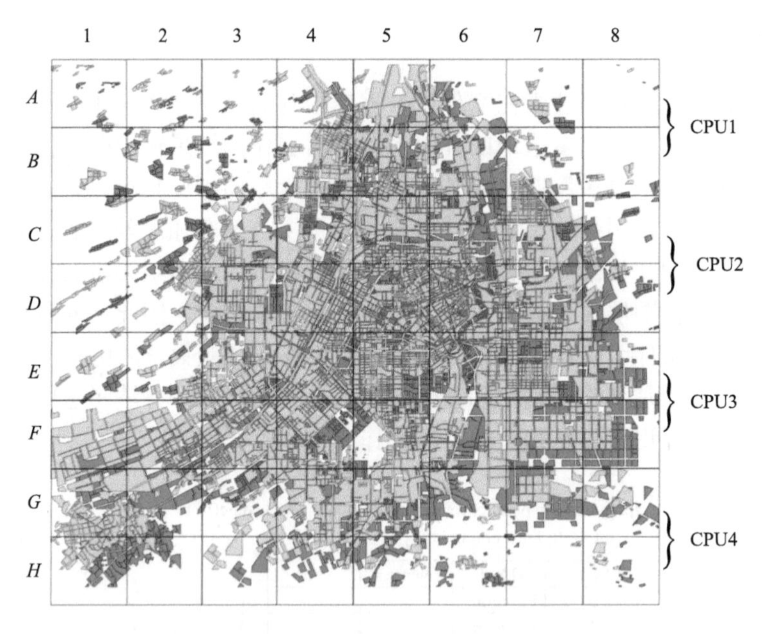

图 2-3　规则格网划分实现多边形叠加并行计算示意图

2.2.3　面向空间分布特征的数据划分

除序列划分、规则条带/格网划分之外，基于空间索引的要素数据划分方法、基于空间聚类的数据划分方法、基于空间填充曲线的数据分解方法等是实现并行任务数据分解的有效方法，均属于面向空间分布特征的数据划分方法。

1. 基于空间索引的数据划分方法

四叉树、R 树(R-tree)索引、R*树(R*-tree)索引等空间索引数据结构是实现空间数据划分的有效方法。四叉树符合对平面区域的垂直分解模式，通过递归地对空间区域进行四区域划分，直到达到预先设定的终止条件实现其生成过程。四叉树具有典型的空间递归分解特性，其层次性很好地体现了数据的空间分布特征，如图 2-4 所示。

R-tree 及其变种树是另一类高效空间索引数据结构，以 R-tree 为例，其实现空间数据划分的原理如图 2-5 所示。基于四叉树、R-tree 等空间索引数据结构的数据分解方法采用相邻叶子节点归为一组的分组数据划分方法，能够实现分布式环境下空间数据物理存储的均衡性和空间上的邻近性，多应用于分布式空间数据库等静态数据分配过程。上述空间数据划分方式并不直接适用于多边形叠加分析过程，但是R-tree及其变种树具有高效、动态、保持要素邻近性的特征，是实现相交多边形搜索的高效方法，也是本书设计和开发新的数据分解方法的基础。

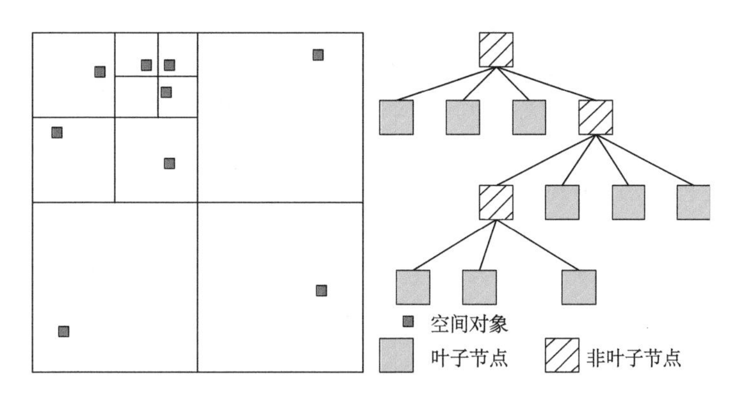

图2-4　四叉树实现对空间数据的划分

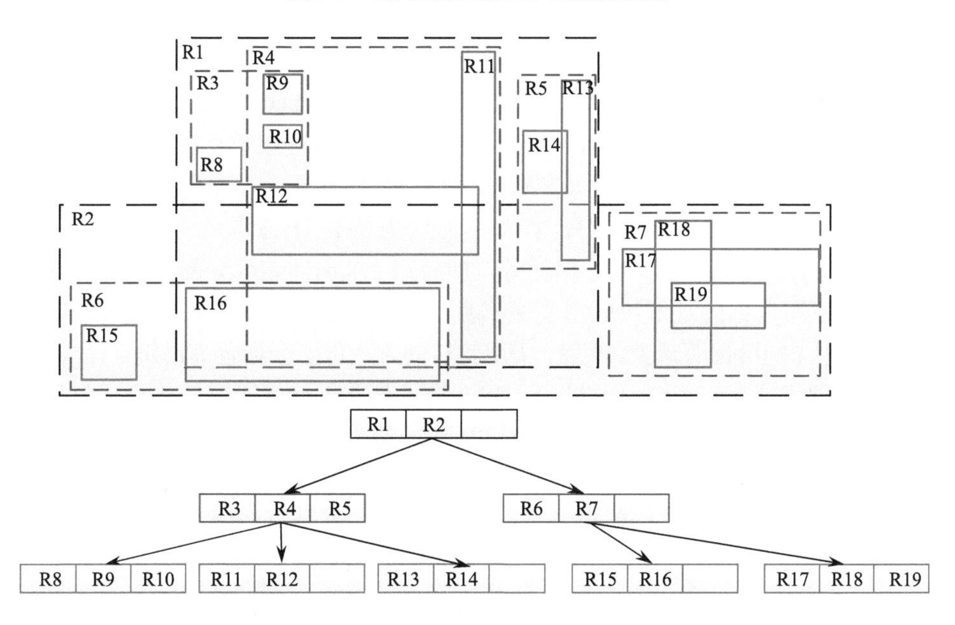

图2-5　R-tree实现对空间数据的划分

2. 基于空间聚类的数据划分方法

数据分组方法对要素间的空间邻近性的保证是实现高效叠加分析算法的前提。聚类分析是研究事物分类问题的统计分析方法，而结合要素空间特征的空间聚类能实现对空间要素的聚类分组，从而实现数据并行。基于空间聚类规则的数据划分的流程为空间要素特征提取、聚类方法和聚类规则选择、穷举完成聚类过程。目前比较流行的聚类方法主要是两种启发式方法：*k*-均值方法和 *k*-中心点方法；空间聚类主要是处理点对象，因此对线和多边形需要降维处理，获取特征点，常用的特征点主要是形心、中点、外包矩形中心点等；聚类规则通常是最小距离规则、距离累积和最小规则、面积增量最小规则等，基于空间聚类的数据划分方法同样增加了叠置分析算法开发的复杂度，并非最优方案。

3. 基于空间填充曲线的数据分解方法

空间填充曲线被广泛用于高维度点数据向线性顺序映射的过程。常用的空间填充曲线有 *Z*-order 曲线、Hilbert 曲线、Gray 曲线和扫描曲线等，其中 Hilbert 空间填充曲线是检索相对高效且具有局部相邻特性的全局覆盖曲线。应用 Hilbert 空间填充曲线实现数据编码和分解的过程通常为：对空间区域进行格网划分，可基于四叉树实现；基于 Hilbert 空间填充曲线遍历每一个单元网格，记录要素并编码、排序；对线性排序后的数据进行划分。显然，基于空间填充曲线的数据划分方法更适用于静态数据的分布式部署，该方法采用先建立格网索引后进行降维、线性编码、划分的处理流程，同样较大地增加了算法开发的难度。

2.3　任务调度策略

任务调度通常有静态和动态两种。静态调度（static scheduling）方案一般是静态地为每个处理器分配[N/P]个连续的循环迭代，其中 N 为迭代次数，P 是处理器数。一方面，除了在所有的循环迭代计算时间和每个处理器的计算能力都相同的同构情况下，这种静态调度的方案总会引起负载不平衡。另一方面，静态调度方案可以采用轮转（round-robin）的方式来给处理器分配任务，即将第 i 个循环迭代分配给第 i mod P 个处理器。这种方案可以部分地解决应用程序本身负载不平衡的情况，如 LU 分解的执行时间随着循环变量 i 的增长而减少。然而，采用轮转的方式可能会导致高速缓存命中率降低。

各种动态调度（dynamic scheduling, DS）技术是并行计算研究的热点，包括基本自调度（self scheduling, SS）、块自调度（block self scheduling, BSS）、指导自调度（guided self scheduling, GSS）、因子分解调度（factoring scheduling, FS）、梯形自调度（trapezoid self scheduling, TSS）、耦合调度（affinity scheduling, AS）、安全自调度（safe self scheduling, SSS）和自适应耦合调度（adapt affinity scheduling, AAS）。从任务队列组织形式可以把上述的动态调度算法分为两类：基于集中队列和基于分布队列两种。在基于集中队列的算法（如 SS、BSS、GSS、FS、TSS、SSS）中，每个处理器互斥地从集中任务队列中取出任务。使用集中任务队列的好处是可以较容易实现负载平衡，但同步开销，特别是对任务队列的互斥访问使得该类算法自身的开销很大。另外，这些传统的基于集中队列的循环调度有三个主要缺点。

（1）在任务队列中的一个循环迭代可能动态地分配给任何一个处理器执行，因此处理器和数据之间的耦合关系完全被忽略。

（2）在任务分配阶段，除了一个处理器外，所有其他处理器都要远程访问这个集中任务队列，因此会造成巨大的网络流量。

（3）由于拥有任务队列的处理器要被其他处理器频繁访问，因此它很容易成为系统的瓶颈，也会导致很大的同步开销。

尽管动态调度技术通常可以取得较好的负载平衡效果，但是开销也大。因此，在静态调度技术能达到较好的负载平衡效果的情况下，尽量采用静态调度技术。而在元计算环境下，一般动态调度有较好的效果。

多边形叠加计算具有典型的计算密集性和数据密集性的双重特征。多核并行计算架构、集群并行计算架构和基于 GPU 的并行架构是三种主流的并行算法实现方式，三种并行方法在处理问题的规模、编程实现的复杂度、平台依赖性等方面各有优势和不足。

2.3.1　多核并行计算架构

在多核处理器系统中，一个应用程序可以看作一系列串行或者并行任务的集合。多核处理器任务调度就是指在满足任务约束条件的前提下，根据一定的算法将这些任务合理地分配到各个处理器内核并行执行，以减少整个应用程序的执行时间。在任务分配的优化过程中，多核处理器任务调度按照任务之间有无依赖关系分为两种：独立任务调度和存在依赖关系的任务调度。大多数应用程序划分为任务集合后，任务集合中的任务之间很难避免存在数据依赖关系，绝大多数应用程序任务调度属于存在依赖关系的任务调度。

在存在依赖关系的任务调度中，某些应用程序在执行之前任务的属性及任务之间的关系都已经完全确定，任务不会随程序的动态执行而变化；某些应用程序在执行过程中任务的属性和任务之间的关系会随程序的执行产生动态变化，因此，这些任务的属性和任务之间的关系在执行之前不能完全确定。根据任务属性及任务之间的关系在程序执行之前是否完全确定，可将任务调度划分为两类：静态任务调度和动态任务调度。具体分类如图 2-6 所示。

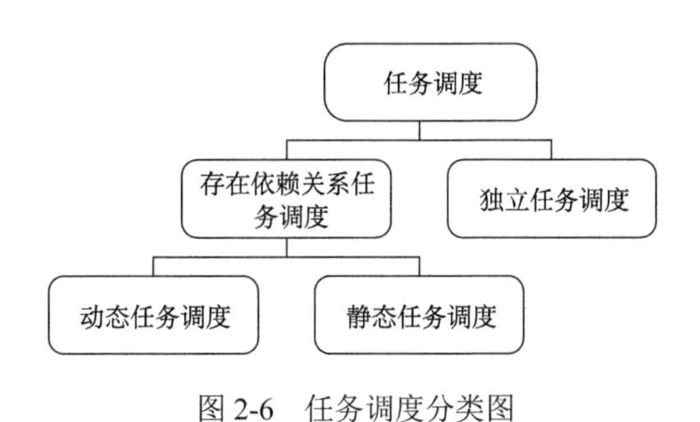

图 2-6　任务调度分类图

1. 动态任务调度算法

动态任务调度由任务调度器执行，在程序的运行过程中，根据任务的执行情况动态地将任务分配到各处理器内核并行执行。动态任务调度主要由本地调度策略和负载均衡策略组成。动态任务调度的关键是如何确定任务到各处理器内核需要的信息，如何确定该信息在不同处理器内核间交互的频率。传统动态任务调度中，依赖于处理器内核提供的服务是否满足应用程序子任务的需要，动态地将子任务分配到各个处理器内核并行执行（朱福喜和何炎祥, 2003）。动态任务调度过程如图 2-7 所示。

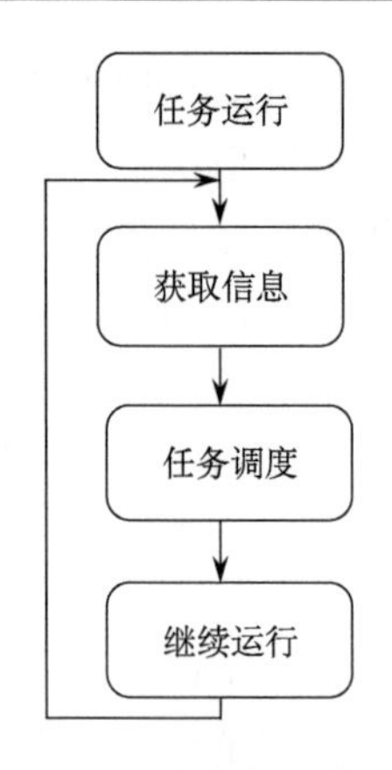

图 2-7　动态任务调度过程

动态任务调度的优点是灵活性较高，能够根据程序的动态运行情况进行调度，更好地保证了系统的负载平衡，能够获得较好的调度结果。针对同构多核处理器系统中的独立任务调度，动态任务调度具有更好的调度性能。但是，动态任务调度算法具有很高的复杂性，调度算法运行的额外开销很大，调度算法执行的时间、调度信息存储的位置、调度算法使用的技术等调度信息严重影响着系统的性能。

2. 静态任务调度算法

在静态任务调度中，通过静态估计或者剖面分析技术，应用程序任务的通信开销、计算开销、任务之间的依赖关系等属性信息在编译时就已经确定。同时，计算系统中各处理器内核的计算能力、内核间的互联信息等系统属性信息在任务运行前也都是已知的。在编译阶段由编译器根据这些已知信息，按照一定的任务调度算法将任务分配到各处理器内核并行执行。一旦将任务分配到某一处理器内核，在运行过程中该任务只能运行在该处理器内核上，不能动态调整，静态任务调度的过程如图 2-8 所示。

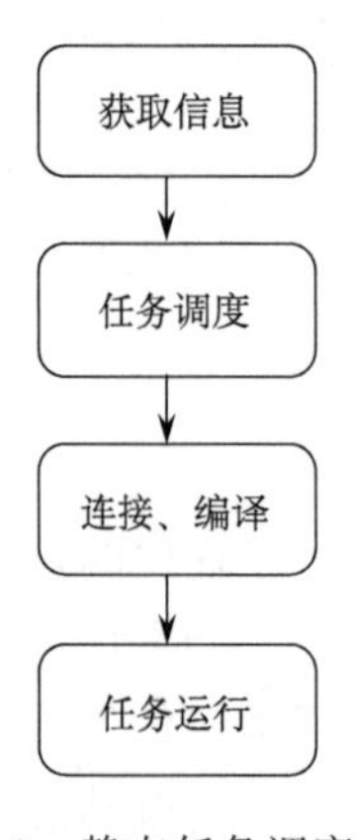

图 2-8　静态任务调度过程

截至目前，静态任务调度主要有以下四种比较常见的类型。

（1）有向无环图（directed acyclic graph, DAG）（Kwok and Ahmad, 1999）。将一个应

用程序表示为一个或者多个 DAG，任务的计算开销、通信开销、任务间的依赖关系等基本任务属性信息通过 DAG 中的节点和边表示。同时，通过将各处理器内核形象化为 DAG 中的节点，各内核间的关系形象化为 DAG 中的边，进一步将计算系统用 DAG 形象的表示出来。

（2）任务交互图（task interaction graph, TIG）。在该任务图中，不相关的任务间也存在交互。图中的节点表示任务，边表示任务间的通信。该任务交互图一般用于独立任务的静态调度中。

（3）Petri 网。表示离散并行系统的数学模型，由库所和变迁两种节点以及令牌等元素构成，能够形象地描述任务调度中的资源交互、任务关系等调度信息，为任务的并发执行提供了有力支持。由于该模型的复杂度比较高，一般用于硬件设计中，很少在实际的任务调度中采用该模型。

（4）正规计算模型。该模型由 MESCAL 项目提出，使用计算的方法描述系统中存在的通信信息，将计算系统分成通信端口和控制端口两部分来描述其功能。该模型仅描述了一个简单程序的设计，对于任务的划分、映射则是通过手动方式实现。因此，该模型不能展示实际的应用工作，极少用于任务调度的研究中。

静态任务调度的优点是调度过程简单，不涉及任务迁移等复杂处理。缺点是灵活性不高。对于大多数应用程序，由于任务间数据依赖关系的存在，任务间的通信开销较大，动态任务调度过程中涉及的动态分配可能增加任务的通信开销，不利于系统性能的提升。同时，由于异构多核处理器中各内核的类型不同、地位不等，动态任务调度中的任务迁移会产生较大的系统开销，降低处理器的性能。目前主流的多核处理器以异构多核处理器的性能为佳，大多数应用程序任务之间很难避免数据依赖关系的存在。因此，针对异构多核处理器系统中的任务调度，静态任务调度具有更好的调度性能。

2.3.2　集群并行计算架构

集群计算机具有性能稳定、性价比高、维护简单等诸多优点，因此集群系统作为高性能计算系统而被普遍使用。经过研究表明，一般情况下集群系统的利用率为 5%～20%，就算比较繁忙的集群系统，其利用率也不会超过 50%（Vogels, 2008）。在这种情况下，就算在系统中使用了昂贵的硬件设备，若这些硬件设备没有得到很好的利用，还会产生额外的功耗浪费。因此，在高性能计算系统中除了使用低功耗硬件之外，设计节能任务调度策略也是降低集群功耗必不可少的部分。

集群系统中的并行任务调度策略主要有静态任务调度和动态任务调度。其中静态任务调度的特点是在并行任务执行之前就可以确定所有任务的开始时间、信息传递时间、任务间约束关系、使用的计算资源和任务在哪个计算资源上执行。在大部分情况下，并行任务集会采用静态任务调度策略（Kwok and Ahmad, 1994; Hagras and Janecek, 2004）。并行作业会通过某种策略划分为诸多具有前驱后继约束关系的众多任务，一般以有向无环图 DAG 表示。任务的性能指标，如任务的执行时间、任务间信息传递时间以及任务间前驱后继约束关系。研究任务调度结果可知，并行任务分配到处理器上执行时，两个任务之间可能存在松弛时间，如何合理分配这些松弛时间不仅对集群的功耗有影响，还对执行任务时的性能有很大影响。

有些作业划分出的任务不可能在执行前就能确定运行时所用的计算资源，因此需要采用动态任务调度策略。在动态任务调度策略中可以使用动态功耗管理方法来降低系统能耗，包含的技术要点有：将暂时没有任务执行的计算资源设置为休眠、降低运行频率或者将设置整个计算节点设备进入休眠状态等。然而，该方法可能会降低集群系统的运算性能，在休眠唤醒过程中计算节点不被允许响应任务的任何请求，所以若降低频率则肯定会降低 CPU 处理器性能。因此，在动态任务调度策略中的功耗管理必须满足一定的性能要求。服务水平协议（服务水平协议通用的 SLA）通过第二语言习得的几个性能指标进行了聚类分析，根据 SLA 的要求，服务供应商采用多种解决方案和技术去管理和监控网络流量及性能，从而动态地控制集群的动态运行。

2.3.3　基于 GPU 并行架构

GPU 集群通常是一个异构系统，是一种分布式并行的处理系统，主要包含三个组件：CPU 主机节点、GPU 节点和集群之间的互连。节点通过安装在 GPU 节点内部呈现出 CPU 和 GPU 两种异构计算资源，并且单机之间协调工作提供一个单一的、完整的计算资源。GPU 节点由 GPU 组成，被称为 GPGPU（general-purpose computing on graphics processing units），以完成数值计算，由 GPU 提供单程序多数据（single program multiple data, SPMD）级并行计算能力，通过相应应用程序可并行部分按照数据级并行的思想重新设计和实现，从而得到较高加速比。CPU 主机节点控制程序的执行，负责应用程序串行部分的执行。

由于 GPU 的众核体系结构以及高访存带宽，GPU 集群不仅与传统集群系统一样能够提供应用程序大粒度的任务级并行和中粒度的控制级并行能力，还可以提供应用程序细粒度的大规模数据级并行计算能力。GPU 集群不仅能够支持常规粒度的单程序多数据和多程序多数据（multiple program multiple data, MPMD）计算能力，还可以支持更细粒度的面向大规模数据的 SPMD 和单指令多数据计算能力。但是，GPU 的加入导致集群节点内计算资源呈现复杂的异构特征，也加剧了传统集群节点间计算资源的异构程度。

GPU 集群这种异构计算资源和多层次并行计算能力给并行程序的设计带来了巨大的困难。并行编程环境作为集群系统的必需部件，因此集群系统的设计必须包含能够契合 GPU 集群体系结构的编程模型和方便可靠的编程环境。现在主流的集群编程模型是 MPI+CUDA，MPI 负责进程间的数据传输，CUDA 负责异构计算资源上的程序设计。这种模型虽然不能充分契合体系结构，但是提供给程序员使用异构计算资源和发挥 GPU 集群多层次并行的能力。对于 GPU 集群环境，集群中间件包括单一系统映像，与传统集群基本一致。

Showerman 等（2011）从体系结构角度提出了一套 GPU 集群构建方法，并针对科学计算领域阐述了 GPU 集群系统能耗有效性，Waterfall 模型采用粗粒度和细粒度的动态电压调整（dynamic voltage scaling, DVS）和动态资源调整（dynamic resource scaling, DRS）从系统层面上提出了一套针对大规模 GPU 集群的能量有效任务调度模型，但是该模型只针对 CPU 和 GPU 计算资源的节点内异构，而每个节点 CPU 和 GPU 的数目相同并且节点间的计算资源相同（Liu et al., 2011）。由于集群系统具有良好的硬件可扩展性，拥有更加先进体系结构 CPU 和 GPU 的节点将加入到原有 GPU 集群中，GPU 集群必将趋向节点异构化（霍洪鹏, 2012）。

2.4　负载平衡策略

负载均衡是并行系统稳定高效实现高性能的关键环节，负载失衡是高性能计算的灾难之一。

负载均衡指数定义如下，其中 A 代表所有节点中计算任务的平均值，M 指所有节点中计算任务最大的一个计算量。A 采用的具体值通常与算法的空间数据分解粒度有关。在并行叠加分析过程中是指地物要素的几何对象的数量，在细粒度的并行算法中如线的缓冲分析，A 使用线串中线段的总数作为数据均衡的标准。

$$1-\frac{A}{M} \tag{2-5}$$

对于并行化矢量拓扑叠加分析方法研究而言，矢量空间数据的物理存储体积相对较小，纯几何形状的文件基本维持在最大为 GB 级别，如果顾及几何图形的属性数据，数据容量会有所膨胀，但是属性数据是以文本的形式为主要载体，因此易于存取并且有较大的压缩空间。

2.4.1　多核并行计算架构

在多处理器系统中，有很多影响负载平衡调度问题的因素，而且各种任务调度算法的实现方法也各不相同。根据调度模型可将负载平衡调度过程分为以下四个步骤：负载估算、负载平衡收益性决策、任务迁移和任务选择（Katre et al., 2009）。调度模型考虑了以下三个因素：调度时间、调度的源节点和目标节点、调度任务的选择（陈华平等, 1998）。徐高潮等（2004）研究了基于多处理器的任务调度模型 $P_k|fix|C_{max}$，提出了一个比较接近实际的负载平衡调度模型，该模型有五个元素：处理器系统、处理器约束集、任务集实例、任务之间的约束集和调度的评价指标。通过深入研究分布式负载均衡算法，Hui 和 Chanson（1999）提出了一个关于分布式系统的负载平衡调度问题的一般模型的形式化描述，用一个四元组来表示负载调度的模型，分别为：分布式系统的网络环境、用户提交的任务属性、处理器系统的负载评价和系统所采用的调度策略。鞠九滨等（1996）提出了六元组动态负载平衡模型，包含了硬件环境、调度环境、任务分配、负载估计和调度策略，以及调度评价等各个方面。以上的研究都是基于多处理器系统的，基于多核处理器上的动态负载平衡调度模型的研究是很少的，但是我们可以把多核处理器看作是紧密耦合的分布式系统，因此分布式系统中的一些理论在多核处理器中仍然适用。

负载是对一个在处理节点上运行的所有任务占用系统资源的衡量，负载指标 LI 是对负载进行量化的评价标准，不同的负载指标定义会得出当前时刻系统的不同负载程度。因此，一个能够正确反映当前系统负载情况的负载指标对动态负载平衡系统来说至关重要。在多处理器系统中，由于不同的应用性，负载指标一直没有统一的标准，一个好的负载指标应当满足如下要求（Rodrigues et al., 2010）：①测量开销低，在动态负载平衡过程中，需要频繁测量不同时刻各处理节点的负载情况，所以，负载指标必须较易获得和计算；②能客观体现所有竞争资源上的负载；③各个负载指标在测量及控制上彼此独立。

Li 和 Shi（2010）使用资源队列长度作为负载指标，认为 CPU 队列长度和 I/O 队列长度分别与 CPU 类作业和 I/O 类作业有密切关系。Ferrari 和 Zhou（1986）提出使用各种资源队列长度的线性组合作为负载指标。但其条件是假定系统处于稳定状态，并且要求资源是按照排队顺序的（如 FCFS）。

Bonomi 等（1989）使用处理器上活动的进程数的瞬时信息和周期搜集到的平均 CPU 运行队列等信息的组合作为负载指标，但不能反映资源利用率。Kunz（1991）研究了运行队列任务数、系统调用率、进程切换率、空闲主存大小、1min 平均负载和空闲 CPU 时间 6 项负载指标及其组合进行性能对比，但其实验规模较小（4 个节点）。Banawan 和 Zahorjan（1990）指出使用瞬时队列长度、利用率、平均队列长度和平均响应时间中任何一个都可以极大地改进系统性能。Mehra 和 Wah（1993）使用了比较元神经网络，能学习预测一个作业的相对执行时间。但该作业必须只使用在其到达之前便观察到的资源利用率模式。此方法只适用于重复执行的小作业，但随着执行时间的增多，其准确性便下降了。综上所述，影响负载的因素非常复杂，但在上述这些参数中，有些信息是得不到或不准确的。而且，如果采集过多参数，会因增加额外开销而得不到所希望的性能改善。目前在分布式系统中，多数采用资源队列长度（即 CPU 队列长度：等待执行的进程数）、资源利用率、内存需求作为负载平衡系统的负载指标。在多核系统中，因为多个内核共享内存，所以不能以内存需求作为多核负载指标，而其他两种均可以使用。

2.4.2　集群并行计算架构

在集群系统中，一个大的任务往往由多个子任务组成。对于由异构处理节点构成的集群系统而言，由于各节点的处理能力不同，相同的负载在其上运行的时间和资源占有率都不同。因此，准确的负载定义应是绝对的负载量与节点处理能力的比值。当整个系统任务较多时，分配给各节点的负载可能并不均衡，整个系统的利用率就会降低。因此，有效地将各个子任务比较均衡地分布到不同的处理节点并行计算，使各节点的利用率达到最大，这就是研究调度策略和负载均衡技术的目的。从任务分配决策的时机讲，负载均衡技术可分为静态方法和动态方法两类方法。

1. 静态方法

静态方法就是在编译时针对用户程序中的各种信息（如各个任务的计算量大小、依赖关系和通信关系等），以及集群系统本身的状况（如网络结构、各处理节点计算能力等）对用户程序中的并行任务做出静态分配决策，在运行该程序的过程中将任务分配到相应节点。理论证明，静态算法求最优调度方案属于 NP-Complete 问题，因此在实践中往往采用求次优解的算法。

静态算法要求获知完整的任务依赖关系信息，但在高度并行的多计算机领域，特别是在多用户方式下，各处理机的任务负载是动态产生的，不可能做出准确的预测。因此，静态负载平衡方法多用作理论研究和辅助工具。

2. *动态方法*

动态方法是通过分析集群系统的实时负载信息，动态地将任务在各处理机之间进行分配和调整，以消除系统中负载分布的不均匀性。动态负载平衡的特点是算法简单，实时调度，但同时也增加了系统的额外开销。

进行动态调度一定先要获得各节点的负载信息，包括 CPU 处理能力、CPU 利用率、CPU 就绪队列长度和进程响应时间等。CPU 处理能力反映的是不同类型的处理机计算能力的强弱。CPU 利用率定义为单位时间内 CPU 处理用户进程与处理核心进程的时间比。当 CPU 利用率很低时，可以认为 CPU 处于空闲状态；当 CPU 利用率接近 100%时，可用 CPU 就绪队列长度来衡量负载轻重。例如，UNIX 系统是有优先级的固定时间片分时系统，故还可采用测试特定进程响应时间的方法来估计系统负载。另外，磁盘可用空间、内存以及 I/O 利用率也视为一项重要的负载指标。

在集中式负载平衡控制中，各节点收集本地负载信息，并以一定时间间隔向控制节点报告。这里，时间间隔的设置对性能影响很大，太短会引起通信拥挤，太长则影响调度的准确性。在分布式控制中，各节点也必须收集本地负载信息，在信息交换时可以有两种选择，既可以定时交换，又可以只在发生任务调度时交换。

2.4.3　基于 GPU 并行架构

多核 CPU 和 GPU 协同计算是近年来热点研究问题之一。研究多核 CPU/GPU 系统上可分负载任务调度技术具有重要意义。Ilic 和 Sousa（2012）给出的多核 CPU/GPU 系统上任务负载分配方法按照性能函数建模，获取程序实际执行性能，依据节点计算能力对任务划分，实现计算和通信重叠，但是它没有结合 GPU 的内部结构设计任务调度算法。Gregg 和 Hazelwood（2011）考虑 CPU/GPU 异构系统的通信瓶颈，从程序执行过程中中间数据存放位置的角度探讨如何减少数据交换的次数，从而减少通信开销。Luk 等（2010）设计了一个调度器，它能够自适应运行过程中问题规模、硬件变化；采用了统一封装接口的思想，屏蔽 CPU 和 GPU 编程的特异性，能够统一调度派发任务，减少了在异构平台上编程的难度。Becchi 等（2010）研究了异构平台上任务调度的优化方法，综合考虑了任务的通信开销和处理器的执行时间。Tang 等（2010）基于流编程模型，提出一种基于启发式的数据通信调度算法，它通过分析流/数组传送对，放松同步条件，同时考虑分支和循环控制结构，以减少数据通信次数、提高性能，运用数据预取、合并访存、延迟写等方法，使调度算法达到了较好的效果。Venkatasubramanian 和 Vuduc（2009）在多 CPU 和 GPU 的异构环境下，利用 Jacobi 迭代方法求解二元泊松分布，在确保方法正确的前提下，通过进一步放松同步条件来减少同步开销。Binotto 等（2010）依据样本预处理程序和数据库中以往相关程序执行记录来指导多核异构平台上的任务分配，分多阶段调度任务，降低了调度开销，但它需要构建和维护庞大的经验库，开销较大，且当遇到以往没有出现过的程序时，该调度算法难以有效处理。Wang 等（2008）把任务划分成多个计算型和通信型子任务，依据任务执行时间和通信代价把各子任务分别调度分配给 CPU 和 GPU 处理。Parashar 等（2010）提出一种 CPU/GPU 系统上的资源分配模型，它根据带宽竞争和能源消耗情况对任务进行调度，以减少调度开销、降低功耗。但是上述文献从某些角度对 CPU/GPU 异构平台上任务调度算法进行改进优化，没有综合考虑多核多级缓存结构、CPU 和 GPU 的不同计算能力、CPU 和 GPU 内部通信带宽和开销，以及结合 GPU 内部结构来设计更高效的调度算法。

彭江泉和钟诚（2013）在多 CMP（单芯片多处理器）和多 GPU 混合系统上，综合考虑多核 CPU 和 GPU 不同计算能力、各级缓存不同容量、多核 CPU 和 GPU 之间通信代价，以及 GPU 内部结构等因素，采取计算与通信重叠、对任务自动划分、GPU 端线程块大小和维度自动设置、多个异步流同时传输的方法，通过切换线程块执行以隐藏访存开销，提出一种均衡 CPU 和 GPU 负载、高效的可分负载多轮调度算法。

2.5 并行计算粒度

粒度是海量空间数据并行计算的重要问题之一（廖玲玲等, 2010）。并行计算的处理对象存在不同粒度的问题，并行计算粒度是各个处理机可独立并行执行的任务大小的度量。例如，MPI 的应用适合较大粒度的应用，而 OpenMP 则适合较小粒度的应用。根据并行算法原则规定：通常情况下，粒度越粗越好。这样每个处理器中就有足够的计算任务量，尽量防止处理器空转现象的发生。

2.5.1 顶点级

例如，多边形裁剪算法就是从顶点级入手，基于矢量计算的多边形裁剪算法的计算效率与多边形顶点数量密切相关（Leonov, 1998）。此类算法过程与数据结构耦合非常紧密，难以在内部对其进行并行化改造，且向 GPU 并行环境下进行代码重构与并行化改造非常困难，有必要通过研发新算法来克服这一困难。

2.5.2 几何对象级

对于几何对象/要素级别的叠加分析问题而言，其规模都较小，不适用于集群 MPI 并行模式，但是由于其计算往往非常复杂，非常适用于 CPU 多核并行和 GPU 加速并行，且后者受主机-设备间数据拷贝及代码重构问题的限制较大。

2.5.3 图层级

对于图层级别的叠加分析问题，集群 MPI 并行和 OpenMP 多核并行是实现并行多边形裁剪的主要方式，前者适用于处理大规模数据，后者适用于对小规模数据集的裁剪计算进行加速，而对于 GPU 并行，由于图层水平上所包含的数据量往往非常庞大，且 GPU 并行环境下主机端内存和设备端内存的映射和数据拷贝是一个较为耗时的过程，结构化存储的矢量多边形数据不仅包含了大量非定长的坐标点对数据，还包含了多种类型的属性数据，要实现主机/设备间的双向数据映射将非常困难和复杂，因此本书认为其并非进行图层级别多边形并行算法重构的首选并行计算环境。除此之外，不同的叠加分析算法所需处理的要素数量映射关系存在差异，因此明确目标图层与叠加图层间多边形的映射关系是实现图层级别并行多边形叠置工具集的首要前提。

2.6 本 章 小 结

本章主要研究并总结了并行算法及其并行化所涉及的关键问题与算法体系，主要包括如下五个方面。

（1）并行算法策略包括数据并行和任务并行。完全的并行化对大多数空间分析算法来说并不可行，需从实际应用考虑并行策略的选择，必要时可采取数据并行和任务并行混合的方式。

（2）数据划分是并行程序设计中的基本技术。划分技术可以用于程序的数据，如将数据分解，然后对分解的数据并行操作。主要方法包括要素序列划分、规则条带/格网划分，以及面向要素空间分布特征的数据划分方法。

（3）任务调度通常有静态和动态两种。动态调度技术开销大但可以取得较好的负载平衡效果。因此，在静态调度技术能达到较好的负载平衡效果的情况下，尽量采用静态调度技术。而在元计算环境下，一般动态调度有较好的效果。

（4）集群 MPI 并行能处理超大规模的并行问题求解，其具有较好的跨平台支持，但是编程实现较为复杂；单机多核并行实现最为简单，跨平台性能最好，但是其所能处理的并行问题规模最小；GPU 并行编程实现的复杂度最高，平台性依赖性最强，但是却能够以低廉的成本获得最高的加速性能。

（5）并行计算的处理对象存在不同粒度的问题，并行计算粒度的选择需要考虑数据规模、计算复杂度等多个因素。

参 考 文 献

陈国良, 孙广中, 徐云, 等. 2008. 并行算法研究方法学. 计算机学报, 31(9): 1493-150.

陈国良, 吴俊敏, 章锋, 等. 2002. 并行计算机体系结构. 北京: 高等教育出版社.

陈华平, 计用昶, 陈国良. 1998. 分布式动态负载平衡调度的一个通用模型. 软件学报, 9(1): 25-29.

都志辉. 2001. 高性能计算并行编程技术——MPI 并行程序设计. 北京: 清华大学出版社.

霍洪鹏. 2012. 面向通用计算的 GPU 集群设计. 上海: 复旦大学硕士学位论文.

鞠九滨, 杨鲲, 徐高潮. 1996. 使用资源利用率作为负载平衡系统的负载指标. 软件学报, 7(4): 238-243.

廖玲玲, 李军, 朱元励, 等. 2010. 城市地理空间数据粒度的比较与确定方法研究. 测绘科学, 35(06): 173-175.

彭江泉, 钟诚. 2013. CPU/GPU 系统负载均衡的可分负载调度. 计算机工程与设计, 34(11):3916-3923.

徐高潮, 鞠九滨, 胡亮. 2004. 分布式计算系统. 北京: 高等教育出版社.

翟晓芳, 龚健雅, 肖志峰, 等. 2011. 利用流水线技术的遥感影像并行处理. 武汉大学学报(信息科学版), 36(12): 1430-1433.

朱福喜, 何炎祥. 2003. 并行分布计算中的调度算法理论与设计. 武汉: 武汉大学出版社: 4-30.

Agarwal D, Puri S, He X, et al. 2012. A system for GIS polygonal overlay computation on Linux cluster: An experience and performance report. Proceedings of the 2012 IEEE 26th International Parallel and

Distributed Processing Symposium Workshops & PhD Forum, 1433-1439.

Banawan S A, Zahorjan J. 1990. On comparing load indices using oracle simulation. 1990 Winter Simulation Conference.

Becchi M, Byna S, Cadambi S, et al. 2010. Data-aware scheduling of legacy kernels on heterogeneous platforms with distributed memory. SPAA 2010: Proceedings of the, ACM Symposium on Parallelism in Algorithms and Architectures, Thira, Santorini, Greece, June. DBLP, 82-91.

Binotto A P D, Pedras B M V, Goetz M, et al. 2010. Effective Dynamic Scheduling on Heterogeneous Multi/Manycore Desktop Platforms. International Symposium on Computer Architecture and High PERFORMANCE Computing Workshops. IEEE, 37-42.

Bonomi F, Fleming P J, Steinberg P. 1989. An adaptive join-the-biased-queue rule for load sharing on distributed computer system. 28th Conference On Decision and Control, Dec.

Clarke K C, Leonard J G. 1998. Loose-coupling a cellular automaton model and GIS: long-term urban growth prediction for San Francisco and Washington/Baltimore. International Journal of Geographical Information Science, 12(7): 699-714.

Ferrari D, Zhou S. 1986. A load index for dynamic load balancing. 1986 Fall Joint Computer Conference, Nov.

Foster I. 1995. Designing and Building Parallel Programs. Addison-Wesley Publishing Company, Reading, MA, USA.

Gregg C, Hazelwood K. 2011. Where is the data? Why you cannot debate CPU vs. GPU performance without the answer. IEEE International Symposium on PERFORMANCE Analysis of Systems and Software. IEEE, 134-144.

Hagras T, Janecek J. 2004. A high performance, low complexity algorithm for compile-time task scheduling in heterogeneous systems. Parallel and Distributed Processing Symposium, Proceedings. International IEEE, 107.

Hui C C, Chanson S T. 1999. Hydrodynamic load balancing. IEEE Transactions on Parallel and Distributed System, 10(11): 1118-1137.

Ilic A, Sousa L. 2012. On Realistic Divisible Load Scheduling in Highly Heterogeneous Distributed Systems. Proc of 20th Euromicro International Conference on Parallel, Distributrd and Network-based Processing, Los Alamitos. California: IEEE Computer Society Press: 426-433.

Katre K M, Ramaprasad H, Sarkar A, et al. 2009. Policies for Migration of Real-Time Tasks in Embedded Multi-Core Systems. RTSS 30th IEEE Real-Time Systems Symposium, 456-470.

Kunz T. 1991. The influence of different workload description on a heuristic load balancing scheme. IEEE Transaction on Software Engineering, 17(7): 725-730.

Kwok Y K, Ahmad I. 1994. A static scheduling algorithm using dynamic critical path for assigning parallel algorithms onto multiprocessors. International Conference on Parallel Processing. IEEE Computer Society, 155-159.

Kwok Y K, Ahmad I. 1999. Benchmarking and comparison of the task graph scheduling algorithms. Journal of Parallel and Distributed Computing, 59(3): 381-422.

Leonov M. 1998. Comparison of the different algorithms for Polygon Boolean operations. http: //www. complex-a5. ru/polyboolean/comp. html. [2013-7-1].

Li H S, Shi H Y. 2010. An adaptive load balancing algorithm based on discrete uniform distribution.

Advanced Materials Research, 108-111: 1392-1396.

Liu W, Du Z, Xiao Y, et al. 2011. A waterfall model to achieve energy efficient tasks mapping for large scale GPU clusters. IEEE International Symposium on Parallel and Distributed Processing Workshops and Phd Forum. IEEE, 82-92.

Luk C K, Hong S, Kim H. 2010. Qilin: exploiting parallelism on heterogeneous multiprocessors with adaptive mapping. IEEE/ACM International Symposium on Microarchitecture. IEEE, 45-55.

Mehra P, Wah B W. 1993. Automatic learning of workload measures for load balancing on a distributed system. Proc. International Conference on Parallel Processing, CiteSeer.

Mineter M J. 2003. A software framework to create vector-topology in parallel GIS operations. International Journal of Geographical Information Science, 17(3): 203-222.

Mineter M J, Dowers S. 1999. Parallel processing for geographical applications: A layered approach. Journal of Geographical Systems, 1(1): 61-74.

Parashar M, Corbalan J, Rodero I, et al. 2010. Enabling GPU and many-core systems in heterogeneous HPC environments using memory considerations. IEEE, International Conference on High PERFORMANCE Computing and Communications. IEEE Computer Society, 146-155.

Rodrigues E R, Navaux P O A, Panetta J, et al. 2010. A comparative analysis of load balancing algorithms applied to aweather forecast model. Proceedings-22nd International Symposium on Computer Architecture and High Performance Computing, SBAC-PAD, 71-78.

Showerman M, Enos J, Steffen C, et al. 2011. EcoG: A power-efficient GPU cluster architecture for scientific computing. Computing in Science & Engineering, 13(2): 83-87.

Tang T, Xu X, Lin Y. 2010. A data communication scheduler for stream programs on CPU-GPU platform. IEEE International Conference on Computer and Information Technology. IEEE Computer Society, 139-146.

Venkatasubramanian S, Vuduc R W. 2009. Tuned and wildly asynchronous stencil kernels for hybrid CPU/GPU systems. International Conference on Supercomputing, Yorktown Heights, NY, USA, June. 244-255.

Vogels W. 2008. Beyond Server Consolidation: Server consolidation helps companies improve resource utilization, but virtualization can help in other ways, too. ACM Queue, 6(1): 20-26.

Wang L, Huang Y Z, Chen X, et al. 2008. Task scheduling of parallel processing in CPU-GPU collaborative environment. International Conference on Computer Science and Information Technology. IEEE, 228-232.

Waugh T C, Hopkins S. 1992. An algorithm for polygon overlay using cooperative parallel processing. International Journal of Geographical Information Systems, 6(6): 457-467.

第3章　空间叠加分析算法

叠加分析（overlay analysis）是地理信息系统常用的空间分析工具之一，也被称为叠置分析、叠合分析等，在GIS空间分析算法体系中占有重要地位。叠加分析定义为将两层或多层地图要素进行叠加而产生一个新要素层的操作，其结果是将原来要素进行分割进而生成新的要素，新要素综合了原来两层或多层要素所具有的属性（陈述彭等, 1999；吴信才, 2002）。

3.1　叠加分析算法体系

空间叠加分析算法按照不同的标准有不同的分类。

根据操作形式的不同，叠加分析可以分为叠加求交、叠加求差、叠加合并、交集取反、叠加联合、叠加更新、叠加标识和空间连接。

根据GIS常用的数据类型，将叠加分析分为矢量数据叠加分析和栅格数据叠加分析。

矢量图层包括点、线、面三种要素类型，这三种要素又有点-点、点-线、点-面、线-线、线-面、面-面六种组合方式，其中点-点、点-线、线-线三种组合的图层叠加后不产生新的数据层面，只是将多层信息复合显示，因此将它们统一归类于视觉信息的叠加分析中。故将矢量数据叠加分析算法分为点-面叠加分析、线-面叠加分析、面-面叠加分析三种。按照数据组织结构的不同，GIS中矢量叠加分析可以分为基于拓扑结构的叠加分析和面向几何对象的叠加分析两种（也叫“拓扑叠加”和“非拓扑叠加”）。其中由于面向对象的方法组织结构简单，无须维护几何对象间的拓扑关系，成为现在矢量地图叠加分析的主流方法；拓扑关系被普遍认为是GIS的核心和难点，基于拓扑结构的矢量叠加分析在GIS体系中处于重要地位。本章将会在3.2节、3.3节针对拓扑叠加和非拓扑叠加进行详细的介绍。

栅格数据叠加分析是重要的空间分析方法之一，它是对两个以上栅格图层在空间位置上相对应的栅格像元值进行布尔逻辑运算、数学运算、求极值等，从而得到新的栅格图层的方法（牛强等, 2017）。图3-1介绍了空间叠加分析算法的结构框架。

视觉信息叠加分析是将不同侧面的信息内容叠加显示在结果图件或屏幕上，其不产生新的数据层面，只是将多层信息复合显示，叠加的图层既可以是矢量数据，也可以是栅格数据。

3.1.1　空间叠加分析算法工具

多边形之间的叠加分析是矢量数据叠加分析的核心问题之一，本节以多边形叠加分析为例介绍空间叠加分析算法的操作工具。GIS中基于简单要素模型和多边形裁剪算法实现的非加权多边形叠置分析有交、差、并、交集取反、联合、更新、标识和空间连接

8 个基本工具，每个算法工具按照计算粒度不同又可分为几何对象→要素→要素集合→图层 4 个层次，它们构成了矢量多边形叠加分析算法体系。上述算法工具均可以基于多边形裁剪算法的基础布尔算子或其组合实现。下面详细阐述上述叠加分析算法在几何计算、属性连接、算法参数等方面的异同。

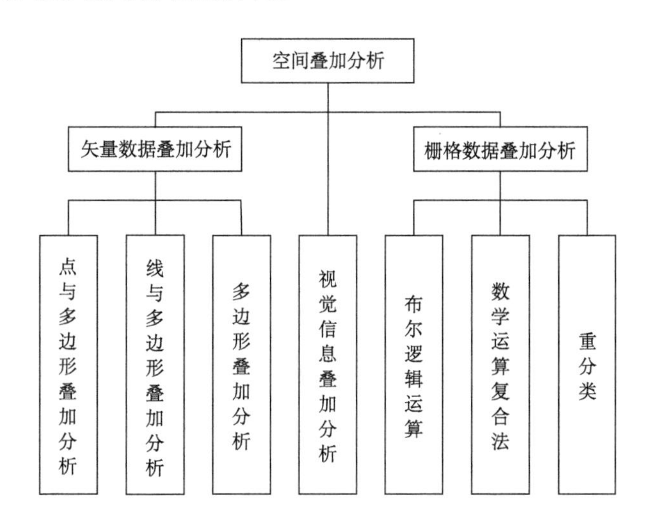

图 3-1　空间叠加分析算法体系结构

1）叠加求交（intersect）

矢量多边形的叠加求交计算的目的是寻找两个多边形叠置压盖的公共部分，对应于多边形布尔操作中的“AND”操作符，如图 3-2 所示。结果数据中，两个多边形的交集部分仅输出一次，图层级多边形叠加求交主要包含四种属性连接方式：仅保留要素 ID、不保留要素 ID、保留所有字段和自定义保留方式。

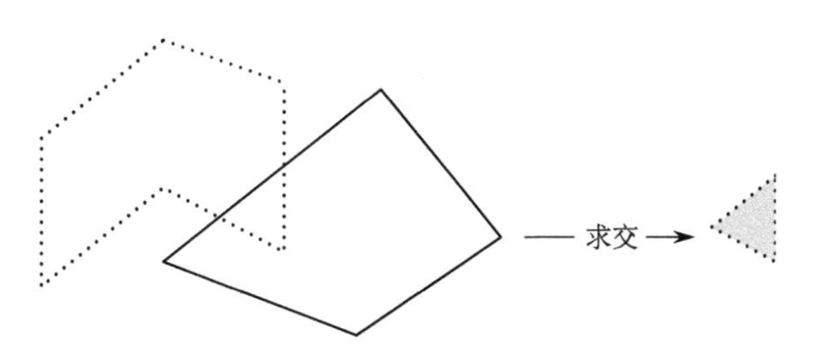

图 3-2　两个多边形叠加求交

针对属性字段可能存在同名的情况，在算法过程中应能够实现自动重新命名。叠加求交的计算结果与几何对象的输入顺序无关，本书称其不具有方向性。

2）叠加求差（difference/erase）

叠加求差将从目标多边形的几何形状中减去与叠加多边形重叠的公共部分，对应于多边形布尔计算中的“NOT”算子，如图 3-3 所示。

ArcGIS 体系中叠加求差又被称为擦除（erase）。多边形叠加求差算法不需要属性连接过程，且计算结果具有方向性，图形输入顺序不同计算结果也不同。

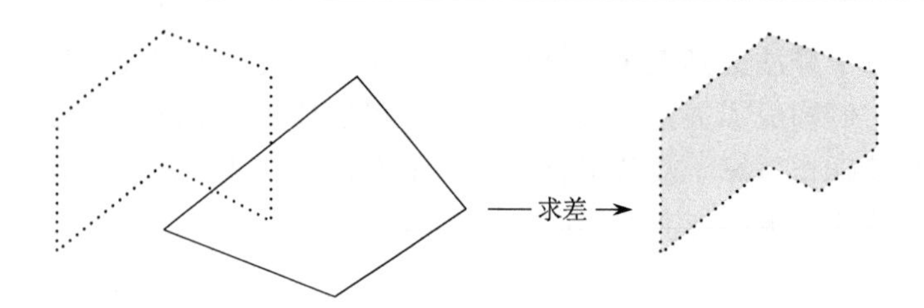

图 3-3　两个多边形叠加求差

3）叠加合并（merge）

叠加合并将把目标多边形与叠加多边形的几何形状进行合并，对应于多边形布尔计算中的“OR”算子，如图 3-4 所示。

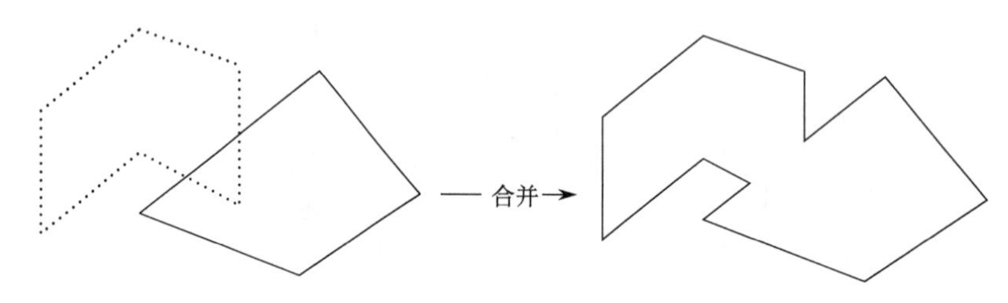

图 3-4　两个多边形叠加合并

多边形间的叠加合并算法计算结果所包含的几何部分来自目标多边形和叠加多边形两者，原始属性信息均被丢弃。该算法计算结果不具有方向性。

4）叠加联合（union）

叠加联合操作是一种复合叠加分析操作，它输出三类结果几何对象：叠加多边形和目标多边形的交集、目标多边形的非交集部分、叠加多边形的非交集部分。其中，交集部分将输出 2 次，并按照属性连接规则附加来自目标多边形和叠加多边形的属性值；非交集部分仅附加原属多边形的属性值。图 3-5 是两个多边形叠加联合操作的示意图。

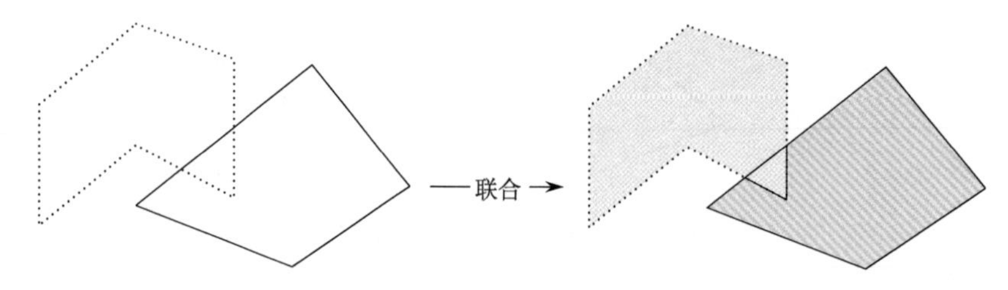

图 3-5　两个多边形叠加联合

多边形间的叠加联合算法计算结果所包含的几何对象来自目标多边形和结果多边形，需要与多边形求交算法类似的属性连接参数及策略，存在的区别是按照几何对象类型的不同（交集或非交集、非交集原属目标多边形或叠加多边形）采用不同的属性附加策略。

叠加联合分析的三种类型的输出可通过 Vatti 算法的一次求交、两次求差的算法组合计算得到。但是当考虑算法的集合/图层内拓扑容错时，多边形叠加联合算法及其并行化问题就变得较为复杂，这与该算法涉及的集合间空间要素的映射关系密切相关，叠加联合工具的计算结果不具有方向性。

5）交集取反（symmetrical difference）

交集取反操作输出目标多边形与叠加多边形的所有非压盖部分，并分别赋予原属多边形的属性值，对应于多边形布尔操作的“XOR”算子，如图 3-6 所示。

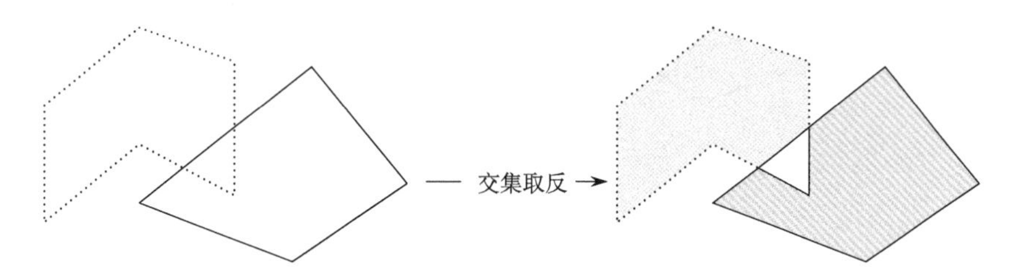

图 3-6　两个多边形叠加交集取反

交集取反的计算结果需要将输入图层的所有字段聚合到一起，且不具有方向性。Vatti 算法支持多边形布尔计算中的取异（XOR）算子，基于该算子可以实现多边形的交集取反操作。图 3-7 是基于 Vatti 算法的 XOR 算子实现的多边形交集取反计算结果与预期的计算结果的对比示意图。

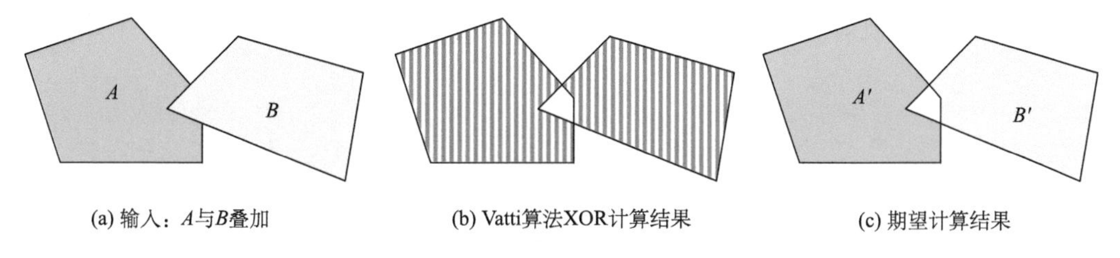

图 3-7　基于 Vatti 算法的交集取反计算结果与期望结果对比

从图 3-7 可知，基于 Vatti 算法 XOR 算子得到的计算结果将原分属于目标多边形和裁剪多边形的几何对象进行了组合，形成了一个单一的几何对象（且可能存在自相交现象），导致无法区分结果几何对象的初始来源，也就无法为其附加属性值。而从地学计算角度看，无法附带属性信息的多边形叠置分析的实用性将大为降低，本书基于 Vatti 算法通过 2 次多边形求差的组合计算实现多边形交集取反的操作，能够得到如图 3-6 和图 3-7（c）所示的结果。

6）叠加更新（update）

叠加更新操作的输出结果包含两个来源，分别是目标多边形的非交集部分和叠加多边形的完整几何或者两者的合并，区别是是否保留公共边界，如图 3-8 所示。上述两种计算模式下所采用的计算过程及多边形布尔计算算子并不相同，前者主要使用多边形布尔计算的“NOT”算子，后者基于“OR”算子实现，但是后者必须注意要预先处理多边形集合或图层内部的拓扑压盖错误。保留边界时，叠加更新操作的计算结果具有方向性，不保留边界时，叠加更新操作的分析结果不具有方向性。

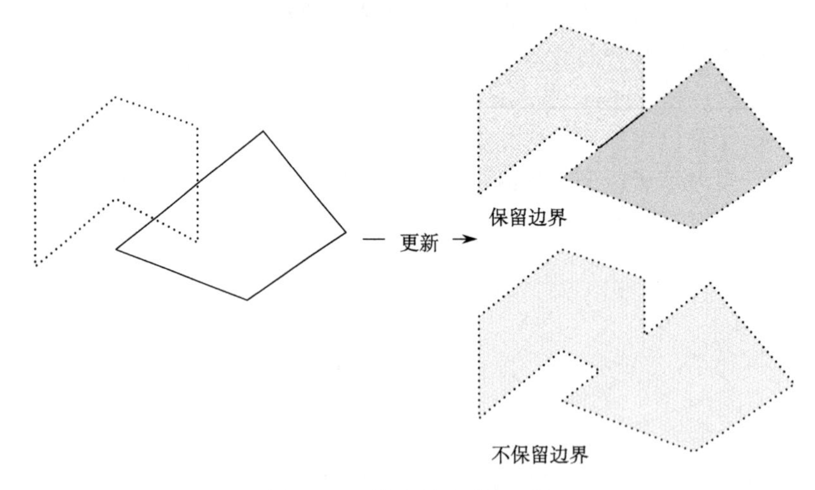

图 3-8　两个多边形叠加更新

7）叠加标识（identity）

叠加标识分析工具的输出结果要素的几何对象有两种类型，分别是目标多边形的非交集部分、目标多边形与叠加多边形的交集部分。叠加标识操作基于一次多边形求交和一次多边形求差实现，且多边形求交完成后需要按照与叠加求交工具类似的规则附加属性。叠加标识计算具有明显的方向性，如图 3-9 所示。

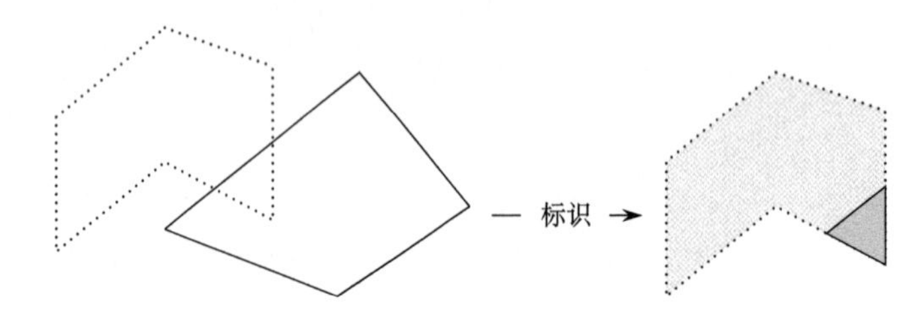

图 3-9　两个多边形叠加标识

8）空间连接（spatial join）

空间连接分析工具不涉及几何计算，因此不会对目标多边形的几何对象造成任何改变，而仅基于空间关系将叠加多边形的属性值按照指定的规则连接到目标多边形要素中。常用的空间关系包括相交、包含、包含于和最邻近四种。

3.1.2　视觉信息叠加分析

经常问到的一个最基本 GIS 问题是“什么在什么上？”例如：

（1）什么土地利用在什么土壤类型上？

（2）什么宗地在百年一遇的洪泛区中？（“中”只是“在什么上”的另一种表述方式）

（3）什么道路在什么国家中？

（4）什么井在废弃的军事基地中？

为了在开发 GIS 之前解决此类问题，制图人员可在透明的塑料片上创建地图，然后在看版台上将这些塑料片叠加到一起以创建数据的新地图。视觉信息的叠加分析就是由此而产生的。

视觉信息叠加分析（邬伦等, 2005）是将不同侧面的信息内容叠加显示在结果图件或屏幕上，以便研究者判断其相互空间关系，获得更为丰富的空间信息。视觉信息叠加不产生新的数据层面，只是将多层信息复合显示，以便研究者判断其相互关系，获得更为丰富的空间关系。GIS 中视觉信息的叠加主要包括以下几类：

（1）点状图、线状图和面状图之间的叠加显示；

（2）面状图区域边界之间或一个面状图与其他专题区域边界之间的叠加；

（3）遥感影像与专题地图的叠加；

（4）专题地图与数字高程模型（digital elevation model, DEM）叠加显示立体专题图。

由上面视觉信息叠加分析的分类可以看出，视觉信息叠加不仅仅包括矢量图层之间的叠加，也包括矢量图层与栅格图层之间的叠加。

3.1.3　矢量数据的空间叠加分析

1. 点与多边形叠加分析

点与多边形的叠加是将一个含有点的图层（目标图层）叠加在另一个含有多边形的图层（操作图层）上，以确定每个点落在哪个区域内。其实质是计算多边形对点的包含关系。

点与多边形的操作是地图叠加分析中的使用频率较高的应用之一，如判断土壤采样点在哪一种土地利用区域内、电站的服务功能区域等应用。点在多边形内的问题也是计算几何中基础的包含问题，直观理解包含问题就是判断点与多边形的位置关系，即点在多边形内、点在多边形外和点位于多边形边界上三种情况。

2. 线与多边形叠加分析

线与多边形的叠加是比较线上坐标与多边形坐标的关系，判断线是否落在多边形内，叠加后每条线被它穿过的多边形打断成新弧段，要将原线与多边形的属性信息一起赋给新弧段。

在图 3-10 中，将集材道路（线）和植被类型（多边形）相叠加以创建新的线要素类。这些线已在与多边形相交处被分割，并且同时将两个原始图层的属性指定给每个线要素。这些线显示为通过与每条线相关联的植被类型进行了符号化处理。

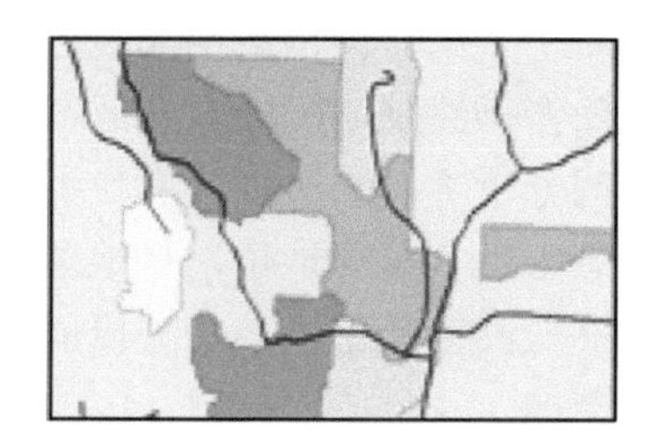

=

图 3-10　线与多边形的叠加

从拓扑关系的角度分析线与多边形的关系有 19 种，其中实质性关系主要有跨越和包含。从计算几何的角度分析主要是线的裁剪问题。与点面叠加分析不同的是，线要素通常具有空间跨度大、穿越多边形多而复杂，需要将线与多边形边界依次求取交点，然后根据交点组成新的输出线，并对原有属性进行联合操作形成新的图层。

线与多边形叠加的核心问题是线段之间的求交问题。计算几何中的裁剪操作通常基于特定的多边形切割线，如计算机图形学中的窗口查询使用矩形或者凸多边形，而 GIS 实际应用中线数据和多边形数据是任意形状，因此本书只关注任意多边形的裁剪算法。本书采用经典的“出点-入点”算法判断被多边形裁剪的线，使用多边形的组成线段裁剪线串，对每段裁剪线串设置 in、out 标志位，最后输出结果为所有保持 in 标志位的线串（图 3-11）。

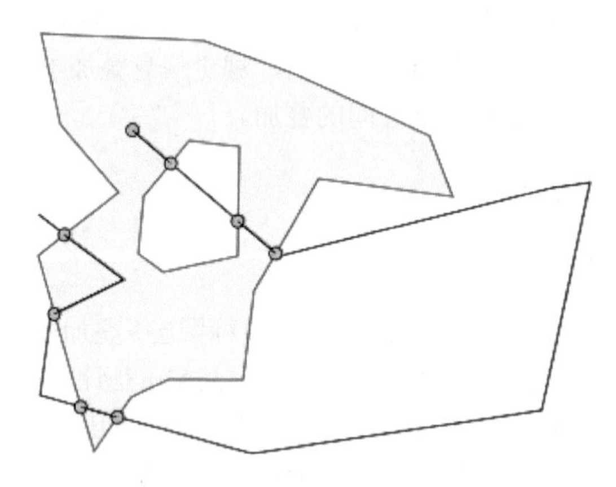

图 3-11　多边形裁剪线要素示例

3. *多边形叠加分析*

多边形叠加是指将两个不同图层的多边形要素相叠加，根据两组多边形的交点来建立多重属性的多边形或进行多边形范围内的属性特征的统计分析。空间叠加分析中最具有代表性的计算几何操作就是多边形之间的叠加分析。多边形叠加分析属于 CPU 计算密集性操作，其运算的实质是任意多边形的裁剪/布尔操作问题。

多边形叠置分析有交、差、并、交集取反、联合、更新、标识和空间连接 8 个基本工具，每个算法工具按照计算粒度不同又可分为几何对象→要素→要素集合→图层 4 个层次，它们构成了矢量多边形叠加分析算法体系。

多边形求交问题的核心内容为线段相交问题：对于平面空间内给定的线段集合 n，发现所有相交线段对，而多边形叠加分析最耗时的操作仍然是线段的求交问题。

由于多边形叠加分析是地理信息系统常用的空间分析工具之一，具有典型的高算法复杂度和计算时间密集性特征，在空间分析算法体系中占有重要地位，是地理数据处理领域所面临的核心且困难的基础问题之一。因此本书对高性能空间叠加分析的研究主要集中在多边形叠加分析的高性能研究中。

3.1.4　栅格数据的空间叠加分析

栅格数据结构空间信息隐含属性信息明显的特点，可以看作是最典型的数据层面，它以规则的阵列来表示空间地物或现象分布的数据组织，组织中的每个数据表示地物或现象的非几何属性特征。栅格数据叠加分析（raster overlay）是重要的空间分析方法之一，它是对两个以上栅格图层在空间位置上相对应的栅格像元值进行布尔逻辑运算、数学复合运算、重分类等，从而得到新的栅格图层的方法。

1. 栅格叠加分析算法分类

1）布尔逻辑运算

栅格数据一般可以按属性数据的布尔逻辑运算来检索，栅格叠加过程往往是对空间信息和对应的属性信息做集合的交、并、差、与等运算，即逻辑选择的过程。布尔逻辑算子包括 AND、NOT、OR、XOR，也可以组合更多的属性作为检索条件，进行更复杂的逻辑选择运算，如图 3-12 所示。

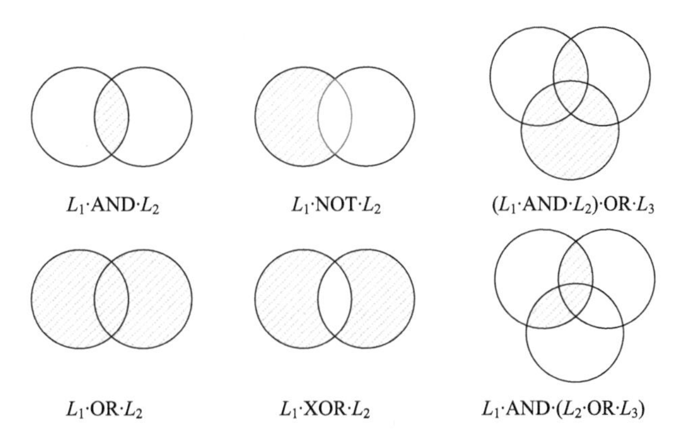

图 3-12　布尔逻辑算子

2）重分类

重分类是将属性数据的类别合并或转换成新类，即对原来数据中的多种属性类型按照一定的原则进行重新分类，以便于分析（汤国安等, 2007）。

对数据进行重分类的常见原因是为了完成以下操作：

（1）根据新信息替换值。

（2）将某些值归为一组。

（3）将值重分类为公共比例（如用于适宜性分析或创建用于“成本距离”函数的成本栅格）。

（4）将特定值设置为 NoData。例如，可能是因为某种土地利用类型存在限制（如湿地限制），从而无法在该处从事建筑活动。在这种情况下，可能要将这些值更改为 NoData，将其从后续的分析中移除。

图 3-13 和图 3-14 分别展示了按单个值进行重分类和按值的范围进行重分类的例子。

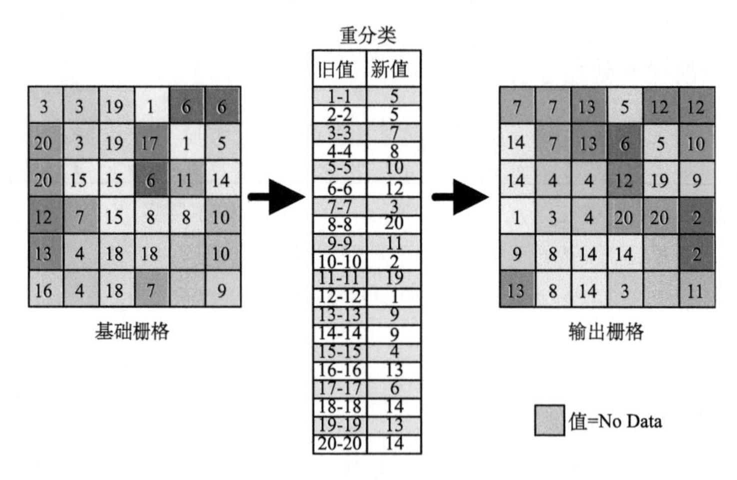

图 3-13 按单个值重分类示例（根据 ArcGIS）

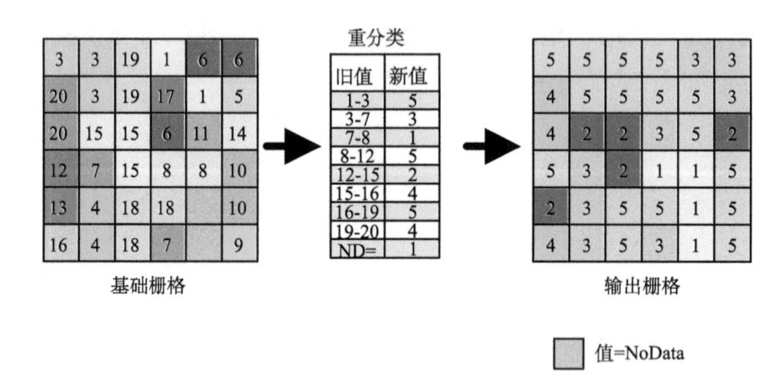

图 3-14 按值的范围重分类示例（根据 ArcGIS）

3）数学复合运算

数学复合运算法是指将不同层面的栅格数据逐网格按一定的数学法则进行运算，从而得到新的栅格数据的方法（汤国安等, 2007）。主要包括算术运算和函数运算两种类型。ArcGIS 中的栅格计算器模块能够提供多种对于栅格数据的操作。栅格叠加中的复合运算也可以通过栅格计算器实现。

图 3-15 是通过相加创建栅格叠加的示例。将两个输入栅格相加以创建一个具有各像元值之和的输出栅格。此方法通常用于按适宜性或风险为属性值排列等级，然后将这些属性值相加以便为每个像元生成一个总等级。也可为各个图层指定相对重要性以创建权重等级（在与其他图层相加之前，每个图层中的等级乘以该图层的权重值）。

2. 栅格叠加算法应用与发展

在栅格叠加中，每个图层的每个像元都引用相同的地理位置。这使其非常适用于将许多图层的特征合并到单一图层中的操作。通常，通过将数值指定给每个特征，便可以数学的方式合并图层并将新值指定给输出图层中的每个像元。对于不经过压缩的两个栅格图层进行叠加分析，非常简单和高效；压缩的栅格数据格式，虽需要进一步分析，但逻辑运算原理清楚易懂。

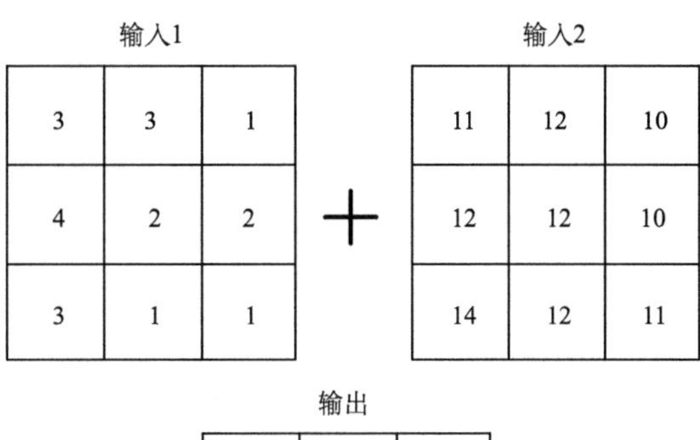

图 3-15　栅格相加

下面列出了执行栅格叠加分析的常规步骤：

（1）定义问题；

（2）将问题分解为子模型；

（3）确定重要图层；

（4）在图层内重分类或转换数据；

（5）确定输入图层的权重；

（6）添加或组合图层；

（7）分析。

前三个步骤是解决几乎所有空间问题的常用步骤，对于叠加分析尤其重要。

ArcGIS 是一个全面的 GIS 平台，里面提供了大量的空间分析算法工具。其中关于栅格叠加分析操作的工具主要包括表 3-1（ArcGIS 帮助文档）的几种。

表 3-1　ArcGIS 中栅格叠加操作类型总结

工具	用途
分区统计	通过某个图层中的区域（类别）来汇总其他栅格图层中的值，如计算每个植被类别的平均高程
合并	可基于来自多个输入图层的值的唯一组合，为输出图层中的每个像元指定一个值
模糊分类	根据指定的模糊化算法，将输入栅格转换为 0～1 数值范围以指示其对某一集合的隶属度
模糊叠加	基于所选叠加类型组合模糊分类栅格数据
加权叠加	自动执行栅格叠加处理过程，并可在添加前为每个图层分配权重（还可以指定等效的影响来创建未加权的叠加）
加权总和	通过将栅格各自乘以指定的权重并合计在一起来叠加多个栅格

其中，模糊分类、模糊叠加、加权叠加和加权总和均来自 Toolbox 的叠加分析工具集中，下面对这四种方法进行简单的介绍。

1）模糊分类

首先，使用重分类工具获得一个新的值域范围（如 1～100）。然后，将重分类结果除以某个因子（如 100），以便将输出值归一化为 0.0～1.0 的值。值 1 表示完全隶属于模糊集，而当值降为 0 时，则表示不是模糊集的成员。

2）模糊叠加

模糊叠加工具可以对多准则叠加分析过程中某个现象属于多个集合的可能性进行分析。模糊叠加不仅可以确定某个现象可能属于哪个集合，还可以分析多个集合的成员之间的关系。

3）加权叠加

加权栅格叠加是最常用的叠加分析方法之一，主要通过加权求和各栅格属性值（图 3-16），所有输入栅格数据必须为整型。浮点型栅格数据要先转换为整型栅格数据，然后才能在加权叠加中使用。加权叠加既能综合参与叠加的每个因子的属性，又能体现不同因子的重要程度，因此被广泛采用（牛强等, 2017），主要用来解决多准则空间决策问题，如选址、适宜性评价等。当前，主要的加权叠加方法有顺序叠加法、线性加权叠加法、位序加权平均法三种，其中，顺序叠加法为考虑各因子之间的权重问题；线性加权叠加法引入了权重，但无法控制因子之间的抵消效应；位序加权平均法继续改进，有效控制了因子间的相互抵消，但是位序权重的实际意义难以解释。牛强等（2017）提出了一种变权叠加理论，该方法不仅可以达到加权综合的效果，还可以对叠加图层中存在极大值或极小值的栅格像元的权重进行奖励或惩罚，从而保留重要的极值像元的效应，控制叠加过程中的抵消效应，可以适用于用地选址、生态敏感性评价、用地适宜性评价、景观环境评价、地质环境评价等。

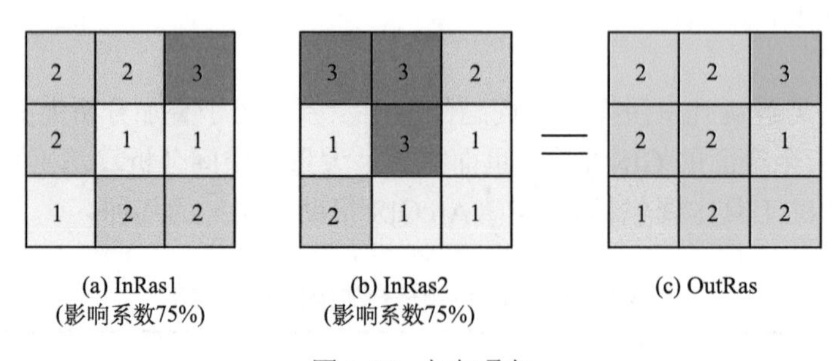

图 3-16　加权叠加

4）加权总和

通过将栅格各自乘以指定的权重并合计在一起来叠加多个栅格。使用加权总和工具可以对多个输入栅格进行加权及组合，以创建整合式分析。它可以轻松地将多个栅格输入（代表多种因素）与组合权重或相对重要性相结合，在这一方面它与加权叠加工具很相似。加权总和与加权叠加有两个主要区别：

（1）加权总和工具不能将重分类值重设为评估等级；

（2）加权总和工具允许使用浮点型和整型值作为输入，而加权叠加工具只接受整型栅格作为输入。

图3-17为加权总和示意图，图中的第一个数字$2.4 = 2.2 \times 0.75 + 3 \times 0.25$。

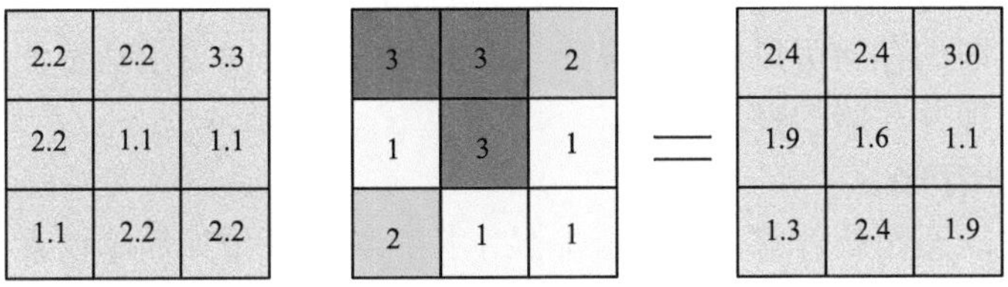

2.2	2.2	3.3
2.2	1.1	1.1
1.1	2.2	2.2

(a) InRas1
(权重=0.75)

3	3	2
1	3	1
2	1	1

(b) InRas2
(权重=0.25)

=

2.4	2.4	3.0
1.9	1.6	1.1
1.3	2.4	1.9

(c) OutRas

图3-17　加权总和

3.2　拓扑叠加分析

3.2.1　拓扑分析基本概念

矢量多边形的拓扑叠加基于拓扑关系实现，创建和维护拓扑关系的前提条件是设计并实现用于存储和表达拓扑数据模型的拓扑数据结构，因此清晰定义要素间的拓扑关系、设计高效合理的拓扑数据结构和明确拓扑叠加的实现过程是实现多边形拓扑叠加分析算法所面临的关键问题。

1. 拓扑关系

拓扑关系是指拓扑变换下的拓扑不变量，如空间对象间的相离、相邻、相交、连接关系等。数学上的拓扑假定地理要素存在于二维平面，通过平面增强，地理要素可以通过节点、边和多边形进行表达，这种平面增强的要素间的相互关系即为拓扑关系。拓扑关系是GIS中空间目标之间最基本也是最重要的关系之一，在空间数据建模、空间查询、分析、推理、制图综合、图像检索和相似性分析等过程中起着重要的作用(邓敏等, 2006)。空间要素间的拓扑关系有三种常用描述方式：基于交集的方法、基于交互的方法和基于Voronoi图的混合方法（陈军和赵仁亮, 1999; Chen et al., 2000），其中基于交集方法的4交模型（Egenhofer and Franzosa, 1991）和9交模型（Egenhofer and Franzosa, 1991; Clementini et al., 1993）最为典型，应用最为广泛。

空间拓扑关系形式化表达一致是GIS中研究的焦点，主要有交叉模型、区域连接验算、二维字符串等模型。在拓扑关系的描述和区分上确定性拓扑关系描述的模型有Egenhofer和Franzosa（1991）提出的4/9交模型和Randell等（1992）的RCC（区域连通演算）模型（邓敏等, 2006）。在9交模型中空间区域间的每一种空间关系判读操作都可以使用9交模型字符串形式的矩阵进行表达。9交模型采用3×3相交矩阵模型，为几何关系分类提供方法。其中（I）、(B)、(E）分别表示几何体的内部、边界和外部，dim是几何体a和b内部、外部和边界相交运算（$\cap$）中的最大维度，空集（$\emptyset$）用−1或F（false）表示。非空集（$\neg\emptyset$）或T（true）表示相交结果中的最大维度，0、1、2分别代表点、线、面。该模型域中使用*作为通配符表示dim的任意一种情况，可以使用单行字符串模式表达该矩阵，矩阵共有 512 种 2D 拓扑关系。齐华和刘文熙（1996）提出一种无须顾及角度的 Qi 函数方法快速建立弧段直接的拓扑关系。

拓扑数据类型的存储可以分为两类：一种是根据检查的需求动态计算拓扑关系；另外一种是预先处理并存储的静态拓扑。

1）动态拓扑存储

基于内存的动态拓扑计算方式适合非显示拓扑数据模型如简单要素模型的运算，因为它们的数据中只存储要素的空间位置和形状，缺少拓扑关系的定义。在需要进行拓扑关系计算时将数据载入内存动态运算即可。动态拓扑的不足之处就是其计算规则受内存容量的限制，海量数据的叠加分析的拓扑维护和运算较容易出现内存溢出问题，引起操作异常退出。如在多核并行算法设计中，只是使用对象粒度的数据进行并行叠加，而图层级别的叠加分析更适合使用 MPI 分布式内存的并行方式。

2）关系表-文件式拓扑存储

关系文件型的拓扑关系在数据入库时预处理生成，以文件或表格的形式进行存储，相对于内存拓扑实时计算文件式拓扑具有静态特性。基于内存的动态拓扑构建对计算一级存储和计算能力要求较高，计算开销较大，一般情况下是将拓扑关系保存成文件或表格的形式存储到磁盘中以便重复使用。对于只作为查询检索用处的空间数据建立静态拓扑可以一次构建多次使用。

文件式拓扑存储通常采用连通拓扑模型建立空间要素之间的拓扑关系，即空间要素采用节点、弧段来表示，多边形要素通过其边界的弧段表达。ESRI 的 GIS 软件的早期产品中的数据模型就是将拓扑数据作为单独的文件进行存储，包括节点-弧段、弧段-多边形的拓扑关系文件。

根据数据结构判断动态拓扑是根据简单几何要素的坐标点按需生成过程，因此拓扑关系在原始数据中是隐藏的。几何要素由点、线、面构成不具有拓扑关联特性，而拓扑数据类型的基本特点就是组成元素包含丰富的关联和邻接信息，如图 3-18 中所示。

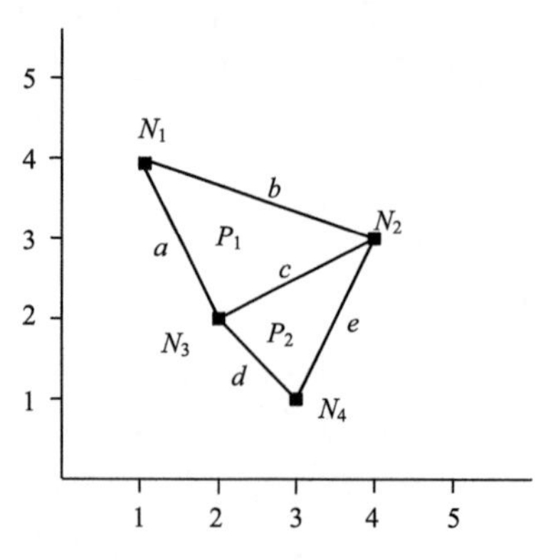

图 3-18　拓扑数据结构示意图

图 3-18 中，节点 N_1～N_4 是 2D 平面上的 4 个点，N_1 与 N_3 相连构成边 a，N_1 与 N_2 相连构成边 b，以此类推构成边 c、d、e，而边 a、b、c 闭合围成拓扑面 P_1，边 c、d、e

闭合围成拓扑面 P_2。在实际的物理存储时，多边形 P_1 和 P_2 不需要反复地记录公共边 c 的 2 个端点，仅需要标记边 c 由节点 N_2、N_3 构成，而 c 又构成两个多边形 P_1 和 P_2 即可。由此可知，拓扑数据结构应能表现地理空间对象间所蕴含连通性、邻近性、方向性等关系。典型空间关系数量表征值如表 3-2。

表 3-2　空间关系分组

关系组合	关系数量
点-点	2
点-线	3
点-多边形	3
线-线	23
线-多边形	19
多边形-多边形	6

基于几何对象边界（boundry）、内部（interior）、外部（exterior）拓扑元素定义，Egenhofer 和 Franzosa（1991）将 2D 空间内线几何对象间的拓扑关系详细划分 57 种，郭庆胜和陈宇箭（2005）使用基于基本空间拓扑关系组合描述的方法，在无须建立完整的拓扑关系图的情况下较好地描述 2D 空间目标的拓扑关系，其中线与多边形的拓扑关系为 97 种。

空间关系有多种不同的表达方法，如关系表法、2D 字符串方法、基于 Voronoi 图的表达方法、偏序法等，其中关系表法应用最为广泛，如美国人口调查局的 DIME 数据格式、ESRI 公司的 coverage 文件格式、Oracle Spatial 的拓扑数据格式等均属此类。根据实际存储的关系表数量和类型的不同，关系表法又分为全显式表达和半隐含式表达两种，实际应用中后者居多。

2. 拓扑规则

拓扑规则是在拓扑模型的基础上对地物要素关系的约定，在 ArcGIS 中，总共给出 25 条可供选用的拓扑规则。对一个要素数据集，可以定义一个拓扑关系类，在拓扑关系类中可以指定若干希望数据满足的拓扑关系规则。点、线、面三种拓扑规则约束如表 3-3～表 3-5 所示。

表 3-3　点数据拓扑检查规则

规则名称	叠加图层	结果图层	规则功能描述
点完全在面内	面	点	检查未完全在面内的点，边界上无效
点必须在面边界上	面	点	检查未与面边界相接（touch）点
点必须与线端点重合	线	点	检查未被线端点覆盖的点
点必须被线覆盖	线	点	检查未落在线上的点
点完全在面外	面	点	检查未完全在面外的点，边界上无效
无重复点	点	点	检查数据集内的重叠点

表 3-4　线数据拓扑检查规则

规则名称	叠加图层	结果图层	规则功能描述
线内无悬挂线	线	线或点	检查未连接的线段
线内无假节点	线	点	检查线内非终点或非连接处的点
线图层内无重叠	线	线	检查线图层内重叠线段
线自身无重叠	线	线	检查线自身的重合区域
无相交	线	点	检查图层间相交的线
线内无自相交	线	点	检查线自相交点
无内侧相接	线	点	检查未在节点处的相交或重合
线必须是单部	线	线	检查多部分组成的线
线图层无重叠	线	线	检查图层间重叠线段
线必须被覆盖	线	线	检查未重合的线
线端点必须被覆盖	点	点	检查未重合的线端点
必须被面边界覆盖	面	线	检查未被面边界覆盖的线

表 3-5　面数据拓扑检查规则

规则名称	叠加图层	结果图层	规则功能描述
面内无重叠	面	面	检查多边形之间的重叠
面内无缝隙	面	面	检查多边形之间的缝隙
必须包含点	点	点	检查落在面内的点
边界必须被线覆盖	线	线	检查未被线覆盖的面边界
面必须被覆盖	面	面	检查未被覆盖的面
必须无重叠	面	面	检查面图层间的重叠区
必须一一覆盖	面	面	检查一对多的覆盖
必须大于容差	面	面	检查小于容差的碎屑面

分析以上规则可以发现许多规则在几何对象操作上是对偶操作或是相同操作，只是应用中根据实际数据不同表达不同的地理意义。例如，边界必须被覆盖和线之间必须重叠在编程实现中都是几何线段的重合判断，但是应用中“边界必须被覆盖”实际是指由主干道线围成的统计面必须边界重叠，“线之间必须重叠”是指公交线路必须与道路线重合。这些规则通过几何对象间的布尔操作推演生成，在空间关系谓词的约束下形成对实际地理现象的约束。

3.2.2　拓扑叠加概念

1. 拓扑叠加计算流程

拓扑叠加分析基于经过平面增强处理的空间数据实现，包括弧段拆分与分类、建立空间索引、线段求交、构造拓扑多边形 4 个步骤。

（1）弧段拆分与分类排序。若拓扑结构中边或者弧段的定义允许包含 2 个以上的节点，则需要弧段的拆分过程，拆分后的每一条弧段为仅包含 2 个节点的线段。对拆分后的弧段进行分类排序的目的是建立弧段-弧段拓扑关系的基础，也是拓扑追踪构面的关键。

（2）建立空间索引。简单的“暴力”测试手段在处理大量线段求交或者大量空间对象叠加计算时往往不具有实用性。而建立空间索引，对参与叠加计算的所有多边形弧段进行预筛选和过滤是减少无效计算次数的有效手段。常用的空间索引数据结构有 K-D 树、四叉树、格网索引、R-tree 及其变种树等。

（3）线段求交。线段求交多基于平面扫描算法实现，是经典的成熟算法，此处不再赘述，但是需要注意多种特殊情形，如图 3-19 所示。

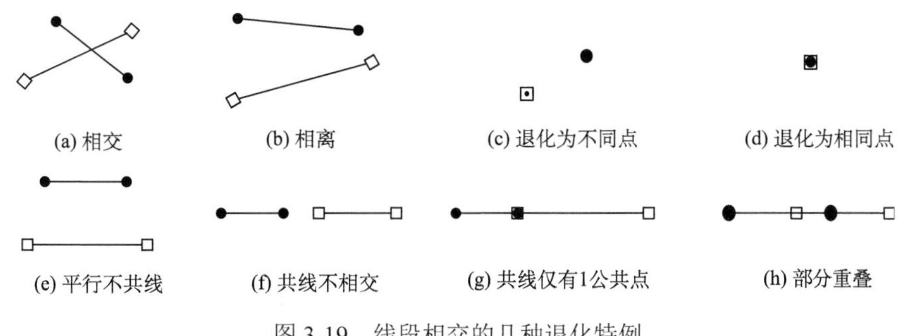

图 3-19　线段相交的几种退化特例

（4）构造拓扑多边形。拓扑叠加的计算结果必然也是平面增强的，能够完整地继承输入数据的拓扑关系和相关属性。弧段求交完成后将交点插入输入节点表并更新拓扑关联的边表和多边形表，原来的边被打断生成新的边，基于互相叠加的节点、边的拓扑关系追踪弧段序列生成新的多边形的过程即为其建立了与弧段、节点之间的拓扑关联，最后为新生成多边形附加属性。

2. 拓扑叠加的算法体系

多边形拓扑叠加流程的实现依赖于几个核心算法，包括弧段排序与拓扑多边形构造算法、空间索引算法、线段求交与弧段分裂算法等，这些算法构成了矢量多边形拓扑叠加的算法体系。

（1）弧段排序与拓扑多边形构造算法。根据分类排序所采用的方法不同，有多种建立节点处弧段-弧段拓扑邻接关系的方法，包括传统的方位角算法、齐华和刘文熙（1996）所提出的 Qi 算法、高云琼等（2002）提出的矢量外积算法、刘刚和李永树（2011）所提出的类方位角算法等，其中基于矢量外积的算法和类方位角算法是可以在拓扑生成过程中采用的较为高效的算法。上述算法已有较多文献描述和应用（何超英等, 2004），此处不再赘述。

（2）空间索引算法。在矢量多边形拓扑叠加过程的多个环节都可能应用空间索引，如构造拓扑多边形、线段求交等，应用空间索引的重要目的是提高空间目标的搜索效率，缩小计算和比较的范围。常用的空间索引算法包括 K-D 树、格网索引、四叉树和 R-tree 等。

（3）线段求交与弧段分裂算法。线段求交是矢量多边形拓扑叠加所需的几何计算算法之一。相交弧段交点计算完成后，原始弧段必须被在交点处打断完成分裂，而所谓的合法交点存在多种情况，如图 3-20 所示。

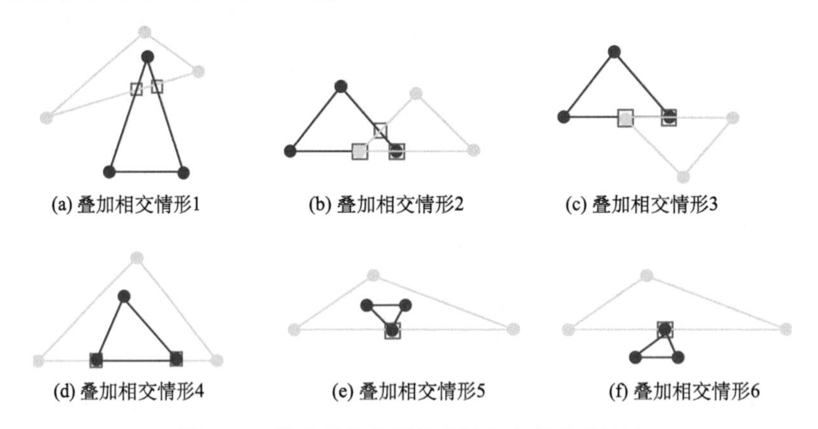

图 3-20　导致弧段分裂的合法交点的几种情况

在图 3-20 中 6 种叠加相交情形下，输入多边形的弧段均应在交点处被打断，弧段打断后，原始弧段被删除，新的节点和弧段被分别增加到节点表和弧段表，节点所隶属的弧段信息和弧段的左、右多边形信息均可能发生变化，而这些信息可通过输入的拓扑数据信息查询得到，节点和弧段数量均呈现增加趋势。

线段相交可能存在计算得到合法交点但不会造成弧段分裂的情形，多是由于弧段重合或弧段顶点重合造成，如图 3-21 所示。

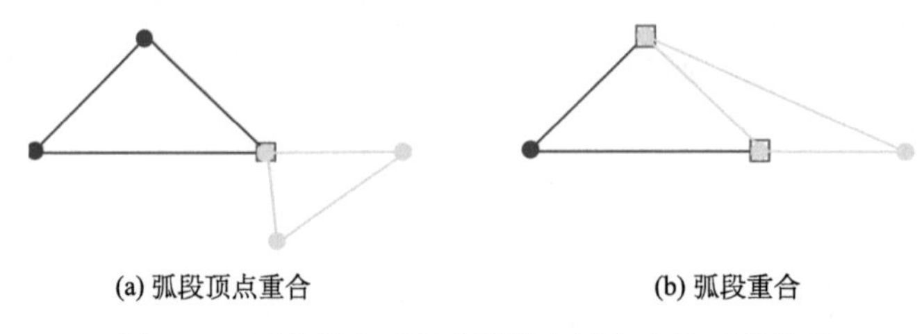

图 3-21　不会导致弧段分裂的合法交点的两种情况

综上所述，矢量多边形数据的拓扑叠加分析算法所涉及的算法包括弧段拓扑排序算法、拓扑多边形构造算法、空间索引算法、线段求交算法和弧段分裂算法等，每一类算法可能有不同的实现途径，它们构成了矢量多边形拓扑叠加的算法体系。

3.3　非拓扑叠加分析

3.3.1　非拓扑叠加的数据模型与算法体系

虽然建立了拓扑关系的多边形数据在叠置分析过程中具有拓扑正确性、低冗余的优势。但是在大数据量的情况下，不需事先建立拓扑关系和数据拼接过程的基于简单要素模型的矢量多边形叠加可能具有更高的计算效率和更大的问题处理规模。非拓扑矢量多边形叠加需要解决基础数据模型、多边形裁剪算法、算法拓扑容错与结果数据拓扑错误检查等多个关键问题。

1. 基础数据模型

与拓扑叠加依赖于拓扑关系模型和拓扑数据结构类似，非拓扑叠加同样依赖于特定的数据模型和数据结构，高效稳定的数据模型是设计和实现高性能矢量空间叠加分析算法的基础。

OGC 简单要素规范已成为非拓扑矢量数据模型的事实标准。本书基于符合简单要素规范的 GTBASIC 基础矢量数据模型软件包开展。GTBASIC 基于标准 C++实现，因此具有良好的跨平台部署能力；为弥补 OGR 库对内存式空间索引数据结构支持的不足，本研究中实现了 R-tree、四叉树和 K-D 树 3 个空间索引类；基于 MySQL Spatial（社区免费版）实现了空间矢量数据和拓扑数据的组织、存储和分发，提供面向 MySQL 数据库的空间数据访问接口；提供完善的几何对象、图层和数据源操作数据结构。GTBASIC 支持完整的 OGR 几何类型规范，包括点、线、多边形、多点、多线、多多边形，以及 Adam 的 2.5D 几何对象。图 3-22 是 GTBASIC 数据对象模型中部分几何类型的关系图。

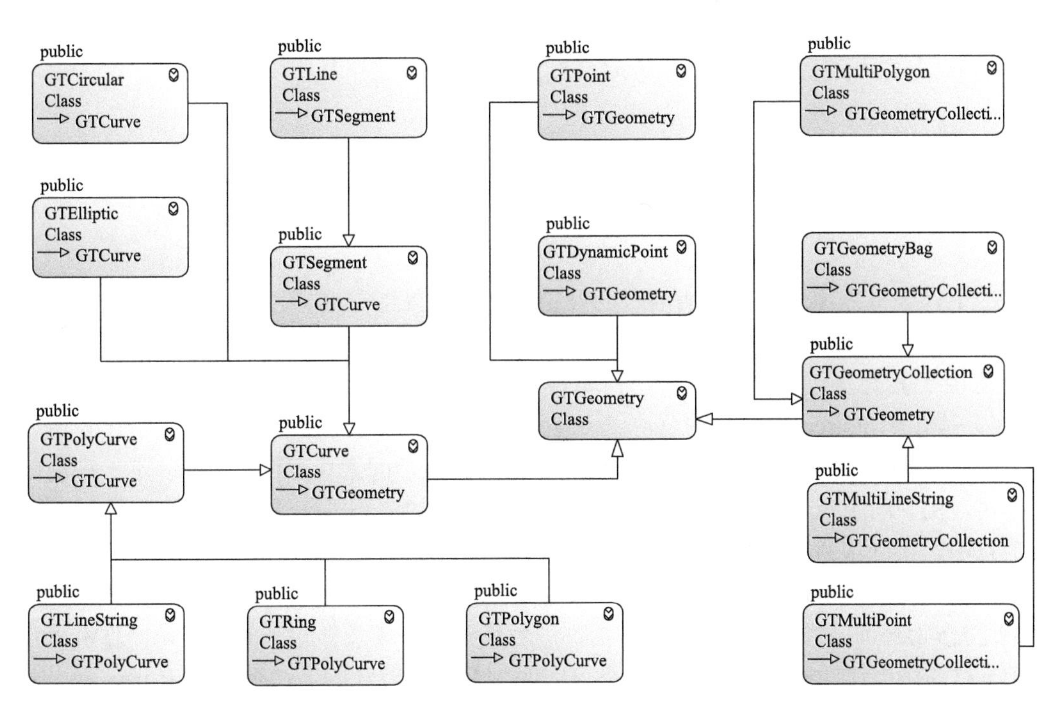

图 3-22　GTBASIC 数据模型几何类型关系图

2. 非拓扑叠加的算法体系和流程

多边形非拓扑叠加计算流程包括相交多边形的搜索、多边形裁剪和拓扑错误检查 3 个核心步骤。

（1）相交多边形的搜索。相交多边形搜索的目的是缩小多边形裁剪的操作范围，该过程基于空间索引算法实现，能有效节省不必要的数据读写和计算带来的时间开销。相交多边形的搜索通常与并行算法中的并行任务分解过程密切相关，是实现并行多边形矢量叠加分析的前提。

相交多边形的搜索对应于基于数据库空间查询接口访问数据和基于内存空间索引数据结构查询两种不同的数据操作方式。以 Oracle Spatial 和 MySQL 数据库为例，前者可提供基于 R-tree 和四叉树索引的空间数据搜索方法，后者的 5.6 社区版不仅可以提供基于 R-tree 的查询，还可以提供对空间目标的精确查询支持，包括精确的包含、包含于、跨越、分离、相等、相交、交叠、邻接等判定操作。图 3-23 展示了 R-tree 搜索和精确几何形状搜索的差异。虽然精确的空间搜索可以过滤掉更多的非相关空间对象，但需要更多的时间开销。

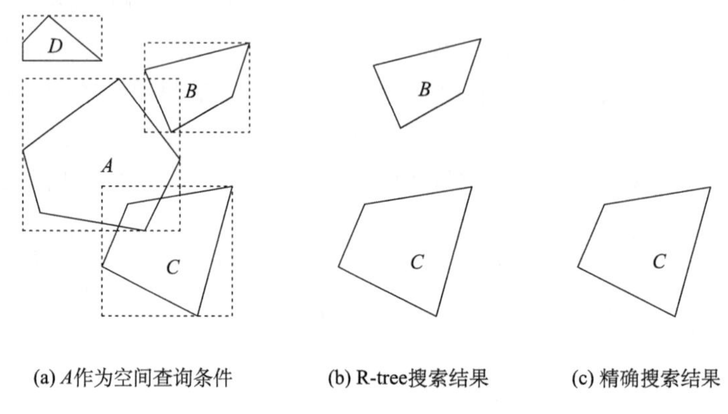

(a) *A*作为空间查询条件　(b) R-tree搜索结果　(c) 精确搜索结果

图 3-23　基于 R-tree 的搜索和精确空间搜索的差异

由于计算机内部存储器的访问时间开销要远快于外部存储器，因此在计算机内存中对空间数据建立高效的空间索引是非常必要的。传统的关系型数据库采用的 B-tree 索引并不适用于具有多维性特征且在任何维度上不存在优先级顺序的空间数据。Guttman（1984）提出的 R-tree 索引结构解决了多维数据快速索引的问题，是一种比 Cell 算法、四叉树和 K-D 树更适用于处理二维多边形数据的高效空间索引算法。R-tree 是一种高度平衡树，由中间节点和叶子节点组成，实际数据对象的最小外接矩形（MBR）存储在叶子节点中，中间节点通过聚集其底层节点的外接矩形形成，包含所有这些外接矩形。进行空间检索时，R-tree 接收一个 MBR 或空间范围作为查询条件，它会判定哪些要素的 MBR 与作为查询条件的 MBR 相互压盖，进而找到与查询条件相交的要素，计算机内存中的一次 MBR 比较的时间开销非常小，因此为数以百万计的多边形建立 R-tree 索引并执行检索所花费的时间开销也可以控制在一个合理的范围内。在此之后研究人员针对不同空间运算提出了不同的改进方法，形成了一个繁荣的索引树族，但都没有脱离 R-tree 空间索引的核心思想，本书在 GTBASIC 库中实现了内存式 R-tree 索引结构。

（2）多边形裁剪。多边形裁剪是指两个多边形之间的叠加计算过程，一般也称为多边形的布尔计算。多边形的布尔计算包括 4 种不同的类型，分别是交（AND）、差（DIFF）、并（OR）、异（XOR），分别对应多边形叠加分析算法中的求交、求差（擦除）、合并和交集取反工具。其他分析工具，如联合、更新、标识和空间连接均为上述 4 种基本算子的组合。在完成了几何计算之后，必须为计算结果附加必要的属性信息，属性信息的附加方式有多种，如只保留要素标识符、保留除要素标识符之外的所有属性字段、保留所有属性字段、自定义保留字段等。

（3）拓扑错误检查。基于简单要素模型的矢量多边形非拓扑叠加过程无法保证结果多边形集合的拓扑正确性，因此必须对结果数据进行拓扑检查以消除拓扑错误。多边形裁剪等几何计算过程中由于浮点数计算误差等因素经常导致计算结果包含碎屑多边形、缝隙、悬挂点、虚连接等拓扑错误，而拓扑错误检查和拓扑纠正的过程通常需要多次执行甚至是人工参与。下面将对该部分内容进行详细讨论。

3. 几何计算中的拓扑错误处理

多边形非拓扑叠加无法保证输入和输出数据的拓扑正确性，在多边形搜索和裁剪过程中，应区分是否要处理输入数据集合内部要素的压盖问题，同时也需要采取措施维持结果数据的拓扑正确性。在非拓扑矢量多边形叠加过程中，虽然失去了对数据拓扑正确性的保障，但现在计算机的性能能够满足动态地建立拓扑关系并检查拓扑正确性，动态计算得到的拓扑关系并不会被存储，但可以实现几何计算与拓扑计算的平衡。具体措施包括增加数据拓扑预处理过程、在算法部分增加集合内部拓扑压盖检查功能、在结果输出后增加数据拓扑错误检查和纠正功能等。

输入数据的拓扑预处理过程是为了确保矢量多边形叠加分析算法的输入数据图层或集合内部不包含拓扑错误，常见的拓扑错误包括缝隙、虚交点、悬挂点、压盖、交叠、自相交等，基于几何计算方法的拓扑错误检查具体的实现手段包括计算容差设置、自相交分解、线交叠判断、碎屑多边形/缝隙判断与消除等。输入数据的拓扑预处理过程并非必须，若在数据生产过程中已经完成了拓扑检查或者数据由其他算法工具生成但集合或图层内部存在类似问题，如缓冲区算法生成的结果在同一集合或图层内部很可能存在互相压盖，如图 3-24 所示，而后续的叠加分析可能就需要处理这种压盖现象，此时就不需要对输入数据做拓扑预处理检查，因此该过程应该与后续的多边形裁剪算法过程分开实现。

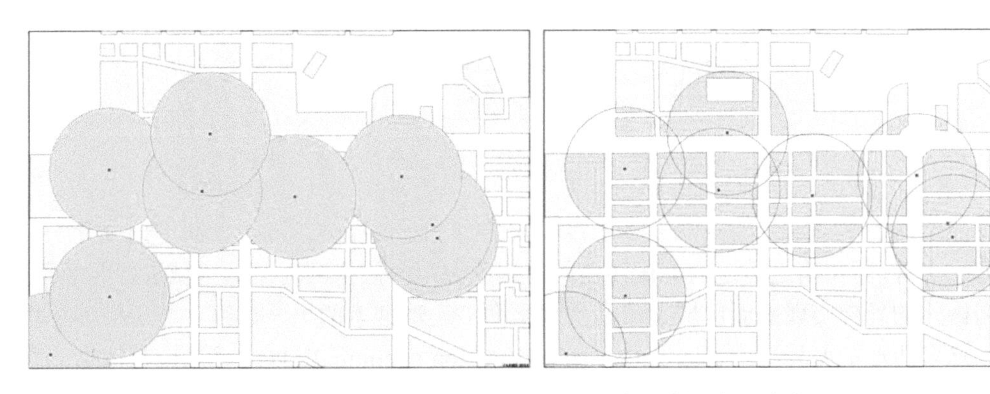

图 3-24　对缓冲区生成的结果进行叠加分析示例（求交）

在处理图 3-24 中的输入数据时，由于输入图层内部空间要素存在互相压盖的情形，若不经过拓扑预处理过程，则叠加算法自身必须具有处理此种情况的能力，本书称之为拓扑容错能力。算法拓扑容错对于流程化的矢量多边形叠加处理过程具有重要意义，这种叠加过程中的拓扑错误处理能力不仅能保证叠加分析结果的正确性，还增强了叠加分析算法的鲁棒性。因此，不管是保持输入、输出数据一致的拓扑正确性还是为达到获取正确叠置分析处理结果的目的，矢量多边形非拓扑叠加分析过程前的数据预处理、算法执行中的拓扑容错，以及算法执行完毕后的拓扑错误检查应互相配合，不可忽略。

4. 非拓扑叠加的算法体系

基于 OGC 简单要素模型的非拓扑矢量多边形叠加分析涉及了多个层面的算法，包括多边形裁剪算法、空间索引算法、拓扑错误检查算法等。

1）多边形裁剪算法

在众多的多边形裁剪算法中，Vatti（1992）算法和 Greiner 和 Hormann（1998）算法是公认的可以在有限的时间内处理任意多边形裁剪并获得正确结果的两个算法。而根据刘勇奎等（2003）、Martinez 等（2009）所得到的对比实验结果可知，尽管 Greiner-Hormann 算法被认为比 Vatti 算法具有更简单的原理和实现过程，也被期望拥有更高的执行效率，但在某些情况下其计算效率却可能低于 Vatti 算法，而刘氏算法（彭杰等, 2012）与 Greiner-Hormann 算法相比并无实质性改进，Martinez 等（2009）所提出的算法并未得到广泛应用。因此，此类基于矢量计算的多边形裁剪算法在处理不同的空间数据时可能表现出不同的计算效率，而基于这些算法实现的几何对象粒度的裁剪算法应保持其“向下透明”的性质，如图 3-25 所示。

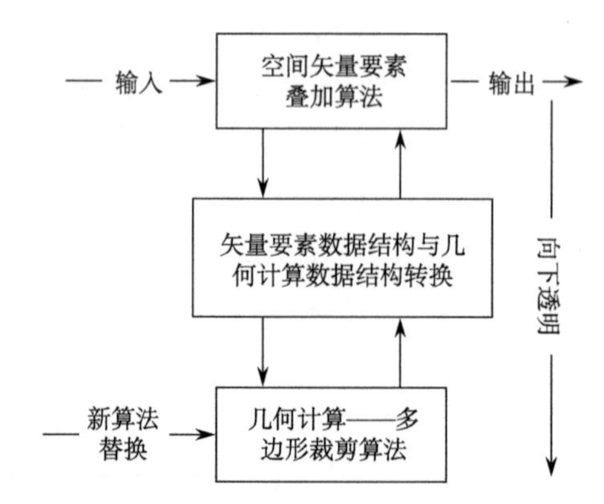

图 3-25　多边形裁剪过程中算法“向下透明”策略示意图

目前主流的多边形裁剪算法多基于线段求交、平面扫描线、多边形梯形剖分等矢量计算方法实现，而在满足一定的测量误差的前提下应用离散格网对平面区域进行离散化，采用栅格化的思想实现平面区域搜索是实现平面多边形搜索的另一思路，基于栅格化思想的任意多边形裁剪算法（rasterization-based polygon clipping, RaPC）算法就是依据该思路实现的。由于该方法并不涉及复杂的线段求交和大量的浮点计算，是有望获得更高的多边形裁剪计算效率的一种方法。

2）空间索引算法

如前所述，空间索引与空间查询算法对计算机外存中数据的高效存取的重要性不言而喻，拓扑叠加中所采用的空间索引算法与数据结构类似，非拓扑叠加中常用的空间索引算法同样可采用多级格网索引、四叉树索引、R-tree 索引等实现。

3）拓扑错误检查算法

矢量多边形非拓扑叠加过程中的拓扑错误检查主要面向输入数据的预处理过程和结果数据的后处理过程。非拓扑数据结构存储的矢量空间数据及叠加分析过程中常见的拓扑错误类型及其检查、纠正的相关算法在表 3-6 中列出。表 3-6 中所列出的在多边形图层叠加过程中常见的 7 种拓扑错误都可以采用对应的检查方法和算法进行解决，值得注意的是，在 GIS 矢量数据叠加分析过程中常见的拓扑错误并非局限于上述 7 种，其他一些拓扑错误，如冗余点、重复线/边、短悬线、伪交点等同样需要进行检查和纠正。

表 3-6　常见拓扑错误、来源及相关检查算法

拓扑规则错误类型	拓扑错误的可能来源	检查方法和算法
悬挂线	线图层内部	线串起止点连通性判断
面内重叠	多边形图层内部	多边形裁剪算法
假节点	线或多边形图层内部	线串非起止点连通性判断
自相交	线或多边形图层内部	线串自相交分解、多边形自相交分析算法等
自交叠	线或多边形图层内部	交叠线或多边形的边搜索
面内缝隙	多边形图层内部	缝隙搜索
碎屑多边形	多边形图层内部	碎屑多边形判定

综上所述，矢量多边形非拓扑叠加分析所涉及的算法包括多边形裁剪算法、空间索引算法、拓扑错误检查算法等，多边形裁剪算法又多基于线段求交、平面扫描线和梯形分割算法实现，而拓扑检查算法又包括了线串连通性判断、自相交分解、缝隙搜索等算法，它们共同构成了矢量多边形非拓扑叠加的算法体系。

3.3.2　多边形裁剪算法及其发展

与拓扑叠加过程中弧段拆分后主要的计算过程为线段求交和构造拓扑多边形不同，非拓扑叠加过程中所操作的空间对象更有层次性，从多边形集合的叠加计算、两个多边形间的叠加计算、两条线串（LineString）的求交到两条线段的求交等多个粒度，而两个多边形之间的叠加计算多基于成熟的计算几何学中的多边形裁剪算法实现，包含了线串或线段之间的求交过程，是非拓扑多边形叠加计算的核心过程，因此本节将着重介绍当前主要的多边形裁剪算法及其发展，为后期的高性能叠加算法研究提供铺垫。

许多图形学、机助制图、数学、测绘等领域的学者致力于多边形裁剪算法的研究，并给出了许多可用的、具有不同特点的多边形裁剪算法。经典的多边形裁剪算法，如 Sutherland-Hodgman（Sutherland and Hodgman，1974）、Andreev（1989）等算法要求裁剪多边形是凸多边形，Liang-Barsky（Liang and Barsky，1983）、Foley（Foley et al., 1990）、Maillot（1992）等算法要求裁剪多边形是矩形，罗畏和邹峥嵘（2011）提出的算法则要求裁剪多边形是圆形，而一般多边形裁剪更加实用。Weiler-Atherton 算法、Vatti 算法、Greiner-Hormann 算法、Martinez 算法、RaPC 算法、刘勇奎等（2003）和彭杰等（2012）

提出的多边形裁剪算法可处理一般多边形。同时，赵红波和张涵（2012）和周清平和陈学工（2012）对等值线图的任意多边形窗口裁剪进行研究，陈占龙等（2012）采用基于要素模型实现多边形裁剪，刘雪娜和侯宝明（2009）、王结臣等（2010）对复杂多边形裁剪进行了探讨（宋树华等, 2014）。多边形裁剪算法是实现多边形叠置分析的基础，在已知的多边形裁剪算法中，Vatti 算法和 Greiner-Hormann 算法是公认的能在有限的时间内处理任意多边形裁剪问题并能获得正确结果的有效算法（刘勇奎等, 2003）。下面是对这些多边形裁剪算法的简单介绍。

1. Vatti 算法

Vatti（1992）提出的通用多边形裁剪算法是对上面两种算法的重大改进，该算法支持任意数量、任意形状的复杂多边形（包括自相交、洞等）作为目标多边形被任意数量、任意形状的复杂裁剪多边形（包括自相交、洞等）进行裁剪操作。Vatti 算法不仅支持多边形裁剪操作，同时支持多边形叠加中的布尔操作，如求和（union）和求差（difference）。

该算法首先将多边形的边界（bounds）进行定义和区分，多边形的边界被区分为左侧边界和右侧边界，左侧和右侧边界通常各由一组边界线（bound）构成，每条边界线由若干条边（edge）组成，所谓的左侧和右侧相对于多边形的内部空间进行定义。显然构成目标多边形与裁剪多边形的边界可能存在互相交叉的情况，此时通过向互相的边内部插入新节点（交点）将其打断，把相交的多边形转化为不相交多边形来消除该现象，即完成了多边形裁剪操作。下面详细描述算法过程：目标多边形和裁剪多边形输入后将进行一次遍历取出所有的边并构建出所有的边界线，边界线中的每条边被附加上各自原属多边形的不同标记。将每条边界线的起始节点定义为该边界线的最小点（local minimum，LM），终止节点定义为最大点（local maximum，LX），其余节点定义为中间节点，位于左侧边界线内的中间节点称为左侧中间节点，反之称为右侧中间节点。Vatti 算法基于水平扫描线的思想实现，仅将水平方向上穿过构成目标和裁剪多边形所有节点的扫描线计入，两条临近的扫描线之间的区域称为扫描束（scanbeam），从最小点 LM 至最大点 LX 遍历扫描束即完成了从多边形底部到顶部的扫描过程，通过计算每个扫描束内边的相交情况并插入交点实现裁剪结果多边形的构建。

在 Vatti 算法的扫描过程中，为每个扫描束维护了一个活动边表（active edge table，AET），AET 是存储了与当前扫描束相交的所有边的列表，在 AET 中的活动边按照 x 坐标自底向上升序排列。当对多边形进行扫描时计算边之间的相交情况，与对节点的分类标记类似，每个交点也被分类和标记，对交点进行分类的规则依次是对裁剪操作的不同定义，分为求交、求并、求差、求异。

当某一最小点 LM 处的分属于一对边界线的各自第一条边成为活动状态后，两条边基于自身关于 AET 中其余同样类型的边的奇偶校验值分别被设置为左边和右边。此时 LM 点将基于自身相对于其他类型边的位置来判定是否成为一个贡献点（贡献点将构成输出多边形的节点，非贡献点将不参与构成输出多边形，同理也有贡献边与非贡献边的定义）。若该 LM 是一个贡献点，则创建一个多边形指针节点并分配给两条边，这两条边成为贡献边，反之则将空指针节点分配给这两条边，这两条边成为非贡献边。当扫描至一条边的顶部时，该条边被它的后继取代，并且将该条边的多边形指针，以及左、右标记指派给后继边，因此后继边将保持它所取代的边的所有属性。多边形指针代表了在给定边的给定节点处是否应将其输出，这样的节点可能是边的终点或者交点。同时，节点的类型决定了如何将其输出，裁剪操作终止时将创建封闭的轮廓（环）。节点的存取必须以一种顺序列表的方式尽可能高效地执行，当扫描抵达某一贡献边的最上部节点时，需要判断节点类型以决定如何输出，若该边没有后继边则认为扫描抵达了最大点 LX，否则为中间节点。对每种类型节点的不同后续操作如下。

（1）最小点 LM：创建多边形指针节点并将 LM 节点添加到多边形指针节点的节点列表中。相异边（原属于目标多边形和裁剪多边形的边，相似边指原属于相同多边形的边）的相交可能构成附加的 LM 点，这样的 LM 点也应被作为贡献点且与其相连的边成为贡献边。

（2）左/右中间节点：根据节点所属边的左/右类型添加到其所属边的多边形指针节点的左/右节点列表的最后。

（3）最大点 LX：在最大点 LX 处一对边界线将“会面”，“会面”的两条边界线可能属于同一个多边形也可能分属不同的多边形。若属于同一个多边形，这两条边界线将构成一个闭合的环；若分属于不同的多边形，则将一个多边形附加到另一个多边形。对于一个给定的多边形节点，任意时刻将有 2 条贡献边：一条贡献边通向左侧边界线的终点，而另一条贡献边通向右侧边界线的终点。当多边形 P 在一个最大点 LX 被附加到多边形 Q 后，2 个多边形将同时出现 4 条贡献边，假设最初每个多边形的 2 条贡献边分别为 E_P1、E_P2、E_Q1、E_Q2，当将 P 被附加到多边形 Q 后，中间的两条贡献边 E_P2 和 E_Q1 将变为非贡献边，同时 E_P1 将变为多边形 Q 的一条贡献边，而 E_P1 的多边形节点指针将被设置为多边形 Q。

相异的贡献边与非贡献边的相交将导致非贡献边成为贡献边，贡献边变为非贡献边，这种转变通过交换他们的多边形输出指针实现。相似边的相交将导致左侧边成为右侧边，右侧边成为左侧边。所有相交的边在交点处均需要交换以维持其在 AET 表中的 x 坐标自底向上的升序排列。

按照上述规则扫描完毕后可得到一组闭合的环，由这一组闭合的环可构建出最终的输出裁剪结果多边形。该算法的时间开销随目标和裁剪多边形中的总边数不同而呈线性变化，但对于特殊情况，如自相交多边形的处理可能更为耗时。此外，Vatti 算法将水平边作为特殊情况进行处理。

Vatti 算法对交点类型判定规则的设计是完备的，通过表 3-7 所述的几项规则定义实现多边形的差、并、交、异的操作，图 3-26 是其图形化的表示。

表 3-7　Vatti 算法交点类型判断规则

分类	规则	说明
相异边相交，规则 1	$LC\times LS \mid LS\times LC = LI$	裁剪多边形/目标多边形的左侧边与目标多边形/裁剪多边形的左侧边的交点为结果多边形左侧边中间点

续表

分类	规则	说明
相异边相交，规则 2	RC×RS|RS×RC = RI	裁剪多边形/目标多边形的右侧边与目标多边形/裁剪多边形的右侧边的交点为结果多边形右侧边中间点
相异边相交，规则 3	LS×RC|LC×RS = MX	目标多边形左/右侧边与裁剪多边形的右/左侧边的交点为结果多边形最大点（环的闭合处）
相异边相交，规则 4	RS×LC|LC×RS = MN	目标多边形右侧边与裁剪多边形的左侧边的交点为结果多边形最小点（环的起点处）
相似边相交，规则 5	LC×RC|RC×LC = LI & RI	裁剪多边形的左/右侧边和右/左侧边的交点为结果多边形左侧和右侧边的中间点
相似边相交，规则 6	LS×RS|RS×LS = LI & RI	目标多边形的左/右侧边和右/左侧边的交点为结果多边形左侧和右侧边的中间点

注：L. 左侧；R. 右侧；C. 裁剪多边形；S. 目标多边形；I. 中间点；“|”. 或；“&”. 与；×. 相交；=. 结果。

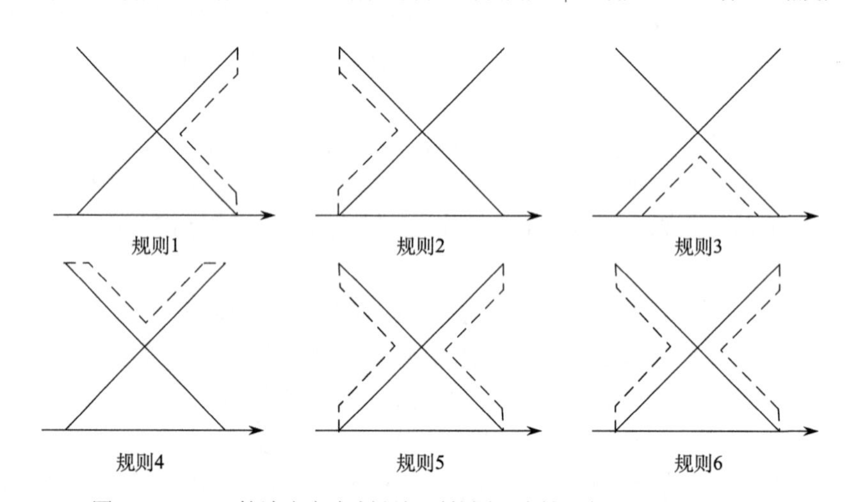

图 3-26　Vatti 算法中交点判断规则的图形表达（根据 Vatti, 1992）

Murta（1998）实现了对 Vatti 算法的改进，解决了 Vatti 算法中输入多边形中不允许出现水平边的问题，同时在处理 2 个具有重合边的多边形裁剪问题时采用了一种更为鲁棒的方法。Murta 使用 C 语言实现了改进后的算法并提供开源下载，称为通用多边形裁剪库（general polygon clipper, GPC）。

2. Greiner-Hormann 算法

与 Vatti 算法类似，Greiner 和 Hormann（1998）提出的多边形裁剪算法同样支持任意多边形之间的快速裁剪，并支持多种多边形布尔操作，与前者相比，Greiner 与 Hormann 提出的算法原理更为简单。

Greiner 和 Hormann 指出，任意多边形裁剪的问题可归纳为从一个多边形的内部找出另一个多边形的部分边界的问题。该算法整体上由三个步骤组成，分别是数据读入和预处理、交点计算插入和遍历输出裁剪结果。

如图 3-27 所示，算法过程描述如下。

（1）首先读入图 3-27（a）中所示的两个多边形，*S* 代表目标多边形，*C* 代表裁剪多边形，计算出两个多边形边界的所有交点。

（2）如图 3-27（b）所示，首先找出目标多边形 *S* 的边界有哪些部分落在裁剪多边形 *C* 内部，寻找的过程可描述为：从目标多边形边界上的某一个节点开始，沿着目标多边形边界进行遍历，若起始节点落在裁剪多边形内部则标记该点为输出多边形的一条边的起始节点，否则继续前进直到跨越裁剪多边形的边界，记录交点为起始节点。找到了起始节点意味着找到了一条新的边，标记这条边并开始接收新的节点。接下来沿着目标多边形的边界前进，每经过一个节点，判断是否有新的边在接收节点，若有，将当前点加入新的边的节点链表，若没有则继续前进。每次穿越裁剪多边形 *C* 的边界时，均需要判断是否终止接收新的点或者新建一条边，直到回到初始节点，结束遍历，这样便找出了目标多边形的边界落在裁剪多边形内部的部分。

（3）采用同样的方法找出裁剪多边形的边界落在目标多边形内部的部分，如图 3-27（c）所示。

（4）将图 3-27（b）、（c）两步中的结果边首尾相连即可得到裁剪多边形，同样，通过找出彼此部分落在各自区域内部的部分边界相连接即可完成两个多边形的合并操作，同样也可通过找出不同的部分来完成求差等操作。

（5）通过记录交点及其所属部分可以轻易地实现结果边的连接，构建多边形。

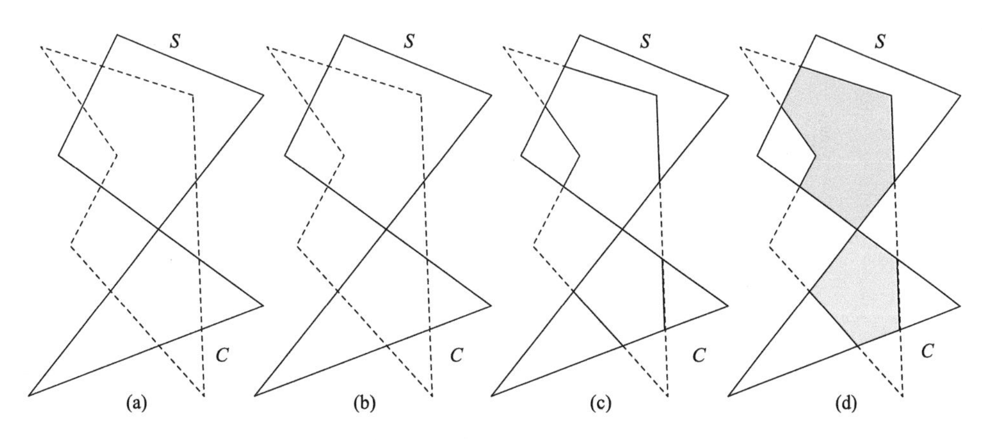

图 3-27 Greiner-Hormann 算法过程模拟（根据 Greiner and Hormann，1998）

Greiner-Hormann 算法的原理简单直观，图 3-28 为其图示描述。

Greiner-Hormann 算法使用如图 3-29 所示的双向链表数据结构存储多边形的节点，其核心的计算主要是点与多边形关系判断和线段求交。点与多边形关系判断采用回转数算法实现，线段求交算法可采用扫描线算法实现。

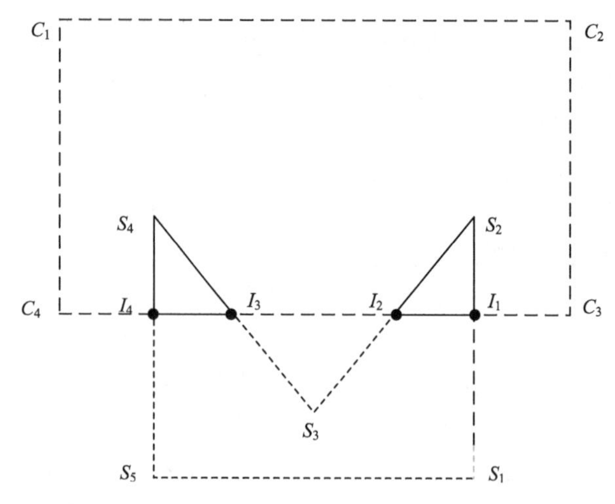

图 3-28　Greiner-Hormann 算法图示（根据 Greiner and Hormann，1998）

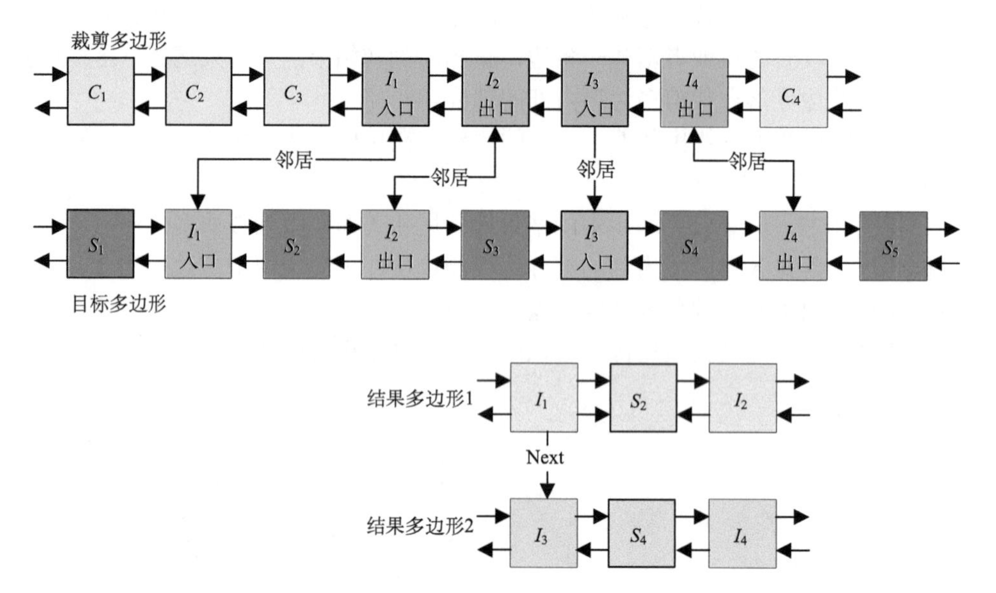

图 3-29　Greiner-Hormann 算法的双向链表结构（根据 Greiner and Hormann，1998）

3. RaPC 算法

本书作者之一范俊甫在 2014 年提出一种基于栅格化思想的任意多边形裁剪算法。RaPC 算法的基本思想是将空间范围进行离散化，按照离散化后网格与叠加多边形间的包含关系将空间区域定义为 4 种类型：目标多边形区域、裁剪多边形区域、重叠区域和空白区，离散网格同样包含 4 种类型与之对应。完成网格离散化过程后，按照计算需求搜索特定类型的网格进行输出，即完成了多边形裁剪过程。

RaPC 算法由多边形离散化、“像素”填充、结果输出三个核心步骤构成。图 3-30 是 RaPC 算法的逻辑流程示意图，其中，多边形离散化、网格填充和结果输出是 RaPC 算法的三个主要环节，结果输出又分为 2 种形式：离散网格输出和单一多边形整体输出。

下面分别对上述三个环节进行介绍。

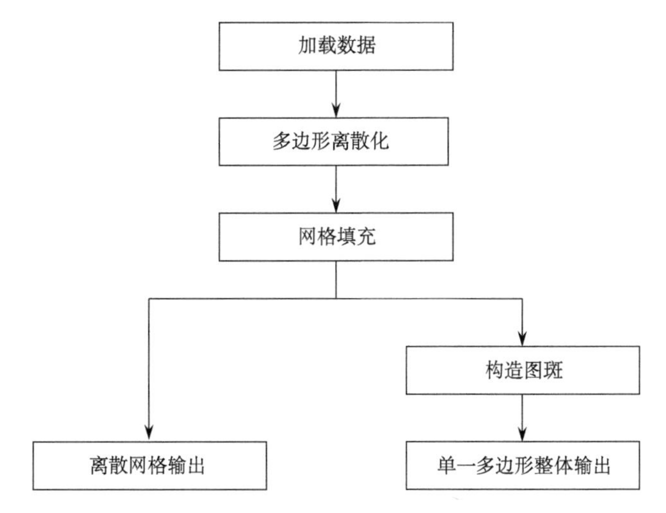

图 3-30　RaPC 算法逻辑流程示意图

1）多边形离散化

多边形离散化的过程建立在数据结构及操作类型清晰定义的基础上，其实质是将一定的空间区域划分为规则网格的过程，在数据结构上可采用矩阵来存储和表达，矩阵的元素代表空间区域内的网格单元，元素取值的不同代表所属空间区域的不同。多边形布尔叠加的操作类型包括求交、求差、合并三种。其他的操作，如交集取反、标识、更新、联合、空间连接等均可由上述三种基本操作类型的组合得到。

2）网格填充

如图 3-31 所示，网格填充过程是遍历矩阵每个元素进行多边形包含测试的过程。

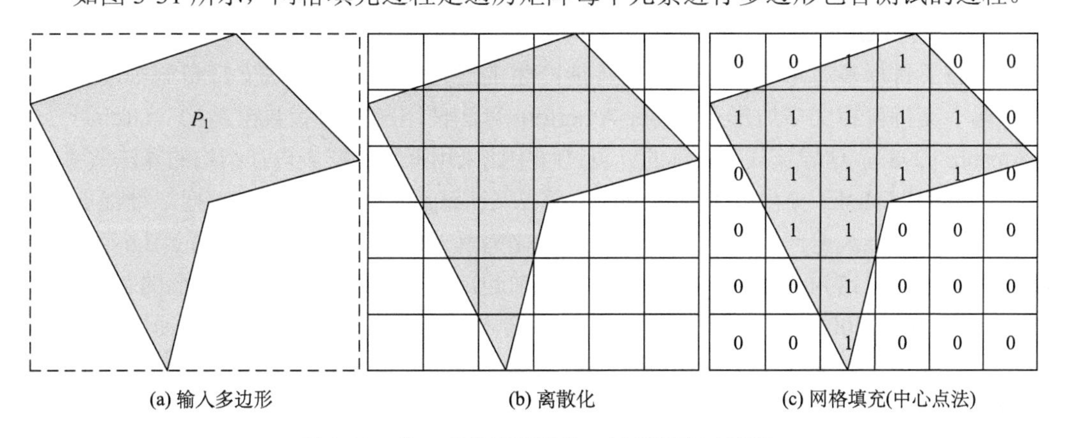

图 3-31　单一多边形离散化、网格填充示意图

图 3-31 中，矩阵的每个网格根据其所代表的特征点与目标或裁剪多边形的包含关系不同被赋予不同的值。本书采用射线法进行点在多边形内探测（周培德，2011），还可采用 Bentley-Ottmann 算法（Bentley and Ottmann, 1979）、环绕数法（Foley et al., 1990; Greiner and Hormann，1998）、叉积判断法、有向回路法和格网法（Antonio，1992；郭雷等, 2002）等实现。网格填充过程即为 RaPC 算法的裁剪过程。

3）结果输出

RaPC 算法包括两种不同的结果输出形式：离散网格输出和单一多边形整体输出。所谓离散网格输出是指将每个网格作为单一的裁剪结果进行输出，而单一多边形整体输出则是将裁剪完成的所有网格进行聚合，形成一个单一的几何对象并输出。仅将离散网格输出并不能完整地描述裁剪结果的图形特征，需要将离散网格进行聚合，得到整体图斑来进行后续的图形比较和分析。作者提出了一种对裁剪结果离散网格进行聚合以构造整体输出多边形的图斑搜索方法——环绕边界追踪算法，该算法的核心思想是通过对网格单元的顺序遍历，找出所有外环的入口，每个入口定义出 1 个外环和若干个内环，环的构造过程采用顺时针环绕追踪的方式完成。RaPC 算法支持包含洞、岛的复杂多边形之间的叠加裁剪。

RaPC 算法的计算效率受网格单元大小和多边形顶点数量双重因素的影响，其时间开销随多边形顶点数量呈线性增长，随网格大小增大呈幂函数规律快速下降，通过控制网格大小能实现对时间开销和面积误差的控制和调整。

4. 其他算法

Sutherland-Hodgman 算法通过定义裁剪多边形内部为可见区域，外部为不可见区域，然后从裁剪多边形的第一条边开始遍历进行裁剪（Sutherland and Hodgman, 1974）。该算法存在两个明显的缺陷，即裁剪多边形被限定为凸多边形，并且在处理凹多边形的裁剪问题时，构成凹多边形的凹节点若位于裁剪多边形之外，则结果多边形将出现重合边，这是由该算法采用的单一节点链表所导致的退化现象（Vatti, 1992）。退化现象在多边形渲染时不会带来多余的问题，但是在数据处理、拓扑维护时将带来较大影响。

Weiler-Atherton 算法（Weiler and Atherton, 1977）通过返回一组彼此分割开的多边形从而克服了目标多边形为凹多边形时可能产生的退化问题，该算法支持带洞多边形的裁剪，但不支持自相交多边形。Weiler-Atherton 算法使用的是树状数据结构（Greiner and Hormann, 1998），这导致其在实际的计算过程中比采用双线性链表内存结构的算法效率低。

Liang 和 Barsky 提出的 Liang-Barsky 算法（Liang and Barsky, 1983）把二维裁剪问题转化为二次一维裁剪问题，而把裁剪问题转化为解一组不等式问题。Liang-Barsky 算法将裁剪多边形限定为 4 条边分别平行于坐标轴的矩形，无法处理任意多边形的裁剪问题。

刘勇奎等（2003, 2007）提出了一种基于循环单链表结构存储多边形，使用错切变换方法（实际是仿射变换）实现交点判断和求解，显著降低了内存开销和计算量，加快了多边形裁剪的速度。但是该算法采用的单循环链表的内存结构导致一个多边形的多个环之间易产生多余的线，需要通过扩展链表头节点加以解决。此外，该算法规定沿多边形的边前进，左侧为多边形内侧，前进方向的右侧为多边形外侧，因此该算法无法处理自相交多边形的裁剪问题。

Martinez 等（2009）提出了一种新的基于平面扫描技术的多边形布尔计算算法，其实验结果显示当边缘数量增加时，算法获得了比 Vatti 算法和 Greiner-Hormann 算法更高效的计算效率，因为算法缩短了 CPU 计算多边形之间交点的时间。但该算法不适用于具有孔洞的多边形，以及由多边形集合组成的区域。尽管如此，根据 Martinez 等的实验结果，Greiner-Hormann 算法的计算效率可能低于 Vatti 算法，因此，此类基于矢量计算的多边形裁剪算法在处理不同的空间数据时可能表现出不同的计算效率，任何简单地根据少量实验得出的计算结果可能都是片面且无法反映算法之间本质差异的。

王结臣等（2010）提出一种基于扫描线和梯形分割思想的多边形裁剪算法，该算法主要步骤包括:计算目标多边形/多边形集合与裁剪多边形/多边形集合的交点，提取所有交点和多边形边界节点的纵坐标 y 并进行排序；以排序后的 y 作水平扫描线，分别对主多边形和窗口多边形进行梯形分割，获得两组梯形集合；对这两组梯形集合逐行执行梯形单元求交运算，最后对结果交集进行边界追踪建立裁剪多边形。算法中的线段求交也采用扫描线思想实现，但是这种扫描线并非传统的扫描线算法，而是通过扫描所有节点将所有边打断成小线段，进而判断相邻 2 条扫描线之间由目标多边形生成的小线段与裁剪多边形生成的小线段有无交点。梯形分割的思想无法处理自相交多边形裁剪的问题，且作者没有给出该算法与其他算法的效率比较。

彭杰等（2012）提出一种基于交点排序的多边形裁剪算法，该算法借鉴了其他同类算法的优点，进一步优化了数据结构，将构成结果多边形顶点的裁剪多边形和目标多边形顶点插入到交点链表，通过交点排序，形成一个单线性、单指针的结果多边形顶点链表，与刘勇奎等（2003）所提出算法相比较，提高了多边形裁剪的计算效率。

目前在计算几何领域成熟可用的多边形裁剪算法软件包均在表 3-8 中列出，研究人员可以在许可范围内有选择地使用。

表 3-8　多边形裁剪算法及软件包

算法库名称及版本	最近更新时间	作者	开发语言及协议	是否开源
Boolean（v. 7.1）	2009-9-14	Klaas Holwerda	C++; GPL	是
Boolean Operations On Polygons（v. 2.0）（BOPS）	a	Matej Gombosi	C++;　a	是
CGAL（r. 4.2）	2013-3	Joint project of 7 sites	C++; GPL/LGPL	是
ClipPoly（pl. 11）	2005-3-11	Klamer Schutte	C++; LGPL	是
Constructive Planar Geometry（CPG）	a	Dave Eberly	C++;　a	是
GPC（v. 2.32）	2004-12-17	Alan Murta	C;　a	是
LEDA（v. R-6.4）	2012-7-9	Algorithmic Solutions Software GmbH	C++; a	否
PolyBoolean v0.0 PolyBoolean.c30.NET v2.0.0	2006-5-11	Michael Leonov, Alexey Nikitin	C++/C#;　a	否
Clipper（v. 5.1.6）	2013-5-24	Angus Johnson	C++/C#/Delhpi; Boost Software License-Version 1.0	是
PolygonLib	a	SINED GmbH	C++/COM;　a	否
gfxpoly	2012-1-2	Matthias Kramm	C; BSD-2	是
Polypack	1994	David Kennison	FORTRAN;　a	—

注：a 为未知或已不再维护。

OGC 简单要素规范中，多边形不仅可以是简单的凸多边形，还可以是凹多边形，甚至是带有岛、洞或者自相交情况的复杂任意多边形。表 3-8 所列的主流多边形裁剪程序包中，对任意多边形裁剪的适用性不尽相同，Leonov（1998）、Johnson（2013）和 SINED GmbH（2013）对不同多边形裁剪软件包的适用性做了测试，结果在表 3-9 中列出。

表 3-9　多边形裁剪软件包的比较

算法库	交	差	并	异	洞	KH I[d]	SI[e]	DV[f]	KH O[g]
Boolean	+[a]	+	+	+	+	+	—[b]	+	+
BOPS	+	—	+	—	+	—	—	—	+
CGAL	+	+	+	—	—	—	—	—	—
ClipPoly	+	+	—	—	—	—	—	—	—
CPG	+	+	+	+	+	—	—	+	—
GPC	+	+	+	+	+	+	+	+	—
LEDA	+	+	+	+	+	—	—	+	—
PolyBoolean	+	+	+	+	+	+	—	+	—
Clipper	+	+	+	+	+	+	+	+	—
PolygonLib	+	+	+	+	+	?[c]	+	?	?
gfxpoly	+	+	+	+	—	?	+	?	?

注：a. 支持；b. 不支持；c. 未知；d. 单内环输入；e. 自相交；f. 自邻接；g. 单内环输出。

只有能处理任意多边形间的裁剪问题的算法或软件包才具有实际应用价值。大部分软件包需要一个从简单要素模型的矢量数据结构向其所支持的内建多边形数据结构的转换的过程，该过程的效率高低同样会影响最终实现的矢量多边形叠加分析算法的综合效率。

3.4　本章小结

本书的目的是研究高性能空间叠加分析的理论、算法和实践，不仅需要高性能技术、并行技术的支持，更需要对空间叠加分析算法有个整体、深入的了解，本章主要围绕空间叠加分析算法的体系、结构、原理、方法等方面展开讨论，总结分析最新的叠加分析算法和多边形布尔操作算法。

首先介绍了叠加分析算法的整体体系结构，从操作形式、数据结构、操作要素不同角度进行分类。其次，GIS 矢量叠加分析分为拓扑叠加与非拓扑叠加，两者在实现方式上存在重要区别，所涉及的算法却互有重叠，因此，有必要对 GIS 中矢量数据的两种叠加分析方式及其所涉及的核心算法进行分析和总结，为下一步叠加分析算法的并行化提供理论基础。重点研究了拓扑叠加分析与非拓扑叠加分析的计算流程及算法体系，了解拓扑的基本特性及规则，掌握主要的多边形裁剪算法的基本思想与发展趋势。

参 考 文 献

陈军, 赵仁亮. 1999. GIS 空间关系的基本问题与研究进展. 测绘学报, 28(2): 95-102.
陈述彭, 鲁学军, 周成虎. 1999. 地理信息系统导论. 北京: 科学出版社.
陈占龙, 吴亮, 刘焕焕. 2012. 基于排序边表的简单要素模型多边形裁剪算法. 微电子学与计算机, 29(9): 145-148.
邓敏, 刘文宝, 黄杏元, 等. 2006. 空间目标的拓扑关系及其 GIS 应用分析. 中国图象图形学报, 11(12): 1743-1749.
高云琼, 徐建刚, 唐文武. 2002. 同一结点上弧-弧拓扑关系生成的新算法. 计算机应用研究, 4: 58-59.
郭雷, 王洵, 王晓蒲. 2002. 有向回路法和网格法: 多边形内外点判别的新算法. 计算机工程与应用, 19: 119-122.
郭庆胜, 陈宇箭. 2005. 线与面的空间拓扑关系组合推理. 武汉大学学报(信息科学版), 30(6): 529-532.
何超英, 蒋捷, 韩刚, 等. 2004. 基于 GDF 的道路网完全拓扑生成算法. 地理与地理信息科学, 20(2): 30-33.
刘刚, 李永树. 2011. 构建结点上弧-弧拓扑关系的类方位角算法. 测绘科学, 36(6): 49-51.
刘雪娜, 侯宝明. 2009. 复杂多边形窗口的多边形裁剪的改进算法. 计算机与现代化, (11): 36-38.
刘勇奎, 高云, 黄有群. 2003. 一个有效的多边形裁剪算法. 软件学报, 14(4): 845-856.
刘勇奎, 魏巍, 郭禾. 2007. 压缩链码的研究. 计算机学报, (2): 281-287.
罗畏, 邹峥嵘. 2011. 一种基于圆形窗口的多边形裁剪新算法. 测绘科学, 36(3): 234-235.
牛强, 揭巧, 李县. 2017. 变权栅格叠加方法研究——以生态敏感性评价为例. 地理信息世界, 24(5): 27-34.
彭杰, 刘南, 唐远彬 等. 2012. 一种基于交点排序的高效多边形裁剪算法. 浙江大学学报(理学版), 39(1): 107-111.
齐华, 刘文熙. 1996. 建立结点上弧-弧拓扑关系的 Qi 算法. 测绘学报, 25(3): 233-235.
宋树华, 濮国梁, 罗旭, 等. 2014. 简单多边形裁剪算法. 计算机工程与设计, (1): 192-197.
汤国安, 刘学军, 闾国年, 等. 2007. 普通高等教育“十一五”国家级规划教材, 地理信息系统教程. 北京: 高等教育出版社.
王结臣, 沈定涛, 陈焱明, 等. 2010. 一种有效的复杂多边形裁剪算法. 武汉大学学报(信息科学版), 35(3): 369-372.
王结臣, 王豹, 胡玮, 等. 2011. 并行空间分析算法研究进展及评述. 地理与地理信息科学, 27(6): 1-5.
邬伦, 刘瑜, 张晶等. 2005. 地理信息系统——原理、方法和应用. 北京: 科学出版社.
吴信才. 2002. 地理信息系统原理、方法及应用. 北京: 电子工业出版社.
赵红波, 张涵. 2012. 一种等值线图的任意复杂多边形窗口裁剪算法. 计算机工程与应用, 48(32): 170-175.
周培德. 2011. 计算几何——算法设计与分析(第 4 版). 北京: 清华大学出版社.
周清平, 陈学工. 2012. 大规模等值线图任意多边形裁剪算法. 计算机与现代化, (4): 196-200.
Andreev R D. 1989. Algorithm for clipping arbitrary polygons. Landolt-Börnstein - Group I Elementary Particles, Nuclei and Atoms, 8(3): 183-191.
Antonio F. 1992. Faster Line Segment Intersection. Graphics Gems III, Seattle, WA, USA: Academic Press,

199-202.

Bentley J L, Ottmann T. 1979. Algorithms for reporting and counting geometric intersections. IEEE Trans Comput, C28: 643-647.

Chen J, Li C M, Li Z L, et al. 2000. Improving 9-intersection model by replacing the complement with voronoi region. Geo-spatial Information Science, 3(1): 1-10.

Clementini E, Paolino D F, Peter van O. 1993. A small set of formal topological relationships suitable for end-user interaction. In: David A, Beng C O. Advances in Spatial Databases. New York: Springer-Verlag: 277-295.

Egenhofer M, Franzosa R. 1991. Point-set topological spatial relations. International Journal of Geographical Information Systems, 5(2): 161-174.

ESRI. ArcGIS Help 10. 2-欢迎使用 ArcGIS 帮助库. http: //resources. arcgis. com/zh-cn/h elp/main/10. 2/index. html.

Foley J D, van Dam A, Feiner S K, et al. 1990. Computer Graphics: Principles and Practice. The Systems Programming Series. Addison-Weisley, Reading, 2nd edition.

Greiner G, Hormann K. 1998. Efficient clipping of arbitrary polygons. ACM Transactions on Graphics, 17(2): 71-83.

Guttman A. 1984. R-Trees: A dynamic index structure for spatial searching. In: Proceedings of ACM SIGMOD Conference on Management of Data. New York: ACM Press: 47-57.

Johnson A. 2013. Clipper - an open source freeware polygon clipping library. http: //angusj. com/delphi/ clipper. php#features. [2013-3-23].

Leonov M. 1998. Comparison of the different algorithms for Polygon Boolean operations. http: //www. complex-a5. ru/polyboolean/comp. html. [2013-7-1].

Liang Y D, Barsky B A. 1983. An analysis and algorithm for polygon clipping. Communications of the ACM, 26(11): 868-877.

Maillot P G. 1992. A new, fast method for 2D polygon clipping: analysis and software implementation. Acm Transactions on Graphics, 11(3): 276-290.

Martinez F, Rueda A J, Feito F R. 2009. A new algorithm for computing Boolean operations on polygons. Computers & Geosciences, 35(6): 1177-1185.

Murta A. 1998. A Generic Polygon Clipping Library. URL: http: //www. cs. man. ac. uk/~toby/alan /software/gpc. html. [2012-11-28].

Randell D A, Cui Z, Cohn A G. 1992. A Spatial Logic based on Regions and Connection. Proc. of KR. DBLP, 165-176.

SINED GmbH. 2013. PolygonLib - Polygon Clipping Library. http: //www. ulybin. de/pro ducts/polygonlib . php?lang=en#comparison. [2013-7-26].

Sutherland I E, Hodgman G W. 1974. Reentrant polygon clipping. Communications of the ACM, 17(1): 32-42.

Vatti B R. 1992. A generic solution to polygon clipping. Communications of the ACM, 35(7): 56–63.

Weiler K, Atherton P. 1977. Hidden surface removal using polygon area sorting. Computer Graphics, 11(2): 214-222.

第 4 章　空间叠加分析算法并行化的关键问题

在空间叠加分析算法中，基于矢量数据的空间叠加分析算法占有重要地位，通过对高性能并行矢量叠加分析关键问题的探讨与研究，为构建矢量并行叠加分析算法和并行优化方法打下理论基础，更好地满足人们对海量数据空间分析与深入挖掘的需求。

GIS 矢量叠加分析分为拓扑叠加与非拓扑叠加，两者在实现方式上存在重要区别，所涉及的算法却互有重叠，因此，在探讨矢量多边形叠加的并行化实现方法之前，有必要对 GIS 中矢量数据的两种叠加分析方式及其所涉及的关键问题、核心算法进行分析和总结，在理清异同的基础上开展矢量多边形并行叠加分析算法和并行优化方法的研究。

4.1　非拓扑叠加过程中图层间要素的映射关系

OGC 简单要素规范通过彼此独立的要素来表达地理对象，这使得多边形间的非拓扑叠加分析与拓扑叠加的完全“打散”后求交、构面的处理模式存在根本的区别。后者的计算过程建立在相交线段的确定和搜索基础上，而寻找到彼此压盖的多边形是前者实现的前提，且相交多边形数量的差异将直接影响多边形叠加分析算法的并行化过程。本书中将两个叠加图层间多边形的对应关系称为叠加工具所需处理的要素间映射关系。

不同的叠加分析算法所需处理的要素数量映射关系存在差异，因此明确目标图层与叠加图层间多边形的映射关系是实现图层级别并行多边形叠置工具集的首要前提。多边形差、交、标识、更新和空间连接操作需要处理目标多边形到叠加多边形间“一对多”的映射关系；合并、联合操作需要处理“多对多”的映射关系；交集取反工具较为特殊，它既可以基于“一对多”映射关系下的叠加求交、求差工具组合实现，也可以基于“多对多”映射关系下的 XOR 算子计算得到，本书中将其归类为“多对多”映射关系的一种。本节中将对图层级的多边形叠加分析过程中的多边形映射关系问题进行详细分析和阐述。

4.1.1　“一对多”映射关系

当两个多边形图层叠置时，目标图层中的多边形可能与叠加图层中多个多边形相交，便自然地建立了从目标多边形图层到叠加多边形图层的“一对多”映射关系。下面以图 4-1 为例对多边形图层叠加过程中的“一对多”映射进行说明。

图 4-1 中，图层 A 包含 A_1、A_2、A_3 共 3 个多边形，图层 B 包含 B_1、B_2、B_3 共 3 个多边形，两个图层叠加时自然构成如下的“一对多”的映射关系：A_1 与 B_1 关联，A_2 与 B_2 关联，A_3 同时与 B_1、B_2、B_3 关联。多边形叠加求交、求差、更新、标识、空间连接操作仅需要处理上述“一对多”的映射关系，可以将上述 6 个多边形分成 3 组分别进行处理。

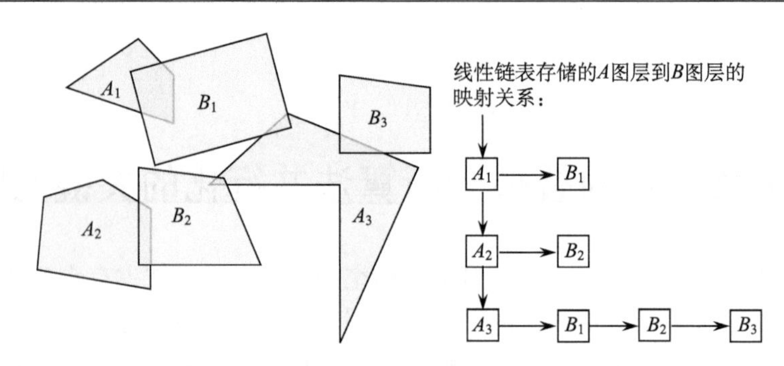

图 4-1　多边形图层叠加中的“一对多”映射关系

4.1.2　“多对多”映射关系

从叠加图层的角度分析，同样存在到目标图层的“一对多”的映射关系，如图 4-1 所示，B_1 与 A_1、A_3 关联，B_2 与 A_2、A_3 关联，B_3 与 A_3 关联，两个图层间不同方向的“一对多”的映射关系构成了复杂的“多对多”映射关系。

当多边形叠置分析工具在多边形裁剪过程中需要将叠加图层中要素的几何形状向结果集合输出时，不仅需要处理从目标图层到叠加图层的“一对多”映射关系，还必须同时考虑从叠加图层到目标图层的“一对多”映射关系，转变为处理两个图层间要素的“多对多”映射，多边形合并、联合和交集取反均属于此类工具，在计算如图 4-1 所示的叠加多边形时，需要将 A_1、A_2、A_3、B_1、B_2、B_3 划分到同一组。两个叠置图层间要素的“多对多”的对应关系不仅提升了串行算法开发的复杂度，也为并行算法开发带来了困难。

4.2　拓扑叠加过程中的关键问题

4.2.1　拓扑叠加一致性

空间数据点拓扑一致性是一种基于拓扑关系约束进行空间数据管理的方式(图 4-2)，矢量空间数据的生产和处理过程常用简单要素模型的数据，数据质量会因为数字化精度等因素产生问题，而拓扑具有空间不变特性，不会因为数据的旋转、平移、缩放等因素发生变化，因此利用拓扑一致性的维护可以保证空间数据的质量。下面对叠加分析中涉及的错误和本书的拓扑维护方法进行阐述。

1. 叠加错误分析

地图叠加分析过程中会产生不同类型的拓扑错误，根据数据类型通常可以划分为多边形拓扑错误、线要素拓扑错误和点拓扑错误。多边形拓扑错误包括非闭合多边形、相邻多边形边界存在缝隙和相邻多边形边界压盖。线要素的拓扑错误包括在交点处未完整相交、悬挂线、重复线等。如果两线段相交的节点处存在缝隙，则该错误称为下冲(undershoot)，如果一条线段的端点跨越其应该连接的线，则该错误称为过冲(overshoot)，两种错误所导致的结果都称为线的悬挂节点。实际应用中的悬挂线检查，根据规则的要求将它们分别称为长悬线（河流）和短悬线（道路）（图 4-3）。点拓扑错误主要有假节点、冗余节点等。

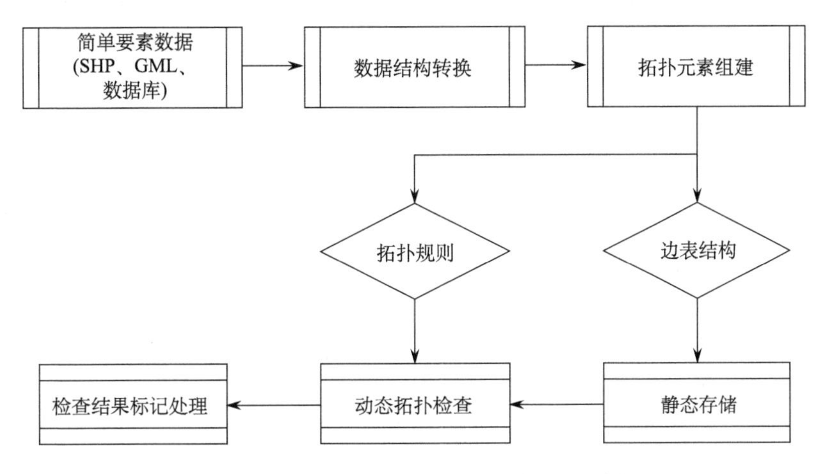

图 4-2　基于简单要素模型的拓扑处理过程

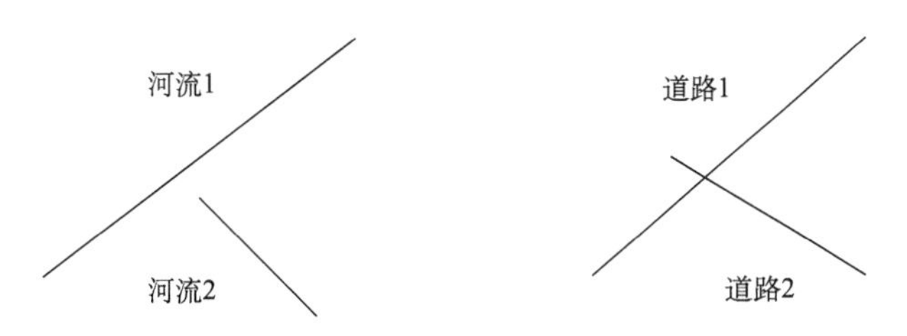

图 4-3　线拓扑的下冲与过冲错误

碎屑多边形基本可以分为三种类型：①弯曲条带多边形；②折线回转多边形；③延长条带多边形。图 4-4 显示土地利用类型与县界叠加后形成的弯曲条带性碎屑多边形。

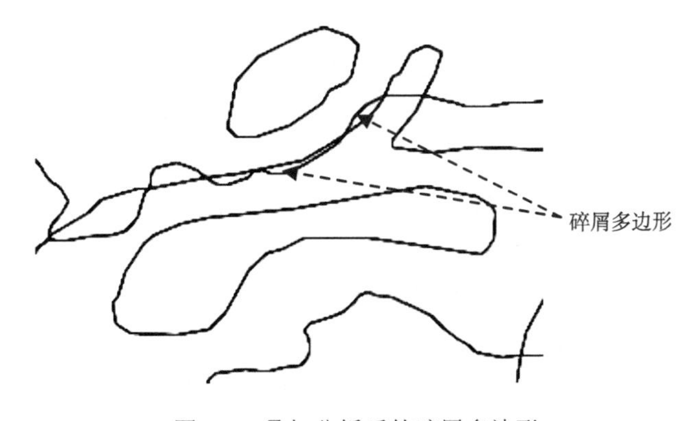

图 4-4　叠加分析后的碎屑多边形

通过在实际应用中可以发现正常多边形与碎屑多边形的一些显著区别，对矢量多边形叠加分析产生的碎屑多边形可以根据特定的规则进行识别，Goodchild（1993）总结了碎屑多边形的四条基本特征，如表 4-1 所示。

表 4-1　常规多边形与碎屑多边形区别

常规多边形	碎屑多边形
大小、形状变化多样	通常较小、狭窄、瘦长
边界通常由 2 条以上弧段组成	边界通常由 2 条弧段组成
相邻多边形属性变化较随机	邻接多边形属性一致
交点通常是 3 弧段相交	交点通常是 4 弧段相交

通过上述总结的叠加分析错误情况，可以对这些错误按照层次步骤进行建模描述。

层次 1：错误源头与防止方式。该层次主要判断特定算法中错误产生的位置和错误主要表现形式。

层次 2：错误探测和度量。设计和实现错误测试和评估程序，可以采用确定性分析和不确定性分析两种方法度量错误程度。

层次 3：错误传递建模。错误传递是大地测量和地图数字化成果准确性的重要影响因素。建模过程使用由一系列连续操作组成的计算级联运算去预测或评估错误产生的主要责任出处。

层次 4：制定错误管理策略。确定需要执行的 GIS 计算功能以实现输出的错误最小化。

层次 5：制定错误消除策略。执行该步骤的前提条件是假设在错误全局分布基础上求和评估可以消除一定数量的错误。在实际应用中错误通常是具有非零均值的非对称分布模式，事实上这种错误可以通过合理地对错误进行采样，采用具有零均值或者计算精度有限的对称分布模式进行消减。错误消除主要是通过调整 GIS 算法执行的顺序或者采用错误更少的程序的策略进行实现。

地图叠加分析操作产生的碎屑多边形（silver polygon）可以使用两种策略进行消除：一是在叠加分析过程中移除碎屑多边形；二是在叠加分析以后的结果图层中进行处理。

策略 1 在流行的商业 GIS 系统中被广泛采用，根据该方法，如果叠加对象中的线段接近模糊模式会被标记为待处理的对象。处理过程对于每个线段设置一定的容限用来表示叠加操作过程中的不确定性，在每条线段周围设置大小为 Epsilon 的带，具体的取值与执行此操作的计算机浮点计算精度有关，在地图数字化中该值通常取 1mm。在 Epsilon 的约束下，位置差别小于该值的线被视为同一条线并被合并为一条线。Perkal（1966）最早使用 Epsilon Band 方法表达面状地物要素的不确定性，最近的研究有 Gotts 等（1996）和其他学者采用 egg-yolk 蛋黄模型中的蛋白来形容面对象周围不确定带。按照以上理论，Epsilon 带只能满足一定边界范围的位置精度问题。

策略 2 需要指定一个智能的判断规则来区别碎屑多边形和正常多边形。如果探测出碎屑多边形可以使用沿中心线的弧段进行替代。

拓扑错误可以通过检查平面的完整性进行判断。根据文献总结针对不同的数据结构和算法，拓扑错误的修正主要有 3 种不同的方法。

（1）移动（snap）和切割（split）法。该方法采用节点、边、面数据结构，使用容差方案，点平移到点、点融合到线、线融合到其他线（如果两线的夹角小于某个阈值）

或者其他组合的合并方式。当它们的边界处产生新节点时，节点、边、面图元被切割。

（2）拓扑信息法。首先对平面空间生成一个基于图论的表达方式，在此表达方式的基础上识别地理要素的缝隙和重叠，根据一定的规则为缝隙和重叠区域分配唯一标记。本书中的拓扑错误检测研究也基于该种思路。

（3）数据库拓扑操作法。该方法利用数据库存储拓扑关系，如 Oracle spatial、Grass、Radius Topology。在数据库维护拓扑关系的基础上，可以方便地实现以上两种拓扑检测方法。Grass、Radius Topology 中均已实现点的平移功能而且差异不大，但是即使这些软件中均已实现主要的拓扑数据结构，在拓扑错误自动修复过程中，仍然需要用户进行大量的工作。

2. *数值精度处理方法*

为正确理解准确度和精度的关系，需要仔细分析准确度和精确度的区别与关系。首先它们的定义区别如下。

（1）准确度可以定义为地图中信息与实际世界坐标值匹配的程度或者是亲密度。因此当涉及准确度问题时，研究内容为数据质量和特定数据集中包含的错误数量。在 GIS 数据中准确度可以等价于地理位置，也可以泛指属性准确度或概念性准确度。

（2）精度是指对数据描述的详细程度。精确的数据可能是不准确的，因为它可能有着详细的描述但是向真实坐标的聚集（接近）程度不够。

空间数据模型的无限精度运算和有限精度的计算机字长是一对矛盾体，欧式空间内空间数据对象的实现和空间关系断言均受到这种矛盾的影响（Schneider, 1997）。计算机字长引起的误差主要有空间数据处理和空间数据存储两种来源。前者主要是因为几何运算的舍入误差出现在空间数据的各种数值运算和模型分析中，后者主要出现在高精度图形的存储领域。目前 Java 和 C/C++最新标准均采用 IEEE-394 浮点值标准，可提供 53bits 的精度，能够精确表达的最大整数值为 9, 007, 199, 254, 740, 992。

为应对计算机数值精度问题，通常的解决方案是使用更高精度的计算机数字表达来增加坐标的分辨率（Franklin, 1984），这种方法与细粒度格网方法具有等效特性。因为空间数据库中的拓扑精度错误由相邻的对象引起，提高分辨率有助于减少问题但是无法彻底地消除精度引起的错误。只有提供一个无限精细的分辨率才可以彻底解决问题，显然极限情况只能无限接近而无法实现。

美国环境系统研究所（ESRI）的 GIS 产品有着近四十年的历史，在全球范围内有广泛的应用，产品体系和技术水平均达到业内领先水平。2012 年推出的 ArcGIS Desktop10 是一套具有划时代意义的产品，软件中使用全新的用户界面、增加空间数据的管理能力、空间数据的多平台发布能力，在此对其拓扑一致性检查进行技术分析。

1）聚类容差

空间数据集拓扑关系的处理过程会必然涉及要素顶点的定位问题，我们通常认为那些落在一定距离范围内的相邻点表示同一个位置并且应该被分配同一套坐标值（图 4-5）。ArcGIS 拓扑处理工具使用聚类容差（cluster tolerance）的方式整合相邻顶点，在一致性处理中所有在容错范围内的顶点都会进行微小的移动。缺省的聚类容差定义以数据集的精度为基础，ArcGIS 空间数据库中真实世界坐标系统的缺省聚类容差为 0.001m，它是 *xy* 分辨率（数值精度）间距离的 10 倍，以英尺为单位的坐标系统缺省容差为 0.003281ft（1ft=0.3048m），以经纬度为单位的坐标系统最小容差为 0.0000000556°。

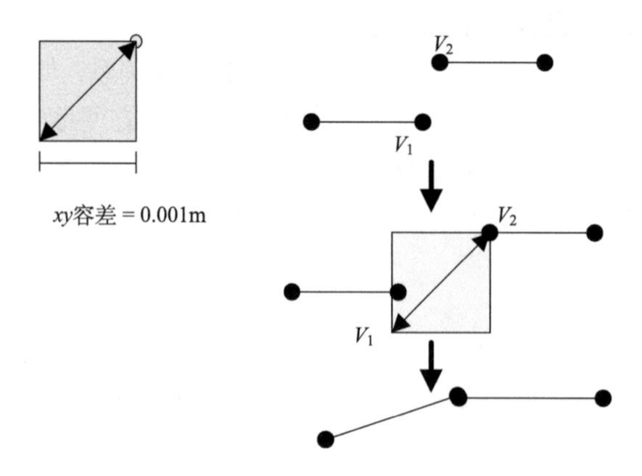

图 4-5　ArcGIS 中邻近点处理策略（根据 ArcGIS）

ArcGIS 中有 *xy* 和 *z* 两种聚类容差，它们以成对组合的形式整合邻近点。*xy* 容差用来查找在水平距离上落入其范围内的顶点。*z* 容差用来区别具有 *z* 属性值或高度值的顶点是否在同容差内。在叠加分析操作中几何对象间的求交操作需要设置一定的阈值来减少零散点的生成。

2）拓扑处理

ArcGIS 中的拓扑处理操作主要通过拓扑数据集来实现，并且将拓扑数据集根据空间粒度划分为不同级别，级别越高需要设置的容差越小。一般情况下 *xy* 容差的设置应该尽量的小以保证只有非常近的顶点才会被分配同一个坐标。当坐标在容错范围内时，顶点之间的关系就被认为是一致的并被调整共享同一位置。按照这种方式 *xy* 容差在聚类时也可以定义坐标在 *x* 或 *y* 方向上的移动距离。当两个坐标之间的 *x* 或 *y* 方向的距离小于 *xy* 容差时就可以被聚类。聚类时其中一个坐标可以移动的最大距离与直角三角形斜边相等。根据勾股定理可知顶点移动的距离是 *xy* 容差的 $\sqrt{2}$ 倍，因此经过 ArcGIS 的拓扑处理后节点间的最小距离为 $\sqrt{2}\times(xy\_\text{tolerance})$。

ArcGIS 的邻近点聚类为拓扑关系修复提供处理对象，图 4-6 详细说明 ArcGIS 拓扑修复的具体流程。从图中可以看出，当一条边 *A* 的端点距离另外一条边 *B* 的距离在聚类容差范围内时，ArcGIS 拓扑引擎会在 *B* 上插入一个新点保证聚类处理的几何完整性，该操作是一种节点捕捉过程。

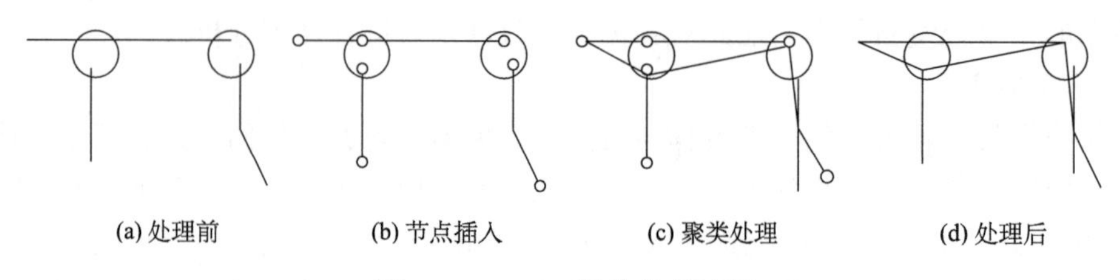

图 4-6　ArcGIS 拓扑处理过程

借鉴区间几何的思想和商业产品的经典方法，本书提出利用图层构建几何图（geomgraph）与几何对象的区间运算相结合的形式维护叠加结果图层拓扑一致性。区间运算（interval arithmetic）又称区间数学、区间分析，是一门用区间变量代替点变量进行运算的数学分支。例如，数值方法描述一棵树的高度使用 5.0m，如果使用区间运算描述树的高度在 14.98～5.02m。它最初是从计算数学的误差理论研究发展起来的。

区间分析有许多重要的应用，GIS 运算中主要采用舍入误差（rounding error）分析方法控制计算几何中产生的误差。区间运算的优点是经过每一步运算均会产生一个包含正确结果的可信区间。区间边界的距离直接决定当前舍入误差的计算，对于区间$[a, b]$误差如以下公式：

$$\text{error} = \text{abs}\left(a - b\right) \tag{4-1}$$

3. 基于几何图的拓扑一致性维护

本书基于图论原理，以简单要素模型形式的叠加结果图层作为输入数据源，通过对简单几何对象构造网络图，将几何中的点、线、多边形转化为具有连通关系的节点、弧段和面，在转化的过程中同时也检查出以上的拓扑错误并进行标记。

在 GIS 的实际应用中，真实空间数据到抽象图数据结构（planar graph）的转化是进行图论和网络分析的关键步骤。数据预处理的过程中，由于地理数据的采集是以面向对象的形式进行，对象之间空间关系的标识需要通过计算得出。根据矢量空间数据存储组织的特点，必须将离散的几何对象构造成网络形式的整体数据结构，实质是离散数据模型到关联数据模型的转换，构建几何要素和拓扑结构的关系。转换过程存在的难点包括。

1）矢量空间数据的整理数字化错误的纠正

首先必须保证矢量空间数据的正确性，地物要素几何对象描述清晰，属性数据分配合理。在从矢量数据构造抽象图或者网络数据结构时，清理拓扑错误，整洁准确的基础数据是抽象模型正常工作的基础。具体方法将在叠加结果拓扑分析与质量检查一章进行阐述。

2）数据类型的转换

矢量空间数据的存储模型遵循简单要素模型（simple features specification, SFS）的国际标准，具体实现中可以根据编程 API 或者 SFS 的 SQL 语句扩展进行空间数据的存储和访问，而抽象图论数据模型直接与计算内置数据结构相关，从高层次封装的空间数据模型逆向到底层计算机数据结构存在跨越异构平台的兼容性和精度损失问题。

除几何对象的转换外，简单要素模型的属性数据（元数据）对于具体分析具有重要指示作用，是网络和路径分析中加权值的关键组成部分。平面图模型中的节点和边必须继承维护用于加权的要素属性，这些属性还可以决定生成图的结构，如管网线路中起点终点的标记可以指示生成有向图，交通路径要素中的最大流量属性决定图中路径中的最大连通量。

3）数据结构的膨胀

构造平面图数据结构需要邻接矩阵或邻接链表，在计算机中需要连续的内存结构。

在地物要素达到一定的数量级，如含有 n 个点的图层，其需要的邻接矩阵大小为 n^2，如果处理对象为线图层，加上数据预处理节点求交计算的新节点，矩阵的容量将迅速膨胀。实际应用中，简单要素模型的要素之间松散耦合，并不包含对象间的关系，即点对象并不维护上下游点的关系，由点构成的线串只维护线内点数组，而不顾及与其他线可能存在的交点和重合情况。简单要素与拓扑平面图结构对应如表 4-2 所示。

表 4-2　简单要素模型与平面图模型数据结构对应表

简单要素结构	平面图结构
点（point）	节点（node）
线串（linestring）	边（edge）
线（coordinate tuples）	起点坐标-终点坐标
坐标元组（coordinate tuples）	键（keys）

本书设计的几何图继承自传统的平面图结构，定义节点、边等图论中的基本元素，为确定这些要素间的拓扑关系，设置节点在线串中的位置（location）、标签（lable）、拓扑相交关系辅助元素。

图数据结构在 GIS 中通常应用于拓扑数据和网络数据的构造，如维护拓扑关系的宗地使用图、交通网络图和管线连通图等。传统的图遍历算法有深度优先（deepth first）和广度优先（breadth first）算法。这些算法只是基于图理论与自定义数据模型解决问题，并没有与具体的地理空间数据类型相关联。平面图论问题的复杂度与使用的数据集类型密切相关，组织良好含义丰富的数据结构有利于将问题转化为直观的解决模式。本书设计几何图的基本数据结构，如表 4-3 所示。分布式的图数据结构字段包括：名称、节点 ID 列表和边 ID 列表。

表 4-3　几何图基本数据结构

```
public class GeomGraph {
        public:
         String name;
         List<Int> nodeUIDs;
         List<Int> edgeUIDs:
         public GeomGraph( ){
            nodeUIDs = new ArrayList<Int>( );
            edgeUIDs = new ArrayList<Int>( );
         }
         public GeomGraph (String name) {
         this.name = name;}
   }
```

常规图数据结构通常维护一个指向它包含的节点和边的对象，但是在几何图结构中，为方便数据划分，没有必要维护指向全局的对象，而是采用保持节点和边的关键字（key）的方法代替，如表 4-3 中的 UID 属性字段。每一个节点必须分配一个唯一的 ID，编程实现中通常采用 UUID 的方法生成，节点包含一个所有它本身参与其中的边的 UID 链表，如表 4-4 中的 edgeUIDs。边结构中同样也需要一个维护唯一的 ID 和组成边的两个节点的 ID。几何图的数据结构如表 4-4 所示。其中 Node 数据结构中添加一个辅助性类 Label，用来标记 Node 是边（edge）的起始点还是终止点。

表 4-4　几何图的节点和边数据结构

节点数据结构	边数据结构
public class Node {	public class Edge {
public:	public:
Int uid;	int uid;
GTPoint pt;	int nodeUID1;
Label node_label;	int nodeUID2;
List<Int> edgeUIDs;	Edge ( ) { }
Node ( ) {	Edge (int uid, int n1, int n2) {
edgeUIDs = new	this.uid = uid;
ArrayList<Int> ( );	this.nodeUID1 = n1;
}	this.nodeUID2 = n2; }
Node (Int uid) {	}
this.uid = uid;	
}	
void addEdgeUID (Int uid) {	
edgeUIDs.addElement (uid);	
}	
}	

首先简单要素模型需要几何对象拓扑化。图数据结构是由有限个有序的点对组成，这些点对称为边或弧（arc），在数学中 edge（x, y）是从 point_x 到 point_y 的线段。节点既可以是组成图的数据结构，也可以是通过整数索引标记的外部实体。图是欧式空间中较为复杂的数据结构，由于严密的连通性，在分布式数据划分方面存在一定的难度。图中的边可以和一定的加权值关联，可以是符号标记也可以是开销、承载力、长度等数值。

GIS 中最广泛使用的数字地理数据格式是基于简单要素模型组织的，其特点是以面向对象的几何形式表达地理特征。在简单要素模型基础上实现网络数据模型，必须实现离散几何对象到图状连通数据模型的转换。数据类型转换主要内容就是地理要素全局几何图的构建，关键步骤包括：

1）线要素分裂

首先对由 n 个点连接而成的单个线要素 L，将其划分为 n–1 条线段，生成边的链表 EdgeList（$E_1,E_2,\cdots,E_n$），并对各边按顺序进行编号。下一步是对线段集合进行求交操作。线要素求交是比较耗时的操作，如果直接使用暴力穷举求交，则对于 n 条线段规模的求

交操作复杂度为 $O(n^2)$。本书的方法是提前对线要素进行降维解簇，利用计算的空间本地化原理，减少不必要的操作，常用的解簇方法有构建空间索引法、单调链和平面扫描线法(Mehlhorn and Näher, 1994; Bemard and Hebrert, 1992; Arge et al., 1995; Franklin et al., 1988)。本书方法采用空间数据域分解中介绍的空间索引分解方法减少线段的比较次数，然后计算线对象的交点，同时将交点插入对应的边中。具体方法是将线串和多边形的组成线段建立 R-tree 索引，每条线段通过查询该空间索引树获得所有可能与其相交的线段，最后进行精确求交操作（图 4-7）。

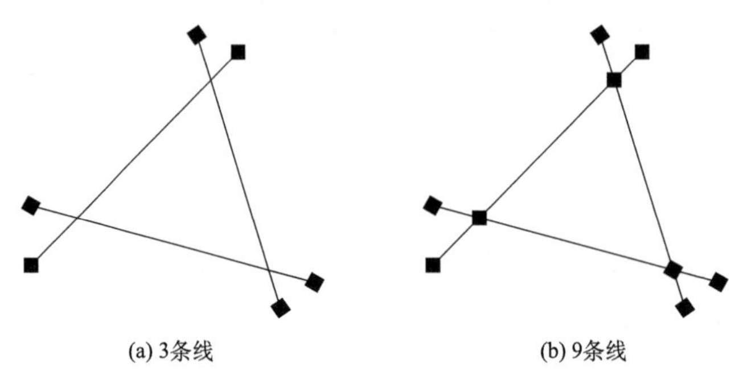

图 4-7　线要素分裂

2）节点化

拓扑关系中的节点是指三条或者三条以上线段共享的点对象，线串的组成、线段之间彼此连接的点在拓扑中认为是顶点（vertax）而非节点。同样在节点化过程中线段求交的结果点并不都可以作为拓扑节点，生成拓扑关系前需要过滤操作去除特殊点。这些特殊点也是叠加分析中由于精度问题容易引起的错误所在。在线段节点的过程中采用容差的思想对邻近点进行约束，落入容差范围内的点被认为是同一个点。

拓扑构建中的特殊点与拓扑错误类型对应，基本分为 2 种情况（图 4-8）。

（1）端点重合，如图 4-8（a）中交点过滤中，L_1、L_2 端点处的重合点并未引起线分裂和 L_3 穿过 L_4 的端点，需要去重。

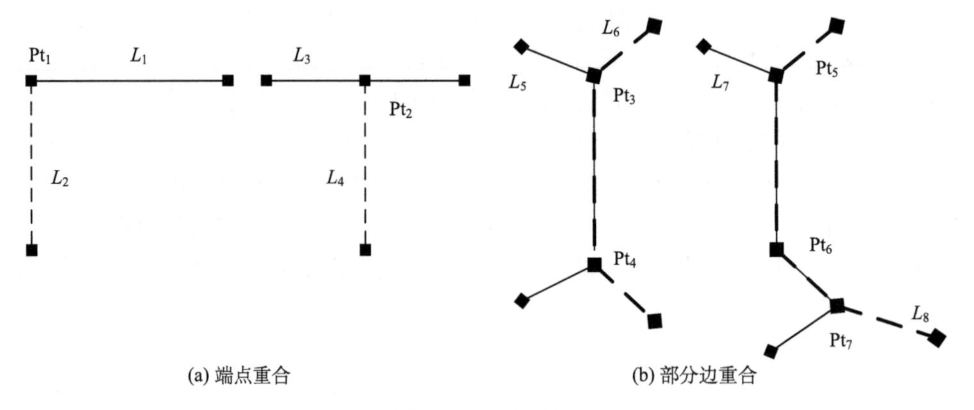

图 4-8　交点过滤

（2）部分边重合，又分为单边端点重合和多边端点重合。单边端点重合为在线段的端点处产生交点，如图 4-8（b）中 L_3 与 L_4 端点会多次相交生成重点，多边端点重合为前者的多次出现情况，并要将起始节点间的交点删除，如 L_5 与 L_6 相交，需将 Pt_6 删除，Pt_5 与 Pt_7 处去重。

交点经过过滤以后，从各线的起点开始逐个循环各节点，将新生成节点插入链表 NodeList（$N_1,N_2,\cdots,N_n$）中。这样各线段分裂并处理交点以后，边和节点的连通性信息得到更新，循环结束构造拓扑图完成。

4.2.2　线要素多边形化

并行叠加分析过程中如何将零散的线状要素包围形成面要素是一个关键技术点，在 ArcGIS Desktop 中该功能对应 Toolbox 内的“Feature to Polygon”工具。近年来该功能的主要研究方向集中在如何快速自动化地构建多边形，同时减少闭合面搜索的复杂度。许多学者对该算法进行改进性的研究，根据该算法实现的步骤，优化的主要切入点一是如何快速构造离散弧段之间的拓扑关系；二是准确搜索最小闭合多边形，减少冗余多边形的形成；三是最后生成多边形之间的关系维护。

本书中的方法在已有研究的基础上，结合图论中的深度搜索和回溯边等技术对线转多边形方法过程中的步骤进行改进。优化的基础是 4.2 节内介绍的对基于简单要素模型的数据进行正确的拓扑化，优化的重点在于增加拓扑数据结构中的标记信息，为多边形搜索过程提供丰富的判断条件。下面具体介绍线要素多边形化的具体过程：

1. 弧段拓扑关系建立

GIS 中线要素转多边形的操作是一个利用离散线构造面要素的过程，在地图制图综合与国土调查中有重要应用，如利用相交的街道中心线构造街区等，在计算几何中称为面探测（face detection）或多边形化（polygonization）。Tarjan（1972）提出一种复杂度为 O（$E+V$）在图中寻找强连通分量的算法，但是此算法并不能找出所有独立构成的环，结果可能为环的组合。Johnson（2006）提出一种时间复杂度为 $O[(N+E)(C+1)]$的类似算法（N 为顶点数，E 为边数，C 为闭合环数），该算法对任意环间的每条边最多只考虑 2 次，因此速度较快。

在 GIS 实际应用中，线要素构面问题并不能直接通过搜索图的闭合环进行解决，因为多边形面是嵌入平面（plane）中的空间实体而非简单的顶点序列组合。计算机几何算法只是基于图理论与自定义数据模型解决问题，并没有与具体的地理空间数据类型相关联。本书首先利用 GIS 的空间拓扑规则，通过对简单线要素集合进行拓扑处理构建其内部关系，然后利用图论与深度搜索发现最小闭合环，最后按拓扑结构进行多边形重组构面。

线转多边形方法的输入对象为遵循 OGC 简单要素标准的线要素（linestring）集合。在简单数据结构中，空间数据以基本的空间对象（点、线或多边形）为单元单独进行，不含有拓扑关系数据，互相之间不关联。由于简单数据模型的这种单调性，无法满足关联数据结构的组建，因此首先对输入线要素进行拓扑化处理。

首先定义平面图中的拓扑数据结构。拓扑结构是明确定义空间结构关系的一种数学方法，在 GIS 中用于空间数据的组织、分析和应用（周顺平等, 2006）。拓扑数据结构的基本元素为 node、edge 和 face，节点相互独立，节点连成边，边构成 face。数据结构主要元素定义如下：

```
Node(N): Node ID,(x, y), {Edge ID,..}
Edge: Edge ID, Start Node ID, {Point Coordinates,..}, End Node ID
Face: Face ID, {Edge ID,..}
```

分析以上数据结构发现其中包含拓扑连通性关系，如节点信息包含 ID、坐标点和邻接边（adjacent edge），两条或以上线段的交点标记为节点；edge 结构信息由 ID、首尾节点和中间非节点点坐标构成，edge 又称为弧段；面由 ID 和边列表组成。这些拓扑元素是拓扑的原子结构，需要在一定的拓扑规则约束下才能构造有意义的拓扑关系。本书方法采用线要素的拓扑规则，包括：线要素不允许完全重叠（overlap），间隙小于容差的线简化为一条线，不允许重复点，小于容差的点仅保留一个点。

2. 闭合多边形搜索

经过以上步骤对线要素集合构建拓扑关系以后，输入的简单要素结构形成拓扑图结构，因此构造多边形的问题回归到图的闭合环搜索，但是构造点、边的拓扑关系后，可以为图的遍历提供丰富的信息并提高构造环的准确性。图中的边是拓扑结构中的弧段，具有节点和非节点的多对坐标点序列。

一个多边形的搜索过程是从某一个弧段开始，回溯到同一弧段后终止。算法基本过程：

（1）确定一个无向图 $G=(V, E)$ 是否连通，其中 $|V|=n$, $|E|=m$；

（2）按照夹角最小原则，探索图 G 的所有最小闭合环。

前趋后继：对于给定无向图，深度优先搜索（DFS）算法从根部（V 的第一个节点）构造一棵有向树。如果树中存在一条由 v 至 w 的有向路径，那么 v 为 w 的一个前趋，w 为 v 的一个后继。

邻接表：节点间邻接结构为一个 $N \times N$ 矩阵，如果节点 i 与节点 j 邻接则矩阵元素 $a_{ij}=1$，否则为 0。node-edge 邻接结构为每个节点邻接节点的列表。方法是利用 DFS 实现要求的两个过程。实际操作中并不使用节点-节点矩阵，而采用节点-边矩阵形式。在此结构中，节点被编号为 1～n，节点 i 的邻接列表记录所有与 i 邻接的点。这些邻接结构在拓扑构建阶段基本已经完成，只需要在搜索过程中转化到图中的概念。

定义示例图 G 的节点 $V=\{1,2,3,4\}$ 和边 $E=\{(1,2),(1,3),(2,3),(3,4)\}$，如图 4-9 所示，图中 node-node 邻接矩阵和 node-edge 邻接矩阵如表 4-5 所示，其中同节点 4 一样只有一个邻居的节点称为叶子。

示例图 DFS 运行过程按表 4-6 顺序进行，最后形成闭合的由节点 1—2—3 组成的环。

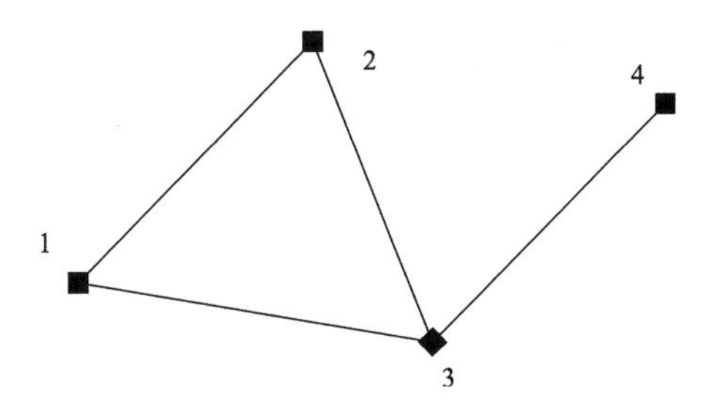

图 4-9　无向图示例

表 4-5　图 G 的 node-node 和 node-edge 拓扑邻接矩阵

	1	2	3	4
1	0	1	1	0
2	1	0	1	0
3	1	1	0	1
4	0	0	1	0

1:2, 3
2:1, 3
3:1, 2, 4
4:3

表 4-6　搜索过程

当前节点	边
1	（1,2）树边，1 为 2 父节点
2	（2,3）树边，2 为 3 父节点
3	（3,4）树边，3 为 4 父节点
4	Null
3	（3,1）回溯
3	Null
2	Null
1	结束

算法实现中首先尝试使用简单要素模型直接进行搜索构面，图 4-10 显示直接使用简单要素模型进行线转多边形时的失败情况。线交点不在线端点时可以正常处理[图 4-10（a）]，当有退化情况如交点在端点时构造多边形失败[图 4-10（b）]。只有两条线相交时处理正常[图 4-10（c）]，当有 2 条以上线相交于一点时构造多边形失败[图 4-10（d）]。搜索时首先处理交点，然后在相交处按顺时针方向搜索各边，直到回到起始点。重复该过程直到发现所有多边形。失败原因分析：①交点处理不当，线段交点重复存储未过滤，节点与边的关联信息不完善，未建立节点-边的拓扑邻接关系；②搜索不完全，转弯点标记更新混乱。

基于以上不足，本书采用对简单线要素构建拓扑关系的策略，在求交点时最坏情况复杂度为 O（n^2）（n 为线段数），如果使用 R-tree 索引或者平面扫描线排序，理想情况下可以将复杂度降为 O（nlogn）。从图的理论角度，所有线构成的多边形可以是指数级别的。DFS 搜索的一部分可以量化处理，标记被 DFS 发现的节点并编号，如果 DFS 发现回溯边 edge（i,j），需要更新树边中 j 到 i 的路径中节点标志。使用暴力方法回溯树直到 j，如对于每个回溯边都进行此操作，算法复杂度为 O（mn）（m 为节点数）。

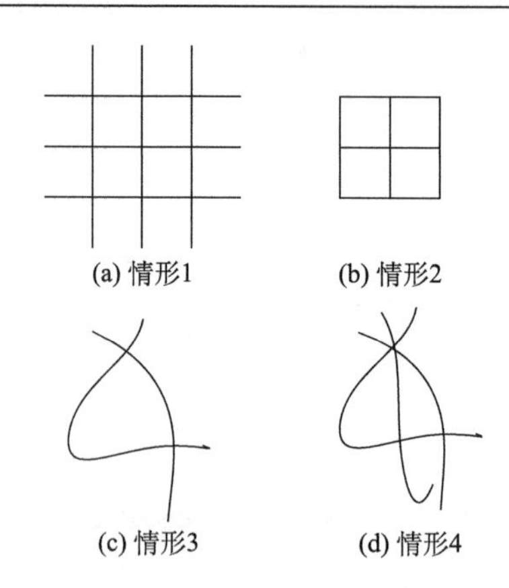

图 4-10　基于简单要素的搜索情况

图(a)、(c)构造成功；图(b)、(d)构造失败

随着点个数的增加，数据结构中维护的链表和邻接矩阵将大大增加。在 32 位操作系统中每增加一个节点，矩阵的大小将增加 $2\times(n-1)\times 4$ Byte，因此在数据结构设计上方法需要进一步的优化以减少内存消耗，否则无法处理大量数据。

为验证该算法的正确性采用样例数据进行基本测试，实验环境为：DELL 台式机，内存 4G，CPU：Intel 双核，2.6GHz，操作系统为 fedora16（Linux 3.2.14）。实验采用线状道路数据，数据精度为双精度浮点数，分为不同的数量级进行测试，性能测试结果如表 4-7 所示。实验结合 GEOS 库与自定义搜索方法，利用 C++编程实现，线构造面的局部结果如图 4-11 所示。该图表明方法可以识别相交线构造多边形，并且可以处理多线交于一点和端点共享一点的情况，对比基于简单要素模型的直接搜索可以处理较特殊的退化情况。

表 4-7　多边形化方法性能测试

线要素数量级	实际线数/条	总点数/个	交点数/个	拓扑构建时间/s	总时间/s
10^2	242	3671	24	14.832	32.650
10^3	1384	82475	132	56.433	98.430
10^4	16453	49643	567	102.789	286.763

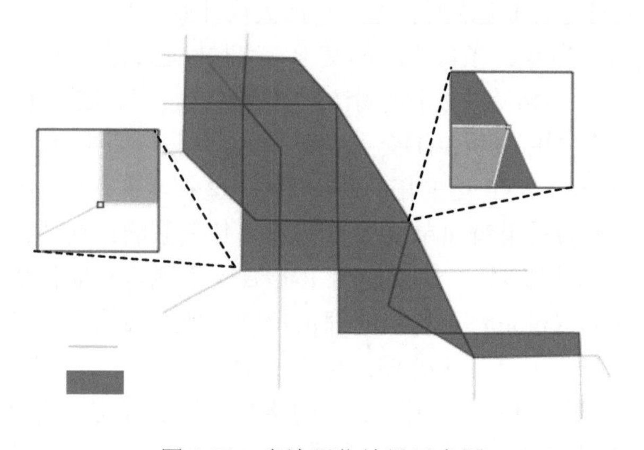

图 4-11　多边形化结果示意图

为测试算法的健壮性利用数据量较大的北京道路数据进行构造多边形实验，如图 4-12 所示，其中线要素数量为 19560，共包含 162748 个点。从图中可以观察到北京道路数据密集并且结构复杂，首先需要对数据连通性和节点进行预处理，相交的道路需要求取交点并插入邻接边表结构中，悬挂的点需要剔除（图 4-13）。同时使用 ArcGIS10 中的同类工具“Feature to Polygon”进行相同实验对比，实验中的具体参数和计算耗时见表 4-8。

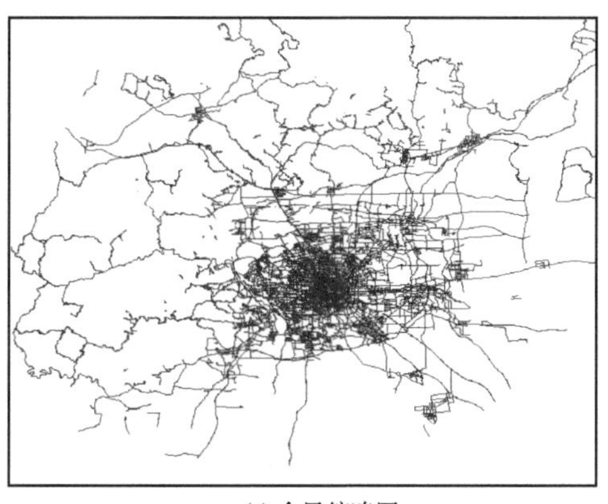

(a) 全局缩略图

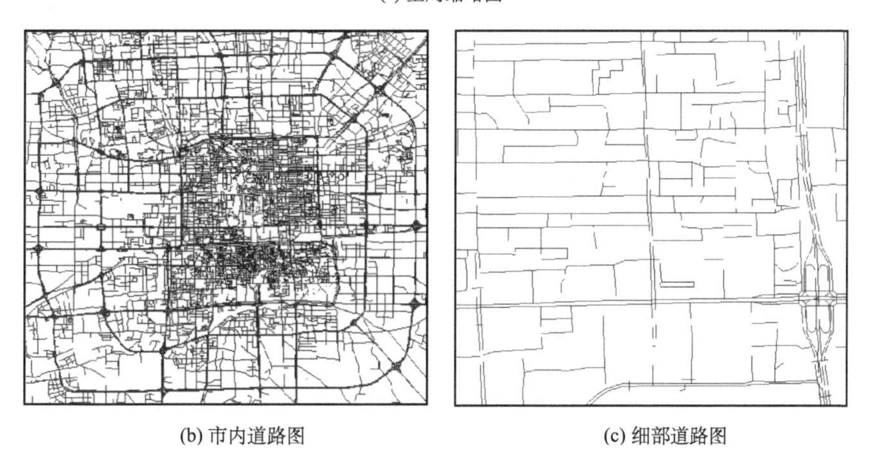

(b) 市内道路图　　(c) 细部道路图

图 4-12　北京道路线状数据

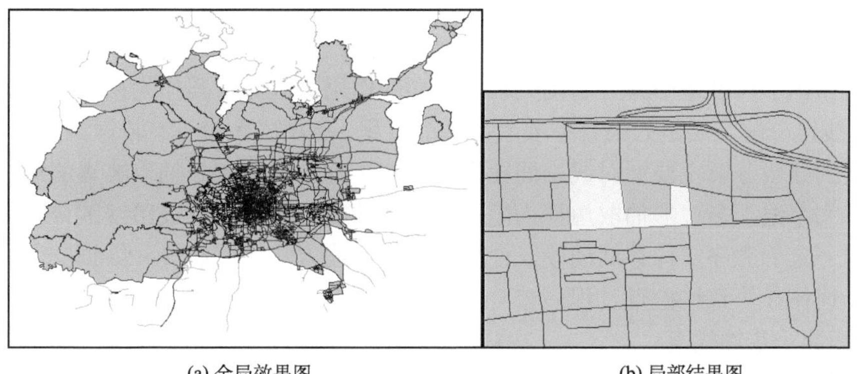

(a) 全局效果图　　(b) 局部结果图

图 4-13　实验结果

表 4-8 北京道路构造多边形实验结果

线数量/条	生成面数量/个	总点数/个	交点个数/个	计算耗时/s	ArcGIS 耗时/s
19560	17167	211102	48318	13	8

4.2.3 拓扑错误检查

在并行叠加分析的拓扑分析中着重实现拓扑错误的检查，因为拓扑错误的定义是在具有环境限制下制定的，导致拓扑错误的纠正也不具有准确的标准，本书只对常规的拓扑错误进行检查和标记，包括线内无悬挂线、线内无重叠、面内无缝隙规则的检查。

1. 基本流程

拓扑一致性为叠加图层质量评价提供了结构基础，本书的空间数据质量检查主要以几何拓扑结构质量为主，不涉及属性质量和时间质量等方面的研究。叠加分析操作如果导致地理要素目标之间的拓扑关系混乱，那么就无法从多尺度空间传递正确的地理知识，从而引起拓扑冲突。拓扑错误严重影响图层叠加分析的准确性，引起地图信息表达错误。拓扑错误的快速、准确、有效地检测与处理是保证空间数据表达质量的重要手段。

拓扑错误检测的主要目标是发现图层内要素间异常的拓扑关系。根据以上分析注意到节点弧段关系维护是叠加数据结果拓扑检查的基础，从图层整体处理角度可以得出拓扑错误检测的总体过程如图 4-14 所示。

以上过程是建立在完善的空间谓词功能基础之上，根据拓扑关系的约束形成错误检查的计算框架，下面对以上步骤进行详细说明。

1）输入叠加分析结果数据

该步骤是叠加分析几何对象处理的收集结果的组合。集群系统多个节点并行计算的中间结果由主节点合并处理后，作为拓扑检查器的输入数据。未经过拓扑检查处理的结果图层在数据库存储表中的对应属性设置为 false，图层经过拓扑检查后该属性设置为 true。拓扑检测器维护一个待检查对象优先队列 $Q=\{Lyr_1,Lyr_2,\cdots,Lyr_n\}$，叠加分析器先输出的结果排列在队首。

2）图层要素的线段分解

并行叠加分析结果有点、线、面三种，分别对应拓扑关系要素中的节点、弧段和面，而弧段对象由于粒度适中并且起到关联点、面的作用，因此将其作为拓扑检查的基础要素。要素线段分解实质是为组合型要素解耦的过程。点图层本身具有松散结构无须分解，图层要素的线段分解主要针对线、面图层。处理过程包括：首先抽取要素的线结构，如多线分解为单线、多边形抽取边界为简单线串；然后将这些简单线串继续分解为线段；最后按照一定的顺序结构存储线段，使用平面扫描线方法排序线段并维护一个树状组织有利于加速拓扑一致性检查过程。

3）拓扑一致性检查

该过程如图层要素的线段分解所示，利用空间谓词判断线段直接的关系。如果图层内线段拓扑关系一致则无须进行错误检测直接存储到规范库中，否则进入下一步检查。

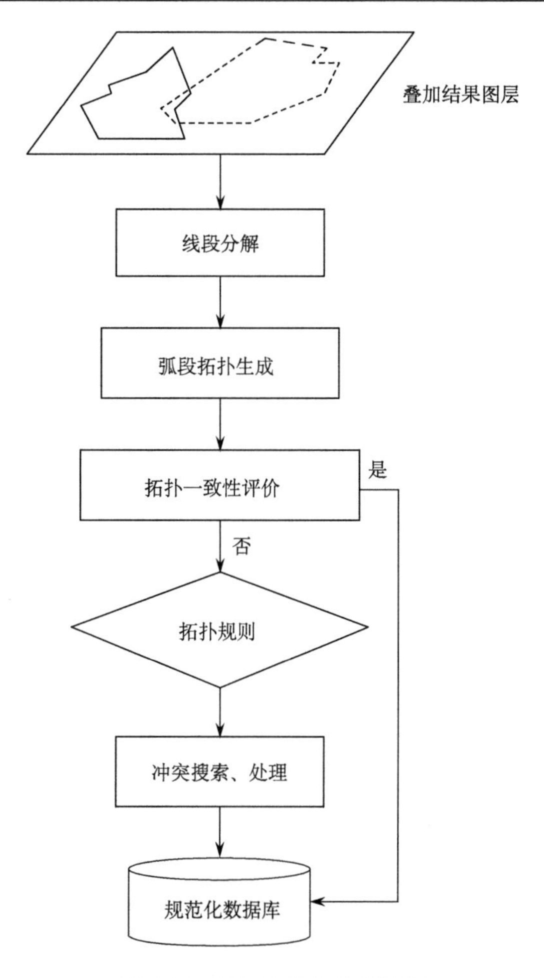

图 4-14　叠加后拓扑检查流程

4）基于规则的冲突检测与修正

以上步骤对图层内要素的几何拓扑关系进行评价，而评价的结果取决于实际应用的拓扑规则限制，不符合相应先验规则的拓扑关系定义冲突。拓扑规则作为过滤条件抽取线段之间的拓扑冲突，如线图层内不准有悬线规则，需要提取线段树中相交而未打断的线段，并且该线段的一个节点为端点，将这种线段作为悬线进行标记。随后针对不同的拓扑冲突进行修正，主要有自动化和手动修正两种。

5）拓扑规范数据入库

即将拓扑完整的图层存储到最终数据库中。

下面将利用以上的拓扑检查流程，对常见的拓扑错误“线内悬挂线”、“线内重叠”和“面内缝隙”的特点进行分析，用在拓扑一致性维护过程中获得的拓扑信息实现错误检查。

2. 线内悬挂线检查

线图层无悬挂线规则检测一个数据集内是否存在线串的首尾端点不与自身或其他线

串节点相接，形成孤立悬挂的情况，其中一种是线段相交过冲形成的长悬线，另外一种是线段未与最近线段闭合的短悬线。悬挂点将作为拓扑错误存储到拓扑错误检查结果数据集中，图 4-15 为在一个道路网络的十字路口处，左、右、下三侧的斑马线未与道路边界连接形成短悬挂线。左侧为原始街道网络数据，右侧加粗端点为检查后的悬挂线端点。

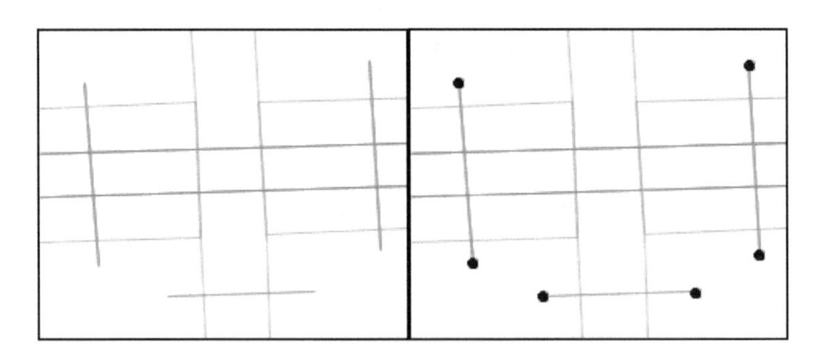

图 4-15　线内无悬挂线规则

在进行悬挂线检查前应该明确悬挂线作为错误出现的情况，首先悬挂线并不是线本身有错误，而是与其他的拓扑关系不符合规定而作为错误进行标记。在此根据拓扑规则约定悬挂线的特征：悬挂线的主要特征是不参与线构成面的部分，通常情况是由于数字化错误或叠加分析数值精度问题引起的较短的出头线，因此悬挂线错误通常利用其最外侧的端点进行标记，如在质量合格的交通道路网中，道路之间必须严格连通，彼此之间均可以构成回路。

按照以上悬挂线的判断规则，本书实现的悬挂线检查是通过在线要素构造多边形的搜索过程中产生，悬挂线搜索的基本流程如下。

（1）简单要素模型构建拓扑关系。该步骤在拓扑一致性维护中已经做出分析，其重点是实现线段“逢交必断”的规则。打断后的节点、弧段基本元素添加边界信息，如弧段的两个端点认为是边界，除端点外的部分为内部（图 4-16）。

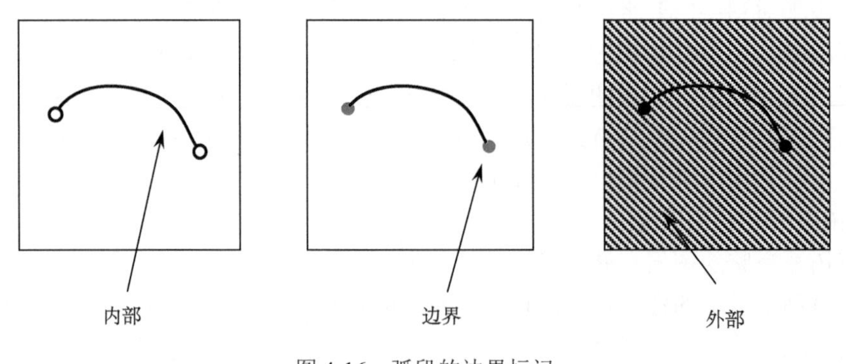

图 4-16　弧段的边界标记

（2）将所有相交打断后的线段加入平面图（planar graph）中，采用 planargraph.add(edge*e)函数从一条边开始加入所有打断后形成的边，根据边的空间关系组建连通网络。

（3）平面图搜索。

根据以上悬挂线特征分析，在算法实现中悬挂线的搜索方式有以下两种。

①如果某一节点 Node 数据结构中弧段数组 Array<arc>的元素数量为 1，则该弧段为悬挂线。

②在线要素多边形化的过程中，求交弧段的第一个交点之间和最后一个交点后的部分为悬挂弧段。

利用平面图与空间拓扑的关系，设计闭合多边形搜索算法将平面内离散线构造为多边形，并且可以检测出多边形为孤立的悬挂线。简单要素对象构建拓扑关系过程中，按照①、②两种规则对节点化后的弧段进行标记并将悬挂点写入结果图层。

3. 面内缝隙检查

面内缝隙（gap）错误来源有两种：一种是由于地图数字化过程中多边形的公共边界没有良好拟合；另一种是叠加分析的多边形形成的咬合型的交错缝隙和覆盖（图 4-17、图 4-18）。

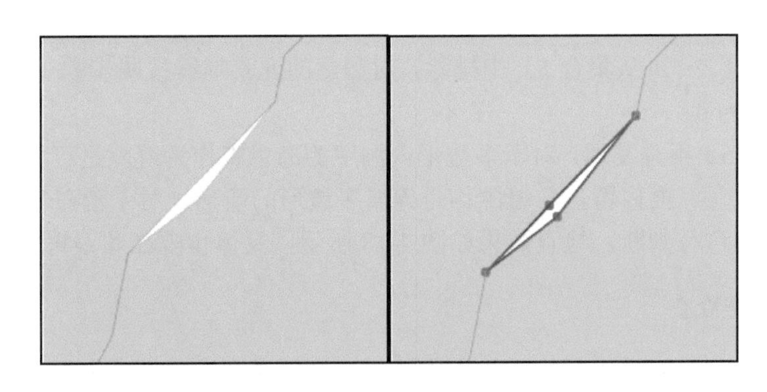

图 4-17　面内无缝隙规则

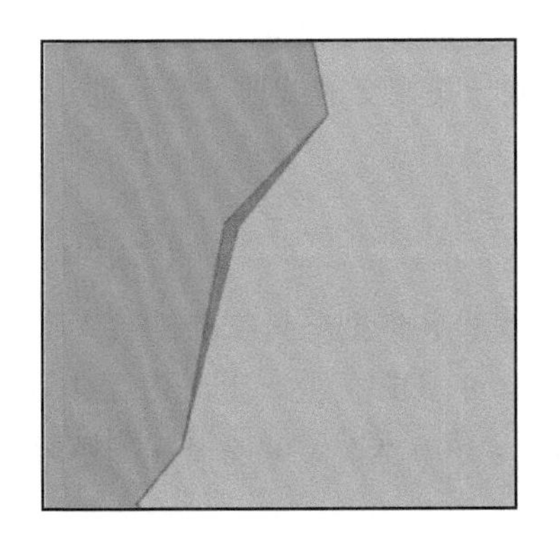

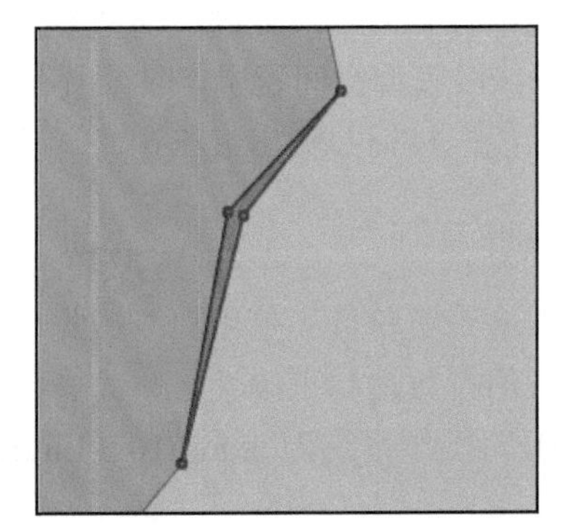

图 4-18　狭长重叠区域检测

面图层内缝隙的检查有几何方法和拓扑方法两种。如果单纯从几何特征衡量，缝隙的检测特点通常是容易构造夹角小、跨度大的狭长多边形，其检查效果等同于碎屑多边形检查。几何检查算法需要设置两种 epsilon 作为阈值：angle 容差和 gap 容差。其中 angle

容差对缝隙角度进行限制，而 gap 容差是多边形中一点到对边的最小距离。

本书重点从拓扑分析的角度检查面内缝隙，拓扑检查的方法如下。

（1）输入多边形数据，进行拓扑关键建立。关键是构建 face 和 arc 拓扑结构的邻接关系，标记每条弧段左右面域。

（2）选择一条多边形作为起始搜索点，如果该多边形中的弧段只属于一个多边形，并且为顺时针方向，则将该弧段标记为多边形的外环上的弧段；继续搜索该多边形的所有弧段，标记与其他面共享的弧段。

（3）重复步骤（2），直到完成所有弧段的标记。

（4）多边形间缝隙的构建。对于所有经过步骤（3）过滤的弧段，选择其中不被共享的独立弧段放入集合 S_{arc}，并对这些弧段建立空间索引。

（5）利用以上建立的空间索引，从 S_{arc} 中的第一个弧段元素 A_0 开始搜索与其相交并且只是端点相交的弧段，由于该弧段的方向性和非共享性可以确定搜索到的相交弧段具有唯一性标记为 A_i，然后按照同样规则从 A_i 继续搜索其后继弧段 A_j，当 A_j 与 A_0 共享一个端点时停止搜索，这样 $A_0, A_i,\cdots, A_j$ 构造形成一个封闭的多边形，该多边形即为图层中缝隙。

（6）将 $A_0, A_i,\cdots, A_j$ 从集合 S_{arc} 中排除，对剩余的元素继续按照步骤（5）搜索，直到 S_{arc} 中元素数量为 0。

分析步骤（5）不难发现，对于多边形内洞中的岛也将作为缝隙进行标记，可以更好地保证数据的质量。面内覆盖与缝隙均是碎屑多边形的情形，对于覆盖本书直接使用多边形的叠加求交进行判断，检查效果如图 4-18 所示，具体步骤在此不再赘述。

4. 线内重叠检查

线图层内重叠检查是针对拓扑约束中违反“逢交必断”原则或者如图 4-18 所示的线段部分重叠的情况。该规则检查的步骤如下。

（1）将线串分解为线段粒度，对所有的线段建立空间索引。

（2）每条线段查询空间索引，取得所有可能与其相交的线段。然后进一步精确求交，对真实相交的线段标记并输出最终结果。

4.2.4　实验分析

拓扑错误检查实验首先使用典型数据进行实验并详细分析实验结果，然后利用多例数据测试算法的有效性和正确性。测试平台环境为：DELL 台式机，内存 4G，CPU：Intel 双核，2.6GHz，操作系统为 fedora16（Linux 3.2.14），GCC 编译器，测试数据均为简单要素图层。

1. 悬挂线检测

悬挂线检测实验 1 测试数据为全国范围内主要道路网，包含 151 条线要素，点数量为 38534，算法运行时间为 2.01s。

图 4-19 显示全国道路的线构造多边形的结果，并在搜索多边形过程中检查出悬挂线

结果。从图 4-19（a）中可以看出实验结果与悬挂线检测规则一致，均是无法围成闭合多边形的孤立弧段。图 4-19 对悬挂线的标识点进行标记（图 4-20），从图中分析发现悬挂点都是弧段的端点（首点或尾点），说明悬挂点识别的正确性。

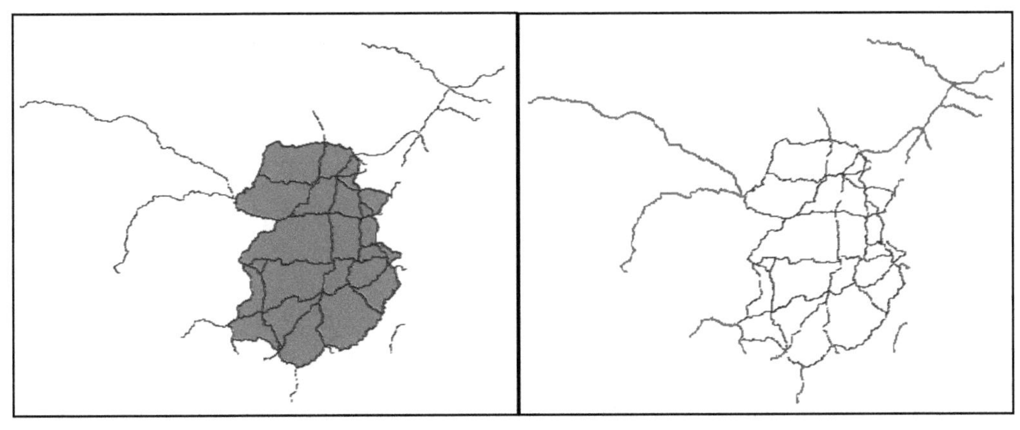

(a) 全国道路线构造多边形结果　　(b) 全国道路线

图 4-19 道路网构造封闭多边形、悬挂线检测

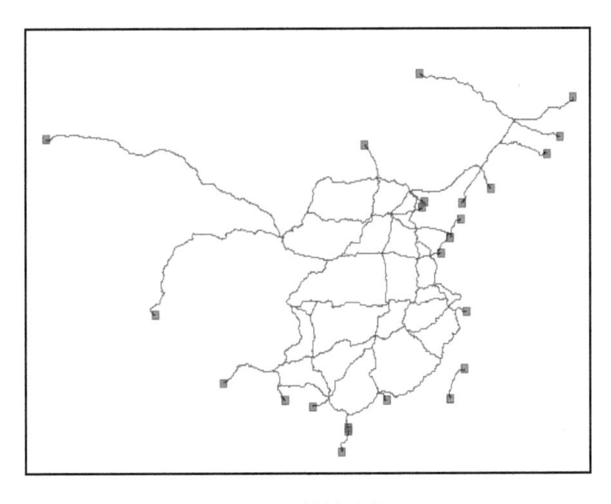

图 4-20 悬挂点标记

实验 2 采用北京道路数据，要素数量为 19560 个，点数为 162784，几何类型为线串。采用与实验 1 相同的测试条件，算法运算时间为 19.289s。图 4-21 为算法运行效果图，图（a）为悬挂点的整体视图，图（b）为局部视图，实验结果与实验 1 一致，能够说明算法的稳定性和有效性。

2. 线内重叠检测

线内相交检测的实验数据为 OSM（open street map）中北京道路数据。OSM 是一种维基（wiki）形式的开放式共享街道地理数据服务模式。地图用户可以使用自己手持 GPS 设备、历史道路数据、航空照片、卫星图像或者其他个人经验，通过网上协作的形式，将地理数据上传到开放数据库中。因为这种松散的数据处理形式，个人分享的道路数据通常都是数据类型简单、无良好拓扑关系的线性几何数据，典型的拓扑缺陷是相交街道未进行交点生成、街道的重复数字化。真正拓扑一致的街道地图应该是严格地符合地理网络规则，线串的连通性良好，无下冲和过冲错误（图 4-22）。

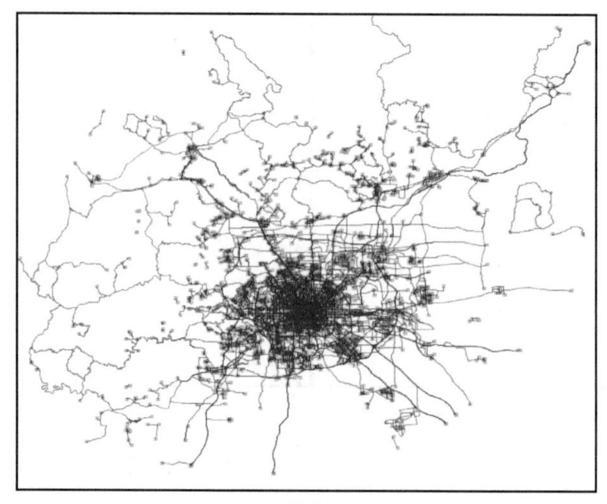

(a) 整体视图

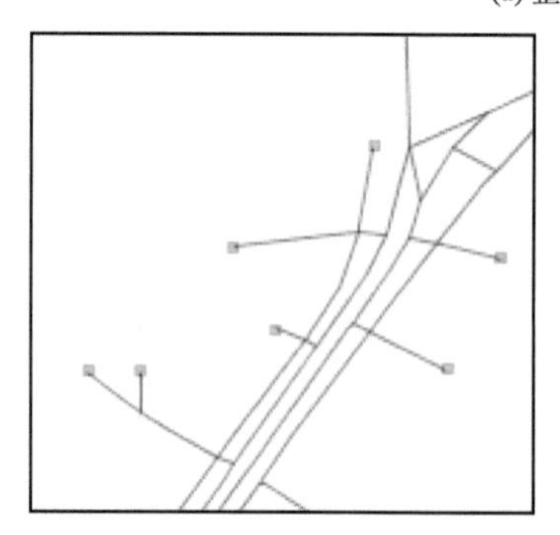

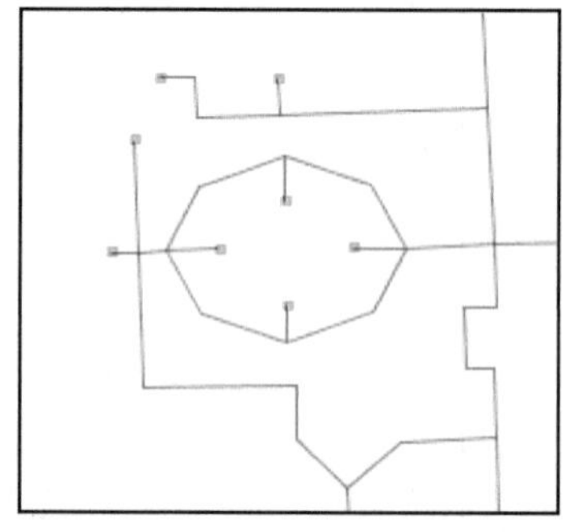

(b) 局部视图

图 4-21　北京道路悬挂点检查

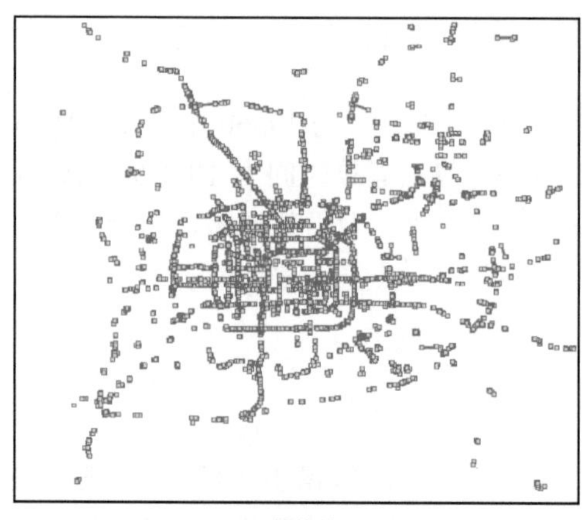

(a) 整体结果

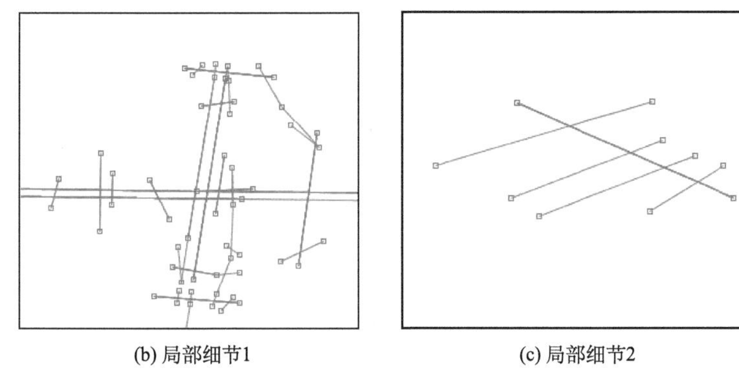

(b) 局部细节1　　(c) 局部细节2

图 4-22　北京道路检查整体结果

从以上实验可以说明线内重叠要素检查算法的正确性和有效性，下一步需要进行更大量的实验以进一步验证算法的效率。

3. 多边形缝隙检测

根据上述对碎屑多边形和数字化缝隙错误的特征分析，表明它们都是面积上不够显著、线段上比较短小，在目视识别中难以发现的错误。面内无缝隙检测是基于距离和角度两个容差的限制，处理对象是面内的所有组成线段，将两个容差范围内的错误线段进行标记并写入拓扑错误结果集合。

该功能的主要处理对象是组成多边形的线段，这种细粒度的检查方式有利于将其作用于多种拓扑错误的检查，如既可检测相邻多边形之间的缝隙，又可检测多边形之间狭长的覆盖区域。图 4-23、图 4-24 为示例实验的测试数据和结果，数量类型为某地土地利用图，要素数量为 6842，点数量为 211562，计算时间为 6.49s。

图 4-23　面内缝隙检查数据

(a) 全局效果

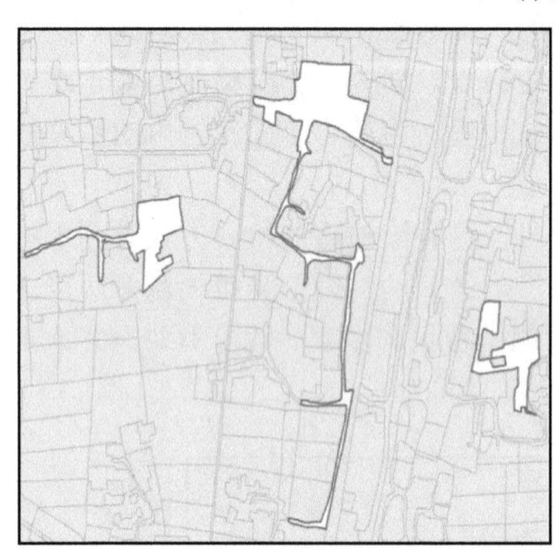

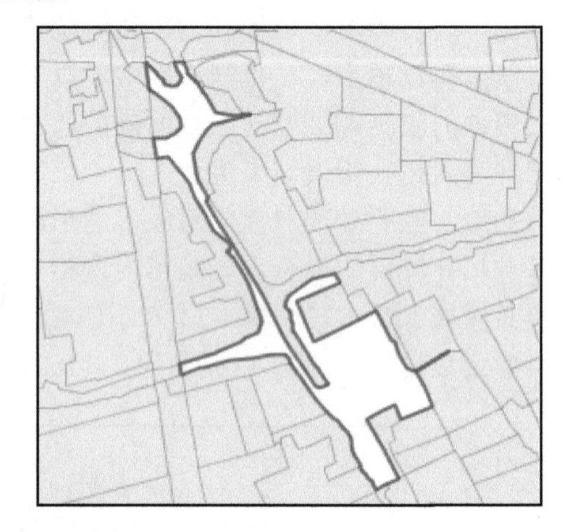

(b) 局部效果

图 4-24　面内无缝隙检查结果

为充分测试算法的性能和稳定性，利用多例数据多次测试取平均值，实验结果见表 4-9。实验采用 7 种不同的数据测试，根据检查时间的变化可以发现算法的运行时间与要素和点数量相关，当要素数据量由 6842 增加到 10947 时数据量之比小于检查时间比例，说明算法的效率优于线性的时间损耗。由于实验数据多边形基本为相邻情况，根据算法过程的原理分析缝隙的搜索复杂度主要由多边形对象构建连通网络和封闭非实体多边形确定。当要素数量达到 50000 时仍然能很好地得到计算结果，说明本书算法具有较好的健壮性。

表 4-9　面内缝隙检测实验

实验编号	要素数量/个	点数量/个	缝隙数量/个	检查时间/s
1	6842	211562	80	6.490
2	10947	454536	173	9.893
3	12025	444059	243	13.634
4	18752	659439	524	17.362
5	25327	874247	1037	26.834
6	32769	1220370	4382	47.734
7	52805	2060538	7452	68.352

4.3　拓扑叠加与非拓扑叠加并行化实现方式的比较

空间拓扑叠加是 GIS 系统空间分析功能的核心部分，在 GIS 空间分析中位于基础的空间查询和高级的空间模拟分析之间，在空间分析三个层次（周成虎, 1995）中起承上启下的重要作用。拓扑关系被普遍认为是 GIS 的核心和难点，基于拓扑关系实现的矢量叠加分析在 GIS 体系中处于重要地位。近年来，以 OGC 简单要素规范为代表的简单要素模型获得了广泛的应用和发展，已成为 GIS 数据交换事实上的工业标准，且摒弃了复杂的拓扑数据结构的简单要素模型不仅较好地实现了空间非连续复杂要素的存储，也为并行环境下的数据分解和分布式存储提供了便利，其背后也存在着更为迫切的并行计算需求。因此有必要分析比较拓扑叠加与非拓扑叠加的特点，思考两者在并行计算环境下的实现方法和发展趋势，为并行矢量叠加分析算法的设计和实现提供方法论基础。

4.3.1　拓扑叠加的并行化

数据并行模式下的拓扑叠加并行化依赖合理的数据划分方法实现，常用的数据划分方法包括条带划分、格网划分等。典型的并行拓扑叠加分析系统，如 Mineter（2003）所实现的 TSO 软件框架即采用条带划分方法实现数据分解。为保持拓扑正确性，必须对划分后的数据进行拓扑拼接，因此并行拓扑叠加的一般过程包括数据分解、并行叠加、拓扑拼接三个关键步骤，如图 4-25 所示。

图 4-25　并行拓扑叠加的一般过程

1）数据分解

条带划分和格网划分是矢量拓扑数据结构条件下实现数据分解的主要方法，其中规则条带和规则格网划分（Zhou et al., 2009）较为常用，图 4-26 是对叠加数据进行规则 8 条带划分的例子。

图 4-26　规则 8 条带数据划分

拓扑叠加过程中的条带或格网数据划分基于数据切割算法实现，如线切多边形算法和弧段求交算法等，完成了条带或者格网划分后的数据集在几何上被分成了互相分离的几部分，同时记录相关的附加信息，各部分按照一定的规则被分配至不同的 CPU 或计算节点上执行并行叠加分析，叠加分析后的相邻部分的弧段根据其端点坐标是否重合，以及记录的附加信息进行后续的拼接操作。拓扑叠加过程中的数据切割所需记录的附加信息将在下面的拓扑拼接过程中说明。

2）并行叠加

对应于 PCAM 并行程序设计模式中的映射（mapping），叠置后的数据完成数据切割和分解过程后，将按照一定的规则被分配到特定的计算节点上执行并行叠加计算，每个计算节点上所执行的都是相同的串行计算过程。

3）拓扑拼接

拓扑叠加中的拓扑拼接过程较为复杂，Mineter（2003）在其所实现的 TSO 软件框架中对拓扑拼接的实现方法、技术流程做了详细介绍，是目前已知的可用于叠加分析结果拓扑拼接操作的典型方法，下面对该方法进行说明。TSO 软件框架采用 NTF 拓扑数据结构存储多边形数据及拓扑关系（图 4-27），并行叠加计算结果数据拼接的过程如图 4-28 所示。

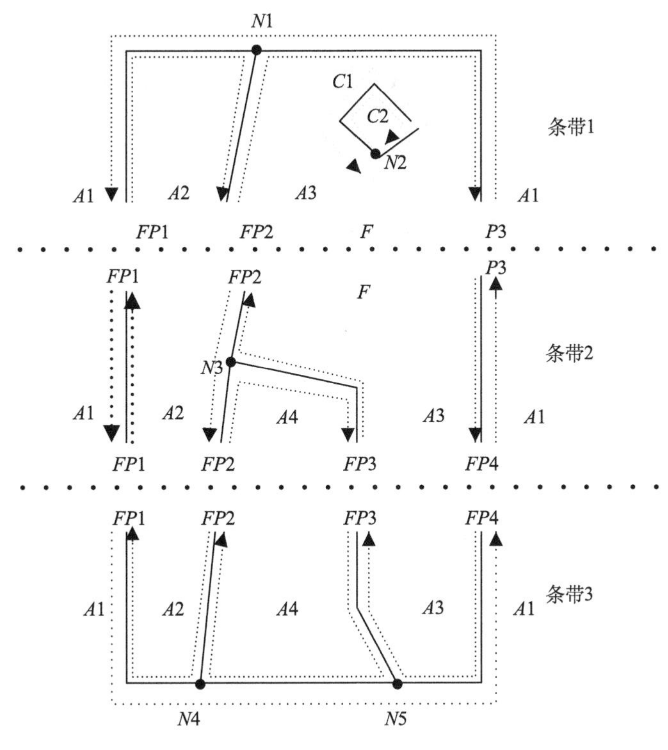

图 4-27　TSO 软件框架中的拓扑重建过程（根据 Mineter，2003）

拓扑拼接的目的不仅是为了拼合分布在不同条带内的相同几何对象的各个部分，而且也是为了给结果数据重建拓扑关系。图 4-27 中 *An* 代表第 *n* 个多边形，其中 *A*1 代表整个平面；*Nn* 代表第 *n* 个节点；*FPn* 代表节点的前向指针。虚线箭头代表范围（domain）的指针链，包含了初始的拓扑关联信息和因数据切割生成的条带间附加的拓扑关联信息，实线代表原来多边形的边，条带分割处因数据切割形成的公共分割边界处的附加拓扑关联信息以前向指针的形式分别被存储到经过排序的线性链表中。拼接和拓扑重建的过程即沿着代表平面上每个范围的指针链将被打碎的多边形拼接起来。以搜索多边形 *A*2 为例，从条带 1 中的 *N*1 节点出发，由原始的拓扑信息可知其下一节点为 *N*3，但由于数据分割，*N*1*N*3 被条带 1 与条带 2 共享的新生成的前向指针节点 *FP*2 打断，因此实际 *N*1 基于切割后数据的拓扑关联关系将顺次把 *FP*2（条带 1 与条带 2 共享）、*N*3、*FP*2（条带 2 与条带 3 共享）、*FP*1（条带 2 与条带 3 共享）、*FP*1（条带 1 与条带 2 共享）连接起来，构成多边形 *A*2。由上述过程可知，拓扑拼接与重建过程不仅非常复杂，且需要额外的数据结构存储和维护过程中的附加拓扑关系，对包含大量矢量要素的大型数据集执行上述过程可能非常耗时，甚至无法完成。

综上所述，多边形拓扑叠加分析的问题处理规模往往受拓扑关系重建、数据分解、拓扑拼接等多个复杂过程的限制，具有一定的局限性。

4.3.2　非拓扑叠加的并行化

与拓扑叠加类似，矢量多边形数据的非拓扑叠加并行化同样涵盖了数据分解、并行叠加计算和结果输出等几个步骤，所不同的是二者实现数据分解的方法存在重大区别，非拓扑并行叠加计算主要基于多边形裁剪算法实现，且不需要拓扑拼接和拓扑重建，但需要对结果数据进行拓扑错误检查。并行非拓扑叠加的一般过程如图 4-28 所示，下面分别对数据分解、并行叠加和拓扑错误检查三个核心步骤进行阐述。

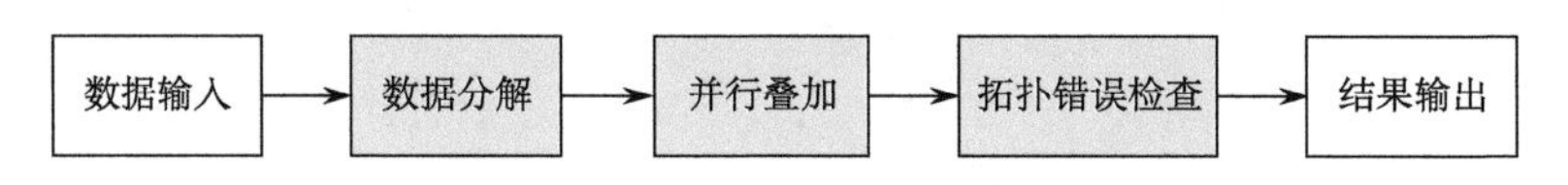

图 4-28　并行非拓扑叠加的一般过程

1）数据分解

基于简单要素模型的非拓扑矢量数据结构存储的空间对象彼此独立，这种几何冗余存储方式不仅为存储复杂空间对象提供了可能，也为数据分解提供了便利。矢量多边形数据非拓扑叠加的数据分解多基于要素序列划分实现，而序列划分又与空间数据分布状态、并行任务负载均衡方法、分布式数据部署方案等密切相关，综合了上述考量指标的数据序列分解方法被称为并行空间数据域分解，常用的数据约束划分方法包括并行 R-tree（Kamel and Faloutsos, 1992）、Hilbert 空间填充曲线（赵春宇等, 2006; 赵春宇, 2006）、R-tree（赵园春等, 2007）或多级 R-tree（付仲良等, 2012）、期望任务负载（赵斯思和周成虎, 2013）等。规则条带或格网也可以用于非拓扑空间数据的并行任务分解，与拓扑叠加中的数据切割相比，非拓扑叠加过程中的数据切割仅需记录切割公共边处交点的坐标而无须记录和维护复杂的拓扑关系。本研究将对数据分解方法进行深入研究。

2）并行叠加

完成数据划分后的多组矢量多边形数据将被映射到多个处理器或计算节点上实现并行叠加计算。每个并行计算节点上所执行的计算过程保持一致，完成并行叠加计算过程后按照一定的规则回收结果数据。并行计算的目的是提高计算效率，而不只是将划分后的数据简单地分配到各个计算节点进行计算，很多情况下可能会遇到各种各样的瓶颈，如磁盘 I/O、网络传输、任务负载平衡等方面。上述几点与并行计算体系的整体架构设计密切相关，是高效并行的必要条件。

3）拓扑错误检查

矢量多边形数据非拓扑叠加过程中易出现的拓扑错误主要有三类，分别是碎屑多边形、缝隙和图层内部压盖。图层内部压盖多是由于要素分组不合理或者叠加计算过程中的遗漏导致，而碎屑多边形和缝隙的存在多由浮点计算精度、算法缺陷或不适当的剔除要素导致。

拓扑叠加与非拓扑叠加的并行化实现过程和并行的关键问题均有一定的相似性，都由数据分解、并行计算和结果回收处理几个关键环节构成。两种并行叠加方式所涉及的几个关键方法或算法在表 4-10 中列出。

上述算法或方法构成了拓扑叠加和非拓扑叠加的算法体系，在实际的算法开发过程中，应根据并行计算体系合理选择数据划分方法、负载平衡方法和任务调度方法（Feitelson and Mu'alem, 1998; Mu'alem and Feitelson, 2001; 赵宗弟等, 2006），应根据算法特征选择合适的结果处理方法。

表 4-10　并行叠加分析的算法和方法

算法或方法	适用情形	具体描述
数据切割算法	拓扑叠加的数据分解过程	基于线段求交实现，包括拓扑关系的重建和维护；格网划分比条带划分实现起来要复杂得多
要素序列划分	非拓扑叠加的数据分解过程	多基于其他数据结构辅助实现，如 Hilbert 空间填充曲线、R-tree、任务负载平衡指标因子等
空间索引算法	拓扑与非拓扑叠加的数据分解与叠加计算过程	R-tree；STR-tree；格网索引、四叉树索引等
负载平衡方法	拓扑和非拓扑叠加过程	计算指标包括弧段数量、要素数量、顶点数量等
任务调度方法	拓扑和非拓扑叠加过程	OpenMP 的多种调度方式、MPI 环境下的并行任务调度系统和机制
拓扑拼接	拓扑叠加过程	需要辅助记录数据结构及拓扑数据结构支持
拓扑错误检查	非拓扑叠加过程	对多边形叠加来说，包括缝隙检查、碎屑多边形检查和结果集合内部空间要素压盖检查；应独立于叠加计算过程
结果收集与处理	拓扑与非拓扑叠加过程	不同算法需要不同的结果搜集和处理方法（直接输出或处理后输出）

4.4　本 章 小 结

本章主要研究并总结了空间叠加分析算法并行化过程中所涉及的关键问题，为解决本书所研究的主要问题——高性能并行化空间叠加分析的实现提供了方法论基础。

4.1 节介绍了非拓扑叠加过程中图层间要素的映射关系，不同的叠加分析算法所需处理的要素数量映射关系存在差异，因此明确目标图层与叠加图层间多边形的映射关系是实现图层级别并行多边形叠置工具集的首要前提。

4.2 节从拓扑叠加的角度探讨了空间数据拓扑关系和规则的定义，实现了基于拓扑维护的空间数据质量检查方法，详细阐述了应用拓扑关系检测“线内悬挂线、面内缝隙和线内重叠”等错误的算法过程。在线图层拓扑关系维护的过程中实现了线要素构造多边形的算法，并且通过实验证明了算法的有效性和正确性。分析了拓扑关系维护的全局特性，针对大规模数据的拓扑错误检查需要进一步优化算法，在下一步的研究工作中探索拓扑检查的并行化方案。

4.3 节分析比较了拓扑叠加与非拓扑叠加在并行计算环境下的实现方法的异同。

参 考 文 献

付仲良, 刘思远, 田宗舜, 等. 2012. 基于多级 R-tree 的分布式空间索引及其查询验证方法研究. 测绘通报, 11: 42-46.

赵春宇. 2006. 高性能并行 GIS 中矢量空间数据存取与处理关键技术研究. 武汉: 武汉大学博士学位论文.

赵春宇, 孟令奎, 林志勇. 2006. 一种面向并行空间数据库的数据划分算法研究. 武汉大学学报(信息科学版), 31(11): 962-965.

赵斯思, 周成虎. 2013. GPU 加速的多边形叠加分析. 地理科学进展, 32(1): 114-120.
赵园春, 李成名, 赵春宇. 2007. 基于 R 树的分布式并行空间索引机制研究. 地理与地理信息科学, 23(6): 38-41.
赵宗弟, 胡凯, 胡建平. 2006. 基于 PBS 的集群作业调度策略的设计与实现. 计算机与数字工程, 34(11): 123-127.
周成虎. 1995. 地理信息系统的透视——理论与方法. 地理学报, 50(Supp.): 1-12.
周顺平, 李华, 杜小平. 2006. 空间实体的拓扑构建. 地球科学: 中国地质大学学报, 31(5): 590-594.
Arge L, Vengroff D, Vitter J. 1995. External-memory algorithms for processing line segments in geographic information systems. Algorithms—ESA'95, 295-310.
Bemard C, Hebrert E. 1992. An optimal algorithm for intersecting line segment in the plane. Journal of the Association for Computing Machinery, 39(1): 1-54.
Feitelson D G, Mu'alem A W. 1998. Utilization and predictability in scheduling the IBM SP2 with backfilling. Proceedings of Parallel Processing Symposium, 1998, IPPS/SPDP, 542-546.
Franklin W R. 1984. Cartographic errors symptomatic of underlying algebra problems. Proc. of 1st International Symposium on Spatial Data Handling, Zurich, 190-208.
Franklin W R, Chandrasekhar N, Kankanhalli M, et al. 1988. Efficiency of uniform grids for intersection detection on serial and parallel machines. New Trends in Computer Graphics–CGI', 88: 288-297.
Goodchild M F. 1993. Data models and data quality: Problems and prospects. Visualization in Geographical Information Systems, 141-149.
Gotts N M, Gooday J M, Cohn A G. 1996. A connection based approach to common-sense topological description and reasoning. Monist, 79(1): 51-75.
Johnson D B. 2006. Finding all the elementary circuits of a directed graph. SIAM Journal of Computing, 4(1): 77-84.
Kamel I, Faloutsos C. 1992. Parallel R-trees. Proceedings of the 1992 ACM SIGMOD International Conference on Management of Data, San Diego, California, United States, June 02-05, 195-204.
Mehlhorn K, Näher S. 1994. Implementation of a sweep line algorithm for the straight line segment intersection problem. TR MPI-I-94-105, Max-Planck-Institut fur Informatik, Saarbrucken.
Mineter M J. 2003. A software framework to create vector-topology in parallel GIS operations. International Journal of Geographical Information Science, 17(3): 203-222.
Mu'alem A W, Feitelson D G. 2001. Utilization, predictability, workloads, and user runtime estimates in scheduling the IBM SP2 with backfilling. IEEE Transactions on Parallel and Distributed Systems, 12(6): 529-543.
Perkal J. 1966. On the length of Empirical Curve: Discusstionpaper10, Ann Aabor MI. Michigan Inter-University Community of Mathematical Cartographers.
Schneider M. 1997. Spatial Data Types for Database Systems-Finite Resolution Geometry for Geographic Information Systems, LNCS 1288. Berlin: Springer-Verlag.
Tarjan R. 1972. Depth-first search and linear graph algorithms. SIAM Journal on Computing, 1(2): 146-160.
Zhou Q, Zhong E, Huang Y. 2009. A parallel line segment intersection strategy based on uniform grids. Geo-spatial Information Science, 12(4): 257-264.

第 5 章　并行空间数据域分解

并行算法的实现方式主要包括任务并行和数据并行两种策略，根据叠加分析应用于海量空间数据处理的情况，使用数据并行分治的策略是实现海量数据可并行化处理和获得加速比的合理解决方案。本书并行叠加分析算法的设计以数据划分为基础，通过将整块大量的空间数据划分为独立的数量较小的多块实现分布式环境下的协同计算。空间数据域分解可以从数据层面上尽可能地维护负载均衡，而负载均衡是实现加速比的关键因素。由于空间分布的不规则性，矢量地理信息领域的空间分析较难适应数据并行的计算模式。地理空间的拓扑表达如何能够使数据并行化处理成为可能是一项具有挑战性的工作，对叠加分析和快速制图具有重要意义，同时探索和理解矢量地理数据分解的关系也可为促进空间分析并行化开辟新视野。

本章讨论基于矢量空间数据模型的并行数据分解策略。首先研究矢量空间数据空间分布的特征，解析简单要素模型进行空间数据表达的组织方式，分析其在应用中的优缺点。其次结合分布式计算理论与方法探索矢量拓扑数据的并行分解策略，从空间数据模型的特点入手，根据不同规则研究制定并行计算架构下的数据分治方案。再次研究并行环境下的空间数据组织与管理，主要进行并行空间索引的研究，对 R-tree、Quad-tree 等在并行环境下的应用进行探索，设计 Master-Client STR-tree 的分布式索引方法。

5.1　基 本 概 念

数据分解（data decomposition, DD）是基于数据分治机制的并行计算架构的基础，并行 GIS 中的空间数据域分解是指将研究区域内的对象集合按一定的粒度分解，分派给不同的计算单元进行处理以达到高并发性。赵春宇等（2006）从地理数据存储的角度认为空间数据域分解主要是指数据库领域按照一定的分解原则将空间邻近的地理要素尽量分配到同一物理介质存储。地物要素以分簇的形式在空间上形成不同的簇团，空间关系分离的簇会划分到不同的存储区域，实现并行化的空间数据抽取模式。并行化叠加分析算法技术路线以数据分治并行为基础，因此本节重点研究叠加图层在空间域上的分解和处理模式，首先对空间数据域分解的基本概念和规则进行探讨。

在空间数据域分解前首先对空间数据计算域理论作简单描述和定义，书中涉及的域分解研究均以此定义为约束（Wang and Armstrong, 2009）。空间计算域通常被定义为由许多二维计算强度表面组成。将给定的空间域，投影到二维欧氏空间（x, y），每个二维计算表面可以表示为空间 Rn 中的一个向量 $C=(c_{ij})$，其中 $n=x_c \times y_c$，x_c、y_c 分别为表面中 x 和 y 维度的分块个数。C 中的每个元素对应 cell（i, j）中的计算强度。空间计算域类似于一个传统的从以下式中获得的栅格文件：

$$f: I^2 = [0,1] \times [0,1] \in R \tag{5-1}$$

对于单元格 $\text{cell}(1/x_c, j/y_c) \in I^2, i = 1,\cdots,x_c, j = 1,\cdots,y_c$，可以推出以下公式：

$$c_{ij} = f(i/x_c, j/y_c) \tag{5-2}$$

式中，c_{ij} 的值表示从一个新的计算转换概念派生过来的计算任务，该概念与地理信息科学中其他领域的角色是一致的，如以下关键点：①计算时间：分析 cell(i, j) 中任务的计算耗时；②数据 I/O：分析 cell(i, j) 中任务涉及的数据输入输出和传递；③内存：分析 cell(i, j) 中任务需要分配的内存空间。

针对空间数据和操作的特征，空间计算转换用来解释特定空间分析任务的计算密度。空间计算转换主要可以分为两类。

（1）以空间数据为中心的转换：将空间数据转换为计算机系统的内存和 I/O。

（2）以计算操作为中心的转换：需要考虑空间操作与空间数据之间直接或者间接的关系并且空间操作的特征转换为计算时间表面。

从图 5-1 可以看出，矢量数据的拓扑叠加分析的数据分解仍然可以转换到域空间的分解。矢量叠加分析中经常使用的均衡格网刨分和基于矩形外包框的索引可以理解为低维地理要素所代表域空间的划分策略。在这些矢量的数据域分解策略中，首先对低纬度的点、线、面进行规则约束，通常采用外包矩形代表地物所占用的域空间，然后对这些矩形空间进行分治管理。一般采用矩形的某些特征点（角点或中心点），根据地物直接的地理关系进行层次化的排序和划分。

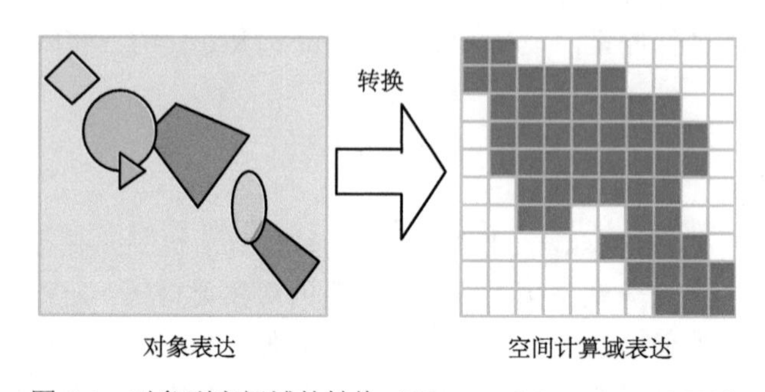

图 5-1　对象到空间域的转换（Wang and Armstrong, 2009）

在并行叠加分析系统的实现过程中，由于系统架构和算法实现的复杂性，影响空间数据域分解的因素众多，下面从系统层次相关性、编程相关性和数据相关性三方面进行简单分析。

1）系统层次相关性

并行计算系统的软硬件架构对程序运行效果的影响是难以避免的，属于外部影响因素。主要影响因素包括：处理器数量、处理器是否异质、处理器内部架构和网络部分的消息传递延迟。

2）编程相关性

并行算法的编程实现与算法的串行结构特征、并行化模式、程序员的编程经验相关。具体的影响因素主要包括：并行化模式（消息传递模型、共享内存模式）、程序中可并行化的函数、处理器控制的机制（数据读写锁、并发互斥等）和处理器同步的消耗等。

3）数据相关性

空间数据是域分解的主要对象，因此数据的特征对分解的模式、效率产生关键影响。数据的影响因素主要包括：算法对数据并行分治的方式、输入输出数据的容量及数据的不均匀性和复杂性（空间异质性）。数据的空间异质性越大进行空间分解的难度越大。

空间数据因素对分解产生根本性的影响，可行的改善方法是分析空间数据的结构特征，结合算法的并行策略进行分解。在数学领域，空间分解是将空间（通常为欧几里得空间）划分为两个或多个相离子集的操作，即将空间分解为互相之间无重叠的区域。空间中的任何点都可以标记为落入确定的区域。空间分解系统通常具有分层结构，空间被划分为多个子区域，然后对于每一子区域可以递归应用同样的空间分解规则进行生成。这些区域可以形成树形组织结构被称为空间分解树。Ding 和 Densham（1996）总结了空间数据域计算中的域类型和应用实例（表 5-1）。

表 5-1　基于空间数据域的计算问题分类

域类型	域组成	典型应用
连续空间	点、线、面	Dirichlet 分布
网络	节点、弧段	最短路径
均衡格网	格网、像素	山体阴影
点集	点	点模式分析
不规则三角网	三角面片	TIN 通视问题
矩阵	矩阵元素	空间相互作用模型

资料来源：Ding and Densham，1996。

5.1.1　空间数据分解原则

空间数据分解是并行空间分析计算中负载均衡的基础，与传统的数值并行的数据划分不同，空间数据分解需要考虑数据类型、分解粒度、并行计算模式等问题。并行空间数据的分解更多地是从面向空间数据域的角度探索解决方案，而不是单纯地面向数据量分解，二者的本质区别在于是否考虑数据的空间聚类特征。合理的空间数据分解模式还应该与具体的集群架构相适应，能够提供数据到处理单元的自然映射。空间数据分解的目的是实现每个子节点计算的最大并行化，因此应该遵循的原则包括：数据分治的负载均衡、空间划分粒度、数据分解块之间低耦合度、分解时间代价应远小于计算时间等。理想的数据分解状态是各个子节点中的数据完全独立。结合并行算法设计方法和地理数据的空间特性，总结出空间数据域分解需要基本满足以下 5 条准则。

（1）支持空间划分。从需求问题的空间特性延伸出解决方法必须顾及空间划分，为减少叠加分析的计算时间必须估计数据划分时对象的空间聚集性，增加几何对象有效的相交操作。

（2）保证数据的低冗余。从网络通信考虑，该标准是指各处理器间的动态数据复制应该做到最小化，数据处理前的静态分配可以使用较大的冗余策略。

（3）适应不同硬件架构的数据结构。目前高性能计算领域存在大量不同硬件架构的平台，无论是处理器数量、内存类型和内部通信机制方面都决定计算集群的异构性，因此需要尽可能地设计弹性良好的数据结构以最大限度地适应不同的并行计算硬件架构。

（4）支持数据集群的数据结构。并行算法运行时并不能假设集群系统的输入数据是按照空间域均衡划分的，因此需要设计一个能够适应不同数据划分规模的数据结构。

（5）支持管线式操作。并行计算中的管线操作允许数据连续地从一个操作的输出传递到下一个操作输入或者从一个处理器传递到下一个处理器。管线操作能够减少处理器的闲置，从而获得较好的系统负载均衡。

在并行叠加分析的研究中，并行化的核心是几何对象的快速相交判断和数据之间的交互通信，因此我们认为图层要素分解的重要原则是保持数据的空间邻近性。地理数据的主要特点是具有很强的空间相关性，其数据并行策略应该与空间数据类型相适应，这是与普通数值并行计算最大的区别，同时也是并行 GIS 系统的关键和难点技术。空间数据分解的目的是实现空间分析运算的本地化（local process, LP），减少计算节点间的同步操作，而空间要素的布尔操作、建模操作等均可以利用计算本地化进行加速。随着计算机硬件性能的提高和存储介质日益廉价，为提高并行计算的性能，通常采取的策略是以存储空间换取计算时间，即本节中提出的数据本地化概念。并行数据划分的目标是为每个处理器分配尽可能数量相当的对象，承担同等的技术任务。

图 5-2 显示并行叠加分析的存储与计算本地化的设计思路。每个计算节点都由存储设置管理，空间数据的分解信息由主节点通过 MPI 通信方法发送给各子节点，尽量做到数据的本地抽取，减少实体几何对象的传递。

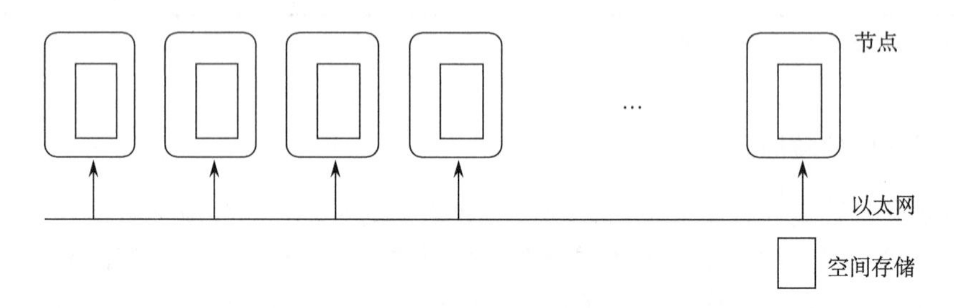

图 5-2　空间数据本地化示意图

5.1.2　分解粒度与方法

并行化空间数据分析操作可以分为本地操作（local operation）、近邻操作（neighborhood operation）和全局操作（global operation）（Guan and Clarke, 2010）。三种操作方式对应的空间数据域分解粒度也有所不同。叠加分析是基于空间对象关系的算法，因此可以归类到近邻操作的范畴。矢量空间数据的域分解粒度应该与具体的并行算法相适应，空间分解的粒度越大，各子区域间的依赖性越大，理想的情况是 local operation 形式的操作，其处理对象为小粒度元素，无须考虑与周围划分域的通信合作问题。

从基于简单要素空间数据模型分析，分解粒度可有点、线、面三种粒度，分别对应一维、二维和三维空间。点数据在空间中的分布独立性较好，彼此关联较少，点的并行操作属于本地化操作的范畴，因此可以使用点的数量作为负载均衡的标准进行划分。线和面类型的空间数据在空间分布中具有不确定性，其划分粒度由并行化算法的分治策略而定。例如，Hoel 和 Samet（2003）使用线段并行的方式使用 R-tree 构建封闭多边形，Franklin（1992）基于线段粒度实现并行化的多边形合并操作。线、面类型的空间数据粗粒度的分解通常采用面向对象的形式，以 OGC 简单要素模型（SFS）中的对象为最小的分解单位，对象内的线段和点不作为数据量的衡量标准。面向对象的分解粒度可以保证各计算节点间地物要素的平衡，但是在存储和计算上是否平衡具有不确定性。例如，在多边形的叠加分析中，要素对象少的节点可能包含的线段数量巨大，求交过程也就比较耗时。

线和面的面向对象的空间分解粒度通常不是以实际的空间区域边界范围为基准，而是以其近似外包图形或特征点作为代表，如 MBR、凸包矩形或者几何中心点、MBR 中心点、线中点等（图 5-3）。

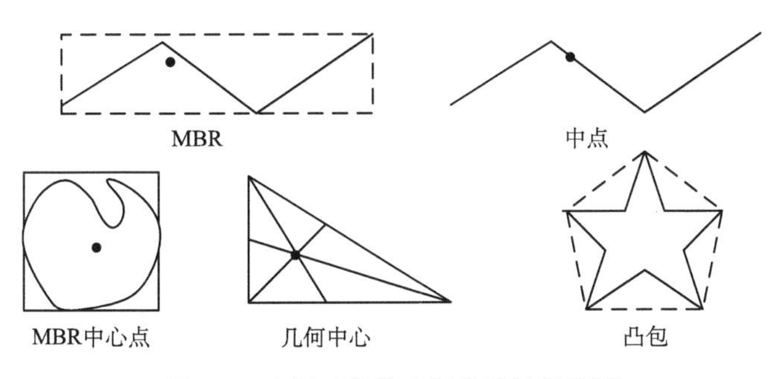

图 5-3　空间对象的实际分解特征图形

对于多边形叠加分析的并行分解策略可以有多种粒度，以面向对象的分解通常是基于其外包矩形分解，细粒度分解则是把多边形边界分解为线段进行叠加求交。Frankel（2004）使用多边形线段分解的粒度，对线段集合建立多维固定划分树（multi-dimension fixed partition tree, MFP-tree），通过合并两个图层 MFP-tree 的方法实现线段粒度的并行叠加分析（图 5-4）。多维固定划分方式可以保证树中同一层次的节点含有同样的面积。

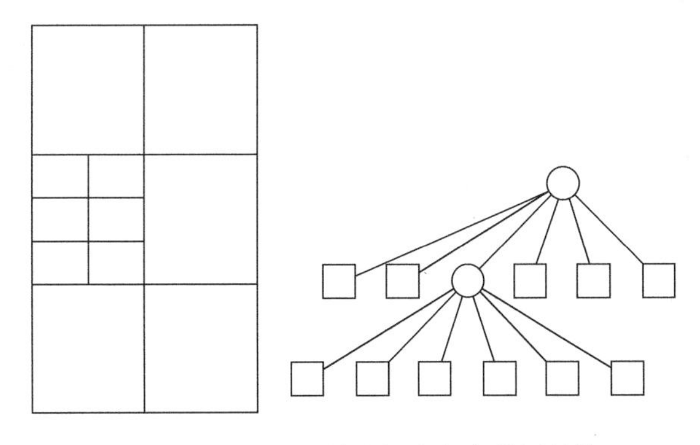

图 5-4　MFP-tree 域分解和相应的树结构

矢量数据分解的传统方法有轮转法、哈希映射法、范围划分法和混合范围划分法。

这些方法是从空间数据存储的角度进行分解，通常是按照空间数据库中的某种属性将同一类别的行数据划分到同一块磁盘中存储，因此被称为一维划分模式。一维划分模式的粒度是数据库中的行记录，依据元组数量作为数据分解平衡的标准。该划分方式无法顾及空间数据的不定长特征和空间分布不均衡的模式，划分结果虽然对象数量均衡，但在空间分布上会割裂对象在空间内的联系。

空间数据分割粒度的大小决定空间数据操作效率的高低，因此如何设计一个合理的空间数据存储分布策略，从而提高更大规模并行环境下的空间数据访问和操作效率是非常值得研究的问题（康俊锋, 2011）。研究表明，寻找合理的空间数据域分解方法是一个NP问题（Shekhar et al., 1995），在并行空间计算的实际应用中只能按照某种规则或数学方法寻找。Shekhar等（1995）将多边形数据图层的分解方式以图5-5矩阵的形式表达，其中分解粒度从多边形整体到组成边主要分为4级，分解粒度越细各子节点计算任务分配越均衡，但整体计算量和后期多边形重新合成工作量将大量增加。

外包框分解策略	多边形数据分解策略：无分解	多边形子集	小多边形子集	边子集
无分解	I	II	III	IV
小块MBR分解	III	III	III	IV
边分解	IV	IV	IV	IV

图5-5　多边形空间分解粒度矩阵

域分解和任务调度的目标通常是优化某个并行计算任务的性能，另外一个重要目标是寻找一个比较通用的策略，能够使跨越一系列范围的任务和多种操作状态均获得良好的性能表现（Cramer and Armstrong, 1999）。本小节从数据分解的角度探讨并行GIS叠加分析中负载均衡和计算本地化策略，分别从空间对象聚类角度、分布式空间数据索引和空间曲线邻近规则的角度分析空间数据分解，遵循的原则是保持空间对象的个体完整性和整体布局的均衡性。针对不同的空间数据（点、线、面）分布特征，研究多种适应性的空间数据分解方式。

5.2　基于空间索引的划分策略

空间数据分解可以利用空间索引机制进行划分，在空间索引的基础上可以有效地减少叠加分析中候选数据集的搜索空间，同时在候选数据的邻近分析中假相交的情况可以得到进一步的过滤，最后检测出真实相交的叠加对象。根据生成方法的不同空间数据索引大体可以分为三类。

1）空间转换法

基本有两种形式的数据空间转换：一种是基于参数空间的转换；另一种是单值属性

空间的映射。在参数空间转换索引中，k 维度空间中具有 n 个顶点的对象被映射为 nk 空间中的点。例如，以两个对角坐标表示的二维矩形对象就被映射为四维空间中的点对象。在单值属性空间映射中，数据空间被划分为大小相等的格网单元，然后根据某种空间填充曲线方法为每个单元格编号，常用的空间曲线有 Hilbert 曲线、*Z*-order 曲线和 Snake 曲线。

2）非覆盖本地空间索引法

该索引方法不允许对象的重复索引，因此必须通过对象的复制或者对象的切割来实现索引的独立性。

3）允许覆盖的本地空间索引法

该方法将数据空间按照层次划分为数量可控制的小规模子空间，并且允许子空间之间存在重叠。但是子空间区域重叠率最小化对空间索引的性能至关重要。典型的索引方法有：二叉树（kd-tree, LSD-tree,）、B-tree（R-tree, R*-tree, X-tree）、哈希索引（格网文件、BANG 文件）。树形结构索引的特点是数据项索引值按照某种线性顺序进行标记，同时存在数据空间的重复划分。

以上总结的三种空间索引方式同样适用于空间数据分解。

基于矢量拓扑数据模型的并行叠加分析方法中的数据分解（图 5-6），重点难点在于如何将空间邻近性大的要素分配到同一节点。矢量数据容量通常在 MB 至 GB 之间，以现在计算机硬盘以 TB 级别存储能力衡量，存储容量的均衡化并不是关键问题。核心问题还在于如何将矢量数据的计算任务进行有效的均衡化，减少分布式节点间不必要的相交检测和参数通信。因为输入空间数据会存在不同的地物密度，所以 GIS 并行算法中空间数据向各分布式节点的划分并没有一个常规经验可循。

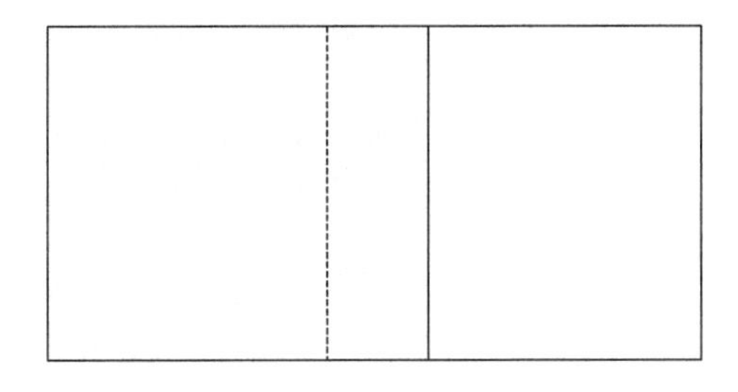

图 5-6　部分重叠的区域分解

规则分解是一种最基础的空间数据域分解方法，常用方法如规则条带方法和规则格网法（图 5-7）。规则格网法是本节研究的矢量拓扑数据分解的方法之一，是一个比较高效的数据分解方法。显然，规则格网法也存在一个重要缺点，如原始数据结构和格网数据结构直接的转换需要耗费大量的时间，而直接采用基于要素的分解则无此转换过程。但是现实的解决方案中很少有 GIS 软件直接支持矢量格网数据结构，因此这种转换又是不可避免的，研究已有矢量拓扑数据结构的并行处理的适应性是本章研究的基础。

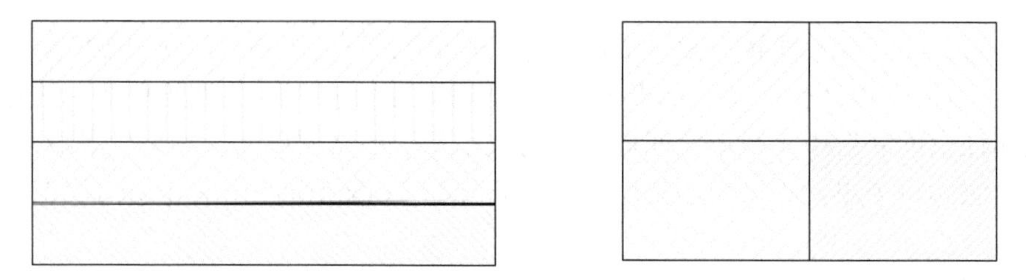

图 5-7　规则区域的两种分解策略

GIS 数据规则分解（regular decomposition）表现为基于空间驱动的索引形式。规则划分法中空间被分割为规则或近似规则的区域，很少直接顾及空间对象的空间优先特性。将规则格网形式的单元叠加到几何数据上进行存储组织，在栅格数据模型的存储中已经是常规应用。虽然规则格网中的均衡格网单元相当于栅格数据中的像素，但是均衡格网的主要功能是作为一个存储几何对象的容器。如图 5-8 所示，利用均衡格网对空间域进行划分，并生成两张表，其中一张存储几何对象 ID 和对应坐标点，另一张存储格网 ID 和对应的几何对象。

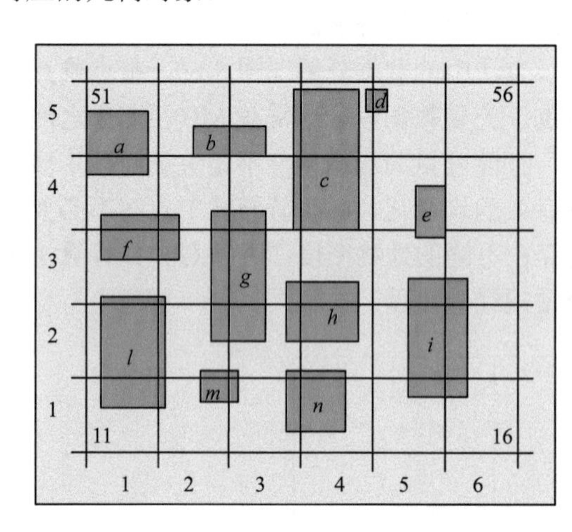

geom_id	corrdinate
a	x_1,y_1,x_2,y_2,x_3,y_3
b	…
c	…
...	…

cell_id	geom_id
11	*I*
12	*m*
13	*m,n*
...	…

图 5-8　矩形规则格网分解

几何对象被分配到几个邻接格网单元，对象的描述被完全保留，空间索引单元存储所有与其相交的几何对象在数据库中实际存储的位置引用。与每个格网单元关联的数据将会存储为一个或多个记录，格网单元的索引地址以其最左下角坐标点进行标识。规则空间分解中的格网单元主要有三种形状。

（1）三角形：平面范围内的三角刨分，方便对近似球面结构进行表达。三角形具有可无限次规则划分的特点，因此适合多层次和细粒度的空间数据分解。

（2）矩形：矩形的边可以与坐标系统的轴线平行，因此是最适合空间索引的几何形状。矩形索引可简化以矩形窗口查询为代表的包含分析等操作。

（3）六边形：在做地图属性值统计时比较常用，因为六边形的邻近中心点在六个方向上均为等距。

规则格网分解中几何要素的分配存在许多特殊情况需要进一步考虑：对于点数据，如果用规则格网存储单点数据时容易产生歧义，如当格网划分较细达到最高浮点精度，可能产生一个点占据整个格网的情况；当点落在一个或多个单元的边界上时可能出现歧义，这种情况下需要定义特定的规则来约束点的归属，如争议点直接归属给上面单元或者边界右侧单元。在规则格网中线要素的空间分配并不是一个直观的过程，如线数据跨越多个格网单元是比较常见的情况。一种解决方案是在格网边界处将线打断，将新生成的边界上的点在两个相邻单元中各存储一次。但是该解决方法并不能够满足通用情况，打断连续数据会将空间数据质量降级，由于计算机数值精度有限性，本来共线的数据因为插入断点可能变成非共线数据。如果线性或多边形对象不在格网边界处分割，那么网格单元内需要存储该对象在全局几何要素中位置的索引。

5.2.1　四叉树空间分解法

大多数空间分解方法基于平面空间，平面一侧的点确定一个区域，而另一侧的点确定另一个区域，位于平面上的点可以任意划分到其中一个区域。使用平面对空间进行递归划分的方式最终会生成一个最通用的空间划分方式二维空间分割树（binary space partition tree, BSP-tree）。使用空间数据分解结构存储对象可以方便加速特定的几何查询操作，如冲突检测中确定两对象是否相近或者一条射线是否与对象相交。

四叉树索引属于平面的垂直分解模式，其生成过程是递归地对地理空间进行四分，直到自行设定的终止条件（如每个区域包含的点数不超过 2 个，如果超过继续四分），最终形成一棵有层次的四叉树（阎超德和赵学胜, 2004）。四叉树分解是一种典型的平面递归分解，这种方法在数据同构和分布相对均衡的情况下比较适用。

不同的空间数据类型应该选择适用性强的分解方法。空间索引的主要功能是加速空间查询结果的抽取，对不同的数据类型建立相应的索引结构有助于改善查询计算。四叉树的 node 数据结构可以用以下代码表示：

```
class QuadNode {
    public:
    prQuadNode ( );
    prQuadNode (const GTEnvelop&  Elem);
    GTEnvelop Element;
    prQuadNode<GTEnvelop> *NE, *SE, *SW, *NW;};
```

叠加分析需要针对多种数据类型，本节重点分析通用性较好的区域四叉树特点。区域四叉树是以区域目标为循环分解对象的四叉树，分解过程既可以按照区域边界，也可以按照区域内部对二维空间进行划分。在存储对象的空间区域时，使用定长或不定长的区域进行分割，形成对分解区域的一个连续铺盖。在形成的铺盖上，根据分解的顺序，形成代表其顺序的编码规则，如 Morton 码。在进行区域划分的过程中，根据研究的尺度，可以定义区域划分的分辨率。区域型四叉树（region quadtree）划分的区域块之间必须相离，不允许有相交部分，每一个区块必须具有标准的大小（面积是其边长的平方）。

图 5-9 为实验中对北京道路的线状图层做四叉树索引，几何对象数量为 19560，shapefile 文件物理大小为 3.4MB，索引构建耗时 2.4s。

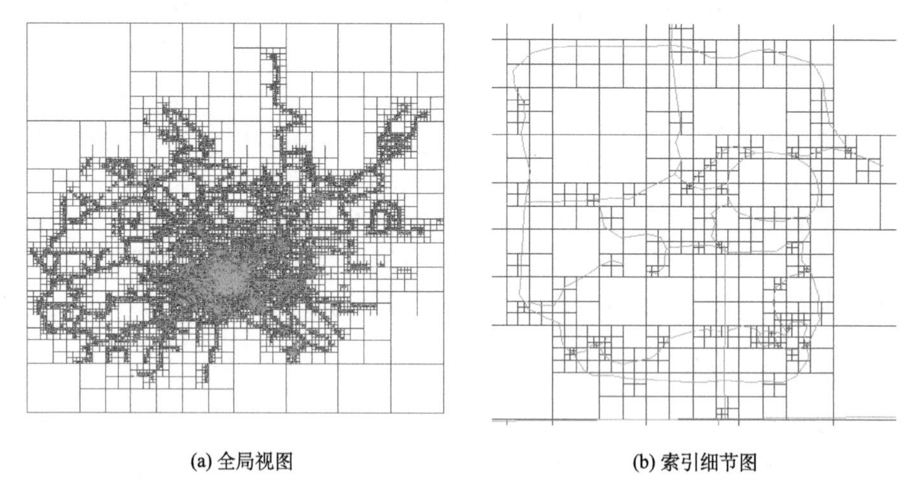

(a) 全局视图　　(b) 索引细节图

图 5-9　北京道路四叉树索引

为减少四叉树索引的节点重合情况，四叉树子区域按照空间填充曲线（Hilbert 或 *z*-order）形式进行排序（图 5-10）。分解过程按照空间填充曲线的顺序等区间地进行划分，通过轮询或随机的形式发送到各子计算节点。

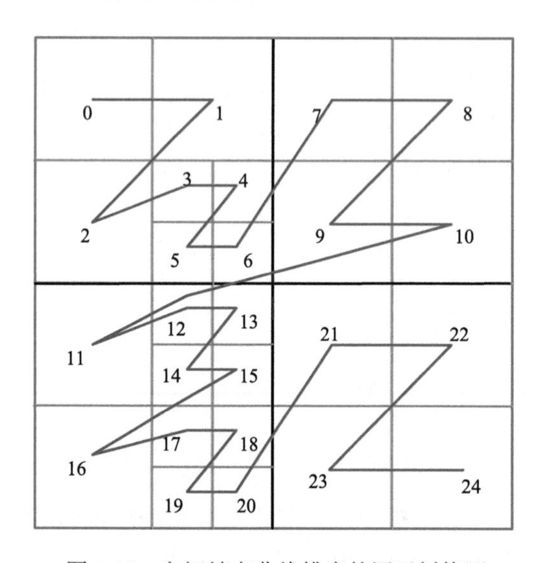

图 5-10　空间填充曲线排序的四叉树格网

规则分解以行、列或者块的形式划分子空间，各块不需要考虑相关区域的工作负载，最后生成等面积的子区域。规则分解通常用于高密度的并行矩阵运算。另外，非规则分解考虑 cell 级别的负载均衡，通常产生不等面积的子空间数据域，但是子空间域分配相对较接近负载均衡状态。

5.2.2　R-tree 分解策略

面向对象的空间划分方式以数据为驱动模型，空间索引的分解由几何对象决定（对象优先），按照空间对象将空间区域分解为子区域也称为桶组织（bucket），因此该方法通常被称为桶式划分。面向对象的数据分解方法需要遵循一定的原则，最经典的策略就是 B-tree 的法则，即利用独立点或者线将空间范围递归地进行二分分解。另外一种经典的分解原则是保持对象的外包矩形最小，R-tree 是其重要的实现形式（图 5-11）。

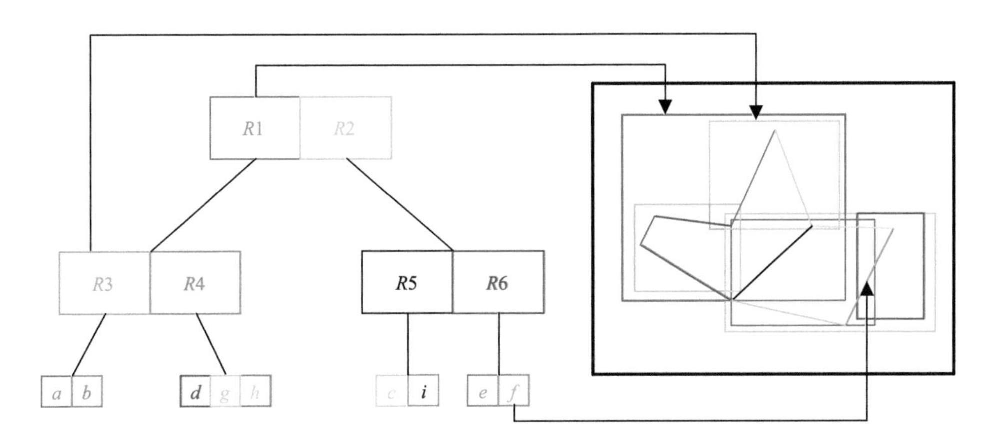

图 5-11　R-tree 的空间域分解方法

使用 R-tree 的空间数据域分解主要从 R-tree 的不同打包（packing）或者桶组织方式入手。R-tree 的优化主要针对子节点索引包的打包方式和排序，Kamel 和 Faloutsos（1994）提出基于 Hilbert 曲线的 MBR 排序方法，Roussopoulos 等（1995）提出基于 Nearest-X 的沿某一方向的排序方法。在经典的 R-tree 实现中 Guttman（1984）提出两种启发式的树节点分解方法：二分法分解（quadratic-split）和线性分解（linear-split）。本章在具体实现中采用二分法分解空间对象。

R-tree 的性能取决于节点中数据外包矩形聚类算法的质量，Hilbert R-tree 则是利用空间填充曲线特别是 Hilbert 曲线对数据外包矩形进行线性组织。Hilbert R-tree 有两种形式：一种为静态数据库形式；一种为动态数据库形式。研究方案中使用 Hilbert 填充曲线较好地实现节点中高维数据的排序。这种顺序可以保证相似的对象外包矩形被划分为一组，尽量保持结果外包矩形的面积和周长最小，因此在该层意义上 Hilbert 曲线是一种良好的排序方式。紧缩式 Hilbert R-tree 适合静态数据库，静态数据库中很少有更新操作或者根本没有更新操作。

动态 Hilbert R-tree 适用于动态数据库，这种数据库需要进行实时的插入、删除和更新操作。动态 Hilbert R-tree 采用弹性的分割延迟机制来增加空间的利用率。树中每个节点拥有定义良好的兄弟节点集合。通过对 R-tree 中节点建立顺序，调整 Hilbert R-tree 的数据划分策略可以达到理想的空间利用程度。Hilbert R-tree 基于对象矩形中心点的 Hilbert 值进行排序，而点 Hilbert 值是指从 Hilbert 曲线开始点到该点的长度。对比而言，其他 R-tree 的变种并没有对空间利用率的控制。

Leutenegger 等（1997）提出一种新的打包方式的 R-tree 变种 STR-tree。该算法使用递归思想，对于 k 维平面内数量为 r 的空间矩形集合，设 R-tree 的叶子最大容量为 n，矩形按照其中心点的 x 值排序，tile 的概念就是使用 $\sqrt{r/n}$ 条垂直的切割线划分排序后的矩形，使每个条带都可以装载接近 $\sqrt{r/n}$ 个节点。每个切片内继续按照矩形中心点的 y 值排序，按照每 n 个矩形压入一个叶子节点；自上而下地递归处理切片生成整棵 R-tree。R-tree 索引的效率和准确性衡量指标之一是树中子节点 MBR 的面积和周长（Kamel and Faloutsos, 1994），其面积和周长越小则表示空间聚集程度越高，接近正方形的 MBR 具有较高的空间聚集度。因此分析 Guttman（1984）提出的 R-tree 具有以下缺点：加载时间长、子空间未充分优化、空间查询的数据抽取时间长。

5.2.3　存在问题与改进分解方法

1. 问题分析

根据以上分析，无论是均衡格网分解、四叉树分解、传统 R-tree 分解都无法避免空间数据分布跨度大、密度不均衡的问题，这些分解方法的规则化的划分块都不同程度地割裂空间对象的完整性。例如，在图幅形式的分解中，长江就被多个方里网分割，而长江到底划分为哪一个格网所有是一个不确定性问题。

面对这种跨处理器（规则格网）分解的问题，只能通过处理器间的交互完成。可以使用以下三种策略应对跨域分解问题。

（1）独占方法，也就是将整个空间对象分配给单个处理器所有。然而，空间上相邻或者重叠的两个对象可能被划分到不同的处理器。

（2）数据冗余法。对跨域边界的空间对象进行复制，与其相交的每个划分区域均保留一份。该方法并不能完全消除处理器间的通信，拥有跨边界空间对象的处理器必须相互通信来识别该对象的邻居。

（3）对象分割法。将完整的空间对象分割成两个或多个部分，分配给分解区域。该方法避免节点的数据冗余，但是必须做切割对象和交换信息重组对象的工作。

地图叠加分析的输入数据是静态图层，因此在考虑空间数据域分解过程时主要使用静态分解方法。R-tree 是 B-tree 在高维度的自然扩展，具有高度平衡的特性，目前 R-tree 作为一个通用的索引技术被广泛地应用到空间和多维数据库中。通过存储任意几何对象（点、面和复杂几何）的外包矩形，R-tree 可以用来检索与查询区域相交的对象。R-tree 由根节点、中间节点和叶子节点构成，中间节点包含其所有子节点的最小外包矩形（MBR），在三维空间中为最小包围盒（MBB），叶子节点存储真实空间对象的 MBR，而不是空间对象本身。但是 R-tree 节点间通常存在不同程度的重叠，如图 5-12 所示，重叠率会随着数据量或者维度的增加而不断增大。同时 R-tree 在构建过程中也存在一些不足，如加载时间较长、子空间利用需要优化、一个简单的查询也需要抽取中等数量级的节点数。其他动态算法如 R+tree、R*-tree 对 R-tree 进行改进，但是在空间查询时对于进行存储数据预处理的算法并没有优势。

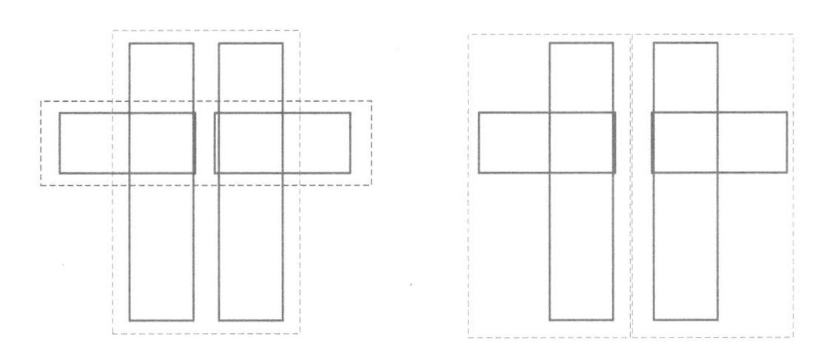

图 5-12　R-tree 的最大和最小重叠情况

空间数据的预处理适应于数据变化较小的静态数据，适当调整 R-tree 节点的打包策略可以实现较好的空间利用率并减少查询时不必要的节点访问。由于并行叠加分析的输入图层具有静态特征，因此对叠加数据索引的预处理可以加速图层求交时的查询操作。

2. 面向求交的主从空间索引分解

并行叠加分析的算法中，需要大量频繁地从集群环境中抽取数据，并进行几何对象的相交判断，在单磁盘和单处理器环境下，传统的空间数据抽取方法是利用空间数据库的索引结构进行，但是在多磁盘和多处理器环境下单点形式的空间索引存储和访问机制无法满足高性能计算对数据抽取速度的要求（Ferhatosmanoglu et al., 2000）。因此，在并行叠加分析的计算环境中实现与分布式无共享模式匹配的空间数据快速过滤抽取机制是十分必要的。

首先从传统的空间数据库索引机制分析，空间索引是衡量空间数据库引擎系统优劣的一个重要标准，在空间数据库中通常存在百万级别的数据表，如果采用数据库传统的空间索引方式，数据查询效率将严重降低。同时空间数据又有空间目标不确定性，相交、包含和分离等关系复杂，难以用处理普通数据的方式对空间数据进行分类和排序。空间数据库领域的空间索引可以分为内嵌式和外挂式两种（张明波等, 2005; 周芹, 2009）。内嵌式空间索引结构是作为数据库自身的一部分组件融入数据库中，而外挂式数据库通常是以中间件的形式，在数据请求层和数据层做一种类似代理和转发的机制。例如，oracle spatial 和 postgis 默认的索引方式为 R-tree 和 B-tree；ESRI ArcSDE 是一种外挂式的空间数据库管理机制，它没有具体的空间数据载体，而是基于传统的 RDBMS 系统做出空间方面的扩展，如 ArcSDE 可以在 SqlServer 和 Oracle 的基础上实现空间数据的管理和索引机制，通过 ArcSDE 建立的空间数据库称为 Geodatabase。Geodatabase 建立空间索引的对象是要素类，默认的索引策略是空间格网索引。

其次在分布式空间索引数据分解方面，Kamel 和 Faloutsos（1993）等研究将 R-tree 应用到单处理器、多磁盘的硬件结构的部署情况，并实现基于 R-tree 的并行查询机制。张明波等（2005）使用多元 R-tree（multiplexed-R-tree）软件结构，结合邻近指数（proximity index）约束条件对 R-tree 进行优化，实验表明在处理空间分布较均衡的数据时其并行域查询性能要优于其他方法。为提高分布式并行计算环境下海量空间数据管理与并行化处理的效率，赵园春等（2007）基于并行空间索引机制的研究，设计了一种多层并行 R-tree

空间索引结构。学者 Tanin 等（2007）在 Peer-to-Peer 网络环境下实现了基于分布式 Quadtree 的空间查询功能。

从叠加分析的动态性质上本节将叠加的图层分为主动图层（叠加图层）和被动图层（基础图层），并行加速的切入点为主动图层中的几何要素快速地查询被动图层中的交集部分，而空间索引是实现加速的关键技术。根据本节中并行叠加分析的特点，空间数据的存储采取全部冗余的机制，每个子节点都维护一份完整的待叠加的空间数据表集合。

针对并行求交操作，本节首先提出一种基于朴素思想的数据分解方法。过程是预先对主动图层进行空间数据分解，按照 FID 将分区位置信息发送到相应的子节点，子节点本地抽取该范围内的主动图层数据；然后被动图层中的地理要素全部参与建立整棵的空间索引树；主动图层内的要素对被动图层索引进行查询，对相交的候选集进行叠加运算。由于空间查询的过程与叠加分析中的求交操作本质是同类操作，因此该数据分解模式适合与并行求交运算相结合。图 5-13 中 O_obj 代表主动叠加图层 O_lyr 中的实体对象，经过分解策略后分发到各子节点与基础图层 B_lyr 进行并行求交。

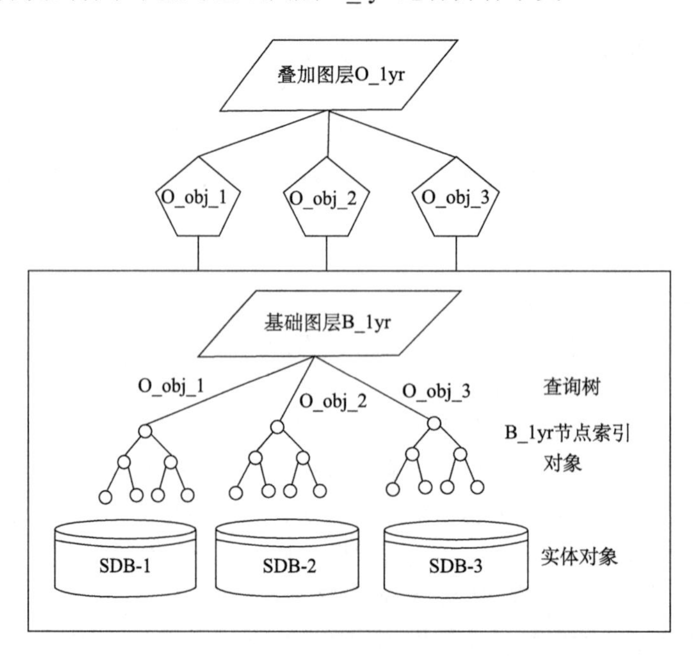

图 5-13　基础图层树查询的并行分解策略

从图 5-13 可以看出，实际的数据分解只是对叠加图层 O_lyr 做分治处理，基础图层仍然是作为一个整体进行求交查询。这种解决方案在中小型数据规模的应用中可以在合理的计算复杂度内实现加速效果。分析以上叠加算法的数据分解特点可以看出，如果每个子节点都驻留一个基础图层的整棵树的空间索引有两方面的缺陷：一是在处理具有海量地理要素的图层时，每个节点都需要消耗大量的时间和内存资源；二是每次查询都是针对整棵树的遍历，在单个几何对象的相交查询中存在大量的无效查询。

并行空间索引随着高性能并行 GIS 应用的发展已经逐渐形成空间索引家族中的一个重要分支，可以从一定程度上解决朴素数据分解方法的问题。其中最典型的并行空间索引是 Schnitzer 和 Leutenegger（1999）提出的 MC-R-tree（master-client R-tree）方法，该方法的特点是将空间索引树中所有的非叶子节点存储在集群的主节点中，索引树中的各子树存储在集群的子计算节点中。其不足之处是常规 R-tree 的空间利用率较低，将子节点分配到子节点时 MBR 重叠数较高。付仲良等（2012）在分布式环境下实现多级 R-tree 索引，其数据分解方法按照 *z*-order 曲线排序，通过构造整体 R-tree 对外界提供接口。

针对以上空间数据分解方法存在的问题，为提升并行环境下海量空间数据管理与处理的效率，根据已有研究成果，设计一种改进的主从式空间索引方法 MC-STR-tree，为叠加过程中的数据管理和几何求交的快速过滤提供条件。

其中索引的基本结构采用 STR-tree，通过对 R-tree 对象节点的打包方式的改进，减少数据在各节点间分发的冲突。其有较好的空间聚类特性和极低的空间索引包的重叠率，因此具有很好的并行化特性。STR-tree 是一种高度平衡树，具有最大化的空间利用率，其关键函数实现如表 5-2 所示。

表 5-2　STR-tree 类的关键函数

```
class   GT-STR-tree
{
 public:
        ~ GT-STRtree( );//析构函数
        GT-STRtree(int nodeVol=10); //根据给定的最大子节点容量构建GT-STRtree
        void insert( Envelope env);//节点插入函数
        void query(Envelope *searchEnv, Node& queryResultNode);//关键的查询函数
}
```

改进的主从并行空间索引 MC-STR-tree 分解的处理步骤（图 5-14）如下所述。

1）数据预处理

主节点将空间数据索引节点的 MBR 按照一定的规则划分为 n 份，常用的规则有 Hilbert 排序和 STR 分块划分法，n 为不大于集群计算节点的整数。主节点需要记录每个子树发送到的节点标记和子树的根节点 MBR。本节按照 STR 规则将叶子节点进行划分，每个计算节点对应 STR 中的一个条带。为控制子树的数量小于可支配计算节点数量，必须使用 nodeVol 设置 STR-tree 中每个计算节点允许的最大索引子节点数目。

2）索引子树的发送

主节点将索引项按照一定的复制和分配策略发送到子节点。数据结构采用内存式空间索引，与传统的基于硬盘的空间索引不同，内存式空间索引具有动态构建、快速查询等特点，不足之处是必须驻留内存。

3）主节点组建 master-R-tree

主节点在计算机内存中对原始整棵 R-tree 索引树中的所有非叶子节点组建新的空间索引。该索引树记录每个计算节点分配的索引项信息，其功能相当于一个总体的索引控制器。主动叠加图层的相交查询首先经过总体索引树的过滤。

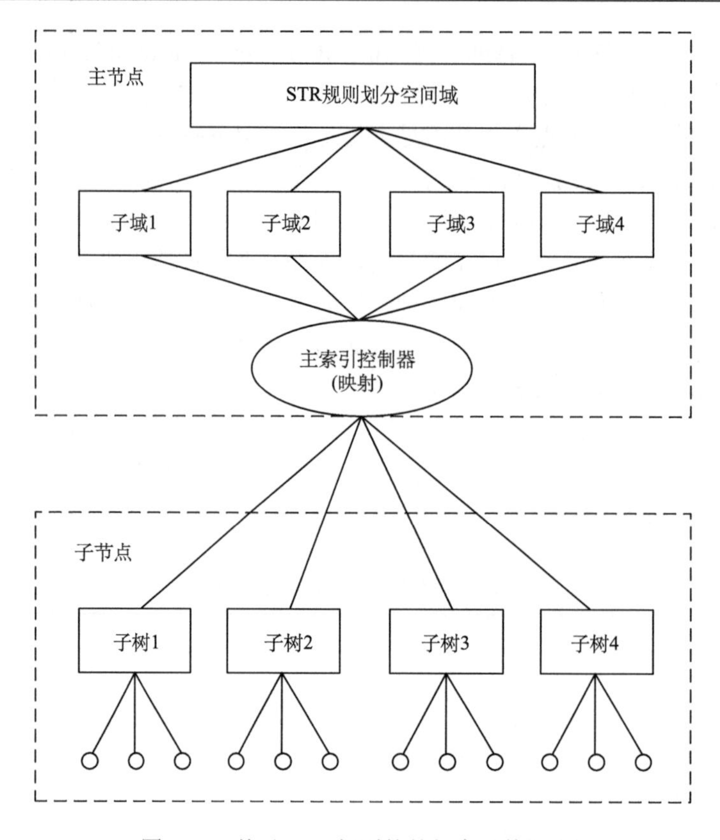

图 5-14　基于 STR 规则的并行索引数据分解

4）计算节点组建 client-tree

按照约定的 STR-tree 节点组织规则，将主节点发送来的索引项组建客户端子树。在计算机节点中存储的实体对象与子树的索引项建立关联，实现按照索引项 MBR 抽取实体空间数据。

分析基于 STR 规则的并行 R-tree 索引分解，其实质是将按照要素 fid 等形式的随机划分替换为顾及空间邻近规则的域分解划分。主节点控制一个大节点的总体空间索引 R-tree，其中记录空间数据域分解块在集群中的 ID 信息。应用到叠加求交分析中，主动图层首先与总体索引树进行查询操作，如果查询到一个或多个相交的子域，主节点通知拥有这些子域的子节点在本地抽取主动图层的要素并与该子树进一步做求交操作，具体过程将在求交并行化部分分析。

5.3　基于空间聚类规则的划分策略

根据 5.1.1 节空间数据分解原则小节的分析，空间邻近性是并行空间分析中数据分解的重要准则之一，确保空间邻近的对象被划分到同一个计算节点，最大限度地防止数据割裂。从以上基于空间数据索引的分解也可以看出索引的节点打包过程也是最大限度地保持空间聚集特性。本节从遵循并行空间数据分解空间聚集特性出发，探讨不同于空间索引桶组织的划分策略，结合叠加分析的并行计算环境，在成熟的空间聚类算法基础上，实现统计聚类策略的并行空间数据域分解。空间聚类能够很好地按照某种规则保持数据的空间邻近性，对并行计算中的计算本地化策略是一种新颖的数据划分方法。

5.3.1　空间聚类策略选取

空间的邻近性对于叠加分析中的联合、求交等操作至关重要，邻近性良好的策略可以减少离散的数据划分引起的无效求交情况，而空间聚类的应用目标就是将空间数据库中的空间对象分解为指定数量的簇，空间对象与簇内其他对象间的相似性（本节基于空间距离邻近性）大于与其他簇内对象的相似性，每个簇内的对象可以作为一个整体看待。因此，使用空间聚类作为并行叠加分析中数据分解方式适应算法特征。

聚类分析是研究多要素事物分类问题的数量方法，作为统计学的一个分支，聚类分析已经得到深入广泛的研究，主要集中在基于距离的划分法聚类方式，包括欧几里得距离和曼哈顿距离等。空间聚类主要应用在空间数据挖掘、模式识别等领域，旨在识别、分析空间数据的分布模式（柳盛和吉根林, 2010）。其他类型的空间聚类大体包括：层次聚类法；点密度聚类法；模糊集聚类法；网格法和模型法等。何宇兵（2007）利用多边形一次聚类分析。在多边形图件综合过程中，多边形的聚类是非常重要的操作（Martin, 2001）。

划分聚类是目前应用最多的聚类方法之一，对于空间数据域分解的应用可以根据其原理将空间内的 n 个对象划分为 k 个簇类（$k \leqslant n$），按照并行计算中存储和计算协同的设计原则，k 值设置为并行集群中计算节点的数量为最佳分解模式。划分的方式首先是创建一个初始分割簇，然后利用迭代重定位（iterative relocation）计算通过对簇内对象归属的不断调整，达到约束条件后得到最终的聚类簇集合。迭代重定位的算法描述如表 5-3 所示。

表 5-3　空间聚类方法过程描述

输入：含有 n 个对象的空间数据集，分簇数量 k
输出：符合最小收敛函数 E 的 k 个簇类集合
1. 任务选择 k 个点作为初始的聚类中心
2. 计算每个点与当前中心点的位置关系
3. 根据新的位置关系更新原来中心点
4. 重复步骤 2、3 直到符合函数 E 的收敛条件

为达到全局最优的效果，空间划分聚类法需要穷举所有可能的划分方式，实际应用中绝大多数采用两种比较流行的启发式方法：K-means（K-平均）法和 K-medoids（K-中心点）法。空间聚类的标准主要有距离最近准则、距离累积和最小准则以及面积增量最小准则，而 K-means 方法很好地符合距离最近原则，其生成过程与划分聚类的整体思路类似：首先从 n 个空间对象中随机地选取 k 个作为初始化的中心点，计算其余点到各簇中心的距离并将它划分到最近的簇中；然后重新计算每个簇的平均值；重复以上过程

直到准则函数收敛。K-medoids 方法的不同之处是选择簇中最中心位置的点作为参考点。

当前空间聚类方法众多，因为 K-means 方法能够较好地符合距离最近原则，因此本节并行空间数据域分解选择传统的 K-means 方法作为数据分治的方案之一。K-means 方法（Macqueen, 1967）是经典的基于划分的聚类方式，不同于层次形式的划分，它采用聚类簇中对象的平均值作为聚类的中心点。其划分标准通常采用方差公式作为聚类收敛的标准，其中 x 为代表空间对象的点，m_i 为空间聚类 C_i 的平均值，从式中可以看出在划分前必须给出 K-means 方法的聚类数量 k 值。K-means 方法的计算复杂度为 O（nkt），n 为聚类对象数量，k 为聚类数，t 为迭代次数。

$$E = \sum_{i=1}^{k} \sum_{x \in c_i} \left| x - m_i \right|^2 \tag{5-3}$$

5.3.2 数据均衡化分解

传统的 K-means 方法在应用到并行叠加分析的空间数据分解前需要解决两个基本问题，以适应系统高性能的需求。利用 K-means 进行空间数据域分解可以保证划分数据的空间聚类特征，但是与 Hilbert 空间填充曲线排序的分解不同，K-means 在每个划分单元中的数据量无法保证均衡特性。如果仅估计空间邻近特性而不考虑数据分配的整体均衡情况，也会导致并行计算中的负载倾斜和单点失效等问题。下面就从这些不足之处入手，对传统的 K-means 方法进行优化，使其能够适应并行空间分析系统的特殊要求（表 5-4）。

表 5-4　聚类结果的数量均衡化方法

```
Int k, n;
Int avg_num = n/k;
Point* Cluster[k]
For(int I = 0; I < k ; ++i){
  If(count(Cluster[i])<avg_num)
  {
 For(int j = 0; j < avg_num- count(Cluster[i]);++j)
  {
     Cluster[i].add(Cluster[i+1][j]));
}
}else{
For(int j = 0;  j < count(Cluster[i] - avg_num);  ++j)
  {
      Cluster[i].remove(Cluster[i][j]);
      Cluster[i].add(Cluster[i][j]);
 }
 }
```

经过 K-means 聚类分解后的空间数据确保空间上的邻近性质，但是无法保证聚类簇中空间对象数量的相等。因此在并行数据分发前需要对聚类簇团进行对象的数量调整。

假设聚类的总点数为 n，分簇数量为 k，理想的分配情况为平均每个节点分配 floor (n/k) 或 ceil (n/k) 个点。设聚类结果为一个点数组 cluster[k]，变量 i 从 i=0 到 $I = k-1$，对于每个簇 cluster[i]，如果其中的点数量 count (i) 未达到平均数量就用相邻的 i+1 簇中的点填充，填充点选取规则是 i+1 簇中到 i 簇中距离最小的 n/k–count (i) 个点。一种简单的数据偏移的策略是按照 x 轴或者 y 轴，将距离数据量大的簇内的点划分到邻近数量小于平均数的簇内（表 5-4）。

5.4 多策略优化的 Hilbert 排序分解

并行空间数据区域分解需要从要素对象空间分布的角度考虑在各子节点中的存储和计算，而空间数据具有多维性，传统的数据划分方法如令牌轮转法、哈希表分割、简单区域划分在分解时对象间的空间关系被割裂，不能很好地反映空间数据之间的邻近性。本节研究利用空间填充曲线（Hilbert 曲线）分解矢量空间数据，以更好地保持数据分解的空间邻近性，有利于空间邻近性比较敏感的叠加联合操作的并行化，同时在原有 Hilbert 排序分解的基础上，使用不同的排序策略对空间数据进行分解。

5.4.1 Hilbert 排序

多维空间数据中并不存在天然的顺序，因此在一维空间数据存储中实现高效的数据存储和查询，必须有一个从高维空间数据到一维空间的映射（张宏和温永宁, 2006）。该映射必须保证距离不变，空间上邻接的元素映射为直线上接近的点，同时需要保持一一对应的关系，不允许空间上不同对象指向直线上同一点。实现填充的关键步骤是利用映射函数实现高维数据转换为一维整数值的集合，集合内的元素可以用线性链表存储使用 B-tree 或者 B+-tree 建立索引。在图层叠加分析的过程中，通过范围查询可以确定主动叠加图层中的几何对象与被叠加图层空间位置最可能相交的几何对象集合，能够有效地避免暴力循环形式的相交查询，从而提供叠加分析操作的效率。

空间填充曲线（space fill curves）（Simmons, 1963）最早由 Peano 于 1890 年提出并用于将单位间隔映射为单位矩形，已经被广泛用于将高维度点数据映射为线性顺序。自 Peano 提出 z-order 空间填充曲线后，新的曲线形式不断出现，其中具有代表性的有 Hilbert 曲线（Hilbert, 1891）、Gray 曲线和扫描曲线等。德国数学家 Hilbert 于 1891 年发明以其名字命名的曲线，并提出该曲线处处连续但是处处不可导的假设。Hilbert 曲线已经被证明具有较好的局部邻接性（Moon et al., 2001），它是一组能够对空间进行全局覆盖穿越的曲线，空间的每个单元格都会被遍历。基于空间目标排序的索引方法已经应用在 GIS 空间数据管理中，首先对空间进行规则格网划分（通常使用空间四叉树分解），空间填充曲线只穿过每个小格网一次，因此可以在高维空间内对所有格网进行线性排序。目前基于 z-order 空间目标索引方法已经广泛应用于各大商业空间数据库系统中，如 Oracle spatial、SuperMap SDX+。比较 z-order 曲线和 Hilbert 曲线在空间数据检索上的效率，因为后者空间填充过程并没有出现斜线，所以检索效率高于 z-order 曲线（张宏和温永宁, 2006）。但是从计算量上，Hilbert 曲线算法生成过程及其中 Hilbert 单元之间的入口点和出口点的准确计算都要比 z-order 曲线复杂。

空间填充曲线是从闭合间隔单元 $I = [0,1]$到闭合矩形单元 $S = [0,1]^2$ 的连续映射，每个点的 Hilbert 值正好是曲线上起始点到该点的长度。

$$f : I \to S \quad (5\text{-}4)$$

例如，$f(0)=(0,0)$和 $f(1)=(1,0)$按照以下方式进行划分：

$$f([0,(1)/(4)])=[0,(1)/(2)]^2$$

$$f([(1)/(4),(1)/(2)])=[0,(1)/(2)]\times[(1)/(2),1]$$

$$f([(1)/(2),(3)/(4)])=[(1)/(2),1]^2$$

$$f([(3)/(4),1])=[(1)/(2),1]\times[0,(1)/(2)]$$

$$f[(1)/(4)]=[0,(1)/(2)]$$

$$f[(1)/(2)]=[(1)/(2),(1)/(2)]$$

$$f[(3)/(4)]=[1,(1)/(2)]$$

图 5-15 显示 Hilbert 曲线生成的过程和规则。首先可以看出 Hilbert 曲线的生成是一个递归的过程，通过对空间的不断划分形成致密格网，其次曲线生成的初始化阶段有 4 种开口方向（图 5-16），选择确定的开口方向后需要指定 Hilbert 值的指数 2^k 来限制对空间划分的最小格网大小。按照分形的顺序完成基本单位的绘制后，用线段连接相邻单元的开口形成最终的 Hilbert 填充曲线。

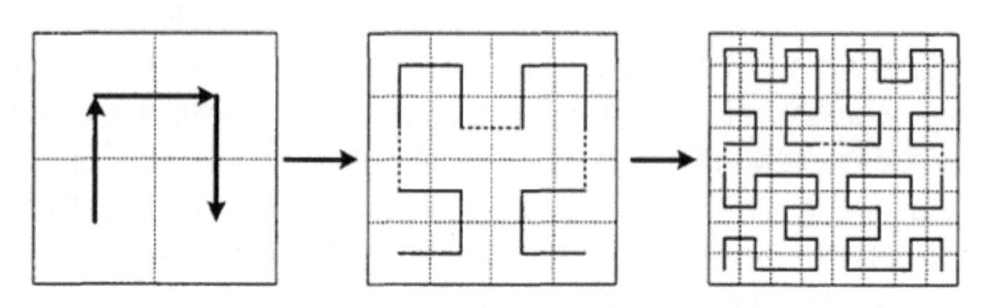

图 5-15　Hilbert 曲线的生成过程

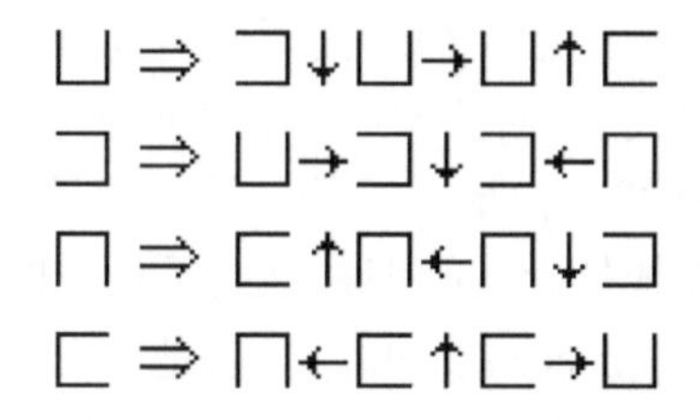

图 5-16　不同方向的 Hilbert 曲线生成规则

Hilbert 排序应用与具体的空间对象维度有关（点、线、面有不同的排序策略），因此并不能直接应用到未经处理的算法中。为达到在算法中使用 Hilbert 排序的目的，可以通过将点集对象存储到可以扩展的随机桶内，实际应用中采用中位策略在桶内进行 Hilbert 排序。Hilbert 已经作为高维数据时空数据的索引方法，为满足海量空间数据查询的实时性和高并发需求，Dai 和 Lu（2007）研究开发支持并发的 Hilbert 空间索引，实验证明对多维数据空间填充曲线的索引方法优于基于 R-tree 的索引方法。

Hilbert 曲线进行空间排序的优点是对于给定的按照空间填充曲线排序的磁盘中物理存储的数据对象，该曲线排序能够保证空间上相邻的数据最大可能性地存储到同一块磁盘页或连续的磁盘页中，因此可以有效地减少空间查询中的磁盘访问请求。但是因为空间范围查询可能会涉及几个离散的格网集合，这样在查询索引时会导致多重遍历。如图 5-17 所示空间点数据被聚类分组，按照 *z*-order 曲线函数映射到线性数组中。在进行空间窗口查询时，窗口内的查询结果在曲线中保持连续性。

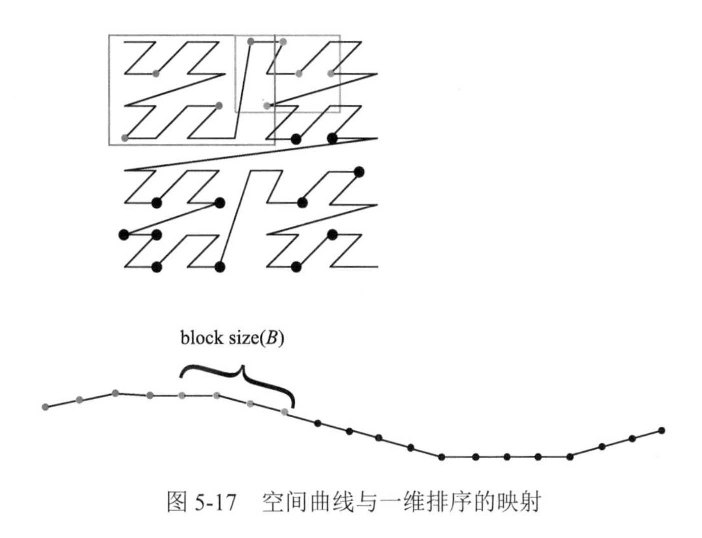

图 5-17　空间曲线与一维排序的映射

Hilbert 曲线排列码只适用于点数据排序和查询，而在 GIS 应用中，处理的数据类型通常为线要素和多边形要素。对于面要素，可以使用外包矩形作为近似代表，有三种形式获取矩形的特征标志点来计算 Hilbert 编码。如图 5-18 所示，①矩形的中心的 center（*cx*,*cy*），按照 2D 曲线排序；②矩形的极值点 MIN-MAX：（*ax*, *ay*, *zx*, *zy*），将按照 4D 曲线排序；③矩形的宽高属性：（*cx*, *cy*, *w*, *h*）将按照 4D 曲线排序。

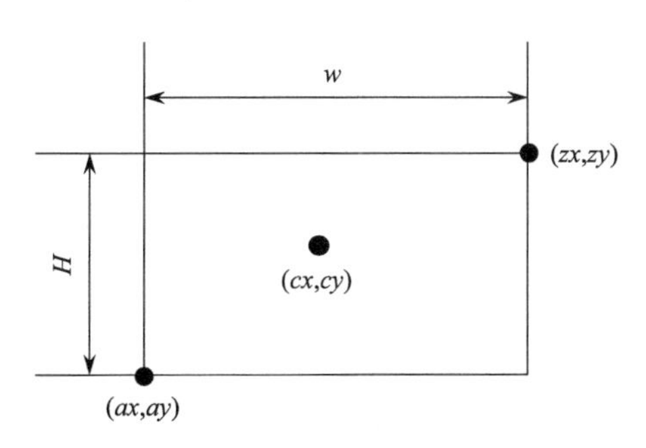

图 5-18　矩形的编码特征点

图 5-19 显示对 2D 平面内矩形的 Hilbert 空间排序情况，每个矩形被分配一个唯一的整数 ID，编码可以简单以线串“L”表示，根据分形系统的线串重写规则“L”，图 5-19 中 Hilbert 曲线的生成顺序为”L”->“+RF-LFL-FR+”，“R”->“-LF+RFR+FL-”，拐

角的度数为 90°。Hilbert 排列码有多种生成算法，其中最理想的方法是按照“coordinates ->hilbert-> integer”的流程，其中坐标值必须是非负整型。相反地，由索引到坐标的过程为“integer->hilbert->coordinates”。实际应用中，空间数据多是以浮点型存储坐标，而 Hilbert 是基于整数的关系映射，因此在对空间数据进行 Hilbert 编码排序时，首先应该解决浮点运行到整数运算的伸缩。生成 Hilbert 索引的算法很多，经典方法是由 Faloutsos 和 Roseman（1989）提出的基于空间格网行列数二进制位操作，该算法采用递归生成策略，复杂度为 $O(n_i^2)$，其中 n_i 为空间目标点所在格网行列数中较大者对应的二进制位。表 5-5 中代码展示由曲线到整数排列码的生成过程。

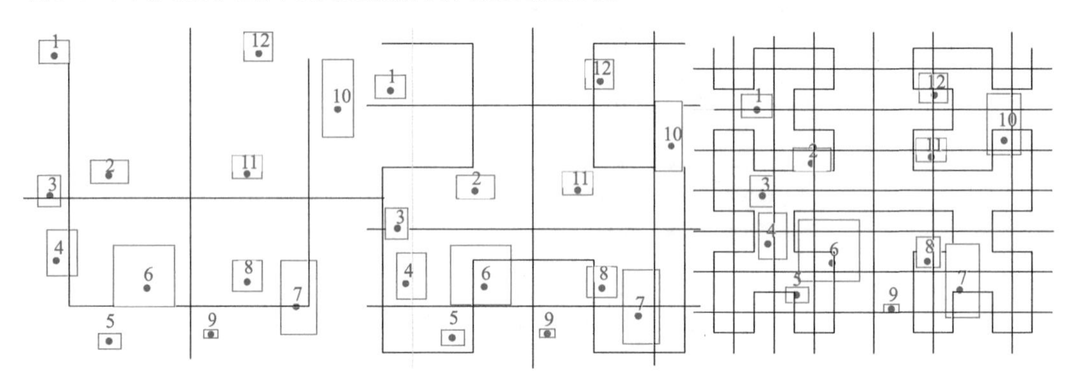

图 5-19　矩形要素的 Hilbert 前 3 阶空间排序

表 5-5　Hilbert 曲线排序算法过程描述

算法: Hilbert 曲线坐标映射到索引值

输入：坐标数目

　　比特/坐标

　　坐标的比特值

输出：曲线索引值

过程：

1. 对栅格格网进行行列数使用二进制交叉法生成对应的 Morton 码
2. 以两 bit 为一个单位，从高位开始，对生成的 Mortan 码的 10 和 11 互换
3. 从高位开始，对后续各位中的 10 和 00 进行互换
4. 将结果按顺序排列，得到 Hilbert 索引值

从以上 Hilbert 编码过程可以看出生成的层次结构，递归地将空间进行分解，通常是利用四叉树递归分解，每进行一次层次分解其生成子网格单元的编码阶数增加一阶。当每个单元格只包含一个特征点时停止分解过程。

使用 Hilbert 空间排序的目的是最大限度地实现高维度数据向低维度数据的映射，将地理上邻近的点在计算机存储中尽可能紧密存储来加速数据抽取，提高一级存储中数据操作的效率。内存中空间数据的访问随机进行，对于分布不均衡的空间数据，如果点数据在某个区域内聚集过密，会引起在索引子节点内数据冗余。为保持空间数据映射的唯一性，需要对索引格网进行更细致的划分。但是过细的划分将加大空间排序编码的难度和计算的复杂度，同时也增加位置查询的规模。

5.4.2　多策略的 Hilbert 排序分解

从以上的 Hilbert 编码值的生成过程可以看出，编码值的确定是以空间格网的中心点确定的，称为中点策略的排序方法，本节研究采用中点（middle）策略和中位（median）策略两种不同的 Hilbert 曲线排序方式来优化该问题，以便排序方法能够更好地顾及地图要素的空间邻近性。空间排序（spatial sort）是空间要素特征点与一维空间内连续整数作为键值的可逆 1∶1 的对应关系。

中点策略较容易理解，该策略在划分空间层次过程中每次单元格的划分均按照固定的大小进行，即在单元格的中心点（middle point）处进行划分。中点策略在实际应用中适用于低维度内分布较均衡的点集对象（图 5-20）。

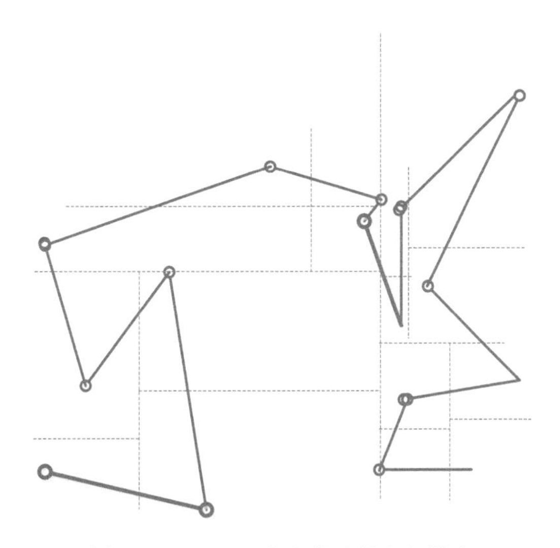

图 5-20　Hilbert 中点策略的空间排序

与中点策略不同，中位策略在空间划分单元格是以待排序点 x 或者 y 方向的中位点（median point）为基准。几何中位点是资源规则定位中一种有效解决方法，在高维空间内中位点可以较好地代表聚类点的中心性。中位策略适用于高维点集或者分布不均衡的点集对象。

从中位数的定义和应用情境可以更好地理解在 Hilbert 排序中保持聚类的特性。中位数是顺序统计学中的一个概念，在一个由 n 个元素组成的集合中，第 n 个顺序统计量（order statistic）是该集合中第 i 小的元素。例如，在一组元素组成的集合中，最小值是第一个顺序统计量（i=1），最大值是第 n 个顺序统计量（n=1）。中位数的定义是它所在集合的“中点元素”。当 n 为奇数时集合在 $i=(n+1)/2$ 处具有唯一的中位数；当 n 为偶数时具有两个中位数，分别出现在 $i=n/2$ 和 $i=(n/2)+1$ 处。如果不考虑 n 的奇偶性，中位数总是出现在 $i=[(n-1)/2]$ 处（上中位数）和 $i=[(n+1)/2]$（下中位数）。本节的 Hilbert 中位策略排序默认采用下中位数，空间数据的分解过程中采用 CGAL 库辅助进行

Hilbert 排序，因为无法直接按照 Hilbert 编码值从数据源抽取空间数据，所以必须由并行计算中的主节点建立排序与空间数据库中的映射关系后，再进行数据的分解。

基于 Hilbert 排序分解的过程如图 5-21 所示，首先对地物要素提取排序特征点，然后根据空间数据的分布特征选取合适的 Hilbert 空间排序策略。经过 Hilbert 排序后主计算节点按照多通道形式，根据一维 Hilbert 曲线的顺序，等区间划分将数据轮询式地发送到各子节点。因为本研究矢量数据的存储采取空间数据库的形式，因此这里所指发送的实际是对象在空间数据库表中的位置标记。

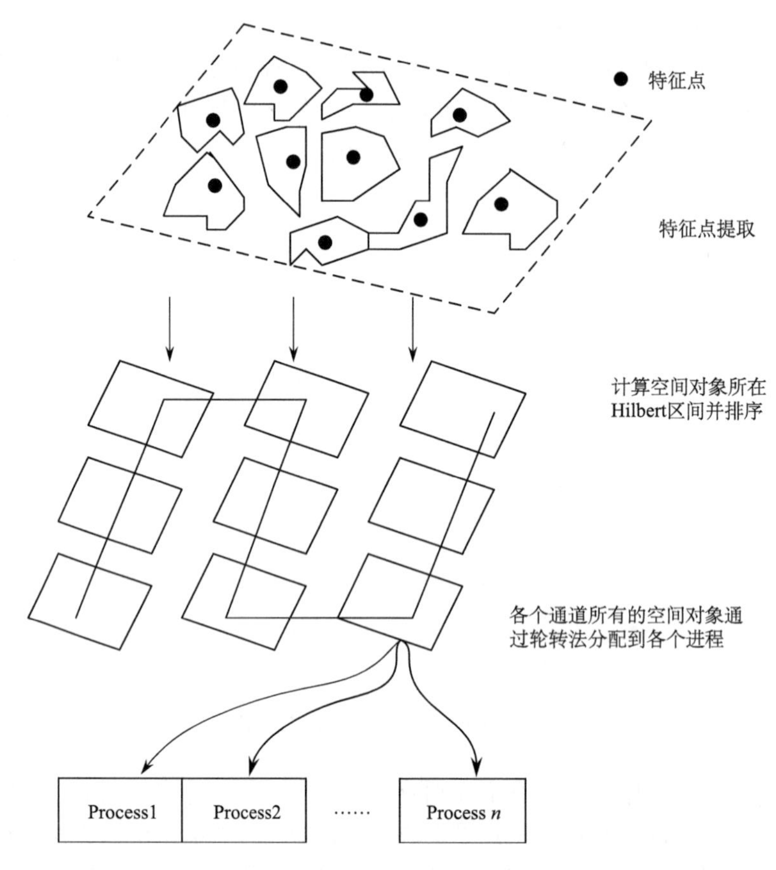

图 5-21 基于 Hilbert 曲线的并行数据分解

并行 GIS 计算系统中空间数据域分解最重要的目的是各子节点可同时执行空间数据抽取或查询工作，无须从全局控制节点拉取信息，但是传统的数据划分方式都是基于静态解簇的方法（田光, 2011）。合理的空间数据划分应同时考虑地理数据的空间位置分布和长度不确定性特点，可以从两个方面考察 Hilbert 排序的分解策略是否效果最佳：

（1）每块子数据能够最大限度地保持空间邻近关系；

（2）各节点中数据块的存储容量基本达到均衡状态。

根据以上划分过程的分析，Hilbert 空间排序划分的策略完全可以满足条件（1）的要求，同时如果以要素数量为数据均衡标准，该策略同样完全满足条件（2）。对比基于规则栅格格网索引形式的分解，如常规 R-tree、四叉树分解等，其中很少顾及数据分解时可能存在的边界要素重叠问题。静态数据分解存在的边界要素重叠问题是影响数据均衡划分的关键问题，尤其对于矢量数据空间跨度大的特点该问题更加突出。

按照 5.4.1 节描述的方法对特征点进行排序，实验过程表明对于数量级在 10^3 以下的数据集排序耗时在毫秒之内，相对于计算较复杂的叠加过程基本可以忽略不计。表 5-6 为对美国州多边形数据分别按照 Hilbert median 和 Hilbert middle 策略排序后的结果。首先对比 Hilbert 排序前后情况可以看出，FID 的编号为随机生成，如 FID0 号和 FID1 号要素经度相差有 10°之多，观察 Hilbert 排序后的顺序可以发现相邻点之间坐标值也相对接近，因此可以说明 Hilbert 排序可以较好地保持顺序和空间邻近的一致性。继续对比 median 和 middle 两种策略排序可以观察到，middle 排序中特征点的经度基本呈增加趋势，其维度呈现区间跳跃趋势，如坐标点 39、40、36、35、23、21、22 的纬度在 35°左右，间隔特征点 10、0、7、1、5、3、4、14 后又回到该区间左右，反观 median 排序中的纬度，1～14 序号点的纬度均在 30°～40°，其区间长度较长说明点的聚集性较好，因此美国东部的州在排序上紧密性更强。

表 5-6　美国州区域不同 Hilbert 排序情况

序号	排序前			排序后（Hilbert median）			排序后（Hilbert middle）		
	FID	坐标值		FID	坐标值		FID	坐标值	
1	0	−120.8260	47.2715	35	−111.9340	34.1698	39	−100.0790	31.1697
2	1	−110.0530	46.6768	40	−106.0240	34.1716	40	−106.0240	34.1716
3	2	−69.0284	45.2722	39	−100.0790	31.1697	36	−98.7131	35.3113
4	3	−100.3070	47.4654	46	−91.5318	30.9815	35	−111.9340	34.1698
5	4	−100.2500	44.2160	42	−89.8671	32.6000	23	−119.2590	37.2690
6	5	−107.5530	42.9985	45	−92.1314	34.7515	21	−117.0170	38.4978
7	6	−89.9266	44.7208	36	−98.7131	35.3113	22	−111.5450	39.4970
8	7	−114.1420	45.4973	34	−92.4363	38.2997	10	−120.5150	44.1119
9	8	−72.4707	43.8696	32	−98.3264	38.4959	0	−120.8260	47.2715
10	9	−93.3801	46.4349	30	−105.5470	38.9962	7	−114.1420	45.4973
11	10	−120.5150	44.1119	23	−119.2590	37.2690	1	−110.0530	46.6768
12	11	−71.6438	44.0000	21	−117.0170	38.4978	5	−107.5530	42.9985
13	12	−93.3918	41.9367	22	−111.5450	39.4970	3	−100.3070	47.4654
14	13	−71.7083	42.0626	5	−107.5530	42.9985	4	−100.2500	44.2160
15	14	−99.6825	41.4978	10	−120.5150	44.1119	14	−99.6825	41.4978
16	15	−75.8166	42.7561	0	−120.8260	47.2715	30	−105.5470	38.9962
17	16	−77.6131	40.9933	1	−110.0530	46.6768	32	−98.3264	38.4959
18	17	−72.7567	41.5229	7	−114.1420	45.4973	34	−92.4363	38.2997
19	18	−71.4919	41.6682	3	−100.3070	47.4654	25	−89.5121	39.7481
20	19	−74.7332	40.1536	9	−93.3801	46.4349	31	−85.7639	37.8193
21	20	−86.4445	39.7709	6	−89.9266	44.7208	20	−86.4445	39.7709
22	21	−117.0170	38.4978	4	−100.2500	44.2160	24	−82.6660	40.1937
23	22	−111.5450	39.4970	14	−99.6825	41.4978	12	−93.3918	41.9367

续表

序号	排序前		排序后（Hilbert median）		排序后（Hilbert middle）	
	FID	坐标值	FID	坐标值	FID	坐标值
24	23	−119.2590　37.2690	12	−93.3918　41.9367	6	−89.9266　44.7208
25	24	−82.6660　40.1937	20	−86.4445　39.7709	9	−93.3801　46.4349
26	25	−89.5121　39.7481	19	−74.7332　40.1536	48	−86.4140　44.9356
27	26	−77.0166　38.8909	24	−82.6660　40.1937	15	−75.8166　42.7561
28	27	−75.4184　39.1449	48	−86.4140　44.9356	2	−69.0284　45.2722
29	28	−80.1873　38.9211	15	−75.8166　42.7561	11	−71.6438　44.0000
30	29	−77.2677　38.8479	16	−77.6131　40.9933	8	−72.4707　43.8696
31	30	−105.5470　38.9962	8	−72.4707　43.8696	13	−71.7083　42.0626
32	31	−85.7639　37.8193	2	−69.0284　45.2722	18	−71.4919　41.6682
33	32	−98.3264　38.4959	11	−71.6438　44.0000	17	−72.7567　41.5229
34	33	−79.4587　37.9993	13	−71.7083　42.0626	16	−77.6131　40.9933
35	34	−92.4363　38.2997	17	−72.7567　41.5229	28	−80.1873　38.9211
36	35	−111.9340　34.1698	18	−71.4919　41.6682	33	−79.4587　37.9993
37	36	−98.7131　35.3113	27	−75.4184　39.1449	29	−77.2677　38.8479
38	37	−79.8902　35.2360	29	−77.2677　38.8479	26	−77.0166　38.8909
39	38	−85.9789　35.8342	26	−77.0166　38.8909	27	−75.4184　39.1449
40	39	−100.0790　31.1697	25	−89.5121　39.7481	19	−74.7332　40.1536
41	40	−106.0240　34.1716	28	−80.1873　38.9211	44	−80.9651　33.6383
42	41	−86.6835　32.6248	33	−79.4587　37.9993	37	−79.8902　35.2360
43	42	−89.8671　32.6000	31	−85.7639　37.8193	38	−85.9789　35.8342
44	43	−83.2519　32.6808	41	−86.6835　32.6248	45	−92.1314　34.7515
45	44	−80.9651　33.6383	38	−85.9789　35.8342	43	−83.2519　32.6808
46	45	−92.1314　34.7515	47	−83.8383　27.9798	41	−86.6835　32.6248
47	46	−91.5318　30.9815	43	−83.2519　32.6808	42	−89.8671　32.6000
48	47	−83.8383　27.9798	37	−79.8902　35.2360	46	−91.5318　30.9815
49	48	−86.4140　44.9356	44	−80.9651　33.6383	47	−83.8383　27.9798

5.5　数据 I/O 与负载均衡

地理数据的 I/O 是并行空间计算耗时的关键部位，而快速的数据 I/O 从硬件上依赖于快速的网络和硬盘，算法设计上则依赖于高效的空间范围查询和抽取。无论是以分布式文件系统为基础建立的云存储还是经典的空间数据库系统，空间查询操作中的数据分解策略都是提高系统吞吐能力和增强并行 I/O 处理效率的重要加速点。并行空间数据存储的性能取决于两点因素：

（1）如何将空间数据划分为数据片段（fragment）；

（2）如何将数据片段分配到各分布式节点。

并行叠加分析系统中空间数据的存储和抽取模式也是影响负载均衡的一个重要因素。从并行 I/O 方法角度，本节采用两种形式的并行方案，一是对于存储在空间数据库中的矢量数据，在 MPI 启动并行任务时为每个进程指定访问数据库地址，每个进程独立地从对应数据库中抽取数据。二是对于文件式的空间数据，如 ESRI Shapefile 格式，采用 MPI 并行 I/O 的形式实现数据的并行读写，每个进程指定读写的标记位置，防止写操作的重叠和冲突。

图 5-22 与图 5-23 为本节采用的两种并行 I/O 形式的示意图，图 5-22 对应独立数据库的解决方案，每个进程占用一个独立磁盘，无须与其他进程交互。其优点是读写操作完成分离，缺点是全局计算结果的写操作时必须进行数据的迁移与合并才能形成最终结果，如在迭代形式的叠加联合中，每个子进程合并的结果写入本地临时表，但是最后仍然需要合并到主节点的结果表。图 5-23 是 MPI 并行 I/O 的形式，应用于共享文件的并行读写，其难点在于如何有效地控制并发写冲突和读数据片段的分位标记。MPI 使用二进制字节单位对并行文件进行分段，首先主节点获取需要分解的块数量，然后对文件指针进行偏移计算，将每个计算节点的读取位置发送给该节点。

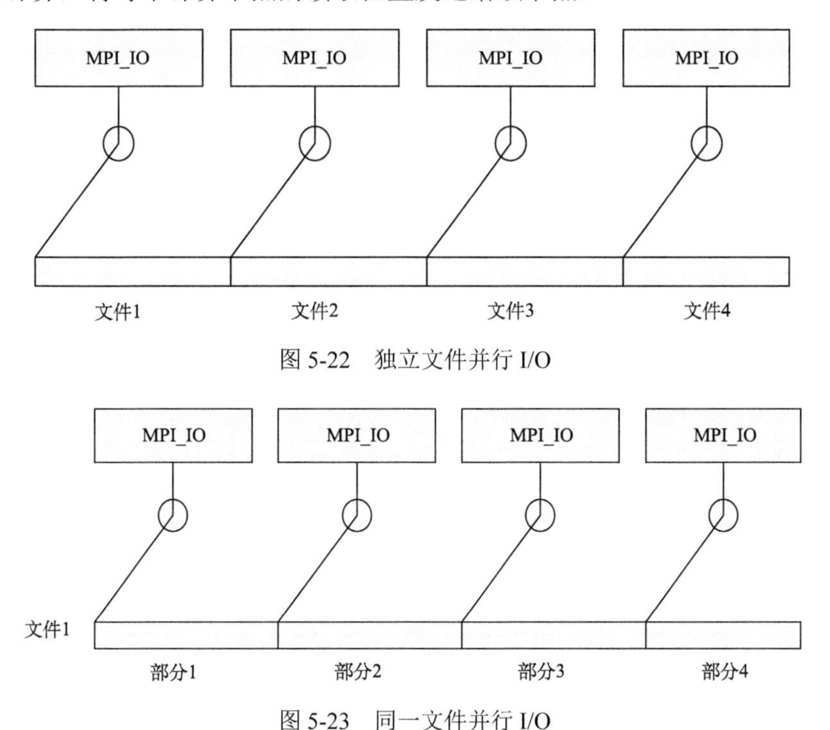

图 5-22　独立文件并行 I/O

图 5-23　同一文件并行 I/O

负载均衡是并行系统能否稳定高效实现高性能的关键环节，负载失衡是高性能计算的“灾难”之一。并行地图叠加分析中通常出现的负载失衡情况可以总结为以下几种。

（1）参加叠加计算的两个图层空间分布尺度差异较大，如使用大比例尺的土地利用图与小比例尺的省界叠加，在多边形的相交检测中两层 for 循环最大值数量相差较大导致负载失衡。

（2）采用不合理的空间数据分解方式导致分布式系统中各子节点存储失衡的数据倾

斜。例如，使用均衡格网划分中国县级行政点的分布，被分配到中国东部区域的计算节点负载明显大于被分配到西部区域的节点。

（3）叠加分析方式的不确定性引起空间数据域分解的多样性，因此难以找到合适的数据划分策略和空间索引结构。并行计算系统能否实现负载均衡主要取决于其依赖的数据分解方法和数据分布情况。其规律是数据量越大数据分解越充分，各计算子节点越能够获得接近相等的计算任务。

本节对负载均衡指数定义如下：

$$1-\frac{A}{M} \tag{5-5}$$

式中，A 为所有节点中计算任务的平均值（average）；M 为所有节点中计算任务最大的一个计算量。A 采用的具体值通常与算法的空间数据分解粒度有关。在并行叠加分析过程中是指代表地物要素的几何对象的数量，在细粒度的并行算法中如线的缓冲分析，A 使用线串中线段的总数作为数据均衡的标准。

对于并行化矢量拓扑叠加分析方法研究而言，矢量空间数据的物理存储体积相对较小，纯几何形状的文件基本维持在最大为 GB 级别，如果顾及几何图形的属性数据，数据容量会有所膨胀，但是属性数据是以文本的形式为主要载体，因此易于存取并且有较大的压缩空间。

并行叠加分析中的负载均衡以数据的均衡为主要标准。调度算法以合理的空间数据分解为基础，分解策略可以是以上论述的 Hilbert 曲线排序分解、统计聚类分解或者传统的空间索引分解。调度算法的目标有两个：

（1）发送。将已经分配到其他计算节点的计算对象的空间属性发送到各节点。

（2）接受。同上一过程相反，计算节点作为被动方接受其他节点发送来的空间属性。理想情况下空间数据分解完全独立，各节点间不需要数据交换。但是通常情况下许多对象必须从一个节点发送到另一个节点。

在叠加分析中几何对象直接的相交查询操作中只需要传递对象的空间属性即可，而不需要传递该对象的所有属性。空间数据整体被划分为 P 个子区域，每个区域用 R_i 表示。每个计算节点运行的负载均衡算法如表 5-7 所示。

表 5-7　并行数据分解的负载均衡方法

算法：并行 GIS 负载均衡

过程：

1. 初始化记数 i；
2. 从调度器收取分块信息；

    from　i=1 to p

        for each Object O_x　in R_i

            确定 O_x 将发送给的处理器 P_x

            如果 O_x 属于 P_x，则保留 O_x 在本地

            否则发送 O_x 到 P_x

3. 从其他处理器接受对象

5.6　Hilbert 索引实验与分析

点数据本身就是 Hilbert 曲线进行编码映射的操作对象，因此本节 Hilbert 索引实验将主要研究对象设为线和多边形矢量数据，对于地图叠加分析中的数据预处理分解将更有创新意义。Hilbert 编码的对象是具有整数型数值的点对象，对于通常使用浮点型存储的 GIS 数据，研究重点在于需要将浮点型的空间数据坐标值转换到整数型数据的缩放，并进行 Hilbert 编码。Hilbert 曲线上的点生成 Hilbert 索引码算法的代码如表 5-8 所示，其中函数 interleaveBits 负责将二进制表示的整数中的 01 进行交互掩膜。

表 5-8　Hilbert 码生成代码

```
/***为给定的格网单元的坐标生成Hilbert码
* @param x: 格网单元列(从0开始)
 * @param y: 格网单元行(从0开始)
 * @param r:Hilbert曲线分辨率(格网应有2r 行和列)
 * @return Hilbert码  */
public static int encode(int x, int y, int r){
     int mask =(1 << r)- 1;
     int hodd = 0;
     int heven = x ^ y;
     int notx = ~x & mask;
     int noty = ~y & mask;
     int temp = notx ^ y;
     int v0 = 0, v1 = 0;
     for(int k = 1; k < r; k++){
          v1 =((v1 & heven)|((v0 ^ noty)& temp))>> 1;
          v0 =((v0 &(v1 ^ notx))|(~v0 &(v1 ^ noty)))>> 1;
     }
     hodd =(~v0 &(v1 ^ x))|(v0 &(v1 ^ noty));
     return interleaveBits(hodd, heven);
}
```

从以上的编码过程可以看出，Hilbert 编码值生成的关键在于分形阶数的确定，也就是对整个平面空间划分的行列数。确定行列数后通过 Hilbert 曲线可以访问位于任意 2×2、4×4、8×8、16×16 或者其他 2 的指数倍网格内的点。

5.7　本 章 小 结

本章主要研究并行计算环境下矢量数据的空间域分解方法，探索利用合理的空间聚类方法、空间索引等策略将并行系统下的地理要素分而治之，为地图叠加分析算法中的数据并行策略提供可能性。实现基于 Hilbert 曲线的空间数据排序的数据分解策略，针对不同邻近特征的空间数据，探索使用 Hilbert 曲线的 median 和 middle 策略进行排序，实验证明 Hilbert 排序索引耗时较少，并且能够很好地保持要素的空间邻近性和数量均衡性，因此适合高性能并行叠加分析算法的应用。从具体实现的角度研究并行空间分析中的并行数据 I/O 机制和方法，确定使用消息传递和并行文件系统结合的方式解决分布式空间数据存储和访问问题，在空间数据分解的基础上解决并行计算中的负载均衡问题。

参 考 文 献

付仲良, 刘思远, 田宗舜, 等. 2012. 基于多级 R-tree 的分布式空间索引及其查询验证方法研究. 测绘通报, (11): 42-46.

何宇兵. 2007. 地学制图综合中多边形对象的合并算法研究与应用. 杭州: 浙江大学硕士学位论文.

康俊锋. 2011. 云计算环境下高分辨率遥感影像存储与高效管理技术研究. 杭州: 浙江大学博士学位论文.

柳盛, 吉根林. 2010. 空间聚类技术研究综述. 南京师范大学学报(工程技术版), 10(2): 57-62.

田光. 2011. 并行计算环境中矢量空间数据的划分策略研究与实现. 武汉: 中国地质大学硕士学位论文.

阎超德, 赵学胜. 2004. GIS 空间索引方法述评. 地理与地理信息科学, 20(4): 23-26.

张宏, 温永宁. 2006. 地理信息系统算法基础. 北京: 科学出版社.

张明波, 陆锋, 申排伟, 等. 2005. R 树家族的演变和发展. 计算机学报, 28(3): 289-300.

赵春宇, 孟令奎, 林志勇. 2006. 一种面向并行空间数据库的数据划分方法研究. 武汉大学学报(信息科学版), 31(11): 391-394.

赵园春, 李成名, 赵春宇. 2007. 基于R树的分布式并行空间索引机制研究. 地理与地理信息科学, 23(6): 38-41.

周芹. 2009. GIS 中并行处理中空间数据域分解技术研究. 北京: 中国科学院地理科学与资源研究所博士学位论文.

Cramer B E, Armstrong M P. 1999. An evaluation of domain decomposition strategies for parallel spatial interpolation of surfaces. Geographical Analysis, 31(2): 148-168.

Dai J, Lu C T. 2007. Clam: Concurrent location management for moving objects. Proceedings of the 15th Dnnual ACM International Symposium on Advances in Geographic Information Systems, 1-8.

Ding Y, Densham P J. 1996. Spatial strategies for parallel spatial modelling. International Journal of Geographical Information Systems, 10(6): 669-698.

Faloutsos C, Roseman S. 1989. Fractals for secondary key retrieval. Proceedings of the Eighth ACM SIGACT-SIGMOD-SIGART Symposium on Principles of Database Systems, 247-252.

Ferhatosmanoglu H, Tuncel E, Agrawal D, et al. 2000. Vector approximation based indexing for non-uniform high dimensional data sets. Proceedings of the Ninth International Conference on Information and Knowledge Management. ACM, 202-209.

Frankel A. 2004. A parallel map overlay algorithm for vector data. Master of Computer Science M. C. S. Carleton: Carleton University.

Franklin W R. 1992. Map overlay area animation and parallel simulation. // Douglas D H. Proceedings, SORSA'92 Symposium and Workshop, 200-203. https: //wrf. ecse. rpi. edu/nikola/pubdetails/f-moaap-92. html. [1992-7-28].

Guan Q, Clarke K C. 2010. A general-purpose parallel raster processing programming library test application using a geographic cellular automata model. International Journal of Geographical Information Science, 24(5): 695-722.

Guttman A. 1984. R-trees: A dynamic index structure for spatial searching. ACM, 14(2): 47-57.

Hilbert D. 1891. Über die stetige Abbildung einer Linie auf ein Flächenstück. Mathematische Annalen, 38: 459-460.

Hoel E G, Samet H. 2003. Data-parallel polygonization. Parallel Computing, 29(10): 1381-1401.

Kamel I, Faloutsos C. 1994. Hilbert R-tree: An improved R-tree using fractals. Proc. of the 20th International Conference on Very Large Data Bases. San Francisco, USA: Morgan Kaufmann: 500-509.

Kamel I, Faloutsos C. 1993. On packing R-trees. Proceedings of the Second International Conference on Information and Knowledge Management, 490-499.

Leutenegger S, Edgington J M, Lopez M A. 1997. STR: A simple and efficent algorithm for R-tree packing. Proceedings of the 13th IEEE ICDE, Birmingham, England.

Martin G. 2001. Optimization techniques for polygon generalization. ICA-Workshop on Progress in Automated Map Generalization, Beijing(China).

Moon B, Jagadish H V, Faloutsos C, et al. 2001. Analysis of the clustering properties of the Hilbert space-filling curve. IEEE Transactions on Knowledge and Data Engineering, 13(1): 124-141.

Roussopoulos N, Kelley S, Vincent F. 1995. Nearest neighbor queries. Proceedings of the 1995 ACM SIGMOD International Conference on Management of Data, 71-79.

Schnitzer B, Leutenegger S T. 1999. Master-client R-trees: A new parallel R-tree architecture. Proceedings Eleventh International Conference on Scientific and Statistical Database Management. IEEE, 68-77.

Shekhar S, Ravada S, Kumar V, et al. 1995. Load-balancing in high performance GIS: Declustering polygonal maps. International Symposium on Spatial Databases, 196-215.

Simmons G F. 1963. Introduction to Topology and Modern Analysis. New York: McGraw-Hill Book Company Inc.

Tanin E, Harwood A, Samet H. 2007. Using a distributed quadtree index in peer-to-peer networks. The VLDB Journal, 16(2): 165-178.

Wang S, Armstrong M P. 2009. A theoretical approach to the use of cyberinfrastructure in geographical analysis. International Journal of Geographical Information Science, 23(2): 169-193.

第6章 多边形并行叠加分析中的数据分解方法

在理清多边形图层间要素的空间映射关系的前提下，基于数据并行的思想，通过设计多边形数据划分方法可以实现并行多边形叠加算法。要素序列划分方法、规则格网/条带划分方法、基于空间索引数据结构的数据划分方法、基于空间聚类或空间填充曲线的数据划分方法等都是对多边形叠加分析算法进行并行化改造的可用数据划分方法，但是上述算法在处理“多对多”映射条件下的多边形叠加分析的并行化时，在保持原始数据完整性、兼顾空间均衡性、高效动态分组、算法实现成本等方面存在多种不足。为解决上述问题，本章将对多边形叠加过程中“一对多”及“多对多”映射条件下的数据划分方法进行深入研究，基于“并查集”理论提出了一种可用、高效的多边形叠加分组算法——DWSI算法。

6.1 “一对多”映射下的并行叠加分析

多边形“一对多”映射条件下的叠加分析算法包括叠加求交、求差、标识、更新和空间连接5种。上述算法工具的并行化采用要素序列划分方法即可获得理想的并行加速比，下面将分别以多边形叠加求差和求交算法为例对多核和集群并行计算环境下此类算法的并行化方法和相关优化技术进行详细阐述。

6.1.1 多核并行叠加求差算法

多核环境下基于OpenMP的共享内存架构为用户提供了一个友好的角度对全局地址空间进行编程操作，同时CPU对内部存储的直接快速访问能力也使任务间的数据共享变得快速而统一。多核环境下的OpenMP编程模型是实现并行多边形叠加操作的便捷途径（Geer, 2005），以Intel Xeon Phi协处理器为代表的众核加速卡也为在个人计算平台上实现较高的并行计算性能提供了新的手段（Cramer et al., 2012）。因此多核并行是在个人计算平台上实现串行算法并行化加速的主要方法（Lin and Snyder, 2009）。

1. *多核并行叠加求差算法设计*

采用OpenMP并行编程模型和如图4-28所示的流程及图2-2所示数据分解方法能方便地实现对串行多边形叠加求差算法进行并行化改造，得到并行叠加求差算法，该算法的伪代码如下：

```
int erasePlgLyr_mp(GTFCls *inCls, GTFCls *erCls, GTFCls *rCls, int t_num){
    #ifdef _OPENMP
          (void)omp_set_num_threads(t_num);//设置要启动的并行线程数量
```

```
    #endif
    //检查数据有效性，如图层是否非空、空间参考是否一致等，建立R树索引
    GTSpatialIndex *siRTree = new GTSpatialIndex(); …
    //对被擦除图层进行遍历，开始并行求差
    #pragma omp parallel for shared(inCls, siRTree, …)schedule(dynamic)
    for(int i=0;i<input_feature_count;i++){
       GTFeature *inFea = inCls->getFeatureAt(i);
       long *erList = NULL;//R树搜索得到的相交要素FID列表
       int intsect_cnt=siRTree->spatialSearch(inFea->getEnvObj(), &erList);
       if(intsect_cnt==0){//没有相交者，表明原图形不被擦除，直接输出
          EXPORT inFea to rCls;
       }else if(intsect_cnt>0){
          GTGeometry *rGeom= inFea->getGeometry()->clone();
          for(int j=0;j<intsect_cnt;j++){
             GTFeature *erFea = erCls->getFeatureAt(erList[j]-1);
             GTGeometry *tmpG=ERASE(rGeom,erFea->getGeometry());
             if(tmpG!=NULL){
                FREE rGeom AND erFea;
                rGeom = tmpG;
                tmpG = NULL;
             }
             GTFeature::destroy(erFea);
          }
          delete[] erList;
          EXPORT rGeom with inFea's attributes to rCls;
       }
       GTFeature::destroy(inFea);
    }
    #pragma omp barrier
    //清理内存，输出结果
    delete siRTree;
    return rCls->getFeatureCount();
}
```

尽管上述计算过程实现了数据分解和并行计算，但是并行叠加求差算法能否达到负载平衡同样对并行计算效率影响巨大。实质上任何数据划分方法都是基于自身适用于底层计算方法的假设，因此通过研究分析影响底层算法计算效率的因素，进而对数据划分方法进行重新规划，有望实现更为合理的并行任务负载平衡。对上述多边形叠加求差算法来说，最为核心的底层算法是所采用的多边形裁剪算法，本研究中使用 Vatti 多边形裁剪算法的 DIFF 算子实现上述 ERASE () 函数，但多边形数量是否是 Vatti 算法效率的关键因素？下面将详细分析该问题。

Vatti 算法基于平面扫描束方法实现，图 6-1 从平面扫描束构成、多边形拆分及交点等方面展示了 Vatti 算法的实现方式。

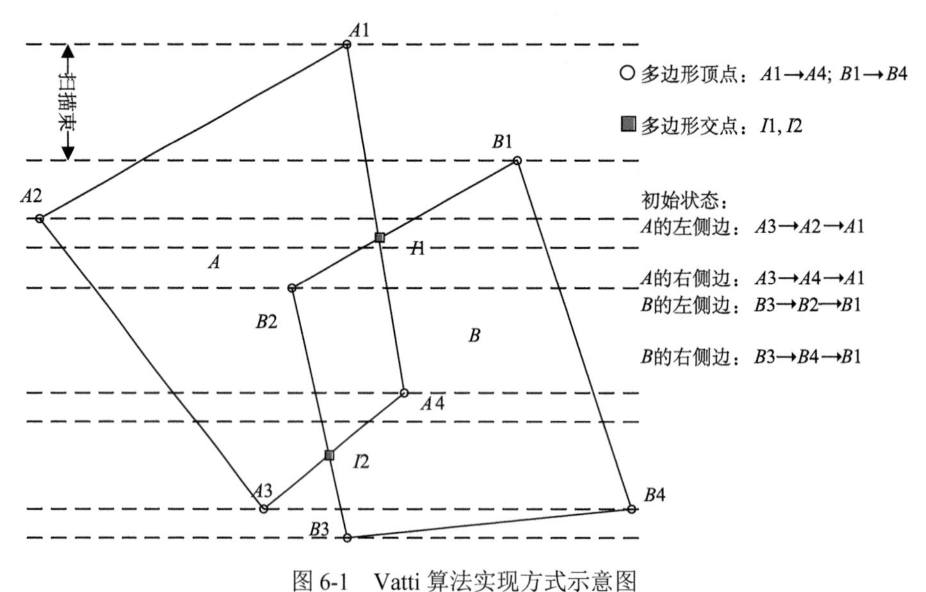

图 6-1 Vatti 算法实现方式示意图

图 6-1 中，Vatti 算法首先对多边形的边进行左右拆分，遍历所有点自上而下对多边形所有顶点进行排序，生成扫描束，自下而上扫描每个扫描束并对其内的活动边执行求交、插入交点、生成新的扫描束、构造新的活动边的过程即可完成多边形的裁剪过程。由此可见，Vatti 多边形裁剪算法将为两个多边形的所有顶点建立扫描束分割，其计算效率与多边形的顶点数量存在直接关联，而 Leonov（1998）的研究结果也证实了这一点。本节相关的实验结果如图 6-2 所示。

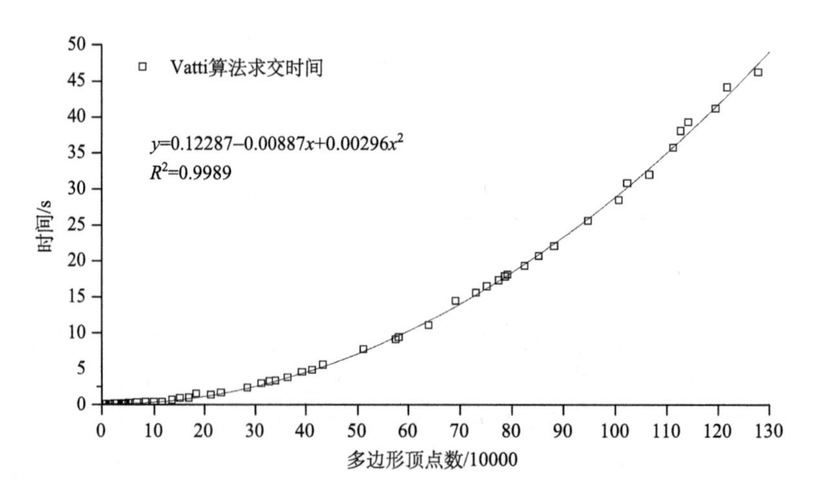

图 6-2 Vatti 算法求交效率统计结果图

图 6-2 表明，Vatti 多边形裁剪算法的时间开销随多边形顶点数的增加而呈现为二次多项式方式增长。究其原因，是因为顶点的增加将导致扫描束增加，垂直方向上每增加

1 个 y 坐标不同的多边形顶点将使扫描束增加 1，而在最简单的情况下（图 6-1），这将至少导致线段求交计算次数增加 2 次，当多边形包含大部分或者多个环时，将带来更多的线段求交计算。图 6-2 所表现出的非线性增长趋势说明多边形顶点数量比多边形数量对叠加分析算法的计算效率带来的影响更为直接、关键和显著，并行计算任务间的负载平衡应更多地关注多边形顶点数量而非多边形数量。因此，针对 Vatti 算法计算效率对多边形顶点数量敏感的特征，通过统计多边形顶点数量，并以其作为并行任务之期望任务量的约束指标应用于并行任务划分，能够得到比按照要素数量划分更为均衡的并行任务负载，提高并行加速比。尽管图 6-2 是 Vatti 算法的 INTSECT 算子的实验结果，但是对于两个确定的多边形，Vatti 算法的 DIFF 算子与其具有近似的计算量和相似的变化规律。下面以应用点数量约束条件的要素序列划分说明具体的实现方法：

（1）首先统计多边形顶点总数量，并按照计算节点数量计算负载平衡指标均值；

（2）其次进行序列划分，一旦当前分组中要素所包含的顶点数超过了任务负载指标均值就创建新的分组，直到所有要素都参与并完成了数据划分过程。

负载平衡是提升并行算法计算效率、获得理想加速比的重要保证。基于平面扫描和线段求交等算法实现的多边形裁剪矢量算法的时间开销随多边形顶点数量的增加几乎均呈上升趋势（Leonov,1998），而不同矢量要素的顶点数量可能千差万别，因此当采用要素序列平均划分方法或分组关联最小化划分方法实现并行数据分解时，往往难以保证并行任务间的负载平衡。同样，若采用规则格网进行数据划分，由于矢量要素在空间分布上的不均匀性，同样会导致分割后的数据块所包含的数据量存在较大差异，难以获得令人满意的并行加速比。因此，为保证多边形并行叠置分析工具集的计算效率，有必要寻找一种适用于多种多边形叠置分析算法和不同空间分布形态的矢量数据的负载平衡策略。

本节采用统计多边形顶点数量作为并行任务期望任务量约束指标，对并行任务划分进行约束优化，实现了比按照要素数量进行划分更为均衡的并行任务负载，提高了并行加速比。具体实现方法为，首先统计目标图层中要素所包含的顶点总数；然后按照计算单元数量计算任务负载指标均值；最后对目标图层要素进行序列划分，一旦当前分组中要素所包含的顶点数超过了任务负载指标均值，就创建新的分组，直到所有要素都参与并完成了数据划分过程。

该方法可用于全部 8 种多边形并行叠置分析工具，达到优化并行任务负载，获得较为稳定且理想的并行加速比的目的。本研究基于上述过程设计实现了多核并行求差算法，所采用的实验数据是宁夏盐池、同心、海原、西吉、隆德、泾源和彭阳共 7 个县域的 2009 年和 2010 年土地利用数据，如图 6-3 所示，该数据共包含 9129 个多边形，共有 856238 个顶点，其中右侧细节图中蓝色圆圈标识处为数据出现差异的部分。采用两种不同负载平衡方法的多边形多核并行求差算法的实验结果如图 6-4 所示。

图 6-4 中实验结果显示，采用要素数量作为负载平衡指标的并行求差算法的加速效果较低。实际上，对如此大小数据量的图层进行顶点数量统计并规划分组的时间开销非常小（不到 1ms），却带来了约 21%的并行计算效率提升，加速比由 1.381 上升到 1.748（采用 i5-430M 双核 CPU），因此基于多边形顶点数量统计指标对并行任务划分进行重新规划，能够比单纯的基于要素数量的数据分解方法获得更为均衡的并行负载，达到要素

序列划分过程中的负载再平衡的目标，有效地提高了多核并行计算效率，同时要素序列划分方法是将符合“一对多”映射条件的多边形叠加分析算法进行并行化的有效方法。

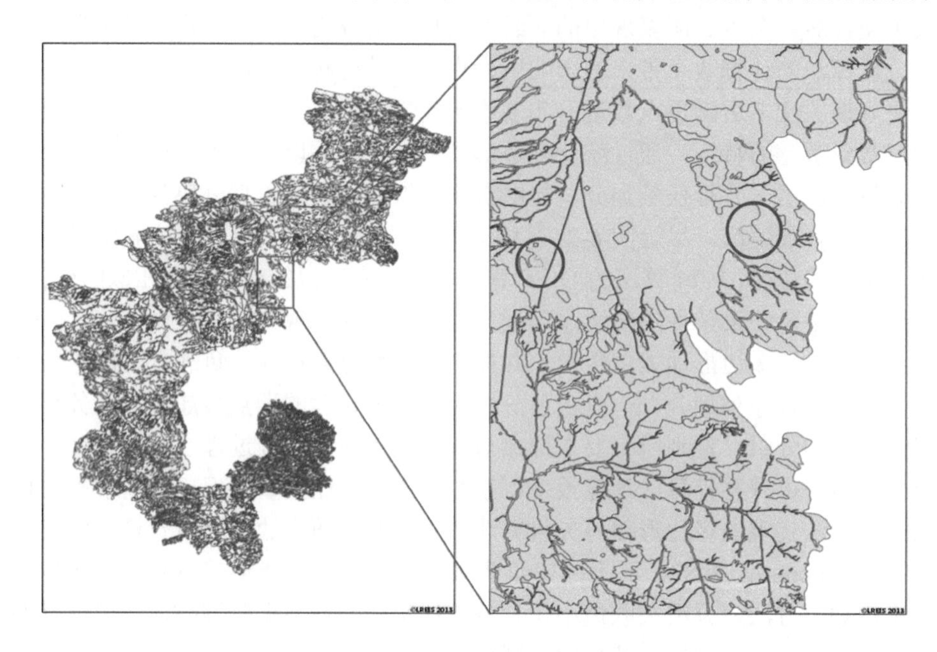

图 6-3　宁夏 7 县土地利用多边形数据

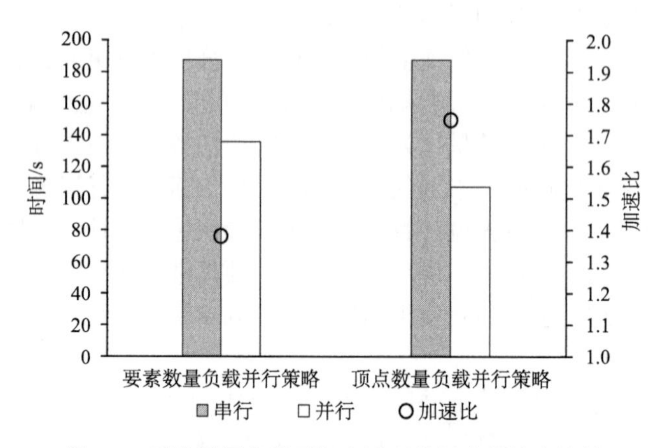

图 6-4　两种不同负载平衡方法下并行求差效率比较

2. 基于内存空间索引数据结构的要素预筛选优化方法

在实际的算法开发过程中发现，在执行多边形裁剪过程前使用空间索引对参与计算的多边形进行预筛选，能有效减少冗余操作次数，提高并行算法执行效率。可用的空间索引数据结构包括四叉树、R-tree 等。

本节中基于 R-tree 实现了叠置过程之前的几何对象过滤，达到了减少多边形叠置的无效操作数量、提高计算效率的目的。图 6-5 是使用图 2-3 所示居民地数据（未切割，两个图层共包含 3959+3959 个多边形），在并行求差过程中是否使用 R-tree 进行预先过滤的效率对比，结果表明，使用 R-tree 进行过滤可使并行求差算法获得超过 20 倍的加速。

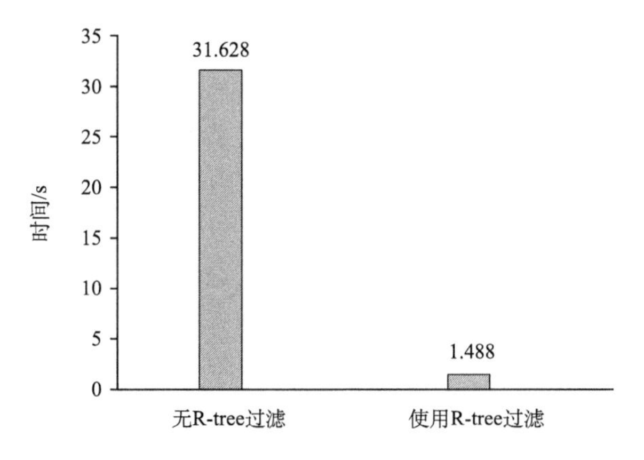

图 6-5　并行求差是否使用 R-tree 过滤的效率对比

3. 结构化存储的矢量数据的批量加载优化方法

若数据源是大型关系型数据库，可以采取批量读取的策略加载数据，而不是每次仅从数据库加载、操作单个要素。对基于大型关系型数据库存储的结构化矢量数据，通过数据库连接实现的频繁的数据读写都极耗资源，而批量读写方法可以显著降低时间开销。由于每次叠置计算操作的都是一批要素，能有效地减少数据读写和磁盘 I/O 次数，当要素数量较多、每个要素包含顶点数较少时优势更加明显。图 6-6 是不同的数据加载方法下，对存储于 MySQL 5.6 社区版数据库中的不同数据量的图层进行多边形并行求差操作的效率对比，实验结果验证了批量数据读取方法的合理性。同样地，将计算结果写回数据库时也可采用该方法。

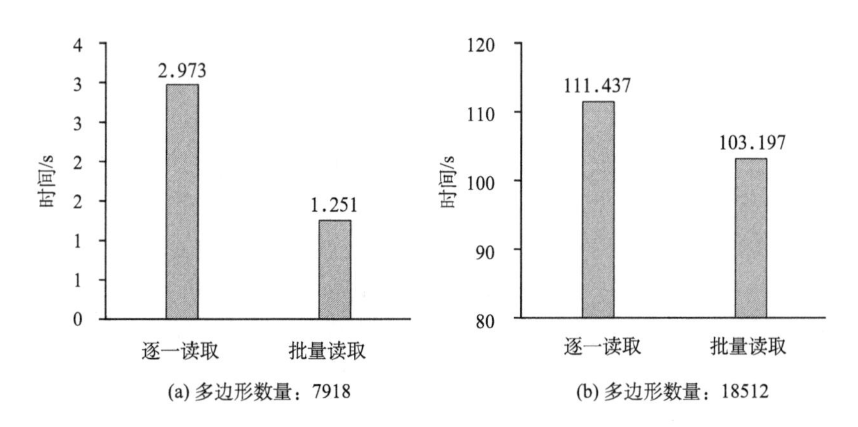

(a) 多边形数量：7918　　(b) 多边形数量：18512

图 6-6　不同数据读取方法下多边形并行求差效率对比

4. OpenMP 并行任务调度方法选择

多核环境下影响并行多边形叠置计算效率的另外一个重要因素是并行任务的调度问题。OpenMP 编程模型下有 3 种不同的并行任务调度方法，分别是静态（static）调度、动态（dynamic）调度和启发式（guided）调度（周伟明, 2009）。OpenMP 默认采用静态调度方法，本研究以多边形的叠置求交和合并算法为例对上述 3 种调度方法下的并行加速比进行了对比实验，以分析不同调度策略对并行加速效果的影响，实验数据如图 6-3 所示，实验结果如图 6-7 所示。

由图 6-7 中的实验结果可知，基于 OpenMP 动态任务调度方法的多边形合并与求交算法能获得更高的并行效率，优于启发式调度和静态调度。后二者相比较则表现出一定的复杂性和不确定性，但均不如前者。综上所述，应采用动态调度策略实现多边形叠置分析的并行算法和工具开发。

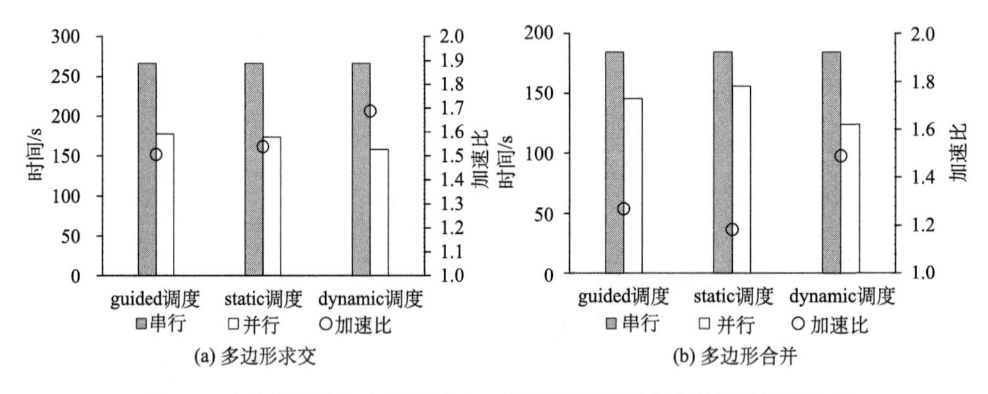

图 6-7　多边形求交与合并算法在 3 种不同任务调度方法下的性能比较

6.1.2　集群并行叠加求交算法

集群并行环境下的矢量多边形非拓扑叠加分析算法的实现需要解决集群环境下的并行策略、数据部署及矢量数据分解等多个问题。而在前述 8 个叠加分析算法中，多边形求交算法是处理要素图层间“一对多”映射关系的典型，本节将以 MPI 环境下的多边形求交为例，实现基于 RaPC 算法的并行多边形叠加求交分析算法，对此类并行分析工具的设计和实现进行探讨。

集群 MPI 环境下实现并行计算所面临的首要问题是并行策略的选择与数据划分方法。数据并行依旧是集群 MPI 并行编程环境下实现矢量空间分析并行算法的主要策略。集群并行计算环境是一种分布式计算环境，各个计算节点上的软件配置基本类似，访问数据的代价没有明显的差别。适用于多核并行环境下的数据划分方法在 MPI 环境下同样适用。

与多核并行叠加求交算法类似，集群并行叠加求交算法同样包括数据分解、任务映射、并行计算和结果收集 4 个步骤。集群环境下的矢量数据存储存在多种方案，如并行文件系统（Ghemawat et al., 2003）、关系型数据库、分布式并行数据库（DeWitt et al., 2008）

等，按照数据冗余度区分，又有全冗余存储方式、部分冗余存储方式和无冗余存储方式，所谓冗余，同样存在多种实现方式，如联机热备份、独立磁盘冗余阵列（redundant array of independent disks，RAID）等。本研究中基于 MySQL 5.6 社区版数据库，采用配置 RAID5 磁盘阵列的强数据节点建立面向多计算节点统一访问的结构化存储矢量空间数据库，各个节点至数据节点采用 Infiniband 高速网络互连，计算节点与主节点间通过千兆网络互连，并行叠加求交的数据流程如图 6-8 所示。

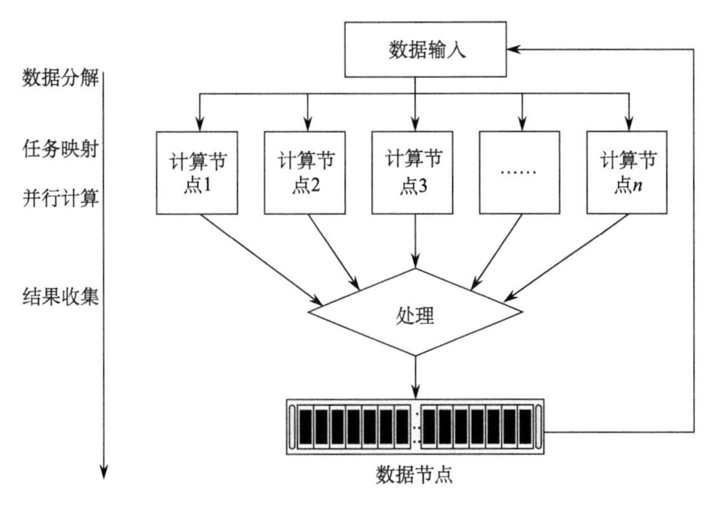

图 6-8　集群并行叠加数据流程

本研究基于上述流程实现了并行多边形叠加求交算法，并对其在不同数据量下的并行加速性能进行了实验统计，结果在表 6-1 中列出。

表 6-1　MPI 并行多边形叠加求交算法实验结果

两个图层多边形数量	计算时间					
	串行	6 节点	12 节点	24 节点	36 节点	48 节点
4050/248	35.527	10.460	5.515	4.488	4.140	4.971
65341/248	853.661	166.281	84.652	47.933	42.934	45.942
259200/248	2695.397	663.968	371.636	242.947	215.636	167.800
3175200/248	29088.235	8626.731	5251.700	3921.117	3028.489	2904.134
平均加速比	—	3.990	7.329	10.473	12.642	12.952

表 6-1 中的实验结果显示，并行多边形求交算法在处理多边形求交问题时表现出了明显的加速性能，随着计算节点的增加，并行的粒度也划分得越来越细，加速比的增长率有所下降，加速比的值甚至出现了下降，这也说明并行的粒度并非越小越好，选择合适的并行粒度对获取高加速比非常重要，但这需要建立在大量实验的基础上。

采用要素序列划分的数据并行方式实现基于 MPI 的并行多边形叠加分析算法的伪代码如下：

```
void doIntersectMPI(int argc, char **argv){
    //变量声明与MPI初始化
    int myid, numprocs, namelen. size = 3328, size_r = 32;
    char processor_name[MPI_MAX_PROCESSOR_NAME];
    MPI_Init(&argc, &argv);
    MPI_Comm_rank(MPI_COMM_WORLD, &myid);
    MPI_Comm_size(MPI_COMM_WORLD, &numprocs);
      //主节点(进程)负责创建结果图层与任务分发
    if(myid == 0){ //数据库连接初始化
       GTGDOSMySQLDataSource *pSrcResult = new
                                  GTGDOSMySQLDataSource();
       //打开输入数据，创建结果数据层，按指定策略组合结果图层字段
       Layer* result_layer = pSrcResult->createFeatureLayer(…);
       //数据分解，按照要素序列和计算节点数量平均划分，任务分发
       MPI_Send(data, size, MPI_CHAR, node_i,
               INTSECT_SEND_DATA, MPI_COMM_WORLD);
       //主节点(进程)同样负责一部分求交计算，并输出结果
       GTFeatureClass *resultClass = GTGeometryOverlay::
                         polygonsIntersectPolygons(layer1_name,
                         &inputClss, layer2_name, &operationClss,
                         joinAttributes, dTolerance);
       bool bWrite = result_layer->createFeatures(*resultClass);
       //主节点(进程)接收计算节点(进程)的计算结果信息
       MPI_Status recv_status;
       MPI_Recv(buff, size_r, MPI_CHAR, MPI_ANY_SOURCE,
               MPI_ANY_TAG, MPI_COMM_WORLD, &recv_status);
}
else{
     //计算节点(进程)负责并行计算。接收主节点(进程)发送的数据
     MPI_Status status;
   MPI_Recv(data, size, MPI_CHAR, 0,
            INTSECT_SEND_DATA, MPI_COMM_WORLD, &status);
    //解析数据，打开数据源连接，读取指定FID的一组数据，求交计算，输出结果
GTFeatureClass *resultClass = GTGeometryOverlay::
                   polygonsIntersectPolygons(layer1_name,
                   &inputClss, layer2_name, &operationClss,
                   joinAttributes, dTolerance);
    bool bWrite = result_layer->createFeatures(*resultClass);
    //通知主节点(进程)计算结果
    MPI_Send(buff, size_r, MPI_CHAR, 0,
            INTSECT_SUCCESS, MPI_COMM_WORLD);//成功
    //或者
```

```
        MPI_Send(buff, size_r, MPI_CHAR, 0,
                 INTSECT_FAILED, MPI_COMM_WORLD);//失败
    }
    //结束MPI计算环境
    int finalize_retcode = MPI_Finalize();
}
```

6.1.3　多核并行与集群并行的比较

在处理相同空间数据集的前提下，有必要对多核 OpenMP 并行和集群 MPI 并行多边形叠加分析算法的效率差异进行对比，以分析不同并行计算环境下算法效率的变化特征和所适用的问题处理规模。本节将以多边形并行求交工具为例开展上述工作。实验基于图 6-9 所示数据开展。

两个叠加的图层分别如图 6-9（a）和图 6-9（b）所示，其中输入图层为规则矩形，每个矩形包含一个内环，共有 65341 个要素，包含 78 万个顶点。叠加图层为全球行政区划图，共包含 251 个多边形，23.7 万个顶点，图 6-9（c1）为输入图层的局部视图，图 6-9（d）为叠加求交的计算结果，图 6-9（c2）为结果数据的局部视图。基于图 6-9 所示数据，本节在 OpenMP 多核并行计算环境和集群 MPI 并行计算环境下采用不同的线程/计算节点数量，分别开展了多组实验，实验结果如图 6-10 和图 6-11 所示。

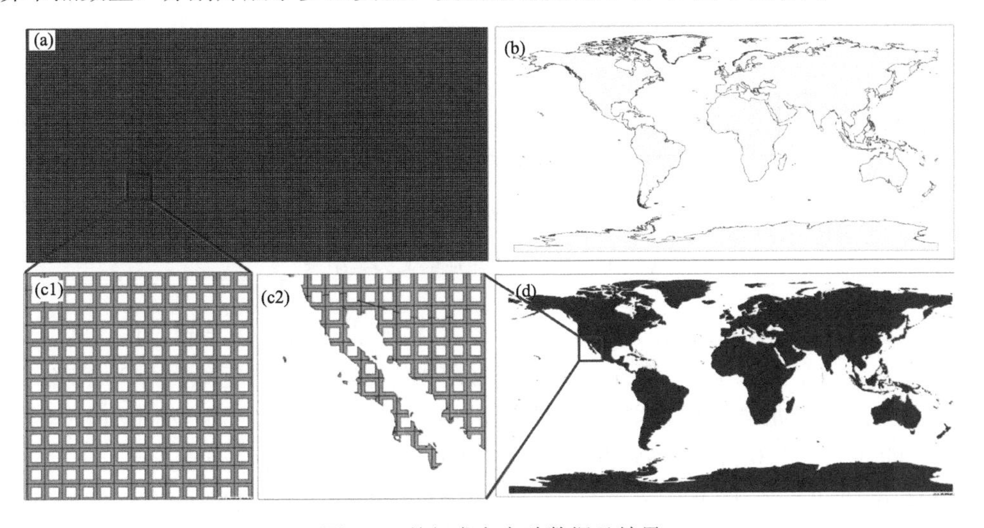

图 6-9　并行求交实验数据及结果

在分析已有高性能并行地学计算系统的基础上，结合现在 GIS 应用面对的空间数据规模日益增加和空间分析算法复杂度逐渐提高的挑战，本节提出了一种基于 MySQL 空间数据库集群与 MPI 的并行计算库分布式空间分析框架的解决方案。该框架使用 MySQL 空间数据库集群解决大量空间数据存储与管理问题，利用 MySQL. Spatial 的 replication 机制加强空间数据的冗余备份和并发访问控制，同时使用 MPI 负责分布式计算节点间的通信减少人工控制通信的开发成本，得到可靠的加速比，具体内容参见本书第 10 章。

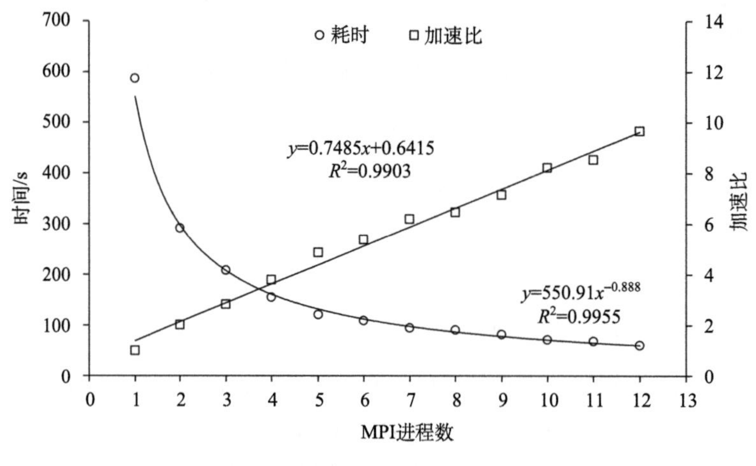

图 6-10　MPI 并行求交实验结果

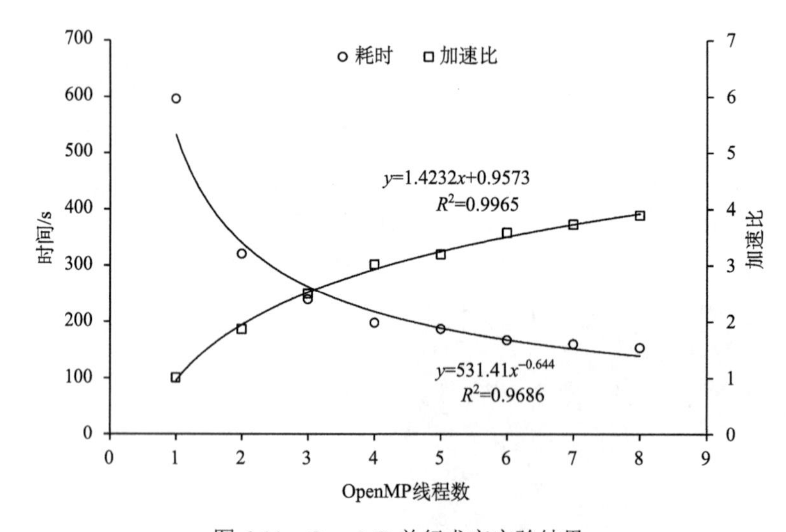

图 6-11　OpenMP 并行求交实验结果

图 6-10 中所示实验结果便是基于全本地化读写方法的 MySQL replication 机制实现，数据为各个节点全冗余备份，各个计算节点采用本地数据读策略/远程数据写策略，各个计算节点间通过百兆局域网通信。图 6-11 所示实验结果为在配备了 i7-2600CPU（4 核心，8 线程）的计算机上获得，该 PC 机为上述实验集群中的一台计算节点。

从图 6-10 及图 6-11 所示实验结果可知，多边形求交工具在两种并行计算模式下均获得了明显的并行加速；集群并行模式下加速比随计算节点的增加呈现出理想的线性增长趋势，明显优于多核并行模式下的对数增长趋势；相同计算节点/线程数量前提下，集群并行获得了更高的加速比；随着节点/线程数量的增加，两者加速比增加的趋势都在降低。因此，对于小数据量或低成本 GIS 应用来说，单机多核并行是提高其计算效率的有效且经济的途径，而具有易扩展特征的集群并行更容易获取理想的高加速比，是进行大规模并行高性能空间分析的主流方式。

6.2　“多对多”映射下的多边形相交蔓延性问题

由非拓扑矢量数据存储方式及多边形叠加时的“多对多”映射关系决定，2 个多边形图层叠加时，同一图层内要素相交具有蔓延性，也即同一图层内原本不相交的多边形，由于同时与另一图层内某一个多边形相交，在进行并行处理时必须划分到同一组中。

如图 6-12 所示，目标图层 *A* 内原来不相交的 2 个多边形 *A*1、*A*2 因为同时与叠加图层内同一个多边形 *B*1 相交（R-tree 采用外包矩形判断是否相交），导致必须将三者置于同一集合进行计算。多边形相交蔓延性是不确定的，这一点是多边形合并、联合算法与求差、求交等算法的较大区别，也是对多边形叠加合并、联合算法进行并行化改造的困难之处。本节提出一种双向 R-tree 种子索引方法（DWSI 算法）来解决上述多边形相交蔓延性问题，通过快速划分出最大可能相交的要素集合实现串行多边形联合算法的并行化，相关内容将在 6.4 节进行阐述。

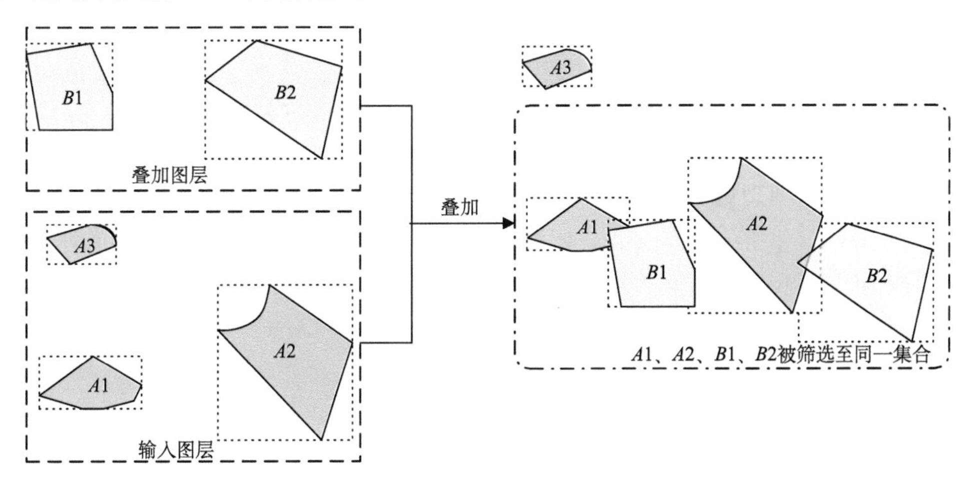

图 6-12　图层叠加时的要素相交蔓延性示意图

6.3　多边形叠加分析算法的并行化差异

多边形叠加过程中的“一对多”和“多对多”的映射关系是造成叠加分析算法并行化差异的主要因素。前者对应多边形叠加求交、求差、标识、更新和交集取反操作，后者包括叠加合并、联合和交集取反操作。上述两类算法的并行化实现方法的差异体现在数据划分方法、并行任务映射两个方面。

6.3.1　数据划分方法

由 6.1 节中的分析和实验可知，要素序列划分是符合“一对多”映射条件的多边形叠加分析算法实现并行数据划分的有效方法。对于多边形合并、联合、交集取反三种符合“多对多”映射条件的多边形叠加分析算法，规则格网/条带固然可以实现数据分解，但是其对输入数据的破坏和复杂的多边形切割、公共边搜索、切割后拼接都是实现难点。基于空间聚类或空间划分曲线的数据划分方法同样可以实现数据划分，但是前期的数据降维处理同样较为复杂且耗时，此类方法难以解决多边形动态数据划分问题。基于空间索引数据结构的动态相交多边形搜索和数据划分方法是对此类叠加分析算法进行并行化的有效方法。

6.3.2 并行任务映射

“一对多”映射条件下的叠加分析算法可采用如图 2-2 所示的序列划分实现，相应的任务映射需要主节点完成与子节点的显式数据通信，由于同一分组内要素 ID 连续，因此通信的数据包仅需要包含子节点被指派的起止要素 ID 即可。但“多对多”映射条件下，同一分组内要素 ID 并不连续，这给并行任务映射带来了困难，需要设计合理的并行任务映射方法；GPU 环境下从主机端到设备端的数据结构映射同样是实现 GPU 并行计算的关键过程，面临的主要问题是主机/设备间的数据结构映射和代码重构，本研究将对上述两类问题进行深入研究。

6.4 DWSI——基于 R-tree 及双向种子搜索方法的数据分解算法

本节基于并查集理论及 R-tree 空间索引设计并实现了一种双向种子索引数据分解算法（DWSI 算法）来解决“多对多”映射条件下的多边形叠加相交蔓延性问题。下面重点阐述 DWSI 算法原理及改进方法。

6.4.1 并查集理论

在计算机科学中，并查集是一种高效的树形的数据结构（Tarjan, 1975; Tarjan and Leeuwen, 1984; Cormen et al., 2006），常被用于处理一些不相交集合（disjoint sets）的合并及查询问题。用于并查集的联合-查找算法（union-find）定义了两个基本操作：

（1）find：确定元素属于哪一个子集；

（2）union：将两个子集合并成同一个集合。

一个不相交集也常被称为联合-查找数据结构（union-find data structure）或合并-查找集合（merge-find set），并查集被用于解决许多经典的划分问题，应用于多种研究领域，如网络的连通性分析和图像处理等。在并查集算法中，被划分到一个分组中的元素将不会与其他分组中的元素关联，所谓的“关联”，以网络分析问题为例，可以用来表示网络中节点的联通关系，同一分组中的节点之间互相连通，而不同分组间的节点无法连通。

考虑多边形叠加分析问题，引入并查集的思想，以并查集的“元素”代表多边形，那么对多边形的数据分解过程就演变为了并查集的数据分组过程，元素间的“关联”关系演变为叠加多边形间的压盖关系。由于并查集元素分组间不存在关联关系，因此可以将叠加的多边形进行关联关系最小化分组，将不同的分组分发到不同的 CPU 核心或计算节点，从而在一个较大的粒度上实现并行计算。基于该思想，本节应用 R-tree 空间索引设计了一种多边形数据划分方法，用来解决多边形叠加分析过程中的相交蔓延性问题。

6.4.2　DWSI 算法原理

DWSI 算法基于 R-tree 空间索引数据结构实现，采用一种双向循环搜索和种子标记方法来解决多边形叠加相交蔓延性问题，实现多边形叠加过程中“多对多”映射条件下的分组间要素关联最小化数据划分，即遵守数据分组间要素关联最小化的原则。所谓分组间要素关联最小化，指的是按照一定的数据划分方法实现数据分组后，各个数据组之间的要素不存在任何的相交关系，此类方法多基于成熟的内存空间索引数据结构实现。下面以图 6-13 所示叠加多边形来详细阐述双向 R-tree 种子索引方法的算法原理。

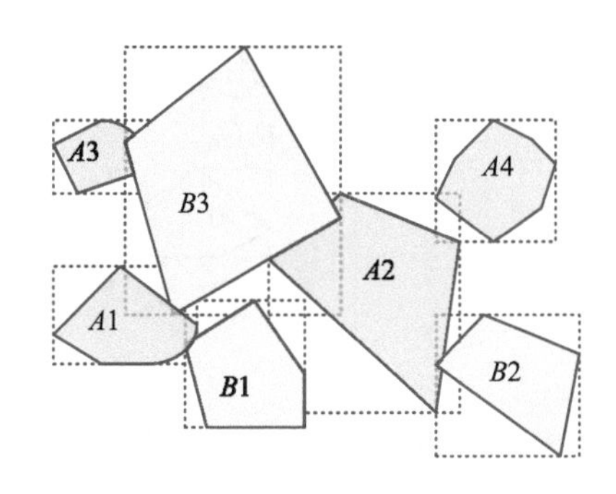

图 6-13　多边形图层 *A*（*A*1～*A*4）和 *B*（*B*1～*B*3）叠加示意图

图 6-13 中，图层 *A* 中有 4 个多边形 *A*1、*A*2、*A*3、*A*4，与图层 *B* 中的 3 个多边形 *B*1、*B*2、*B*3 位于同一坐标参考系统的相同空间范围内。*A*1、*A*2、*A*3 本身不相交，但因为同时与 *B*3 相交而必须归为同一集合，而 *B*3、*B*2 也因为同时与 *A*2 相交而必须归属同一集合，以便于在并行联合算法中进行处理。针对该问题，DWSI 算法将进行跨图层相交多边形搜索，把 2 个图层内相交或可能相交（最小外包矩形相交但图形不相交）的多边形分为不同的集合，从而实现数据分解。

图 6-14 描述了图 6-13 所示多边形图层叠加时双向 R-tree 种子索引方法的搜索流程。该方法采用 2 个多边形搜索队列，1 个整体的 R-tree 索引，若干个搜索结果集合容器实现。

图 6-14 所示的数据搜索和分组流程描述如下：

（1）分别为两个图层建立 R-tree 索引：RT_A 和 RT_B，为搜索队列分配内存：Q_A 和 Q_B，当考虑图层内部要素压盖问题时，RT_A 和 RT_B 及 Q_A 和 Q_B 应合并。

（2）首先进入队列的是第一个图层的第一个未被遍历的多边形，以该多边形作为种子加入队列 Q_A，如图 6-14（a）中的 *A*1。*A*1 搜索 RT_B 得到 *B*1、*B*3。

（3）将 *B*1、*B*3 作为种子依次加入队列 Q_B，此时队列 Q_A 中的种子已遍历完毕，而队列 Q_B 中加入了新的种子，所以转换搜索方向。

（4）依次以 Q_B 中未遍历的多边形为种子在 RT_A 中进行空间查找，可以得到多边形 *A*2、*A*3，如图 6-14（b）、（c）所示。此时队列 Q_B 遍历完毕，而队列 Q_A 又有新的多边形加入。再次转换搜索方向。

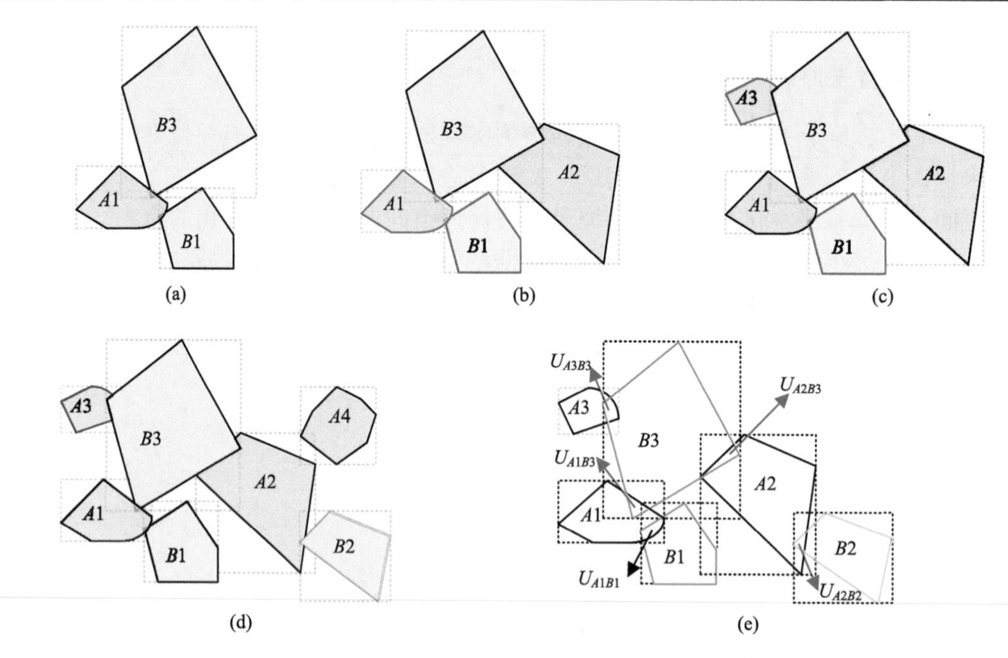

图 6-14　双向 R-tree 种子索引方法执行流程和搜索结果示意图

（5）遍历 Q_A 中未被遍历的所有多边形，依次作为查找种子在 RT_B 中进行空间查找，每个要素在遍历过后被标记为非种子状态，重复被查找到的要素不再重复加入队列。反复以 Q_A 和 Q_B 两个队列中未执行 R-tree 搜索的多边形为查找种子，直至 2 个队列中所有的多边形都被遍历完毕，循环终止，合并队列 Q_A 和 Q_B 即得到所要求的跨图层最大可能相交的多边形集合。

（6）以图层 A 中下一个未被遍历的要素作为种子继续上述过程，得到下一分组。直到图层 A、B 中所有要素都被遍历后，DWSI 算法终止，得到所有关联最小化的数据分组。

基于上述过程实现的 DWSI 算法的 C++风格伪代码如附录所示。以图 6-13 所示 7 个多边形为例，表 6-2 详细描述了 DWSI 算法的执行流程和每一步操作队列 Q_A 和 Q_B 的变化。

表 6-2　DWSI 算法执行流程及每个队列的变化细节

Q_A		Q_B	
操作	状态	操作	状态
将 $A1$ 插入 Q_A	$A1$[a]		NULL
Q_A 搜索开始	$A1$		NULL
以 $A1$ 为条件在 RT_B[b] 中查找得到 $B1, B3$	$A1$		NULL
将 $B1$ 插入 Q_B	$A1$		$B1$
将 $B3$ 插入 Q_B	$A1$		$B1, B3$
Q_A 搜索完毕转到 Q_B	$A1$	Q_B 搜索开始	$B1, B3$
	$A1$	以 $B1$ 为条件在 RT_A 中查找得到 $A1, A2$	$B1, B3$
$A1$ 已存在忽略 $A1$	$A1, A2$	将 $A1, A2$ 插入 Q_A	$B1, B3$

续表

Q_A		Q_B	
操作	状态	操作	状态
	$A1, A2$	以 $B3$ 为条件在 RT_A 中查找得到 $A1, A2, A3$	$B1, B3$
	$A1, A2$	将 $A1, A2, A3$ 插入 Q_A	$B1, B3$
$A1, A2$ 已存在忽略 $A1, A2$	$A1, A2, A3$		$B1, B3$
Q_A 搜索开始	$A1, A2, A3$	Q_B 搜索完毕转到 Q_A	$B1, B3$
以 $A2$ 为条件在 RT_B 中搜索得到 $B1, B2, B3$	$A1, A2, A3$		$B1, B3$
将 $B1, B2, B3$ 插入 Q_B	$A1, A2, A3$	$B1, B3$ 已存在忽略 $B1$ 和 $B3$	$B1, B3, B2$
以 $A3$ 为条件在 RT_B 中搜索得到 $B3$	$A1, A2, A3$		$B1, B3, B2$
将 $B3$ 插入 Q_B	$A1, A2, A3$	$B3$ 已存在忽略 $B3$	$B1, B3, B2$
Q_A 搜索完毕转到 Q_B	$A1, A2, A3$	Q_B 搜索开始	$B1, B3, B2$
	$A1, A2, A3$	以 $B2$ 为条件在 RT_A 中查找得到 $A2$	$B1, B3, B2$
$A2$ 已存在忽略 $A2$	$A1, A2, A3$	将 $A2$ 插入 Q_A	$B1, B3, B2$
	$A1, A2, A3$	Q_B 搜索完毕	$B1, B3, B2$
Q_A 和 Q_B 都完成搜索。将 Q_A 和 Q_B 合并到一个单一容器，并包含下述要素的标识符：$A1, A2, A3, B1, B3, B2$			
开始下一组搜索，重新初始化 Q_A 和 Q_B 在图层 A 中找到下一个未遍历要素：$A4$			
将 $A4$ 插入 Q_A	$A4$		NULL
Q_A 搜索开始	$A4$		NULL
以 $A4$ 为条件在 RT_B 中查找无匹配结果	$A4$		NULL
因 $A4$ 不与图层 B 中所有要素相交，将被忽略			
DWSI 算法结束			

注：a. 黑体字代表当前时刻的种子多边形；b. 若考虑图层内相交探测，RT_A 和 RT_B 应被合并。

在上述算法过程中，每一次 R-tree 搜索是一次原子操作，DWSI 算法保证每个多边形仅执行一次 R-tree 搜索，因此其总体耗时与多边形数量呈正比关系，算法复杂度为 $O(n)$，n 为多边形个数。最坏情况下，Vatti 算法的时间复杂度为 $O[(p-2)^2]$，其中 p 为单次叠置操作中两个多边形都具有的顶点数量（Greiner and Hormann, 1998），而对于多边形图层叠加算法，在最坏的情况下其时间复杂度为 $O[m\times n\times(p-2)^2]$，其中 m、n 为两个叠加图层分别包含的多边形数量。因此，对图层级多边形叠加分析算法来讲，DWSI 算法并不会对其时间复杂度带来实质影响，而相关实验结果也验证了这一结论。

6.4.3 DWSI 算法效率实验分析

本节通过在硬件配置如表 6-3 所示的个人计算机上的多次实验来分析 DWSI 数据分解方法在不同数量多边形条件下进行相交/可能相交多边形集合分组的效率。每次实验分别统计 I/O 操作时间、建立和初始化 R-tree 的时间、DWSI 算法搜索分组所用时间和完成以上操作所消耗的所有时间共 4 个指标，得到如图 6-15 所示的结果。

表 6-3　实验 PC 机硬件和软件指标列表

项目	型号	CPU	RAM	HDD	OS	Compiler	线程数
指标	DELL Optiplex 990	Intel i7-2600 4 Core/3.4GHz	4GB	WD7200RPM 500G	Windows 7 Ultimate	VC10	8

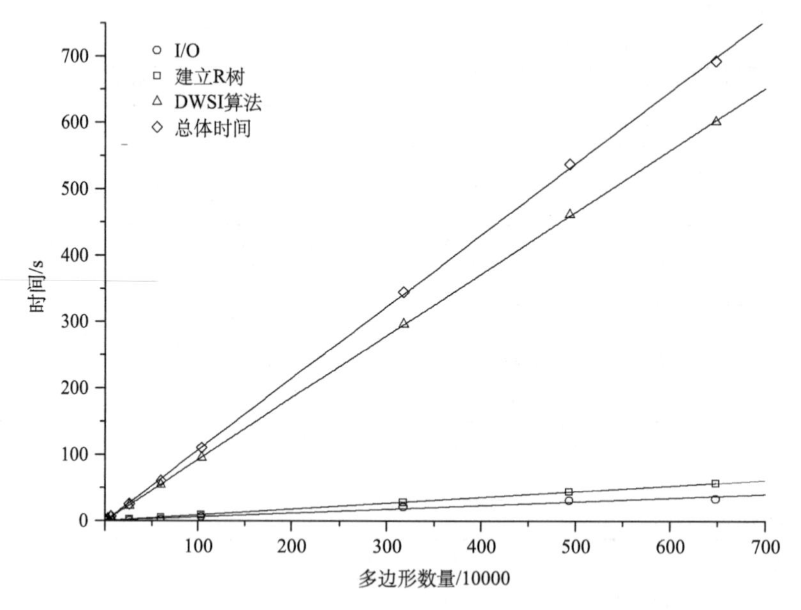

图 6-15　双向 R-tree 种子搜索分组时间开销统计

从图 6-15 可以看出，I/O 访问、建立 R-tree、DWSI 算法和并行任务数据分解总体时间开销均随所操作的多边形数量的增长而呈现线性增长的趋势。对上述 4 个统计指标多次实验结果进行线性回归分析得到表 6-4 所示的回归方程和拟合判定系数，因此，双向 R-tree 种子索引方法在处理少量和海量多边形的搜索、分组任务时具有线性的复杂度，当多边形达到 10^6 数量级时依旧保持良好的线性时间开销增长趋势。结合上一节中的实验结果可知，由于 Vatti 算法的时间开销随多边形数量的增长呈现为比线性函数更为快速的二次多项式或幂函数式的增长模式，因此 DWSI 算法在整体上将不会导致并行联合算法时间复杂度上升。

表 6-4　双向 R-tree 种子搜索分组时间开销随多边形个数变化的拟合函数

指标	拟合方程	R^2
I/O	y=0.0569x–0.0345	0.9836
建立 R-tree	y=0.0884x–0.2467	0.9996
DWSI 算法	y=0.9316x–0.4865	1.0000
总体时间	y=1.0792x–0.7678	0.9999

综上所述，符合并查集思想的 DWSI 算法是一种能够实现并行计算任务的数据分组间要素关联最小化的数据划分方法，并且其实现过程不依赖特定的软硬件环境，具有线性的计算效率和较好的跨平台能力，适用于多种并行计算环境。

6.5　多核并行叠加联合算法及其优化

多边形叠加联合算法是典型的“多对多”映射关系类型的多边形叠加分析计算工具，计算结果中包含了目标多边形的非重叠部分、裁剪多边形的非重叠部分和两者的重叠部分，应用 DWSI 算法可以解决该算法的并行化过程中的数据分解问题。本节将在多核并行计算环境下，对 DWSI 算法在多边形并行叠加联合算法的设计和实践中的应用进行研究和讨论。

6.5.1　算法流程

多边形叠加联合算法在考虑单一图层内的要素压盖情况时的计算特点是动态创建空间索引、频繁的要素分裂和属性联合，而这些操作都在一个 while 循环中完成（图 6-16）。由于 while 循环终止前所需执行次数的不可预知性，所以在 OpenMP 编程模型下该过程是难以实现并行化改造的典型密集计算过程。图 6-16 是串行多边形叠加联合算法的逻辑流程示意图。

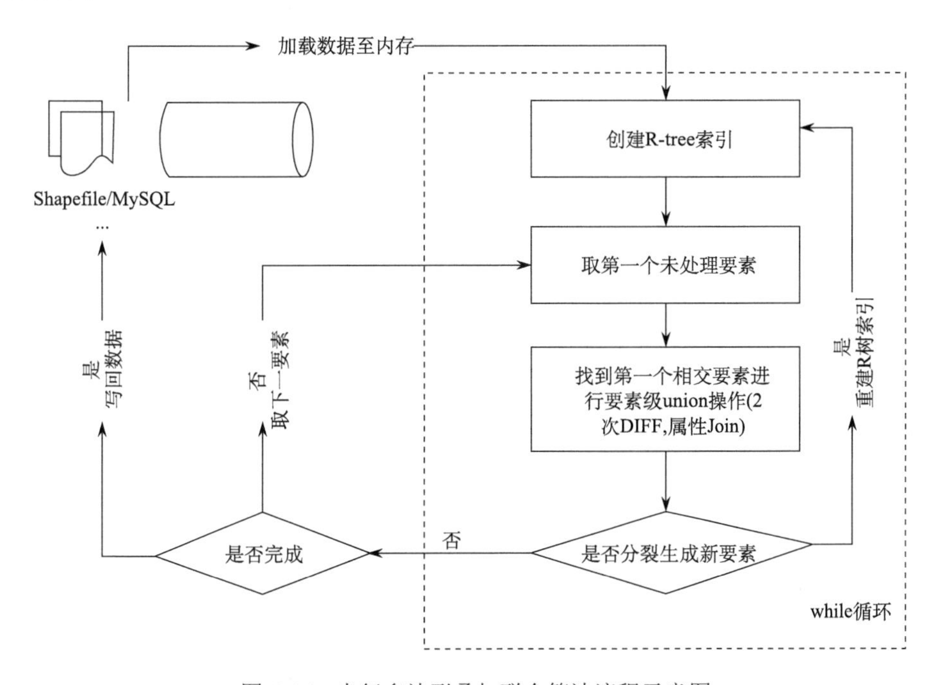

图 6-16　串行多边形叠加联合算法流程示意图

两个图层叠加时，DWSI 算法可以找出最可能相交的多边形的最大集合，从而按照并查集的思想，以把 2 个图层内的多边形划分为若干个不相交集合的方式实现并行计算任务的数据分解。不同分组内的多边形与其他分组中的多边形保证不相交，从而在要素集合层面减少了无效计算量。针对所有这样的要素集合启动不同的线程或计算节点进行并行化计算，这样并行计算过程中每个线程或节点所操作的多边形与其他线程或节点中的多边形不存在相交关系，这是对串行联合算法进行并行化改造的一个可行方案。该方案的逻辑流程如图 6-17 所示，实现的关键之一是并行任务的数据分解，而本章提出的基于并查集思想及 R-tree 空间索引数据结构的 DWSI 算法能够获得分组间关联最小化的数据分解结果，因此能够很好地解决上述问题。

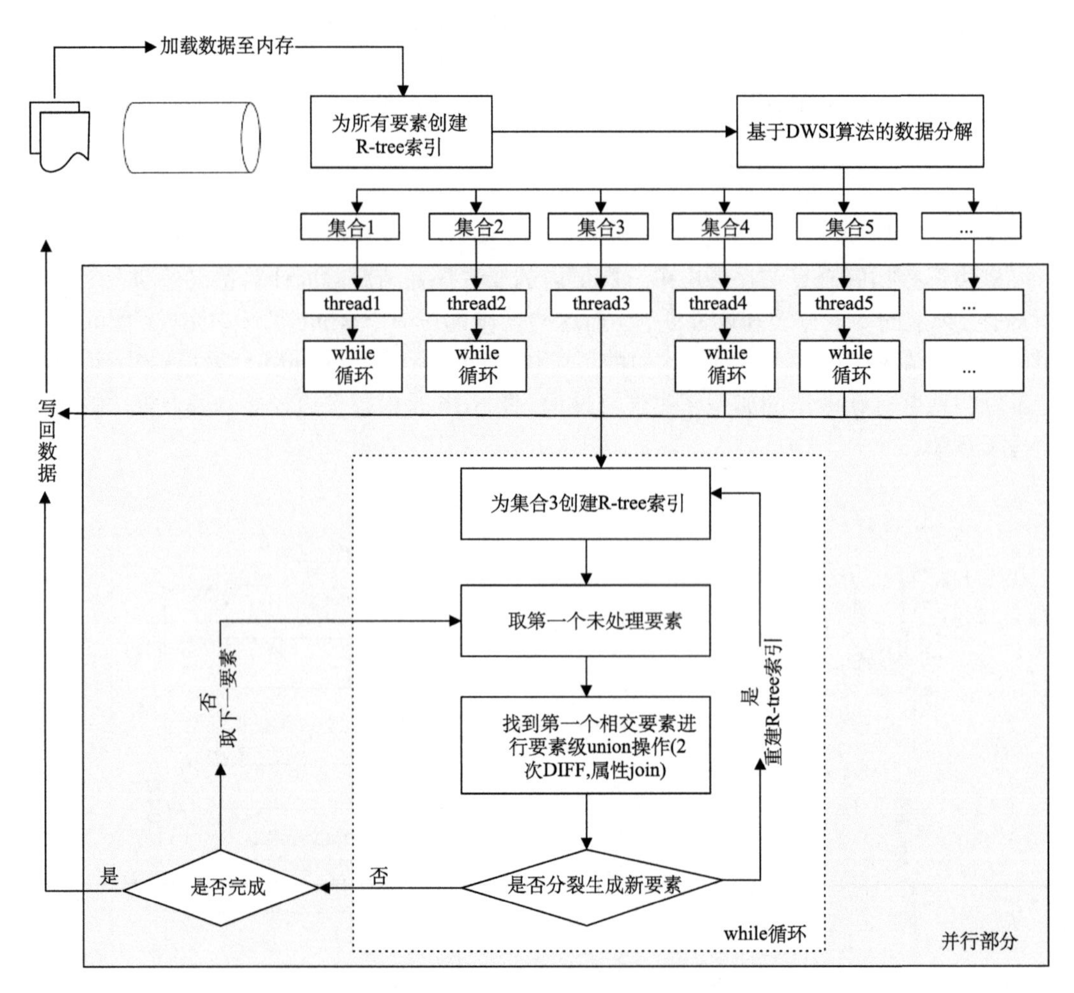

图 6-17　多核并行联合算法流程示意图

6.5.2　并行实验分析

本研究中将 DWSI 算法应用于串行多边形联合算法的并行化改造过程并在多核环境下实现了并行多边形联合分析算法，在表 6-3 所示硬件实验平台上，通过对不同数量的多边形进行串行和并行实验统计得到的时间开销及加速比结果如表 6-5 和图 6-18 所示。

表 6-5　串行和并行联合算法的时间开销及加速比列表

多边形数量	串行/s	并行/s	加速比
16200	3.268	2.469	1.324
64800	34.096	26.044	1.309
259200	427.774	357.419	1.197
1036800	6537.462	4545.155	1.438
2934726	60216.041	34961.461	1.722
2962656	54150.452	32971.671	1.642
4937760	174293.500	94694.790	1.841
6485401	266818.100	117830.600	2.264

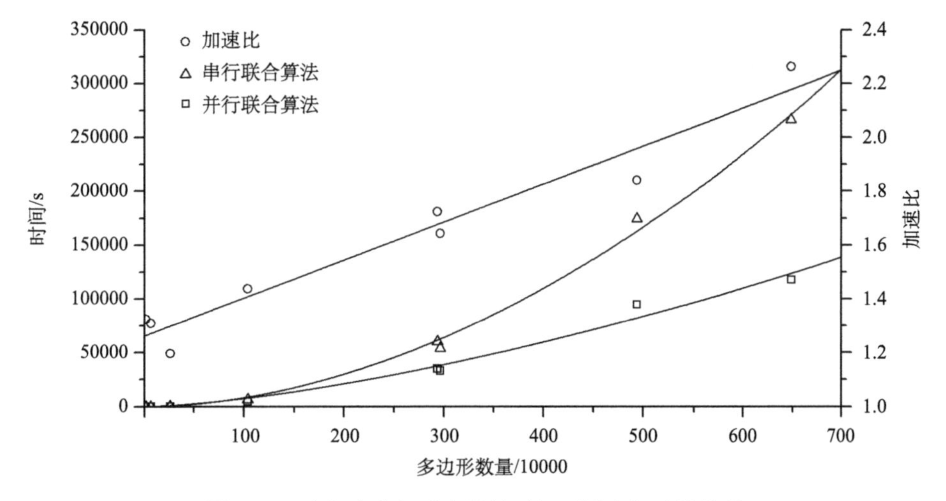

图 6-18　串行和并行联合算法时间开销和加速比统计

从上述结果可知，相对于串行联合算法，基于 DWSI 算法实现的并行联合算法可以得到一定的计算效率提升，且并行加速效果随所处理的多边形数量的增加而更加显著，当多边形数量达到约 6.5×10^6 时甚至得到了 2.264 的加速比，这意味着应用双向 R-tree 种子索引机制的并行多边形联合算法将计算时间缩短了 50%以上。

本研究中同时发现虽然双向 R-tree 种子索引机制可以在一定程度上提高计算效率，但是它并没有改变多边形联合操作的时间开销随多边形个数增长而变化的趋势，相关实验结果如表 6-6 所示。

表 6-6　串行和并行联合算法时间开销随多边形个数变化的拟合函数

指标	拟合方程	R^2
串行联合算法	$y=1.0413x^{1.9156}$	0.9987
并行联合算法	$y=0.9313x^{1.8379}$	0.9994
加速比	$y=0.0014x+1.2623$	0.9525

由表 6-6 可知，DWSI 数据分解方法并没有改变并行多边形联合算法随多边形数量变化、单一多边形顶点数量变化所具有的时间开销成本的幂函数式的变化趋势，与串行联合算法的区别仅在于后者时间开销变化函数增长的速度更快。此外，DWSI 算法无法对空间分布极不均匀的数据进行合理划分，甚至当所有要素都直接或间接相交时，DWSI 算法将会把所有要素划分到同一个分组，此时将产生并行失效问题，无法达到并行的目的，本节将研究相关的改进方法以解决该问题。

6.5.3　DWSI 算法并行失效问题及其改进

DWSI 数据划分方法不会对数据本身造成破坏，从而避免了复杂的要素切割、拼接和降维操作，可操作性较强。但是当两个图层中所有多边形都存在直接或间接相交关系时，所有要素将被分到同一组内，就产生了并行失效问题，如图 6-19（a）所示。为解决该问题，本节提出采用设置期望分组大小和标记分割要素的方式对上述方法进行改进，通过合理地设计分割要素的几何对象保留策略实现了较好的并行加速效果。图 6-19 是以多边形联合算法为例，对 DWSI 数据划分方法所面临的并行失效问题的有效改进方法的逻辑流程示意图。

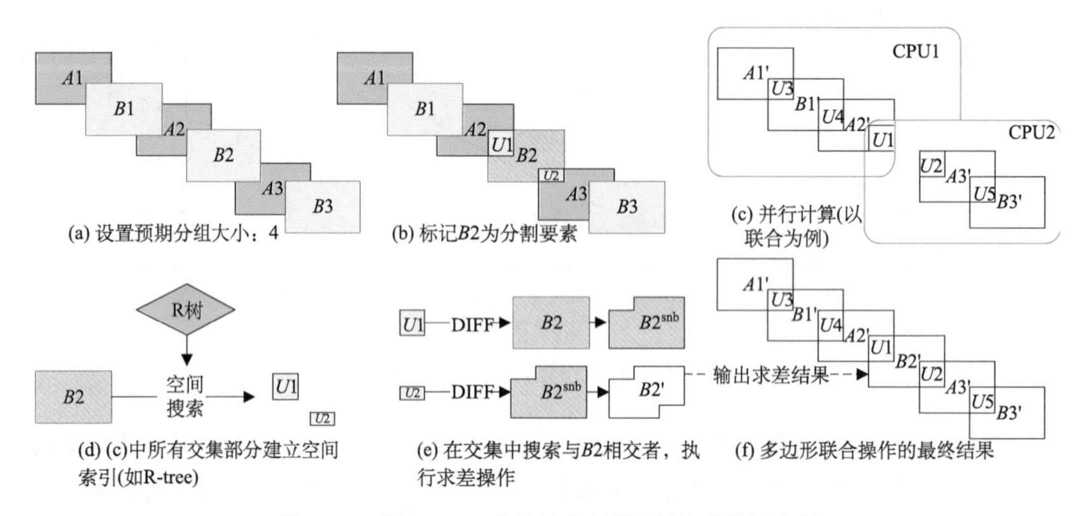

图 6-19　基于 DWSI 算法的并行联合算法流程示意图

从图 6-19 可以看出，改进后的 DWSI 数据分解方法有效地解决了数据分组过程中潜在的并行失效问题。虽然在后期结果数据处理中增加了分割要素的单独处理过程，但是与其带来的并行加速效果比较，这样的代价是合理的。该方法仅适用于需要处理图层间“多对多”映射关系的多边形联合、合并及交集取反操作。为了验证改进后的 DWSI 数据划分算法带来的并行加速效果，本节中基于图 2-3 所示数据开展实验（未切割），实验数据及结果图形的细节如图 6-20 所示，时间开销对比如图 6-21 所示。

图 6-21 显示，对于大部分要素都直接或间接相交的数据集，改进后的 DWSI 算法能解决初始 DWSI 算法所具有的并行失效问题，在期望分组大小设置为 100 时，并行联合算法的加速比甚至达到了 2.362（基于表 6-3 所示硬件平台）。虽然改进后的 DWSI 方法导致在并行联合算法后期结果数据处理中增加了分割要素的单独处理过程，但是与该方

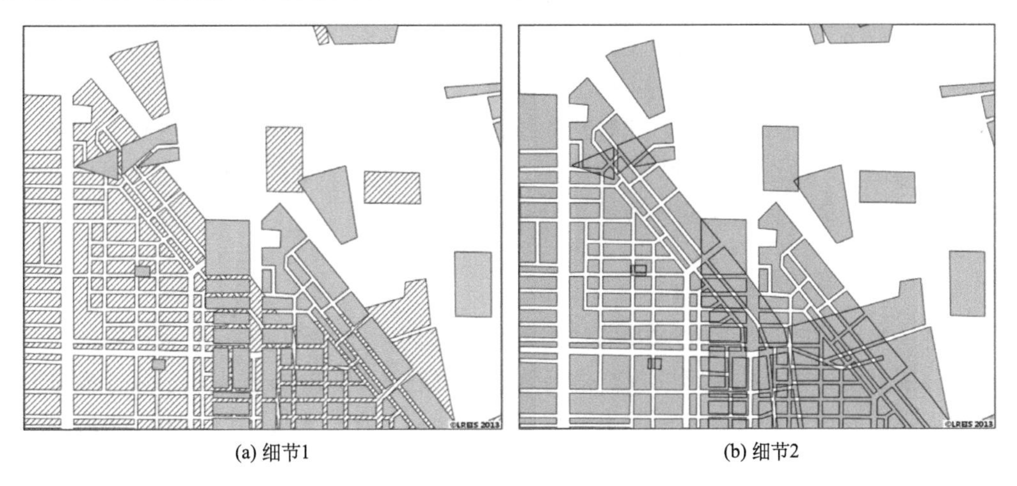

(a) 细节1　(b) 细节2

图 6-20　多边形联合算法计算数据及结果细节展示

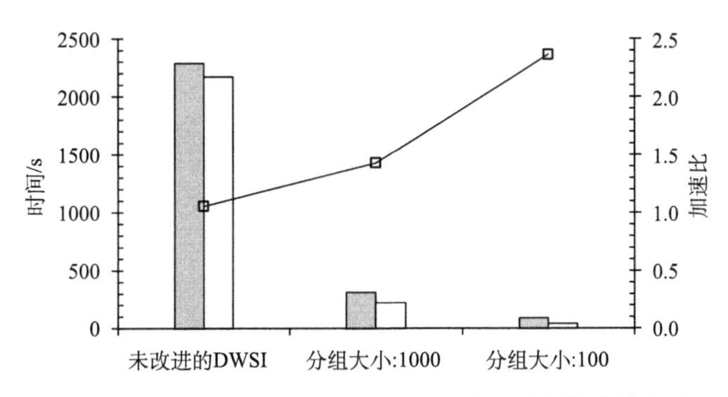

图 6-21　基于两种 DWSI 算法实现的多边形联合算法效率对比

法所带来的并行加速效果比较，这样的代价是合理的。该方法仅适用于需要处理图层间"多对多"映射关系的多边形合并及交集取反操作。为进一步分析改进后的 DWSI 算法的期望分组大小设置给并行联合算法带来的计算效率影响，本节基于图 2-3 所示数据开展了一系列的实验（未切割），得到了如图 6-22 所示的实验结果。

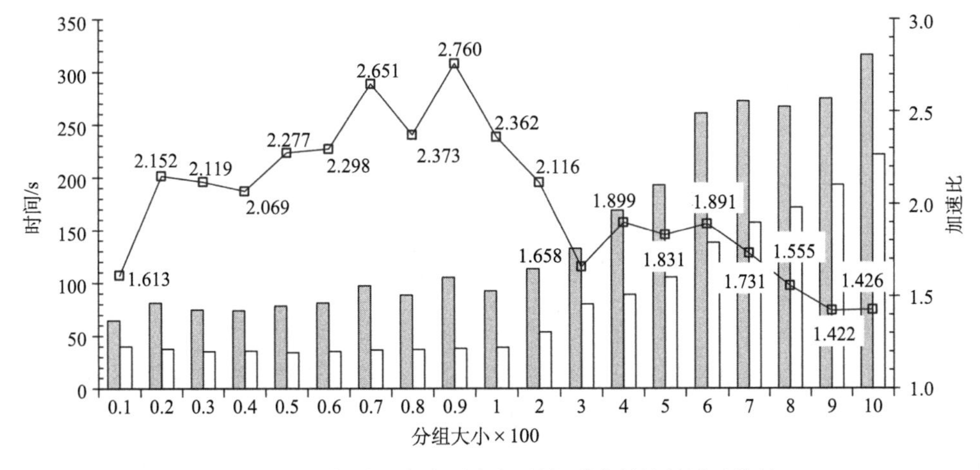

图 6-22　期望分组大小对串行/并行联合算法的影响比较

从图 6-22 所示的计算结果可以推断，不同的期望分组大小将带来不同的并行加速效果。在处理如图 2-3 所示的未切割多边形数据时，分组设置为 90 左右可以使多边形叠加联合算法获得最高的计算效率，此时在 4 核计算机上获得的并行加速比达到了 2.76，是较为理想的结果。改进后的 DWSI 算法在处理不同的多边形数据时的最优期望分组大小可能并不一样，需要根据实验环境结合已有经验来确定。

6.5.4 数据划分方法对比

为进一步比较改进后的 DWSI 方法与其他数据划分方法实现并行联合计算的优劣，本研究分别采用如图 2-3 所示的规则格网划分和改进的 DWSI 方法实现了并行多边形叠加联合工具，并使用图 2-3 所示数据开展了对比实验，在如表 6-3 所示硬件平台上得到的实验结果如图 6-23 所示。图 2-3 中，实验数据由两个多边形图层组成，在经过 8×8 的格网切割后共包含约 9300 个多边形，平均每个网格包含约 145 个多边形，因此实验中将分组关联最小化数据划分方法的期望分组大小设置为 145。

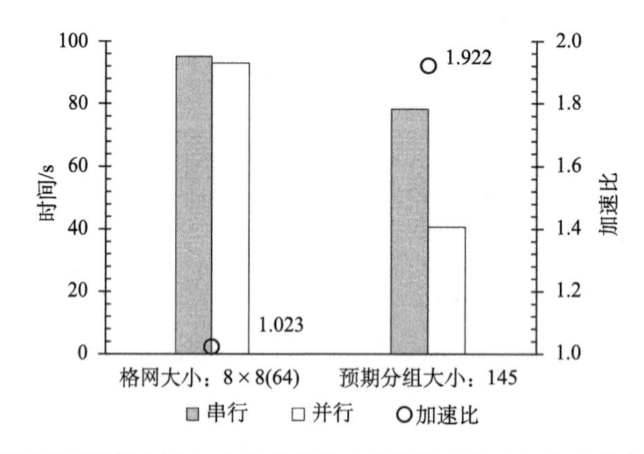

图 6-23　规则格网数据划分与分组关联最小化数据划分实现并行联合的效率比较

由图 6-23 所示结果可知，即使不考虑前期的数据切割与后期的数据拼接操作，基于 DWSI 算法的数据划分方法所实现的并行多边形联合算法依旧比规则格网并行多边形联合算法表现出更高的计算效率和更为理想的加速比，表明前者对具有不均衡空间分布形态的数据表现出了鲁棒的高并行性。综上所述，改进的 DWSI 算法是一种有效的数据分解方法，能够解决多边形并行叠加分析算法所面临的相交蔓延性问题并获得更为稳定且理想的并行加速比，表现出了较强的实际应用价值。

6.6 本 章 小 结

本章首先对“一对多”映射条件下的多边形多核并行和集群并行叠加分析算法的设计和实现方法进行了详细阐述，进而分析和讨论了“多对多”映射条件下的多边形相交蔓延性问题及由此带来的并行化障碍，在此基础上提出了一种基于并查集思想数据分解算法——DWSI 算法，并基于该算法实现了并行多边形联合算法。主要结论如下：

（1）多边形求交、求差、标识、更新和空间连接工具需要处理叠加图层间要素“一对多”的映射关系，采用要素序列划分方法即可在多核和集群并行计算环境下获得较高的并行加速。

（2）多边形合并、联合、交集取反需要处理“多对多”的映射关系，在并行实现过程中需要解决多边形叠加相交蔓延性问题，本章提出的具有线性算法复杂度的 DWSI 数据划分方法能有效地解决该问题，实现上述算法的并行化。

（3）设置期望分组大小和标记分割要素是对 DWSI 算法进行改进的有效途径，与经典的规则格网数据划分方法相比，DWSI 算法不仅避免了对数据的破坏，简化了数据分组流程，同时可以兼顾数据分布的空间不均衡性，能够以较低的时间开销使并行叠加联合算法获得鲁棒的高并行性，具有较高应用价值。

（4）针对并行算法优化，通过对要素序列划分的过程按照顶点数量指标进行负载规划，获得了更为均衡的并行任务负载，提升了计算效率；多核环境下的动态调度方法相对具有较高的效率；基于空间索引的要素预筛选和结构化存储数据的批量加载方法同样是有效的优化方法。

本章对多边形映射关系及数据划分方法的研究为后续研究工作打下了基础。

参 考 文 献

周伟明. 2009. 多核计算与程序设计. 武汉: 华中科技大学出版社.

Cormen T H, Leiserson C E, Rivest R L, et al. 2006. 算法导论(原书第 2 版). 潘金贵, 等译. 北京: 机械工业出版社.

Cramer T, Schmidl D, Klemm M, et al. 2012. OpenMP programming on Intel Xeon Phi Coprocessors: An early performance comparison. Proceedings of the Many-core Applications Research Community (MARC) Symposium at RWTH Aachen University. Aachen, Germany, 38-44.

DeWitt D J, Paulson E, Robinson E, et al. 2008. Clustera: An integrated computation and data management system. Proceedings of the VLDB Endowment, 1(1): 28-41.

Geer D. 2005. Chip makers turn to multicore processors. Computer, 38(5): 11-13.

Ghemawat S, Gobioff H, Leung S. 2003. The Google file system. Proceedings of the 19th ACM Symposium on Operating Systems Principles, October 19-22, Bolton Landing, NY, USA, 37(5): 29-43.

Greiner G, Hormann K. 1998. Efficient clipping of arbitrary polygons. ACM Transactions on Graphics, 17(2): 71-83.

Leonov M. 1998. Comparison of the different algorithms for Polygon Boolean operations. http: //www. complex-a5. ru/polyboolean/comp. html. [2013-7-1].

Lin C, Snyder L. 2009. 并行程序设计原理. 陆鑫达, 林新华译. 北京: 机械工业出版社.

Tarjan R E. 1975. Efficiency of a good but not linear set union algorithm. Journal of the ACM, 22(2): 215-225.

Tarjan R E, Van Leeuwen J. 1984. Worst-case analysis of set union algorithms. Journal of the ACM, 31(2): 245-281.

第7章 多边形并行叠加分析中的任务映射方法及算法优化

多边形并行叠加分析中的任务分解环节所采用的数据划分方法适用于多种并行计算环境，但是后续的并行任务映射过程却对并行计算环境依赖较大，集群环境下的任务映射要远比单机多核环境下的任务映射复杂。多边形叠加合并是多边形叠加分析算法中另外一个必须要处理“多对多”映射关系的算法，多边形合并过程自身具有鲜明的特点。本章将以多边形叠加合并算法为例对集群环境下的叠加分析算法的并行实现方法、优化方法和典型应用进行研究，重点解决叠加合并算法优化、并行叠加合并算法任务映射方法、叠加合并算法的应用和优化方法等多个核心问题。

7.1 多边形叠加合并串行算法及其优化

多边形叠加合并在GIS空间分析中具有重要作用，该算法在矢量缓冲区合并计算、地图综合中的多边形非简化合并、土地利用分析、地籍管理等诸多空间分析工具、制图及行业应用中使用广泛。多边形合并操作处理的是两个叠加图层间“多对多”的映射关系，与多边形联合操作不同的是该操作需要将分组中所有的多边形进行合并，最终每个分组将仅得到1个合并后的几何对象。基于多边形裁剪算法实现的矢量多边形的非拓扑叠加合并工具的计算效率与多边形裁剪算法本身效率变化特征和影响因素密切相关，以Vatti算法为例，在实现过程中需要克服多边形顶点累积效应带来的潜在性能瓶颈。

7.1.1 基于Vatti算法的多边形合并效率分析

Vatti算法支持任意数量、任意形状的多边形（包括自相交、带岛/洞等）与任意数量、任意形状的裁剪多边形间的叠加裁剪操作。

给定一组待合并的多边形，从中选取2个多边形进行合并，然后将得到的合并结果与剩下的多边形中的某一个进行合并，依次进行该过程直到所有的多边形被合并完毕，上述过程称为“滚雪球”合并，流程如图7-1所示。

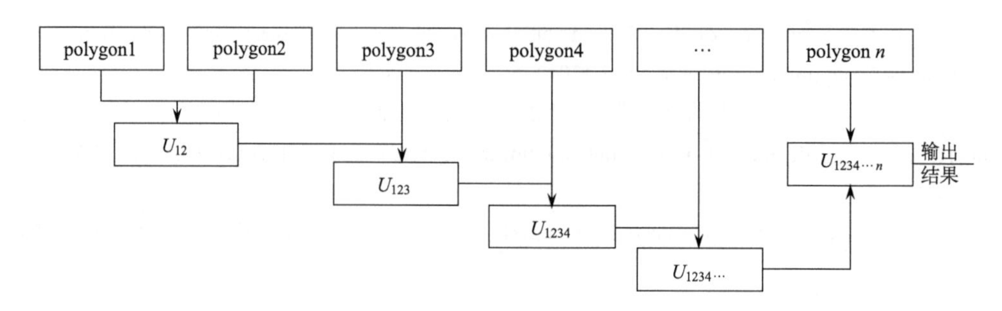

图7-1 多边形的“滚雪球”式合并

本节基于 Vatti 算法和“滚雪球”合并方法实现了多边形叠加合并算法，对如图 7-2 所示的一组多边形数据进行合并实验，实验数据由一组互相压盖且规则排列的多边形组成，每个子多边形均由一个外环和一个内环共 10 个顶点构成，最终被合并为一个单一多边形。

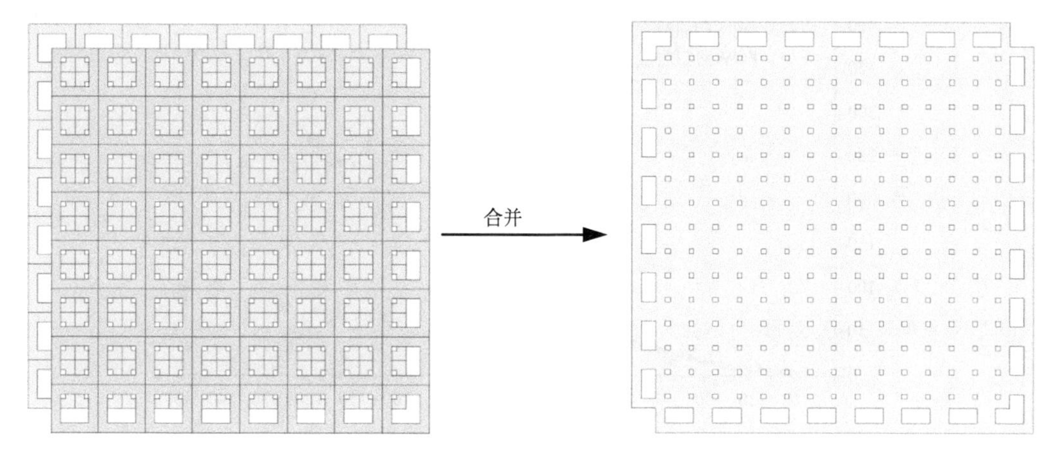

图 7-2　实验数据及预期结果示意图

基于图 7-2 所示实验数据的多边形合并实验结果如图 7-3 所示。从图 7-3 可以看出，基于 Vatti 算法和“滚雪球”合并方法的多边形合并算法的计算时间随多边形数量的增加迅速增长，当多边形个数为 11200 时，顶点总数为 112000 个，多边形合并耗时长达 19199.700s，这与基于 Vatti 算法实现的多边形求交算法差异巨大，显然难以满足高效计算的要求。

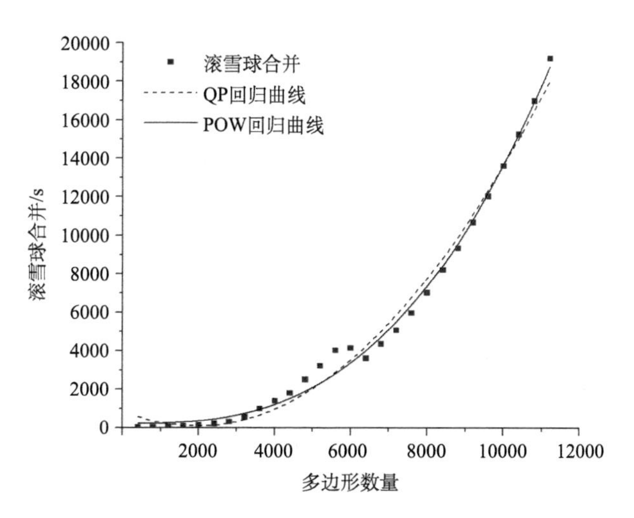

图 7-3　多边形“滚雪球”合并实验结果

由 6.1.1 节中的分析和图 6-2 所示的实验结果可知，Vatti 算法在多边形求交时的计算效率随多边形顶点数量的增加而呈现出非线性的快速增长趋势，由于 Vatti 算法的多边形合并过程同样基于图 6-1 所示的平面扫描束方法实现，扫描束的数量与多边形顶点数量密切相关，因此 Vatti 算法多边形合并的计算效率符合图 6-2 所示的规律，对包含不同顶点数量的两个多边形进行合并得到的实验结果如图 7-4 所示。

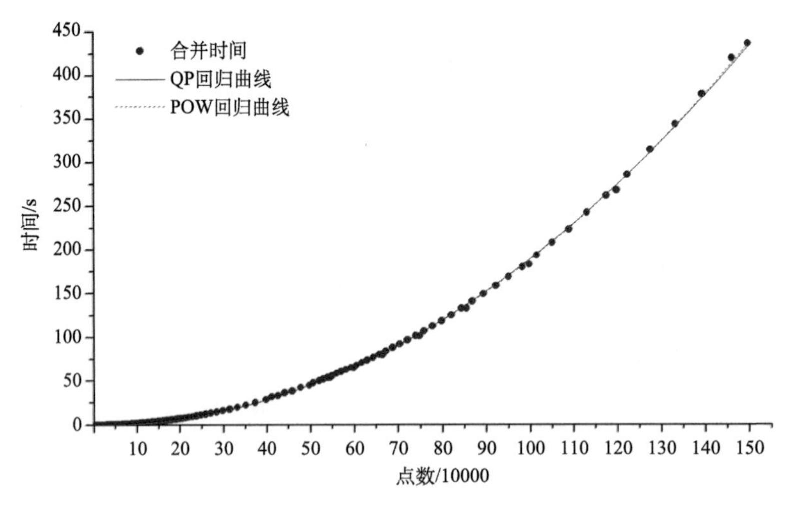

图 7-4　Vatti 算法合并效率实验结果

因此，在处理两个多边形叠置合并问题时，Vatti 算法的计算时间随多边形点数增加同样呈现出了类似二次曲线或者幂函数的上升规律。图 7-4 中的拟合曲线的可能数学模型如表 7-1 所示。

表 7-1　Vatti 算法单次合并的计算效率随多边形点数变化的回归模型

模型	拟合方程	R^2
QP[a]	$y = 0.0200x^2 - 0.1138x + 0.4015$	0.9998
POW[b]	$y = 0.0132x^{2.0772} + 0.1154$	0.9999

注：y 为时间；x 为多边形点数，10^4；a. 二次多项式回归模型；b. 幂函数回归模型。

图 7-4 及表 7-1 中的结果显示出 Vatti 算法的合并算子计算效率对多边形顶点数量的敏感特性，而多边形叠加过程中潜在的顶点累积效应是带来性能下降的直接原因，下面将对该问题进行详细分析和讨论。

7.1.2　多边形合并过程中的顶点累积效应及影响

之所以“滚雪球”式的多边形合并方法会出现严重的性能瓶颈，这与多边形合并过程中潜在的顶点累积效应密不可分。所谓顶点累积效应，指的是每次合并操作得到的结果多边形所包含的顶点数将可能多于参加合并的两个多边形中的任何一个，如图 7-5 所示。

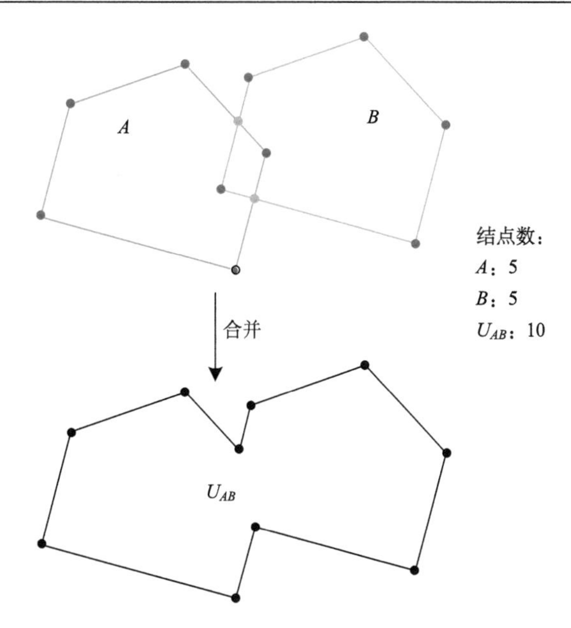

图 7-5　多边形合并过程中的顶点累积效应

结合图 7-4 与表 7-1 中的实验结果，不恰当的多边形合并方法（如“滚雪球”式合并）在大多数情况下将导致多边形合并算法整体计算效率的显著降低，这是因为“滚雪球”式的多边形合并处理模式虽然在理论上可以完成多边形合并得到正确的结果，但是考虑到多边形叠加合并过程中潜在的顶点累积效应和基于 Vatti 算法实现的多边形合并算法的效率随多边形顶点数增加而表现出的二次多项式或者幂函数的快速增长规律，第 i 次叠加合并的过程需要处理前面 i–1 次合并结果可能累积下的顶点，将不可避免地造成多边形合并效率快速降低。

虽然该效应并非任意多边形合并时均必然出现，但是在多数情况下必须引起足够的重视，否则在应用类似 Vatti 算法的多边形裁剪/布尔算法实现多边形集合的合并操作时将面临潜在的性能瓶颈。本研究选择使用基于分治法的多边形“树状”合并方法进行改进，实现对上述顶点累积效应的规避。

7.1.3　基于分治法的多边形“树状”合并方法

“滚雪球”合并方法体现了最为朴素和直观的多边形合并流程，但由于潜在的顶点累积效应，因此基于该方法实现的多边形集合合并算法潜藏着危险的性能瓶颈，必须设计新的多边形集合合并方法来消除这一隐患。

分治法是指将原问题划分成 n 个规模较小而结构与原问题相似的子问题，递归地解决这些子问题，然后再合并其结果，最终得到原问题的解的过程（Cormen et al., 2006），它是很多高效算法的基础，如排序算法（快速排序、归并排序）、快速傅立叶变换等。分治法应用于空间问题的求解也由来已久，Bentley 和 Shamos（1976）给出了求空间最近点对问题的分治求解算法，其算法复杂度为 O（nlogn）。Dwyer（1987）提出并实现了基于分治法的平面点集计算 Delaunay 三角网的改进算法，时间复杂度降低为 O(nloglogn)。

递归模式的分治法在每一层递归上都包含三个步骤：

（1）分解（divide）：将原问题分解成一系列子问题；

（2）解决（conquer）：递归地解决各个子问题。若子问题足够小，则直接求解；

（3）合并（combine）：将子问题的结果合并成原问题的解。

多边形集合合并的最终结果是生成一个包含了所有参与合并的多边形所有几何部分的多边形，最终结果多边形的形状与参与合并多边形的合并顺序没有任何关系，虽然分治法较多被用来处理递归问题，但是对于数量确定的多边形集合的合并过程来说，其过程和目标都是明确的，因此可以应用分治法完成多边形集合的合并过程。

基于分治法的二路树状归并及应用 STR 树的级联合并方法（Ramsey, 2013）可以有效地解决多边形节点累积给合并操作带来的时间开销增长的问题，能显著提高多边形合并的效率。所谓多边形的二路树状合并，指的是对一组相交的多边形，从第一个多边形开始，依次与其相邻者合并，如第 1 个与第 2 个合并得到 1’，第 3 个与第 4 个合并得到 2’，…，第 n–1 与第 n 个合并得到(n/2)’，对上述合并操作得到的结果继续执行上述过程，直到最后只剩下 1 个多边形为止，合并完成。我们采用多边形的二路树状合并方法实现了多边形快速并行合并，并开展了对比实验，结果如表 7-2 所示。

表 7-2　多边形顺序合并与二路归并合并时间开销对比

多边形数量	顺序合并/s	二路归并合并/s
1000	132.613	0.810
2000	1412.201	2.833
3000	4144.933	6.109
4000	7014.440	10.293
5000	13595.300	17.295

由表 7-2 可知，不同的多边形合并策略将带来巨大的效率差异，二路归并在不增加多边形合并次数的前提下能有效提升多边形集合的合并效率，我们在并行多边形合并过程中采用了该方法实现多边形的快速合并。

基于分治法的二路归并“树状”合并方法流程如图 7-6 所示。

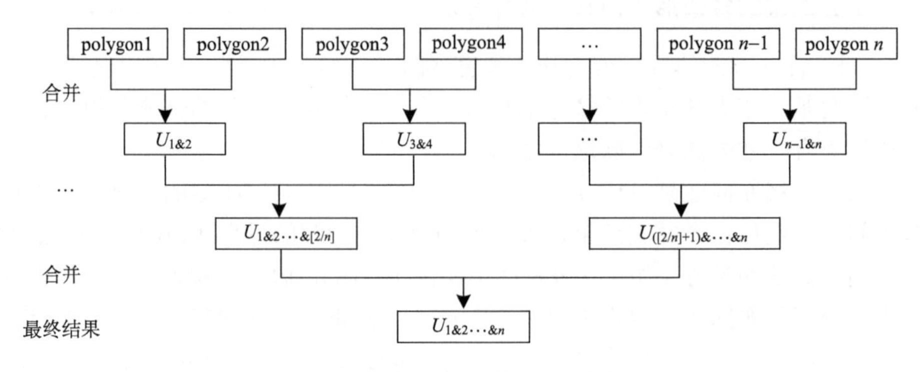

图 7-6　多边形的“树状”合并方法

所谓的“树状”合并，指的是先对要合并的多边形进行两两分组，组内合并后再将两个相邻分组的合并结果合并，直到最后只剩下一个多边形为止。应用“树状”合并方法的多边形集合的合并算法描述如下。

（1）算法接收一组待合并的多边形作为数据输入，假设共有 n 个多边形。

（2）对这 n 个多边形进行相交性检查，被判定为相交的多边形归为一组，它们的几何形状将被合并到一起，不与任何多边形相交的多边形自成一组，分组的过程可基于 DWSI 算法实现，假设 n 个多边形被分为 m 组。

（3）对每一组多边形进行“树状”合并：先两两相邻合并，再对结果进行两两相邻合并，直到最后只剩下一个多边形，将其输出；若组内只有 1 个多边形，直接将其输出。

（4）所有被输出的多边形即为多边形集合合并的最终结果。

显然，与“滚雪球”合并方式相比，基于分治法的“树状”合并方法并没有增加（或者减少）多边形合并算子的调用次数，但是在“树状”合并的同一轮合并过程中，各次合并操作彼此间并无关系，后执行的合并过程不需要处理前次合并结果中增加的节点，单次合并操作所处理的顶点数量最大限度地保持在合理水平，因此有望获得性能提升，下面将通过实验进行验证。

7.1.4　实验分析与比较

本节利用上述“树状”合并方法实现了基于 Vatti 算法的多边形合并算法，并采用图 7-2 所示实验数据开展了与“滚雪球”合并方法的对比实验，实验结果如图 7-7 所示。

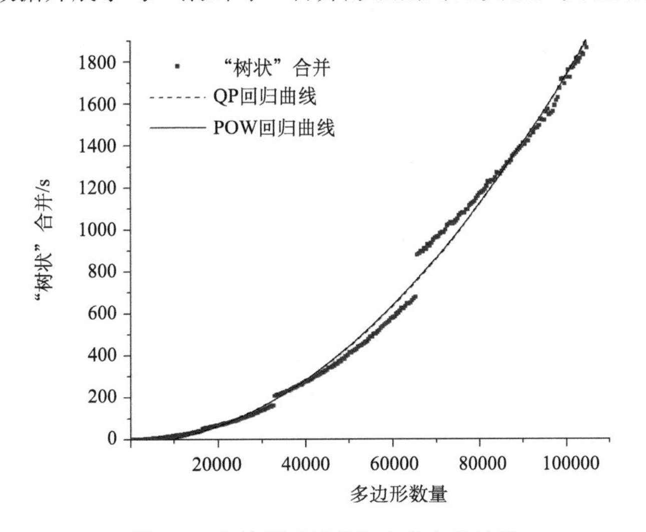

图 7-7　多边形“树状”合并实验结果

从图 7-7 可以得知，“树状”合并方法显著地缩短了多边形集合合并完成所需要的时间，当多边形个数为 400 时，“滚雪球”合并耗时 3.155s，而“树状”合并仅需 0.122s，前者是后者的 25.861 倍；当多边形个数为 11200 时，“滚雪球”合并耗时 19199.700s，而“树状”合并仅为 20.737s，相差达 925.867 倍。因此多边形集合的“树状”合并方法可以有效地提升叠置合并算法效率，并且这种效率提升随着待合并的多边形数量的增加呈现出上升趋势，如图 7-8 所示。

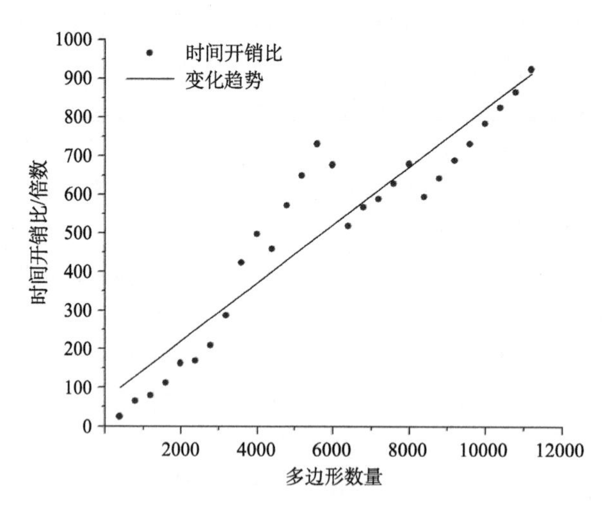

图 7-8　“滚雪球”合并与“树状”合并时间开销比及其变化趋势

从图 7-8 可以看出，“树状”合并方法为多边形集合合并算法带来的效率提升效果随着参与合并的多边形数量的增加而呈现出近似线性的升高趋势，因此进一步体现出了基于分治思想实现的“树状”合并方法的优越性。上述回归分析结果的数学模型均在表 7-3 中列出，实验结果展现出的二次曲线或者幂函数的变化规律与 Vatti 算法所表现出的变化规律符合良好，这也表明，不管是“滚雪球”合并还是“树状”合并策略，二者都没有从根本上改变多边形求并核心算子的时间复杂度，但是通过分治求解的处理方法大幅度提升了多边形合并算法的计算效率。

表 7-3　“滚雪球”合并与“树状”合并时间开销回归模型

模型	拟合方程	R^2
“滚雪球”QP[a]	$y = 0.0008x^2 - 1.6307x + 889.4922$	0.9883
“滚雪球”POW[b]	$y = 4.3732 \times 10^{-4} x^{2.8352} + 217.1288$	0.9940
“树状”合并 QP[a]	$y = 6.716 \times 10^{-7} x^2 - 0.0017x - 17.8456$	0.9946
“树状”合并 POW[b]	$y = 1.7069 \times 10^{-6} x^{1.9177} - 18.0570$	0.9947
时间开销比	$Y = 0.1508x + 69.5133$	0.8714

注：y 为时间；x 为多边形点数/10^4；Y 为倍数；a. 二次曲线回归模型；b. 幂函数回归模型。

上述实验结果表明，基于分治法设计合理的多边形合并处理方式可以对多边形合并过程中潜在的节点累积效应实现规避，进而大幅提高计算效率，该方法可应用于其他类似的空间矢量叠加分析算法中，如缓冲区结果图形合并等。

7.1.5　效率提升评价模型

对于针对一组给定多边形集合的合并任务，假设共有 n 个多边形，其中 m 个被判定为相交，依据本节的实验结果，“滚雪球”合并模式忽略了多边形合并过程中潜在的节点累积效应，相交多边形越多，节点累积效应越明显，因此可通过检查多边形集合内部相交多边形的数量来估计本节提出的“树状”合并方式为多边形合并算法带来的性能提升潜力。如式（7-1）所示，指标 e 被用来估计应用“树状”合并策略可能带来的效率提升潜力。

$$e = \frac{m}{n} \tag{7-1}$$

式中，$e \in [0,1]$，当 m=0 时，该组多边形集合内所有多边形均不相交，这表明不需要合并，性能提升潜力为0；当 m=1 时，该组多边形集合内所有多边形被判定为全部相交，性能提升潜力为1，即此时应用多边形“树状”合并处理策略能获得最大的性能提升。

7.2　叠加分析中的任务映射关系

7.2.1　“一对多”映射

2 个多边形图层叠置时，目标图层中的多边形可能与叠加图层中多个多边形相交，便自然地建立了目标图层到叠加图层“一对多”的映射关系。以多边形叠加求差工具为例，最终计算结果仅包含目标图层要素的几何部分，因此，只需要考虑从目标图层到叠加图层的“一对多”的映射关系，而不需要考虑从叠加图层到目标图层的类似映射关系。

7.2.2　“多对多”映射

从叠加图层到目标图层存在“一对多”的映射关系，2 个图层间不同方向的“一对多”的映射关系构成了复杂的“多对多”映射关系。以多边形合并为例，将叠加图层中要素的几何形状向结果集合输出时，不仅需要处理从目标图层到叠加图层的“一对多”的映射关系，还必须考虑从叠加图层到目标图层的“一对多”的映射关系。因此，问题转变为处理 2 个图层间要素的“多对多”的映射。

7.2.3　集群环境下的并行任务映射问题

多核环境下的共享内存模式使进程间可以共享数据分组信息，省去了复杂的进程间显式数据通信过程。集群环境下，主节点完成数据划分过程后，依赖显式数据通信方式将数据分组结果分发到各个计算节点，符合“一对多”映射条件的算法工具采用要素序列划分即可获得理想的加速比，其所对应的并行任务映射方法也较为简单，但符合“多对多”映射的并行算法任务映射则面临困难。

对于仅需处理“一对多”映射关系的叠加分析算法，基于数据并行思想的要素序列划分方法是简单有效的并行化途径。所谓序列划分，指的是由主节点按照一定指标计算子节点任务量，以要素数量指标为例，假设共有 n 个计算节点，目标图层共有 F 个要素，按照要素序列划分后分配到每个计算节点上的任务量 f 为

$$f = \lceil F / n \rceil \tag{7-2}$$

集群环境下，节点 1 负责目标图层第 1～f 个要素的叠加求差计算，节点 2 负责第（f+1）～2f 个要素，依此类推。因此，序列划分保证了计算节点操作要素在存储序列上的连续性，主节点仅需要通知子节点计算的起止要素 ID 编号，每个子节点基于单次 MPI_Send/MPI_Recv 通信即可实现并行任务映射，每次通信的数据包构成如图 7-9 所示（以 MySQL 数据源为例）。

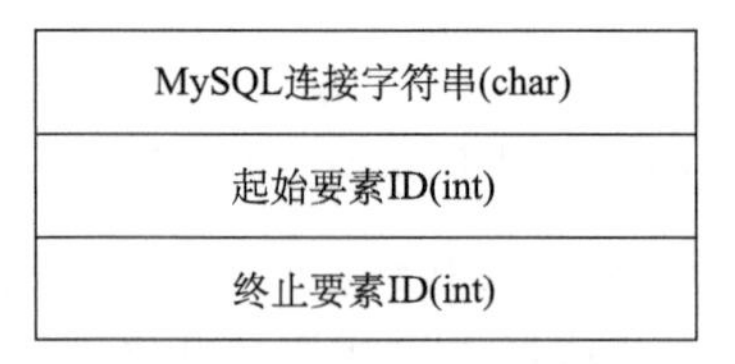

图 7-9　序列划分方法下 MPI 通信数据包内容

对于符合“多对多”的映射关系的算法，基于 R-tree 或者空间数据库的精确几何搜索功能可以实现叠加图层相交多边形的搜索，如 DWSI 算法，保证了分组内要素空间上的邻近性，但是空间上相邻的多边形在存储序列上并不一定连续，且可能来自不同图层，无法采用与序列划分类似的方法实现任务映射，必须结合数据划分结果和多边形合并算法自身的特点，设计新的并行任务映射的方法。

7.3　多边形集群并行叠加合并算法

随着空间数据获取能力的提高，数据规模的快速增长给传统的串行多边形叠加分析算法带来了严峻挑战，而基于集群 MPI 的并行计算为解决大数据量条件下的高性能叠加分析问题提供了有效手段。在集群环境下，基于 MPI 并行编程模型和 OGC 简单要素规范进行并行多边形合并时，需要处理叠加图层间要素的“多对多”映射关系，由于空间上相邻的多边形在要素序列上并不一定连续，导致无法按要素序列为子节点分配任务，给并行任务映射带来了困难。本节以集群环境下的并行多边形合并算法为研究对象，对图层级多边形叠加合并算法的并行实现开展研究，对分布式内存模型下图层级多边形叠加过程中要素间“多对多”的映射关系给并行任务映射带来的影响进行分析，比较叠加分析中两种多边形映射关系给算法并行化带来的影响，基于 R-tree 空间索引、MySQL 精确空间查询，以及 MPI 通信机制，提出了 6 种可行的叠加合并算法并行任务映射策略；通过实验分析和比较 6 种策略的优劣，研究多边形叠加合并算法的设计和实现方法，重点研究该算法的并行任务映射方法。

7.3.1　集群并行高性能算法设计原则

与多核并行计算环境不同，集群环境下各个计算节点间的协同和通信都基于消息通信机制实现，且各个节点无法共享内存，因此在数据部署、交换与任务协作等方式上与多核计算存在较大区别。集群环境下基于 MPI 的并行高性能算法设计应遵循一定的原则，主要关乎数据存取、降低任务间通信、与特定算法特征结合三个方面。

1. 计算和存储的本地化原则

空间分析数据通常具有数据量大、数据分布广等特点，集群依靠分布于多台计算机上的处理器实现并行计算，每个节点都有本地内部存储，各节点依靠网络进行通信，因此当并行程序必须进行任务间状态同步或者数据交换时，必须由并行程序开发人员显式地定义同步的时刻及通信方式。集群节点间的数据通信依靠局域或高速网络实现，但是数据在网络上的传输易成为瓶颈，而访问位于本地节点的外部存储器比通过网络访问位于远端的外部存储器要快得多。因此，提高集群环境下并行算法效率的一个重要原则是尽可能地从本地存储器读取数据完成计算（Oracle Corporation and/or Its Affiliates, 2012），减少网络上的数据传输，即符合计算和存储的本地化原则。

2. 减少通信次数原则

集群 MPI 并行程序设计的另外一个重要原则是设法加大计算时间相对于通信时间的比重，减少通信次数甚至以计算换通信（张武生等, 2009）。这是因为，对于集群系统，一次通信的开销要远远大于一次计算的开销，因此要尽可能降低通信的次数，或将两次通信合并为一次通信。MPI 每次通信的最大数据量不超过 2MB，并且数据类型只有浮点型、整型和字符型，适合传递算法中函数的简单输入参数或小型矩阵数组，不宜用来直接传输空间数据。基于上述原因，集群计算的并行粒度不可能太小，因为这样会大大增加通信的开销。如果能够实现计算和通信的重叠，将获得较高的计算效率。

3. 与算法特点相结合原则

以多边形叠加分析为例，明确目标图层与叠加图层间要素的数量对应关系是对算法进行并行化的前提，在此基础上选择适用的并行数据分解方法，设计适用的并行任务映射方法，结合算法特征进行优化，是并行程序设计的基本原则。

7.3.2　并行策略与数据划分方法

两个图层叠加时，叠加合并算法将把图形相交的所有多边形合并到同一个几何对象，虽然基于 MySQL 5.6 社区版的精确几何查询功能（Oracle Corporation and/or Its Affiliates, 2013）可以得到与目标多边形精确相交的叠加多边形，但是由于多边形合并算法并不涉及属性字段连接，图形合并后的要素属性将被丢弃，并且频繁地通过数据库连接发起数据访问将带来严重的性能瓶颈（图 6-6），因此基于内存式空间索引快速搜索相交的多边形要素可以大大提高数据划分速度，从而提高算法整体计算效率，而基于 DWSI 算法就能够达到该目标。将 DWSI 算法分组后的要素 ID 数组发送给不同的计算节点进行合并，不同的节点间多边形不可能存在相交关联，达到并行计算的目的。

7.3.3　多边形集群并行叠加合并算法流程

传统的并行算法（PCAM）设计过程分为四步，即任务划分（partitioning）、通信（communication）分析、任务组合（agglomeration）和处理器映射（mapping），是实际设计并行算法的自然过程，其基本要点是：首先尽量开拓算法的并发性和满足算法的可扩展性；然后着重优化算法的通信成本和全局执行时间，同时通过必要的整个过程的反复回溯，以期最终达到一个满意的设计选择（陈国良，2003）。本节采用 Foster（1995）的 PCAM 并行算法设计方法设计并实现矢量多边形并行叠加合并算法，该算法的流程如图 7-10 所示，包括数据划分、并行计算和结果收集与输出 4 个步骤。数据划分基于 DWSI 算法实现。下面将对位于数据划分与并行计算中间的并行任务映射环节进行详细分析和研究。

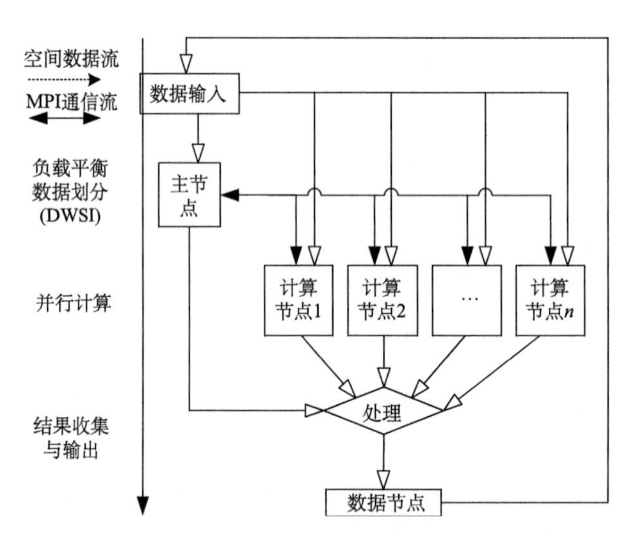

图 7-10　基于 MPI 的多边形图层并行合并算法流程

7.3.4　多边形集群并行叠加合并算法任务映射方法

DWSI 算法能够实现数据分组，但是空间上相交或相邻的多边形在存储序列上并不一定连续，且可能来自不同图层，无法与采用图 7-9 所示方法实现任务映射，必须设计新的并行任务映射的方法。本研究面向多边形合并算法设计了 6 种并行任务映射方法，下面逐一进行介绍。

1. 隐式数据同步方法（S1）

基于对同一数据集执行 DWSI 算法得到的数据分解结果完全相同的事实，主节点与子节点可通过分别执行相同的数据分解过程来实现非连续数据划分结果的多节点“同步”，这种数据同步并非来自类似于单机多核并行环境下的内存共享机制或数据通信，本节称之为“隐式数据同步”，其流程如下：

（1）主节点执行 DWSI 数据划分过程，并统计多边形顶点数量作为负载平衡指标进行并行任务分配，每个分组内的多边形可能来自两个图层；

（2）主节点确定出所有的数据分组后，按照多边形顶点数量进行数据分配，假设有 n 组数据，可能将第 1、2 组分配给子节点 1，将 2、3、4 组分配给子节点 2，以此类推，直到所有数据分组分配完毕；

（3）主节点将划分好的数据分组起止编号通过单次 MPI_Send 发送到子节点，同时主节点也执行部分多边形合并工作，主节点到子节点每次通信的数据包内容如图 7-11 所示；

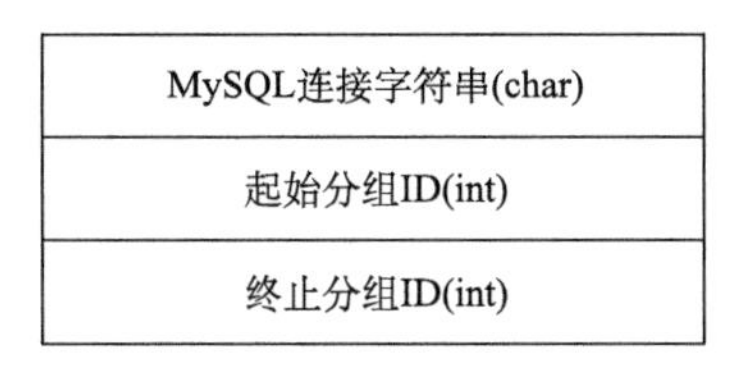

图 7-11　隐式数据同步方法下 MPI 通信数据包内容

（4）子节点接收到主节点下发的任务后，执行与主节点相同的数据分组过程，仅对主节点指定编号的分组所包含的多边形执行合并过程并输出结果，所有节点计算完毕后，算法结束。

2. 基于空间范围的轮询通信方法（S2）

考虑基于 DWSI 算法得到的数据分组间必无相交的特点，可通过提取数据分组中要素总体外包矩形并发送给子节点，在子节点进行空间查询的方法实现并行计算的任务映射。该方法避免了在子节点重复执行数据划分过程，其流程如下：

（1）主节点执行 DWSI 算法进行数据划分，并统计多边形顶点数量作为负载平衡指标进行并行任务分配，每个分组内多边形可能来自两个图层；

（2）主节点进行循环，每次给某一个计算节点下发一个分组的空间范围，每次通信的数据包内容如图 7-12 所示；

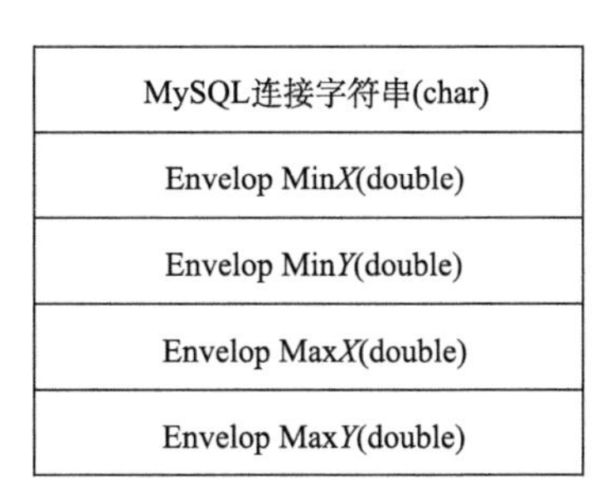

图 7-12　基于空间范围的轮询通信方法下 MPI 通信数据包内容

（3）子节点循环接收主节点下发的任务，解析出外包矩形后作为查询条件分别在叠加的两个图层中进行空间搜索，将搜索到的多边形合并，输出结果，等待接收下一个任务或终止指令；

（4）主节点发送完所有的任务后，为每一个进程下发终止指令，主节点不参与多边形合并。

3. 基于空间范围的打包通信方法（S3）

基于 MPI 并行程序多计算少通信的设计原则，可将多个数据分组的空间范围数据打包后，采用单次 MPI_Send 通信发送给各个子节点，子节点接收到数据包后进行解析，遍历每一个外包矩形范围并执行空间查询和多边形合并过程，实现任务映射和并行计算，主节点承担部分多边形合并计算任务，每次 MPI 通信数据包的内容如图 7-13 所示。

MySQL连接字符串(char)
Envelop数量(int)，*n*
Envelop1
Envelop2
…
Envelop *n*

图 7-13　基于空间范围的打包通信方法下 MPI 通信数据包内容

4. 直接合并方法（S4）

考虑属性信息在多边形合并过程中被边缘化甚至丢弃的特征，其实可不必拘泥于数据分解的套路实现多边形并行合并。跨过数据划分过程，先将所有多边形要素合并掉，再通过多部分几何对象拆分实现图形分解，达到快速多边形合并的目的，该方法流程如下：

（1）主节点统计输入图层的总数据数量，按照要素顶点数量进行序列划分；

（2）为每个节点发送起止要素 ID 值，MPI 通信数据包内容如图 7-9 所示；

（3）子节点接收数据后，在两个图层内读取部分多边形，合并后输出结果；

（4）所有子节点执行完毕后，主节点进行结果后处理，后处理的流程为，从结果图层取出所有结果并合并后，将初始结果删除，最后将合并后的最终结果打散为简单多边形并输出。

5. 基于 MySQL 精确空间查询预筛选的直接合并方法（S5）

在直接合并过程中，可通过 MySQL 空间数据库插件提供的精确几何搜索功能实现要素对象的预筛选，以提高多边形合并操作的命中率。该方法的流程如下：

（1）主节点统计输入数据数量，仅对目标图层按照要素顶点数量进行序列划分，每个分组内多边形仅来自目标图层，将目标图层分组信息分发到各个子节点，MPI 通信数据包内容如图 7-9 所示；

（2）子节点接收到消息并加载指定的数据后，在叠加图层内部进行基于几何对象的精确空间搜索，将分组数据与搜索到的多边形全部合并，输出结果；

（3）主节点对各个子节点的计算结果进行后处理，后处理步骤同方法 S4；

（4）主节点统计叠加图层中未被合并的多边形，将其单独输出到结果集合。

6. 基于 R-tree 搜索预筛选的直接合并方法（S6）

在直接合并过程中，可使用 R-tree 进行预筛选代替较为耗时的精确空间搜索过程进行预筛选，既能保持一定的多边形合并命中率，又能避免频繁的数据库 I/O 操作，有望获得更高的计算效率，其流程与方法 S5 类似，唯一区别是在子节点接收到消息并加载指定的数据后，统计每个分组空间范围大小，并在每个计算节点上为叠加图层要素建立内存式 R-tree 索引代替 MySQL 的精确空间搜索，后续过程不再赘述。

7.3.5 实验分析与比较

按照图 7-10 所示的叠加处理流程，本节基于 Vatti 多边形裁剪算法、DWSI 数据分解方法和多边形“树状”合并方法实现了集群多边形并行合并算法。由主节点负责负载平衡计算（如统计多边形顶点数量）、数据划分（采用 DWSI 算法）、与其他计算节点进行通信协作以完成任务分发与结果收集等任务。按照上述流程，采用上述 6 种并行任务映射方法，按照图 7-14 所示数据开展多边形合并实验。图 7-14（a）为长春市居民地多边形数据，2 个图层共包含 7918 个多边形，实验集群的软硬件环境如表 7-4 所示。

表 7-4　实验集群软硬件配置指标

项目	参数
制造商	IBM
CPU	Intel Xeon X5650；2×6 核
内存	6×4GB
网络	千兆网络
磁盘阵列	IBM DS3512（24×1TB）；RAID5
节点数量	计算节点：6；存储节点：1
操作系统	RHEL Server release 6.2（Santiago）

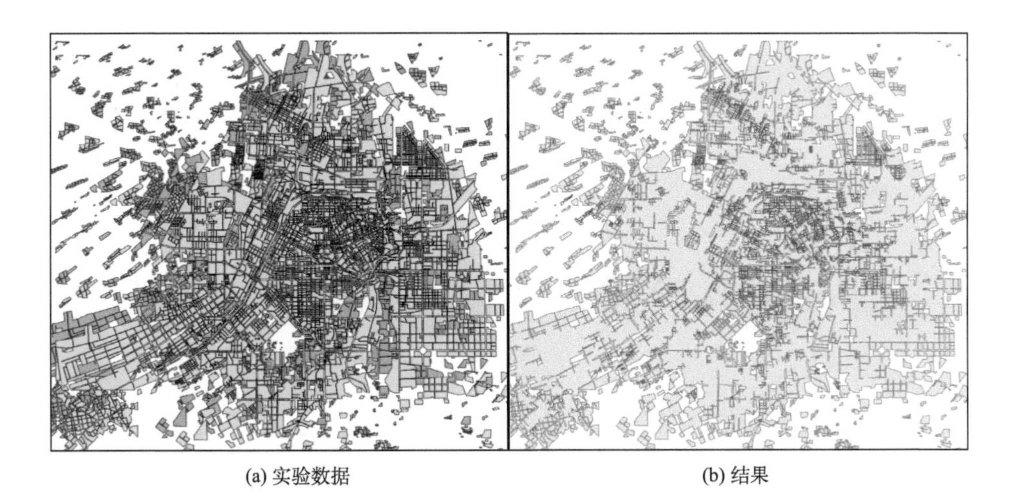

(a) 实验数据　　(b) 结果

图 7-14　并行多边形叠加合并实验数据及结果

基于图 7-14（a）所示数据，采用 7.3.4 节所述方法 S1～S6 实现的并行多边形合并算法的串行计算时间分别为 8.536s、16.267s、16.613s、15.708s、27.168s、11.289s，因此，串行模式下基于方法 S1 和 S6 实现的多边形合并算法较为高效。为进一步分析各个方法的并行性能表现，我们采用更大数据量（共 69391 个多边形）的多边形数据开展实验，结果如图 7-15 所示，其中网络流量数据来自 Ganglia 3.1.7 集群状态监控软件的实时监控数据。

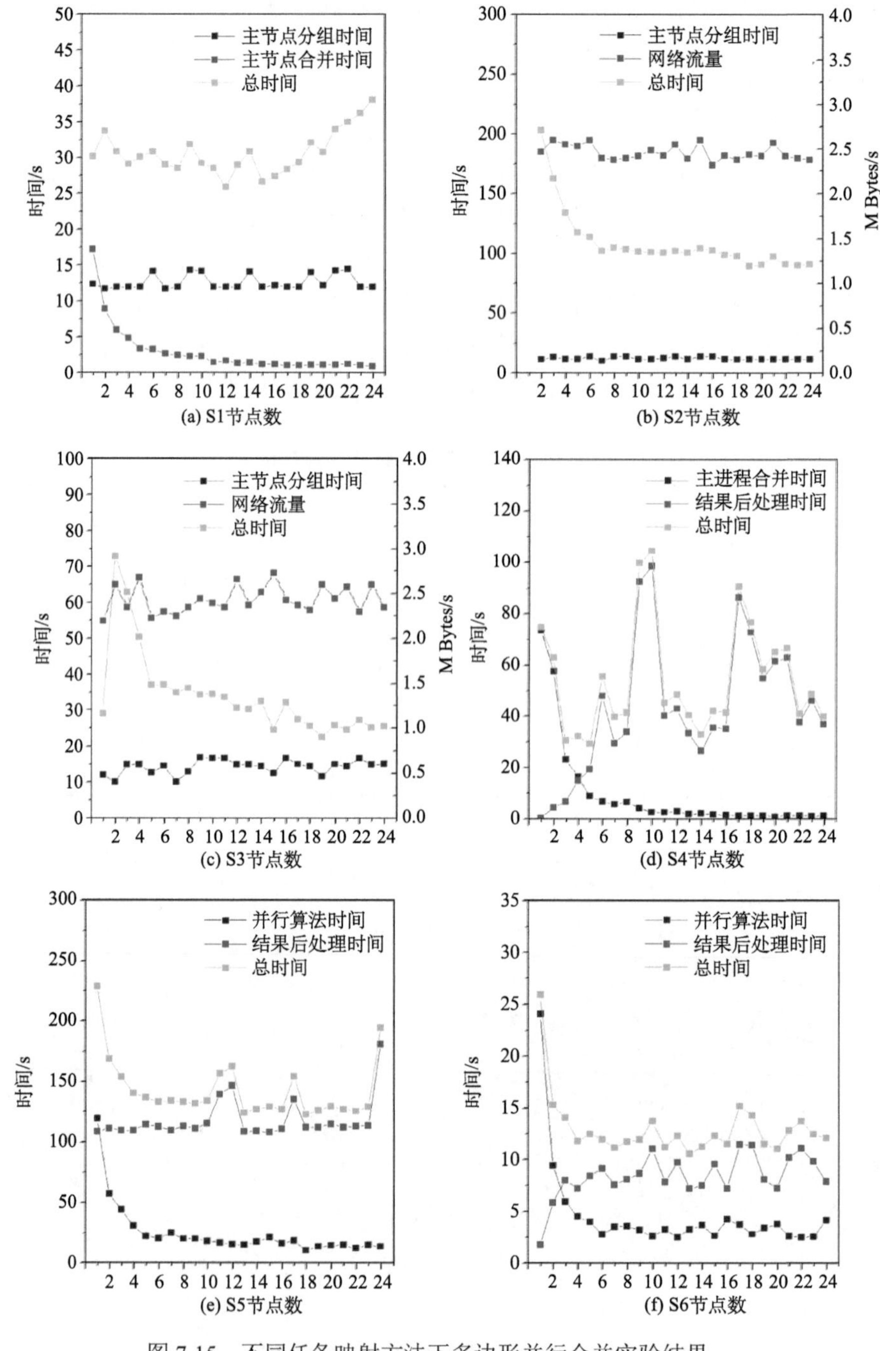

图 7-15　不同任务映射方法下多边形并行合并实验结果

由图 7-15 中结果可以得到如下结论：

（1）基于方法 S1 的并行多边形合并算法在串行情形下具有较高的计算效率，但是并行条件下并未获得相应的加速，并行的效果仅体现为主节点合并计算时间的下降，这对算法整体并无贡献，说明这种以计算换通信的方法难以获得理想的并行加速。

（2）基于方法 S2 实现的并行多边形合并算法表现出了合理的并行计算效率，但是该方法导致网络峰值流量平均增加了约 23.0%（正常网络负载约为 2.0MB/s），且频繁的进程间通信带来了大量的时间开销，使并行算法总体时间开销远高于方法 S1。

（3）与方法 S2 类似，方法 S3 同样造成了约 21.8%的网络负载增长，虽然串行多边形合并保持了正常的效率，但是并行算法表现出了不稳定性，尽管随节点增加算法总时间呈下降趋势，但无法获得令人满意的加速比。

（4）基于方法 S4 实现的并行多边形合并算法的串行计算效率并不理想，主要原因是直接合并操作中包含了大量的无效操作，如不相交多边形的合并。该方法的一个显著优点是并行计算的能力得到了充分的展示，随着计算节点的增加，主进程所需的合并计算时间迅速降低，但不足之处是结果的后处理过程随着节点数增加所需的时间开销增长迅速，且易受数据空间分布的影响而带来严重的不稳定性。

（5）基于方法 S5 实现的多边形并行合并算法的实验结果显示了与方法 S4 类似的变化规律，所不同的是该方法性能表现得更为稳定，但合并过程和后处理过程也更为耗时，且 MySQL 精确空间查询需要频繁的数据库 I/O，导致时间开销大为增长。该方法在处理较小规模的数据集时受数据库 I/O 影响较小，有其应用价值。

（6）基于方法 S6 实现的多边形并行合并算法不仅具有较高的串行计算效率，且随计算节点的增加，并行计算过程、结果后处理过程及算法总时间都保持了合理的下降趋势，尽管仍旧具有一定的不稳定性，但已有明显改善。

综上所述，串行前提下可采用方法 S1 和方法 S6 实现多边形合并。尽管图 7-15 中方法 S5 的效率低于 S6，但 MySQL 精确空间查询能过滤掉比 R-tree 搜索更多的不相交多边形，从而避免过多的无效合并过程，这使得方法 S5 可能获得与 S6 类似甚至更高的计算效率。方法 S6 更适用于处理大数据集或叠加要素多为几何对象真正相交的情况，S5 更适用于小数据集且叠加要素间仅外包矩形相交的情形。因此，我们认为方法 S5 和 S6 是在集群 MPI 环境下实现并行多边形合并的两种有效方法，方法 S6 具有更广泛的适用性。

7.4　本 章 小 结

本章面向“多对多”映射条件下的多边形叠加分析算法的并行化设计开展研究，以多边形叠加合并为例，深入探索和分析了串行算法优化、并行算法设计原则、并行算法任务映射方法设计、算法扩展应用、并行计算结果归并方法等多个核心问题，主要结论包括：

（1）通过对多边形叠加合并过程中的顶点累积效应及由此带来的潜在的性能瓶颈的研究，提出基于分治法的多边形二路归并“树状”合并方法，有效地降低了多边形集合合并的时间开销，提高了串行多边形合并算法的计算效率。

（2）集群环境下的网络负载、通信策略、数据划分方法等都有可能给并行方法带来巨大影响。本章基于 DWSI 算法实现了 6 种集群并行多边形合并算法，并比较了它们的并行效率差异，实验结果显示基于 R-tree 预筛选方法的多边形直接合并方法是在集群环境下为多边形并行合并算法实现任务映射的有效方法；R-tree 预筛选的直接合并策略具有最高的串行计算效率和优秀的并行性能表现；以 MySQL 精确空间查询的预筛选过程虽然较为耗时，但可有效地过滤非真正相交多边形的数量，从而提高合并操作的效率。因此，这两种实现策略能较好地解决集群 MPI 环境下，多边形并行合并算法所面临的并行任务映射难题。其中，前者更适用于处理大数据集或叠加要素多为几何对象真正相交的情况，后者更适用于小数据集且叠加要素间仅外包矩形相交的情形，两者都是实现图层级多边形并行合并算法的有效途径，且前者具有更广泛的适用性。

本章以多边形合并算法为例，对串行算法优化、集群环境下基于 MPI 的并行算法设计、实现、优化和扩展应用问题进行了深入研究，针对典型算法提出了可行的并行化设计和实现方案，为解决矢量多边形并行叠加分析算法开发流程中的并行任务映射、结果归并问题提供了理论和方法保证，对多边形叠加分析算法的扩展应用进行了有益探索。

参 考 文 献

陈国良. 2003. 并行计算——结构 算法 编程. 北京: 高等教育出版社.

张武生, 薛巍, 李建江, 等. 2009. MPI 并行程序设计实例教程. 北京: 清华大学出版社.

Bentley J L, Shamos M I. 1976. Divide-and-conquer in multidimensional space. Proceedings of the Eighth Annual ACM Symposium on Theory of Computing(Proceeding STOC '76), 220-230.

Cormen T H, Leiserson C E, Rivest R L, et al. 2006. 算法导论(原书第 2 版). 潘金贵, 等译. 北京: 机械工业出版社.

Dwyer R A. 1987. A faster divide-and-conquer algorithm for constructing delaunay triangulations. Algorithmica, 2(2): 137-151.

Foster I. 1995. Designing and Building Parallel Programs. MA, USA: Addison-Wesley Publishing Company.

Oracle Corporation and/or Its Affiliates. 2012. MySQL Replication. URL: http://dev.MySQL.com/doc/refman/5.5/en/replication.html. [2020-10-1].

Oracle Corporation and/or Its Affiliates. 2013. MySQL 5.6 Manual. URL: http://dev.mysql.com/doc/refman/5.6/en/functions-for-testing-spatial-relations-between-geometric-objects.html. [2020-7-3].

Ramsey P. 2013.(Much)Faster Unions in PostGIS 1.4. January 12, 2009. URL: http://blog.cleverelephcle.ca/2009/01/must-faster-unions-in-postgis-14.html. [2020-7-3].

第 8 章　多核环境下的算法并行化与算法优化

多核环境下基于 OpenMP 的共享内存架构为用户提供了一个友好的角度对全局地址空间进行编程操作，同时 CPU 对内部存储的直接快速访问能力也使任务间的数据共享变得快速而统一。多核环境下的 OpenMP 编程模型是实现并行多边形叠加操作的便捷途径（Geer, 2005），以 Intel Xeon Phi 协处理器为代表的众核加速卡也为在个人计算平台上实现较高的并行计算性能提供了新的手段（Cramer et al., 2012）。因此多核并行是在个人计算平台上实现串行算法并行化加速的主要方法（Lin and Snyder, 2009）。本章将以多核环境下的 OpenMP 编程模型为基础进行相关的并行化设计，实验从叠加（点面叠加、线面叠加、多边形叠加）分析算法、D8 算法和 GIS 典型几何算法三个实例入手，进行相关的理论讲解和实验分析，从而推进并行算法的应用及其算法优化。

8.1　多核叠加分析算法并行化

8.1.1　并行化分析

并行计算是指同时使用多种计算资源解决计算问题的过程，是提高计算机系统计算速度和处理能力的一种有效手段（陈国良, 1999）。它的基本思想是用多个处理器来协同求解同一问题，即将被求解的问题分解成若干个部分，各部分均由一个独立的处理机来并行计算。从硬件角度考虑，目前高性能并行计算实现的方式主要有计算机集群、多核处理器（multi-core processors, MCP）及图形处理器（Jin et al., 2011; Gepner and Kowalik, 2006）。从软件架构来说，最常用的支持并行计算的并行计算库包括 MPI、OpenMP（open multi processing）、Intel IPP（integrated performance primitives）等。计算机集群模式需要多计算机支持，成本高且开发复杂，仅限于在一些专门领域使用。随着多核处理器及图形加速卡的普及，基于多核或 GPU 的并行计算模式正成为未来程序开发的发展趋势。这不仅充分发挥了新的硬件架构的计算机性能，也极大提升了应用程序的运行效率（韩李涛等, 2017）。

典型的矢量地图叠加分析操作主要包括点面叠加、线面叠加和面面叠加三种。点面叠加主要解决点在多边形内的包含问题；线面叠加主要以多边形裁剪线为主；面面叠加过程实际为多边形的布尔操作，情况较复杂，但主要操作为多边形求交和差，其他操作都是两种操作的组合。本节研究三种叠加操作的并行化设计的思路是以数据分解为基础，基于多处理器、多机分布式计算架构，其中具体的设计模式和难度与图层数据和操作类型有关，总体的并行化模式如表 8-1 所示。

表 8-1　叠加并行化模式矩阵

分解收发机制\并行粒度	细粒度并行（多核）
一次分解一次收集	Yes
一次分解多次收集	No

本节将采用两种比较常用的数据收发并行化模式，分别是一次分解一次收集模式和一次分解多次收集模式。下面对并行叠加中两种模式的应用进行简单介绍。

（1）一次分解一次收集的模式实现的前提是各节点在局部计算之间独立性较好，总体的计算过程属于批处理操作。总体来说类似于批处理形式的操作易于并行，如点面的包含问题、线裁剪问题和多边形求交问题。它们具有数据独立性较好、操作简单并且每次操作与下次操作没有依赖关系，因此易于批量处理。每个子节点计算后的结果可以直接输出到最终结果集中。

（2）一次分解多次收集在叠加分析中的典型情况是多边形的联合问题。多边形的联合等操作需要顾及对象的空间关联性，首先空间数据分解需要顾及数据量的平衡和空间分布的均衡。如果采用无冗余的并行划分形式，每个节点联合后的结果只是中间结果，只有与其他节点的结果检查无再次联合的可能后才可以形成最终结果。这种操作具有级联和依赖特性，因此并行化设计的难度较大。

从叠加分析的并行化粒度的角度分析，本节采用多核并行策略。多核计算主要应用于几何图元的组成点或线段级别的并行方式。

叠加分析算法的并行化可以在不同的计算机架构中获得性能提升。例如，在并行计算机中，并行算法的操作可以被多个不同的处理器同时执行。算法的并行化和特定计算机多处理器并行执行程序有很大的不同。但是实际经验中一些并行计算机并不能高效地执行所有程序，即使算法具有大量的并行部分，经验表明架构一个通用目标的并行计算机系统难度大于建设一个通用的串行计算机（Blelloch and Bruce, 1997）。

针对本节叠加分析采取的并行化模式，其并行程序性能优化可以从以下方面入手：

（1）减少通信量、提高通信粒度；

（2）全局通信尽量利用高效集合通信算法；

（3）挖掘算法的并行度，减少 CPU 空闲等待；

（4）负载平衡；

（5）通信、计算的重叠；

（6）通过引入重复计算来减少通信，即以计算换通信。

8.1.2　并行点面叠加

1. 多核并行方法

本小节使用 CREW PRAM 并行计算模型，基于多核多处理器计算机架构对单对象的转角法进行并行化研究。首先根据以上基础算法的描述开发出近似算法的串行代码，只有当返回值 wn=0 时点在多边形外，其余情况点均在多边形内，从 for 循环的层次得出算

法的复杂度为 $O(n)$。

循环是大多数程序中最重要的代码控制结构，承担数值计算中最主要的计算步骤。相对于整体算法的并行化设计，循环的并行化分析和改写相对比较容易，近几十年来有关代码并行化的研究也主要集中在循环的并行化方面。循环并行化策略是选择外层循环作为并行化主体，保证存储器可以连续地访问数组中的元素，如表 8-2 中代码中的数组 *V*；带有长向量的循环放到最内层进行向量化，达到缩短总运行时间的目的。使用共享内存的方式数值 *v* 在内存中可以连续存储，加快访问速度。

根据分析以上串行程序适宜采用 OpenMP 基于编译指导语句的形式并行化。首先从串行代码可以看出其中有一个较大的 for 循环区域，而 OpenMP 正适应于迭代过程的加速。区域可并行的前提是每次循环之间相互独立，独立性通过变量之间的无关性进行体现。代码 for 循环区域内整型变量 wn 和数组型变量 *V* 在每次循环中均参与运算，并且后一次的变量值依赖于上一次的结果。并行化的难点在于变量 wn 在循环中既有自增运算也有自减运算，而对共享变量的更改不利于算法的加速。Openmp 常用编译指导语句用法如下：

```
#pragma omp <directive> [clause[ [,] clause]…]
```

其中 directive 包含具体的编译指导语句，包括 parallel, for, parallel for, section, sections, single, master, critical, flush, ordered 和 atomic（周伟明, 2009）。OpenMP 对迭代部分需要共享的变量使用 shared 指导条件语句，对于以上串行代码中的共享变量 wn 和数组 *V* 在 for 并行指导语句后面加上 shared（*V*）表示该变量在多个线程间共享。算法中还存在并行计算中普遍存在的并发写的冲突问题，变量 wn 需要在循环中进行自增和自减操作，如果不进行任何限制将会出现线程间变量混乱，如图 8-1 所示，前两个写进程的顺序对第三个读进程的结果有关键影响。

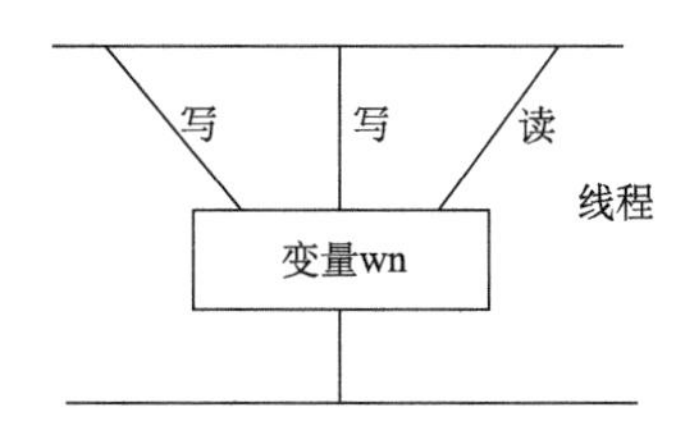

图 8-1　共享变量读写冲突问题

为防止变量访问的冲突需要对变量 wn 进行写保护，OpenMP 提供三种不同的互斥锁机制用于对一块内存进行保护，包括：临界区（critical）、原子操作（atomic）、库函数同步（Omp_set_nest_lock）（孟岩, 2009）。在该变量的操作前面加入 OpenMP 指导语句 #pragma omp critical 表示为下一行代码加入显式的同步屏障，OpenMP 的隐式同步屏障为#pragma omp nowait，标记该代码为临界区，线程间的共享变量在此进行同步。

根据以上分析 OpenMP 的特点，分析点面叠加算法的串行程序可以得到可行的并行解决方法：使用 shared 指定语句在线程间共享 wn 和数字 *V*，算法默认采用静态调度，在 wn 的自增自减运算前添加临界区。并行后的代码如表 8-2 所示。

表 8-2 多核并行的 wind-number 算法

```
int  wn_Point_in_Polygon_omp( GTPoint P,  GTPoint* V,  int  n )
{
int    wn = 0;
     #pragma omp for shared(wn,V)
    for(int i=0; i<n; i++){
        if(V[i].y <= P.y){
            if(V[i+1].y  > P.y)
                 if(isLeft( V[i], V[i+1], P)> 0)
                    #pragma omp critical
                     ++wn;
        }
        else {
            if(V[i+1].y  <= P.y)
                 if(isLeft( V[i], V[i+1], P)< 0)
                     #pragma omp critical(wn)
                     --wn;
        }
    }
    return wn;
}
```

进一步分析单对象点面叠加的多核并行代码可以发现其并行粒度是基于点与多边形线段的级别，而这种处理对象“降维”会导致并行算法的复杂度增加。另外，如果采用大量点与一个多边形叠加的形式，则只能基于点并行。并行计算的层次越高，其实现越简单且易于控制，因此本节的点面叠加的实际并行化以多边形粒度为基础，在图层级别上进行叠加。图层级别的并行化过程描述如下：

（1）建立点 R-tree 索引，本节算法将点索引 MBR 宽高设置为计算机浮点值 1×10^{-10}。依次将点插入索引树中。

（2）以多边形为外部循环作为并行主体。首先使用多边形的 MBR 查询点索引树，得到所有可能在多边形内的点；然后调用单点与多边形包含测试代码进行精炼过程。

2. 多核并行实验与分析

多核并行点面叠加分析算法实验环境包括：操作系统为 Redhat6.2（Linux2.6.38），编程环境为 gcc 编译器和标准 C/C++开发语言，其中 gcc 编译器需要开启支持 OpenMP 选项，空间数据存储在 MySQL5.5.25 社区版，PC 硬件设施为 Dell（Optiplex 980），1T 硬盘，物理 4 核 CPU，超线程为 8 核，型号为 Intel Core 2 Quad Q9400，2.66GHz。多核并行实验数据信息如表 8-3 所示。

表 8-3　多核点面叠加实验数据列表

数据源名称	数据类型	要素数量	线段数量	点数量
北京区域	多边形	17166	321475	252879
县级行政区	多边形	3407	160486	142427
土地利用图	多边形	15615	648894	886547
全国导航 POI 点	点	463142	0	83142
北京及周围 POI 点	点	54912	0	54912

为验证并行算法对实际数据的适用性和有效性，采用形状复杂和数据量较大的全国土地利用图和行政区多边形等进行实验，图 8-2 为实验土地利用数据中的一个示例多边形。从图中看出该多边形是一个复杂多边形，其中存在很多洞并且顶点分布较密集。假设一个复杂多边形由 m 个外环和 n 个内环组成，则点是否在多边形内需要转换为一个点是否在（m+n）个简单多边形内的测试，因此算法复杂度上升为 O（m+n）。多核并行的内存数据调度选取最具有代表性的 dynamic 与 static 策略进行对比（图 8-3）。

图 8-2　部分测试数据示例：土地利用图、北京 POI 点

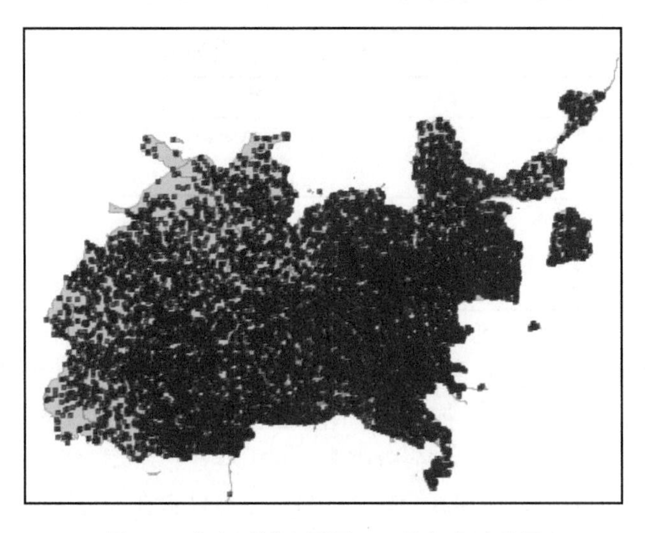

图 8-3　北京区域和周围 POI 叠加实验结果

根据实验结果加速性能统计图分析，在全国县域与全国 POI 点的包含测试中，计算时间随着多核线程数量的增加而呈下降趋势，其中由 1 个线程到 2 个线程的加速效果最明显，从 2 个线程后时间的下降趋势减缓，其原因是多个线程对输出结果在共享内存中的读写竞争引起加速性能下降。

从多核并行的数据负载均衡策略考虑，实验分别采用动态和静态两种内存数据调度方式进行对比。OpenMP 的多核并行是基于线程粒度的并行方式，调度策略根据 dynamic、static、guided、runtime 四种指导语句设定，其中 runtime 调度策略是根据具体环境调用 dynamic，因此两者是等效的。从实验 1 和实验 2 均可以发现动态调度策略要优于静态策略。尤其在实验 2 中，因为数据量较大，点数据的静态划分导致线程间计算不均衡，引起线程等待闲置因此加速比较低，而两次实验均说明内存动态调度效果较好（图 8-4～图 8-7）。从 OpenMP 分析其原因是动态调度策略能够根据运行时状态合理地划分共享数据，减少线程的等待时间。

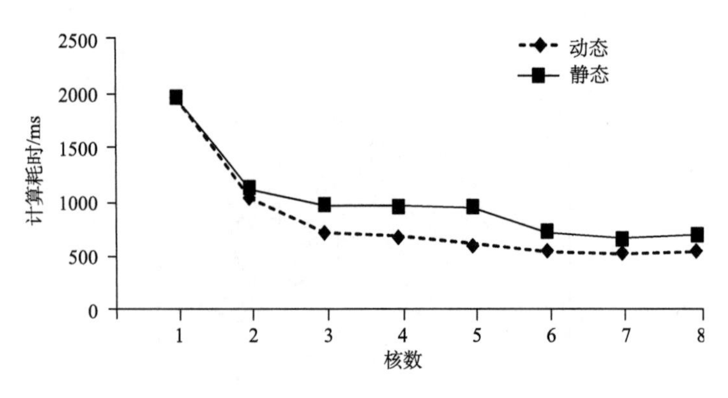

图 8-4　多核并行加速实验 1 计算时间

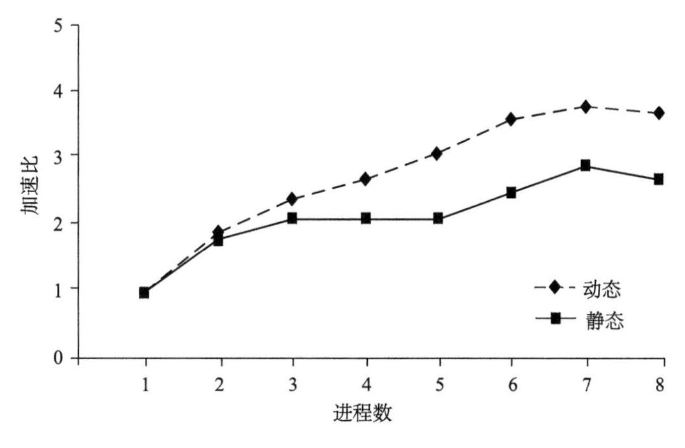

图 8-5 多核并行加速实验 1 加速比

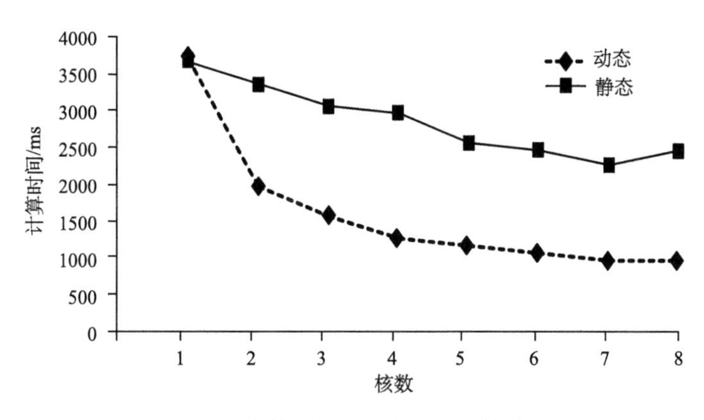

图 8-6 多核并行加速实验 2 计算时间

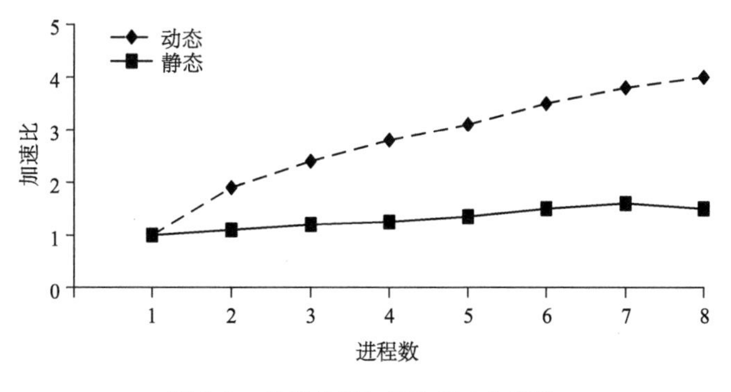

图 8-7 多核并行加速实验 2 加速比

对实验 2 分析发现，当数据量增大时无论是采用动态调度还是静态调度策略，其加速性能都会有所减小，因此可以总结发现多核并行算法在内存共享机制上受到读写并发、数据容量的限制，比较适合中小粒度对象的并行化。同时两种调度策略均无法达到线性加速比，其原因在于虽然各个 CPU 核承担不同的数据，由于 OpenMP 采用全局方法管理内存，实际运行时仍然是“串行运行”。

从实验 2 的并行加速比统计图分析看出，静态调度策略下的加速比提升能力非常低，可以从叠加图层数据本身的数据分布情况和 OpenMP 内存分配机制分析其原因。首先由于点图层数据量较大，而 static 策略默认数据分解方法是每个核固定分配并行 for 循环中“point_num/core_num”个点数据，每个核对应的数据量不具有伸缩性，每个核的计算任务过重造成加速比下降。其次 OpenMP 多核并行的 fork-join 计算模式下只有等待每个核处理完自身的数据计算过程才真正退出，线程间等待造成延时。

图 8-8～图 8-10 为实验 3 全国土地利用图与全国 POI 点并行叠加加速效果，从统计图可以看出实验 3 与实验 1、实验 2 中的加速趋势一致，其中并发线程间的动态调度方法加速效果明显优于静态调度方法。数据量增加引起单线程运行时间达到 6.9s，在线程数达到 8 时，实际最大加速比为 5.0，略大于实验 2 的最大加速比，从一定程度上可以验证“并行数据粒度越大加速比越大”的正确性。在线程数大于 4 时，动态调度策略的加速比呈现明显上升趋势说明多线程并发的点面叠加可以获得较好的加速效果（图 8-10）。

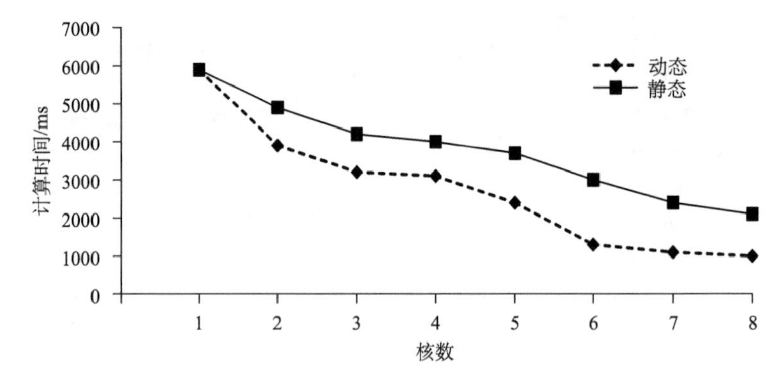

图 8-8　多核并行加速实验 3 计算时间

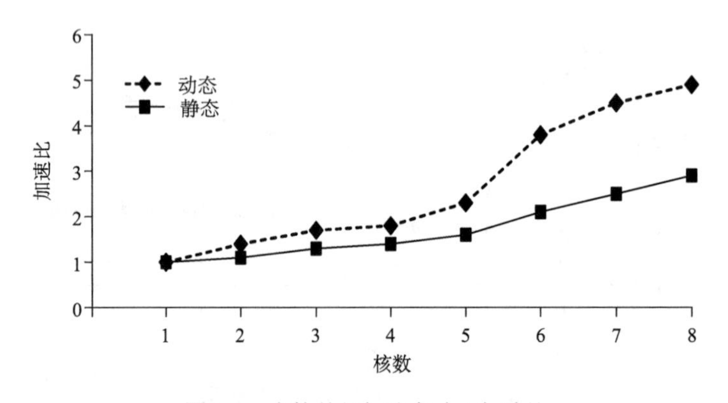

图 8-9　多核并行加速实验 3 加速比

8.1.3　并行线面叠加

1. 多核并行方法

多核算法是基于共享内存的并行机制，因此多边形切割线串方法的多核并行化设计首先需要设计数据的分解和划分粒度。根据点面叠加中多核算法的特征分析，其处理数据均在同一块内存内，因此适合采用中小粒度的数据块划分。真实地理数据的海量特性和分布复杂情况，大块对象直接载入共享内存难以处理并且并行化时数据冲突带来的开销可能大于加速效果。

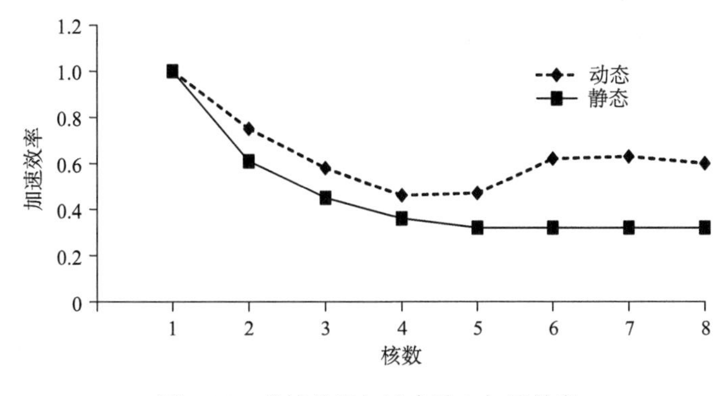

图 8-10　多核并行加速实验 3 加速效率

多边形切割线算法的多核并行数据划分可以基于少数几何对象（单多边形切割多个线串），也可以是小数量的图层切割。根据第 5 章空间数据域分解的讨论，图层级别的数据并行方式更适合消息传递（MPI）模式的粗粒度的并行，因此多边形与线串切割的多核算法适宜采用基于对象粒度进行并行。

对以上的串行算法进行分析，根据多核程序设计的原则对程序的迭代部分进行并行。但是与点面叠加分析不同，线与面叠加的运算对象数据耦合度更高，如线和面的空间跨度不可预知，而点是离散的对象彼此间没有依赖关系。参考点面叠加多核算法的实现，线面叠加过程的并行化只能从低耦合度处入手。基于边要素的并行化设计中交点的生成顺序不可预测，有可能最后无法构造裁剪线，因此线面的裁剪分析并行设计以对象级别的数据并行为主，并行的策略如图 8-11 所示。

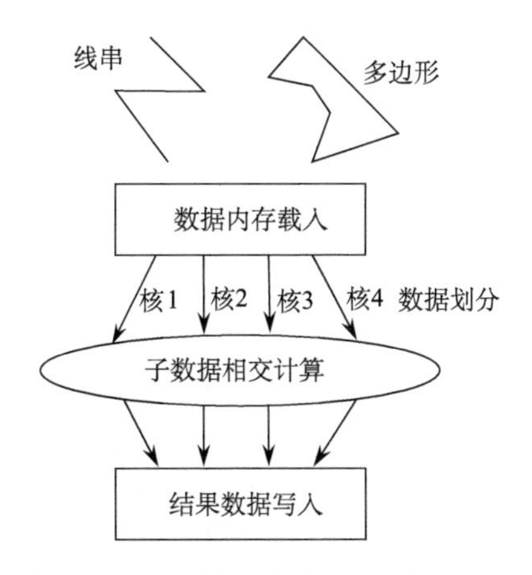

图 8-11　多边形切割线程多核计算过程

基于数据分治并行的思想，线面叠加算法并行化过程大体可以分为数据预处理、过滤阶段和精炼计算阶段。从以上串行算法分析，并行化的可行处主要在过滤阶段和精确计算阶段。

1）数据预处理

多核计算模式下数据的输入仍然是串行进行，由一个入口一次性将数据载入内存。从参与运算的对象线和多边形的数据解耦入手。将输入的线串和多边形分别装入两个向量数组 Vector1 和 Vector2。

2）数据过滤

该过程是针对线数值和多边形数组的双层循环相交阶段，是图层级别算法的核心部分也是并行化的重点区域。首先对输入对象多核并行计算其 MBR，然后在两层循环中依次判断 MBR 的空间关系进行快速过滤。

过滤阶段分为两个层次。第一层为对象级别的 MBR 快速排斥，如果对象 MBR 相离那么无须进一步操作；第二层是在对象 MBR 相交的情况下，将线和多边形分解为边的组合，并建立 MBR，然后根据边的 MBR 计算相离情况。在以上单个对象裁剪代码的 intersect 函数中，实际应用中经常使用外包框过滤来快速排斥不相交的线段。主要判断步骤如下：

（1）快速排斥试验。利用外包矩形快速判断是否矩形相交。快速排斥试验就是判断各条线段的最小外包矩形（MBR）之间是否相交。线段的 MBR 是指以线段的两端点为对角线的矩形。如果 MBR 不相交，则两条线段肯定不相交；如果相交，则还需再进行跨立试验才能确定两线段是否相交，如图 8-12 所示。

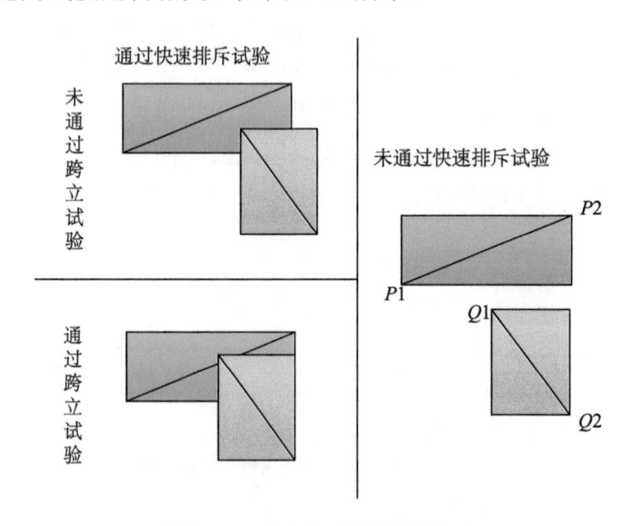

图 8-12　线段相交的快速排斥

（2）跨立试验。利用向量叉积快速判断是否真实相交。经过上一步的快速排斥试验可排除很多不相交的情况，但如果两线段的 MBR 相交，不能依此认为两线段相交，还需判断两线段是否相互跨立即进行跨立试验。利用两个矢量的叉积判断一条线段的两端点是否在另一条线段的两侧。如图 8-12 所示，这两条线段可通过快速排斥试验，但两线段并不相交，因为线段没有跨立对方。

判断 $P1P2$ 是否跨立 $Q1Q2$ 式如下：

$$(P1-Q1)\times(Q2-Q1)\times(Q2-Q1)\times(P2-Q1)\geqslant 0 \tag{8-1}$$

3）数据精炼

过滤阶段的快速排斥阶段可以过滤掉大量的相邻对象，跨立试验也不必真正计算两线段的交点。数据精炼是边（线段）的真实求交过程，使用传统的串行方法计算。

针对外层并行叠加策略，内层并行叠加策略过程使用 OpenMP 的并行指令进行并行化，此处存在的问题是双层循环如何并行。在点与多边形的包含测试中只有单个点对多边形边的一层循环，因此易于平行。对于双层循环如果该层循环使用多核并行标记为 1，否则为 0，那么该算法有 11、10、01 三种并行模式。多核加速的原则是注意嵌套循环的顺序，尽量改善数据访问的局部性。以多边形数据为外层循环、线串数据为外部循环为例，两种单层并行方式的内存运算布局如图 8-13 和图 8-14 所示。图 8-13 为外层并行模式，该模式下数据并行粒度较粗，外层数据分配到各核，共享内层循环的图层数据；图 8-14 为内层并行模式，该模式下内存数据的内存布局粒度较细，外层数据被放置在共享区域。

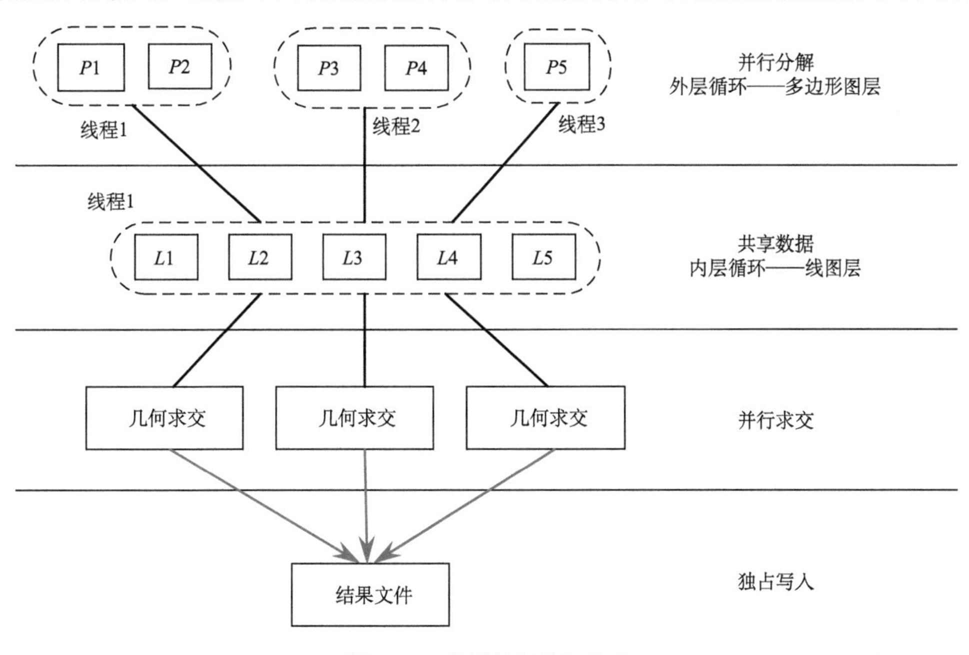

图 8-13　外层并行叠加策略

多核 CPU 读入数据时会首先把内存的数据载入缓存，而且这些数据邻近的一部分数据也可能被读入缓存，如果数组规模比较小，多个 CPU 读入到缓存的数据存在重叠部分，需要硬件多做一个同步过程。原则上不同线程（CPU）处理的数据在内存上的位置不能靠得太近，至少需要一个缓存的距离。如果对外层循环进行并行化，内存分布距离比较适中，数据压盖概率较小；如果对内层循环进行并行，会导致细粒度的并行引起线程通信时间开销变大。双层循环同时并行的策略为内存的读写增加大量的并发锁，线程间的等待消耗严重影响加速性能，因此效率可能将低于单层并行甚至串行程序。

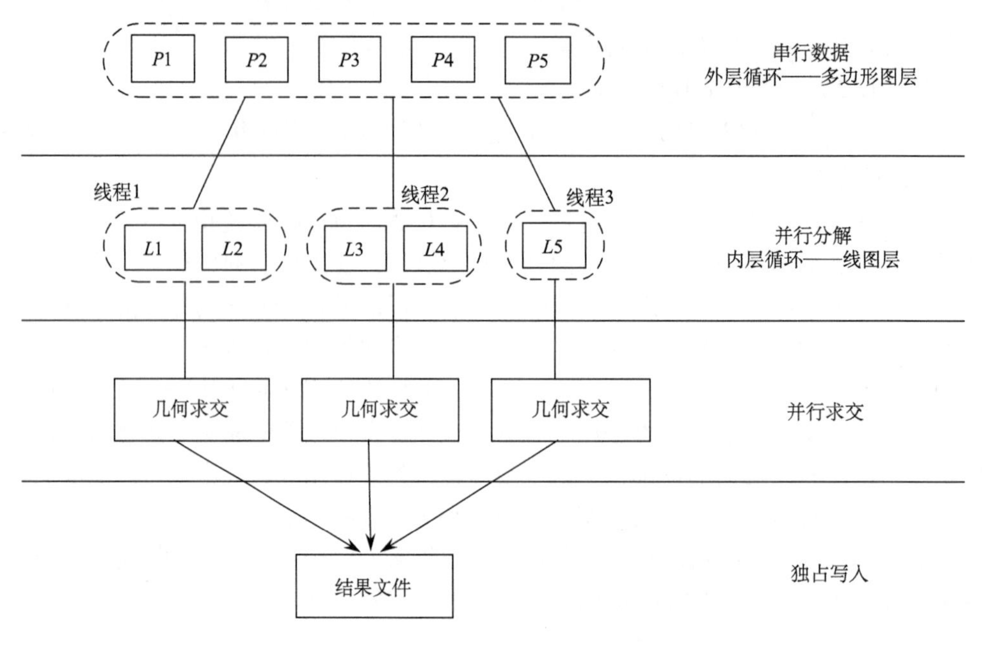

图 8-14　内层并行叠加策略

根据以上分析，本节的线面叠加方法采用以外层循环为并行主体，使用 OpenMP 并行指导语句进行并行化。多边形图层为主动（外层循环）图层，线图层为被动（内层循环）图层。在过滤阶段，借鉴均衡格网的索引方法，对 MBR 对象建立类似格网索引的机制，设置单元格网编号与空间相交的 MBR 对应关系，实现根据格网序号查询此格网包含的 MBR 对象集合。多核并行的方案就是对形成的 $N \times N$ 个格网单位平均分发到各处理器，每个计算单元独立地计算两个图层内落在此格网单元内的 MBR 相交情况，相交 MBR 形成候选结果集。对于候选结构集合的处理，可以直接进入下一步精炼阶段，如果计算机浮点计算能力够快，也可以对多边形组成边继续使用 MBR 过滤。总结面向对象的面裁剪线的多核计算方法过程如表 8-4 所示。

表 8-4　多核线面叠加分析算法过程

1：数据分解预处理

　1.1：输入多边形数据集 S_A 和线数据集 S_B

　1.2：利用 OpenMP 并行提取对象的 MBR 集合 M_A 和 M_B；如果 CPU 计算能力允许，对象的边继续提取 MBR 集合 M'_A 和 M'_B

　1.3：内层循环图层建立空间索引 STR-tree

　1.4：将外层循环的图层要素按照一定的调度策略发送到各处理器核

2：过滤阶段

　2.1：粗粒度过滤

　利用 OpenMP 并行计算外层多边形与内层线数据的相交情况，使用多边形的 MBR 查询线候选结果集合

　2.2：细粒度过滤

　利用 OpenMP 并行计算候选多边形和线对象边的 MBR 相交情况，如果相交进入真正求交过程，如不相交继续下一次过滤

续表

3：精炼阶段
3.1：计算单个对象的交点形成单多边形裁剪的部分结果集合
3.2：收集候选数据集中所有的裁剪结果
3.3：输出结果集，结束算法

2. 多核并行实验与分析

与点面叠加的多核并行实验类似，线面叠加以图层整体叠加的形式进行。北京道路图层作为基础图层，多边形对象作为主动图层，首先将两个图层载入内存，为道路图层构建 R-tree 空间索引，采用双层循环的形式，多边形图层作为外层 for 循环，用每一个多边形依次查询 R-tree 中所有可能与该多边形相交的道路要素，然后以查询到的元素为内层循环，在内存循环内进行真正的裁剪操作。

R-tree 索引的建立时间处于毫秒级别，相对裁剪过程的计算耗时可以忽略不计，因此实验中将该操作的耗时作为裁剪过程的一部分计算。实验用计算机为物理 4 核，逻辑 8 核，因此实验中可以选择 1～8 个线程测试并行裁剪算法的加速效果。

多核线面裁剪的效果如图 8-15 所示，叠加前线数量为 19560 条，裁剪后线数量为 43229 条。多核并行加速效果如图 8-16 所示，为测试不同的内存调度策略同时采用最常用的动态负载和静态负载两种形式。图 8-17 中显示其加速效果与点面多核叠加实验一致，采用动态调度策略时线程数从 1～4 均可以获得较好的加速效果，而静态调度策略在 3 个线程并发以后加速效果无明显变化，基本处于水平状态。动态调度下 2 个线程到 8 个线程的加速比区间为 1.8～3.5，而静态调度下加速比区间为 1.4～1.8，二者差距较大。总体考察，在 8 个线程时效率最高的动态调度策略加速比为 3.5，说明基于共享内存的并行加速性能限制较多，容易出现加速极限情况。

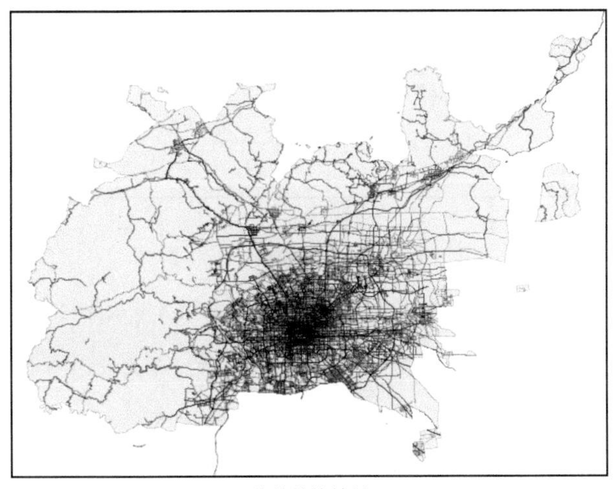

(a) 裁剪整体效果

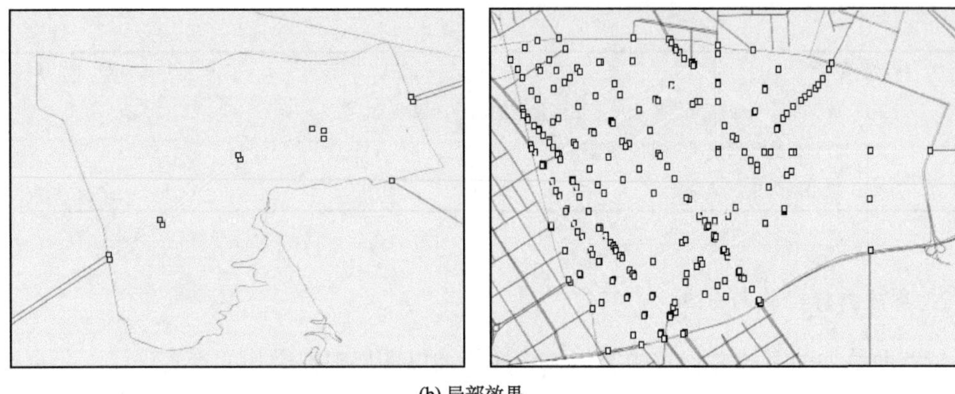

(b) 局部效果

图 8-15　线面叠加裁剪实验效果图

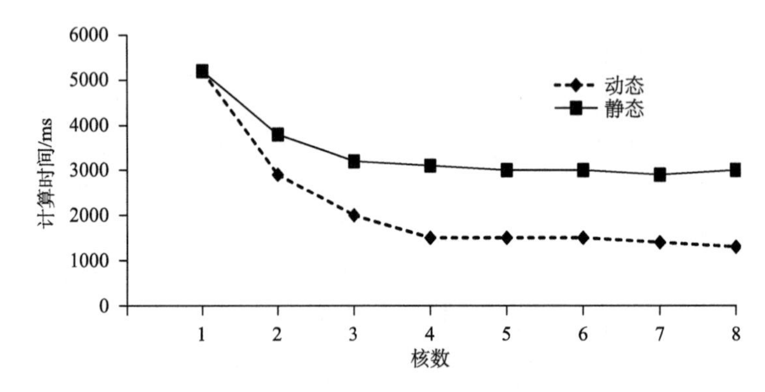

图 8-16　面裁剪线多核并行实验计算耗时（北京区域裁剪北京道路）

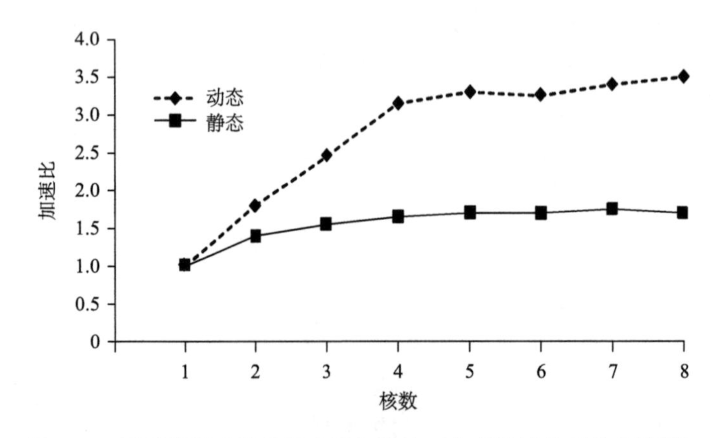

图 8-17　面裁剪线多核并行实验加速比（北京区域裁剪北京道路）

8.1.4　并行多边形叠加

本小节从多核数据并行角度，分析了 8 种多边形叠加分析工具并行实现方法的异同，提出基于改进的分组关联最小化方法实现数据划分，基于顶点数量作为指标的负载平衡计算策略及多种并行优化方法和策略，实现了包含 8 种操作的并行多边形叠加分析工具集。多边形叠加分析的部分算法在本书前几章节已有介绍，具体的多边形求差算法、求交和合并算法、联合算法实验方法和流程可分别参见本书 6.1.1 节和 6.5 节。

1. 多边形叠加分析与并行算法研究

GIS 中基于简单要素模型的矢量叠加分析是将两层或多层地图要素进行叠加产生一个新要素层的操作，其结果将原来要素分割生成新的要素，新要素综合了原来两层或多层要素所具有的属性（陈述彭等, 1999），根据参与叠加操作的几何类型不同又可分为多种类型，其中多边形与多边形之间的叠置分析是最为复杂、困难和重要的操作（Goodchild, 1977; Wang, 1993）。非加权的多边形叠加包括求交、求差、合并、交集取反、联合、更新、标识和空间连接 8 个基本操作，均具有典型的计算密集性特征（Shi, 2012; Agarwal et al., 2012），在土地利用更新调查等方面应用广泛。近年来，随着空间数据获取能力的提高，各种具有空间特质的应用所需应对的数据规模快速增加，给现有的计算资源带来了前所未有的压力，传统的串行地学计算方法在处理大量矢量空间数据时的表现难以让人满意。

计算机硬件技术的进步及高性能编程模型的发展使高性能计算成为解决海量空间数据分析、处理及大规模空间可视化的重要手段（Turton and Openshaw, 1998; Clarke, 2003; 王结臣等, 2011）。多核并行和 GPU 并行是在个人计算平台上实现串行算法加速的主要方法（Lin and Snyder, 2009; 赵斯思和周成虎, 2013）。其中多核环境下基于 OpenMP 的共享内存架构为用户提供了一个友好的角度对全局地址空间进行编程操作。同时 CPU 对内部存储的直接快速访问能力也使任务间的数据共享变得快速而统一，因此多核环境下的 OpenMP 编程模型是实现并行多边形叠加操作的便捷途径（Geer, 2005; Cramer et al., 2012），而以 Intel Xeon Phi 协处理器为代表的众核加速卡也为在个人计算平台上实现较高的并行计算性能提供了新的手段（Cramer et al., 2012）。数据并行和功能并行是实现高性能地学计算的两种有效手段（Breshears, 2009）。Wang（1993）指出，数据并行往往适用于在大数据集上反复执行相同操作的算法或程序，而功能并行要求并行系统和具体数据结构紧密耦合，这必然导致算法改造的技术门槛提高，导致算法通用性和可移植性下降。为保持算法通用性和可移植性，降低并行多边形叠置分析工具集开发的难度，本节将采用数据并行的思想实现多边形叠加分析并行工具集。多边形裁剪算法是实现多边形叠置分析的基础，在已知的多边形裁剪算法中，Vatti 算法（Vatti, 1992）是能在有限的时间内处理任意多边形裁剪问题的有效算法。我们基于 Vatti 算法实现了几何对象级别的 4 个基础多边形布尔算法，包括多边形求差、求交、合并及交集取反，基于上述工作开展 8 种图层级别多边形并行叠置分析工具的设计和开发工作。

明确目标图层和叠加图层内所包含的多边形间的对应关系是实现图层级别的多边形并行叠置分析的首要前提。本节分析了多边形叠置操作中图层间多边形的对应关系，从并行任务划分方法、叠加分析算法自身特征、并行任务负载平衡策略及并行调度策略着眼开展研究工作，通过实验对所提出的并行方法和优化策略进行验证，最终基于 OpenMP 并行编程模型实现了 8 种图层级别多边形并行叠置分析工具。除非特别注明，本节的实验结果均在配置双核 4 线程 CPU（Intel i5-430M）的便携式个人计算机上得到，具体操作将在下面进行详细的讲解。

2. RaPC 算法和 Vatti 算法的并行叠加求交效率比较

多边形裁剪算法的计算效率决定了并行多边形叠加分析算法的计算效率，因此针对目前主流多边形裁剪算法进行优化和开发新的多边形裁剪算法是提高多边形并行叠加分析效率的主要手段。Vatti 算法支持任意数量、任意形状的多边形（包括自相交、带岛/洞等）与任意数量、任意形状的裁剪多边形间的叠加裁剪操作。

目前成熟可用的多边形裁剪算法均基于矢量计算实现，其核心操作是线段求交和结果多边形构造。尽管多边形裁剪的矢量算法具有精度高的优点，但是在数据结构、计算过程和计算量等多个方面却表现出了一定的不足。本节基于矢量化多边形裁剪算法的弊端，设计并实现了基于矢量数据的栅格化的空间分析算法——RaPC 算法。该算法不仅在计算结果的精确度方面，可通过控制栅格单元大小进行一定程度的弥补，而且在数据结构的复杂度、计算过程的复杂度等方面具有明显的优势，使其能够具有较高的代码重用率，并且更适用于 GPU 架构下的细粒度并行计算。

本节在 OpenMP 环境下，采用数据并行实现了基于 RaPC 算法的并行多边形叠加分析算法，并与基于 Vatti 算法实现的多核并行多边形叠加分析算法进行了比较，以多边形并行叠加求交算法为例，在配置 i5-3380M CPU（双核 4 线程）的计算机上 4 线程并行计算的实验结果如下。

图 8-18（a）所采用的是如图 2-3 所示的长春市居民地面状数据；图 8-18（b）、（c）、（d）所采用的实验数据如图 6-9（a）和图 8-19（a）所示，三组实验中所采用的叠置多边形均与图 6-9（c1）所示图形形状相同，它们之间的区别是大小不同、图层所包含多边形数量不同。图 8-19（b）是叠加求交的计算结果及斯里兰卡岛区域的细节图。

图 8-18（a）中，当网格单元大小为 5m、10m、15m 时，RaPC 算法计算结果的相对面积误差分别约为–0.129%、0.553%、–0.922%；图 8-18（b）中，网格单元大小为 0.05°、0.1°、0.13°时，RaPC 算法计算结果的相对面积误差分别约为 0.002%、–0.003%、–0.011%；图 8-18（c）中，网格单元大小为 0.05°、0.1°、0.13°时，RaPC 算法计算结果的相对面积误差分别约为–0.022%、–0.044%、0.029%；图 8-18（d）中，网格单元大小为 0.05°、0.1°、0.13°时，RaPC 算法计算结果的相对面积误差分别约为–1.258%、2.353%、–0.145%。

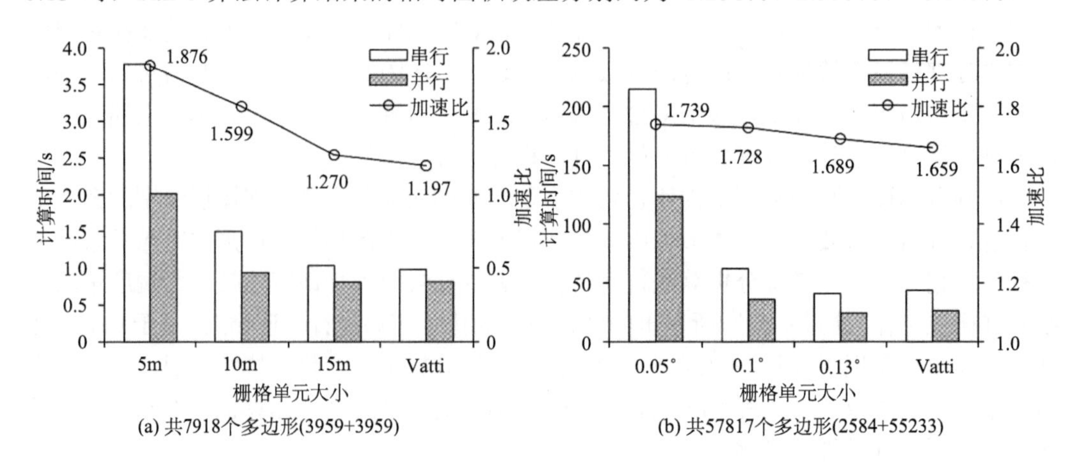

(a) 共7918个多边形(3959+3959)　　(b) 共57817个多边形(2584+55233)

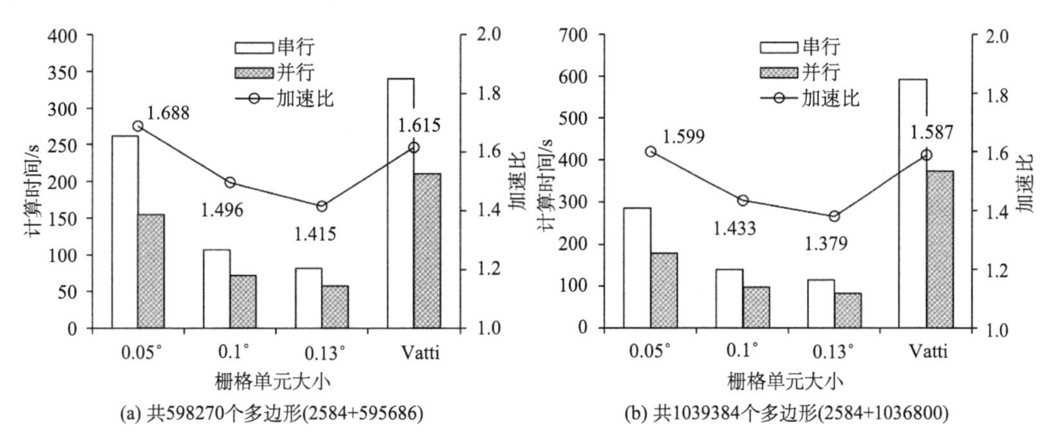

图 8-18　基于 RaPC 和 Vatti 算法实现的多边形多核并行求交工具效率对比

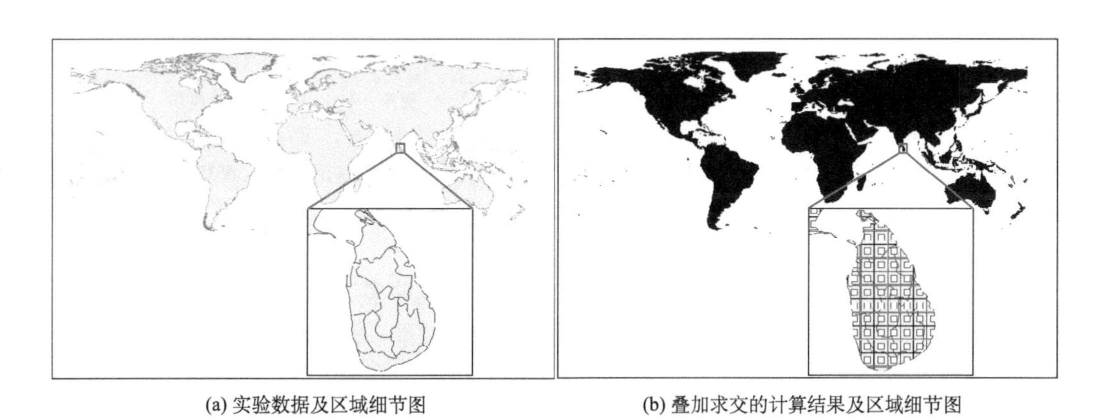

图 8-19　实验数据、结果及细节展示

由图 8-18 可知，与 Vatti 算法相比较，RaPC 算法在面向包含大量要素的图层级多边形叠加计算时具有显著优势，随着图层内所包含的多边形数量的增加，基于 Vatti 算法实现的多边形求交算法的效率快速下降，具体表现如下：

（1）多边形数量为 57817[图 8-18（b）]时，基于 RaPC 算法实现的串行/并行求交算法计算时间为基于 Vatti 算法实现的串行/并行算法计算时间的 4.9/4.7 倍；

（2）当多边形数量增加到 1039384[图 8-18（d）]后，基于 Vatti 算法实现的串行求交算法的计算时间增加了 12.6 倍，相应的并行算法计算时间增加了约 13.2 倍，而网格大小为 0.05° 时，基于 RaPC 算法的串行求交计算时间仅增加了 32.8%，相应的并行算法计算时间增加了约 44.4%，后者增长要慢得多；

（3）当多边形数量为 1039384[图 8-18（d）]时，基于 RaPC 算法的串行/并行时间开销的绝对量分别仅为基于 Vatti 算法的串行/并行求交时间开销的 48.1%和 47.7%，当网格增大时，上述比例进一步降低；

（4）基于 RaPC 算法实现的多核并行叠加分析算法拥有与基于 Vatti 算法实现的并行叠加分析算法类似的加速比，但是前者随网格单元的增大，计算时间缩短，加速比有降低的趋势。

3. 其他叠置分析工具的并行实现

在本书 6.1.1 节和 6.5 节，我们已经讨论了多边形并行求差、求交、联合、合并算法的实现和优化方法，并对并行加速效率进行了分析和讨论。接下来，本实验基于上述经过验证和优化的方法实现了其他 4 种并行多边形叠置分析工具，包括交集取反、标识、更新和空间连接，并使用两套不同数据量的数据开展了类似的并行/串行对比实验，结果如图 8-20 所示。

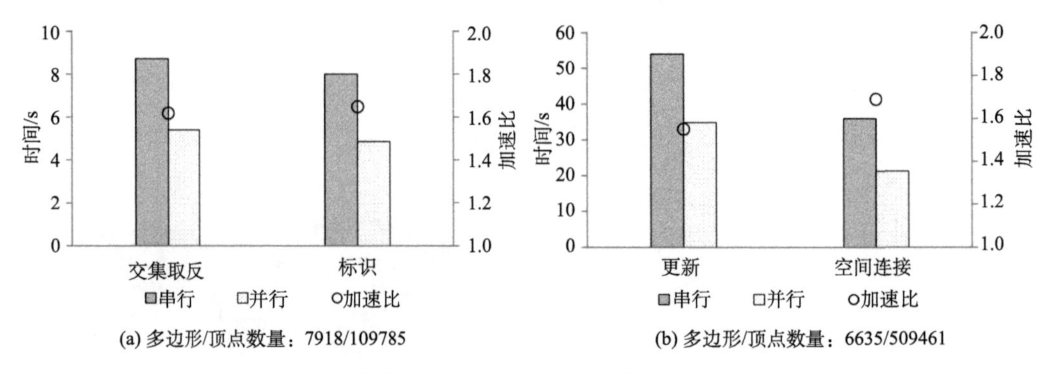

图 8-20　其他 4 种不同叠置分析工具的并行实验结果

从图 8-20 可以看出，基于前述技术和优化方法实现的多边形叠置分析工具在处理不同数据量的多边形叠加分析时保持了类似的并行加速性能，这说明我们所提出、总结的多边形并行叠置分析实现方法和优化方法在 OpenMP 并行编程模型下是稳定可用的。我们为多核环境下图层级多边形并行叠加分析工具集的设计提供了理论基础，实现了 8 种多边形并行叠置分析工具，对于大量的低成本 GIS 应用在多核环境下提高系统资源利用率、提升空间分析计算效率具有明确的现实意义。

8.2　多种数据划分方法下 D8 算法的多核并行化实验对比

在地学领域，许多学者将单机多核并行计算引入地学计算，做了许多创造性的工作，显著提升了计算效率，如溃坝水流模拟（Zhang et al., 2014）、DEM 洼地识别与填充（Zhou et al., 2017）、海量 DEM 处理（Yildirim et al., 2015）、基于坡度的 LiDAR（light detection and ranging）点云简化与内插（Sharma et al., 2016）、遥感图像处理算法并行化（Yang and Zhang, 2015）等。目前，高分辨率遥感影像、高密度 LiDAR 点云数据等精细化数字高程模型数据源的获取技术已经相当成熟，这使得 DEM 表达的精细程度越来越高（韩李涛等, 2017）。

当前对地观测技术的快速发展使得空间数据的规模迅速增大，海量高分辨率 DEM 数据使 GIS 数字地形分析算法面临着日益严重的效率瓶颈，多核并行计算技术是在 PC 端解决上述问题的潜在途径，而并行任务调度策略、数据划分方法是影响并行算法计算效率的重要因素。本节以河网提取中流向计算算法——D8 算法为例，基于 OpenMP 多核并行编程模型，结合 GDAL 库，在最佳任务调度策略下研究按行、列、块进行任务分解对该算法计算效率的影响，最佳并行任务调度策略下 D8 算法的数据划分方式，分析 D8 算法基于不同划分方式的运算效率，得到单机多核环境下计算效率与划分方法之间的关系，确定数据划分方法与任务调度策略的最佳组合，最终完成 D8 并行算法优化设计，并总结出适用于 OpenMP 并行编程模型及相关数字地形分析算法的任务调度和数据划分方法组合规则。

8.2.1　D8 串行算法

基于数字高程模型的河网提取是建立地区水文模型的关键技术（刘学军等, 2006），过程包括：DEM 预处理、汇流累积、河网分级（江岭等, 2013）。流向计算是其中不可或缺的部分，对 DEM 数据进行洼地填充后，需计算水流方向矩阵，进而计算汇流累积。其中较有代表性的流向算法包括：D8 算法、Lea 算法、DEMON 算法、Dinf 算法及 MFD 算法等。D8 算法因简便易操作且适应地形能力较强（张维等, 2012），不仅被众多研究人员选择（于海洋等, 2013; 翁明华等, 2009），而且应用广泛（丑述仁等, 2011; 张珂等, 2005），被集成到了诸如 ArcGIS 等专业软件中（晋蓓等, 2010）。

D8 算法最早由 O’Callaghan 和 Mark 于 1984 年提出（O’Callaghan and Mark, 1984），又称为最大坡降法。其基本思想是对填充洼地后的 DEM 图像，运用一个移动的 3×3 的窗口，从输入图像的左上角开始遍历，计算中心像元与其他相邻 8 个栅格单元的距离权落差 p，假设栅格窗口中心像元位置为 (i, j)，其高程值为 h_i，其邻域网格的高程值为 h_k，k 从东开始按顺时针方向旋转依次取 1～8，则：

$$p = \begin{cases} h_i - h_k (k = 1,3,5,7) \\ \dfrac{h_i - h_k}{\sqrt{2}} (k = 2,4,6,8) \end{cases} \tag{8-2}$$

然后，取 p 的最大值，并标记 max[p]所在单元格的 k 值，最终得到中心像元的流向值 dir：

$$\mathrm{dir} = 2^{k-1} \tag{8-3}$$

取其中一个运算窗口的 DEM 高程值和流向值如图 8-21 所示。

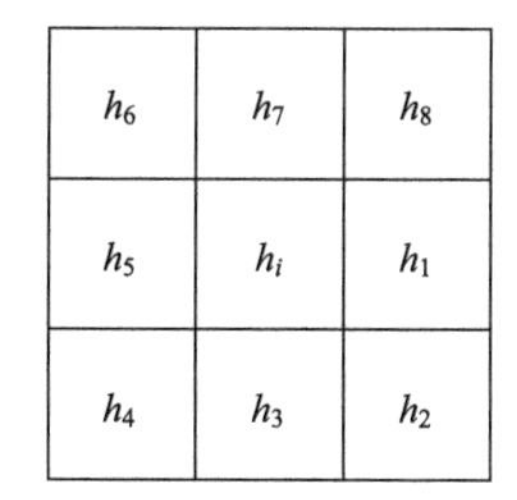

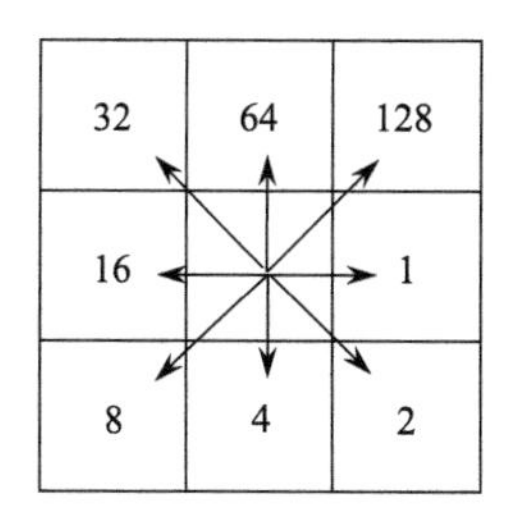

图 8-21　部分 DEM 高程值及流向编码值

8.2.2 D8 算法并行化设计

OpenMP 是适用于个人计算机的共享存储模型，根据其 fork-join 的并行计算模式，本节对算法的迭代循环部分采取不同任务调度策略及数据划分方法，以实现多核多线程合理调用。数据划分一般分为规则划分和不规则划分，由于 DEM 数据各单元排列的规则性，为了保证划分后的数据与原始数据分布结构保持一致性，本节选择了规则划分方式，即在 OpenMP 并行编程模型基础上，按照行、列、块的划分方法将计算任务分配到个人计算机可用线程上。地理空间数据抽象库（geospatial data abstraction library, GDAL）是一个在 X/MIT 许可协议下的开源栅格空间数据转换库。它利用抽象数据模型来表达所支持的各种文件格式。它还有一系列命令行工具来进行数据转换和处理，本节基于 GDALRasterIO 函数执行图像的读取操作。

D8 算法并行设计的主要流程（图 8-22）包括以下几步。

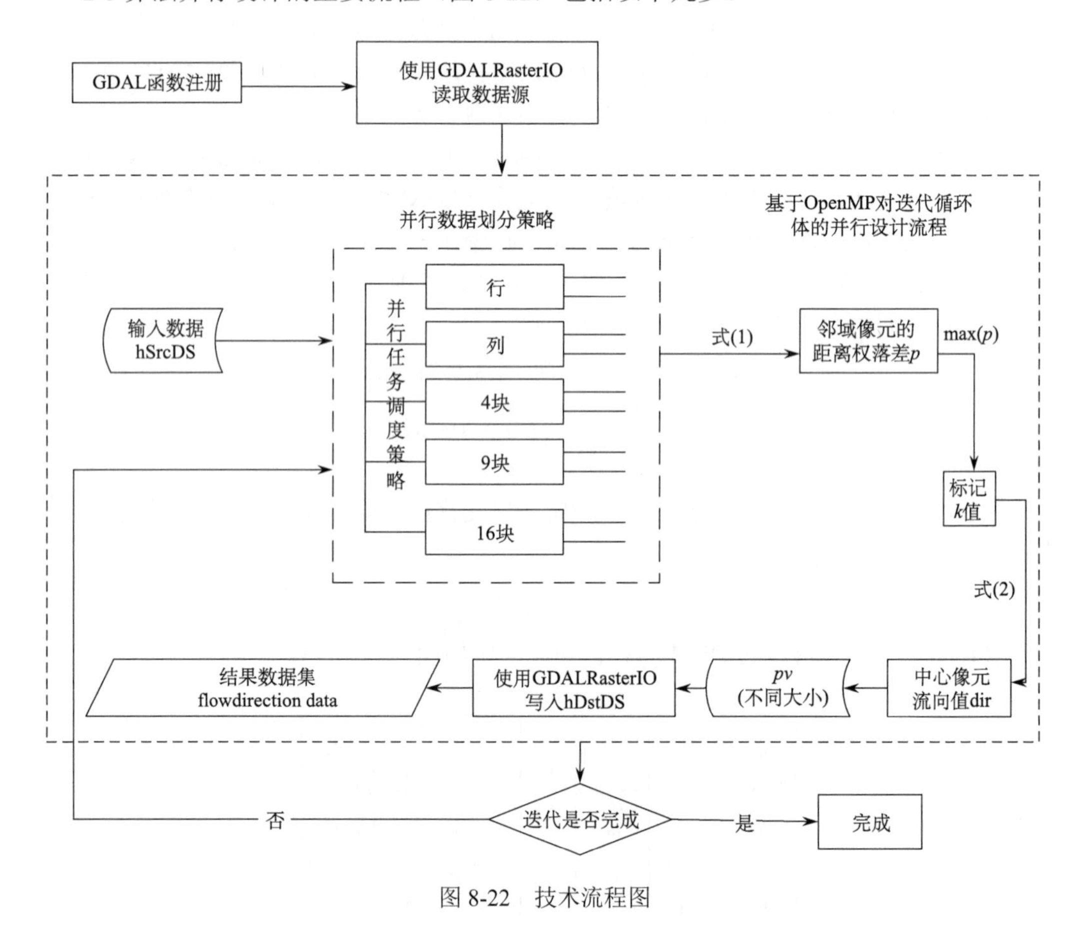

图 8-22 技术流程图

（1）注册 GDAL 函数及功能，并通过 GDALRasterIO（ ）读取源数据集，将其存储至一个大小相等的存储区；

（2）在 8.1.1 节 D8 串行算法的基础上，基于 OpenMP 对算法的迭代循环体进行并行设计。将其按行、列、4 块、9 块、16 块的方式拆分，按块划分每块大小依次为 1989×1609、1326×1073、994×804，使计算任务按不同的形式分配到并行进程上。其具体划分方式如图 8-23 所示。

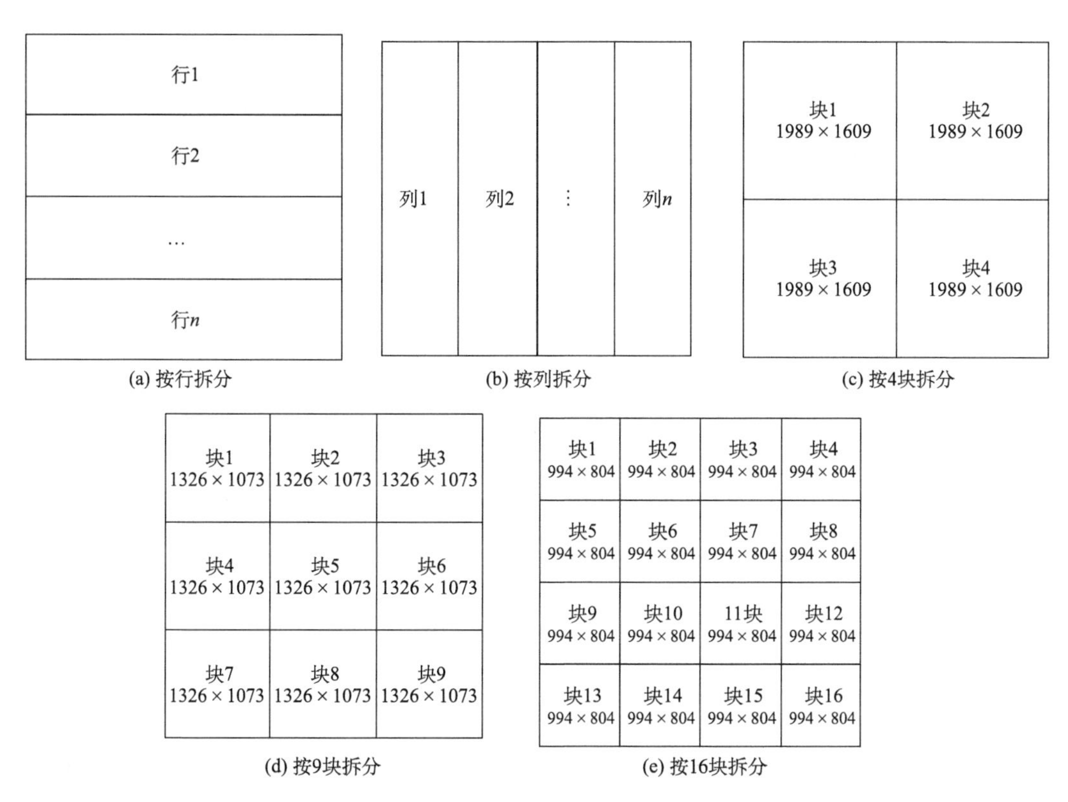

图 8-23　数据划分方式

得到以上每种划分方式下的中心像元流向值 dir，将结果依次存储到 *pv*。待全部计算块迭代完成，使用 GDALRasterIO（ ）函数将 *pv* 写入目标数据集，得到所需流向数据集。

（3）对每种划分方法进行并行任务调度策略测试，合理运用任务调度策略保障各进程间负载均衡，从而使每种划分方法发挥最佳并行加速效果。其中并行任务调度策略按照迭代次数分配方式不同分为静态调度方式（static）、动态调度方式（dynamic）、启发式自调度方式（guided），静态调度方式将迭代次数平均分配到每个线程；动态调度方式将迭代次数依次分配至各个线程；启发式自调度方式则是将迭代次数按指数级从高到低分配到每个线程。此外实验根据算法中变量在不同线程间的分配方式，定义算法中的共享变量和私有变量，控制迭代次数的分配方式及数据相关性引起的数据竞争，保证实验结果图像的准确性，使并行计算任务高效有序地进行，达到预期的并行加速效果。

（4）对最佳任务调度策略下的多种划分方法，依次调用 1～16 个线程，对比分析串行算法与不同线程下并行算法的计算效率，得到最为适合 D8 算法的并行数据划分方法和任务调度策略。

8.2.3 实验分析与比较

本次实验的数据来源于中国科学院计算机网络信息中心地理空间数据云，影像为空间分辨率 30m 的 ASTER GDEM V2 数据集，图像文件是 TIFF 格式，单幅图像大小为 3979×3219，共 100 幅，总数据量约 4.77GB。实验所用计算机型号为 DELL PRECISION TOWER 7810，处理器配置为 Intel（R）Xeon（R）CPU E5-2640 v3 @2.60GHz 2.60GHz（2 处理器），运行内存 32.0GB，双核 16 线程，Windows8.1 企业版 64 位操作系统。

1. D8 串行算法结果分析

统计并对比行、列、4 块、9 块、16 块划分方法下相同实验数据的串行算法计算时间。为了避免实验中的偶然误差，本节所有实验均进行 5 次，记录其平均值。串行算法的实验结果如表 8-5 所示。

表 8-5　不同划分方式下 D8 串行算法运行时间

数据划分方法	平均计算时间/s
行	233.461
列	276.754
4 块	232.668
9 块	243.555
16 块	243.335

由表 8-5 可知，在串行算法的实验中，行划分方法和 4 块划分方法效率最高，计算时间分别比按列划分方法低 15.64%、15.93%；9 块和 16 块划分方法计算效率略低，计算时间分别较列划分方法低 12.00%、12.08%；列划分方法的串行计算效率最低。该结果表明，不同的数据划分方法及大小对同一串行算法的计算效率的影响不同，选择合适的划分方法对串行算法效率的提升有一定的帮助。

2. D8 并行算法实验结果分析

本实验结合最佳并行任务调度策略，在每种划分方法中分别调用 1～16 个线程进行并行测试，统计不同线程下相同实验数据除 I/O 时间以外的 D8 并行算法计算时间，实验结果如表 8-6 所示。

表 8-6　按行、列、块的并行数据划分方式下 D8 算法运行时间　（单位：s）

线程个数	1	2	3	4	5	6	7	8
行	233.461	125.270	86.618	64.025	51.441	41.163	35.819	31.792
列	276.754	143.025	97.140	75.253	64.154	54.804	48.885	44.785
4 块	232.668	123.391	84.811	61.917	62.300	60.675	62.266	62.374
9 块	243.555	126.784	87.022	63.077	54.833	44.727	37.330	34.178
16 块	243.335	130.151	84.057	63.706	55.463	48.322	38.195	34.488

续表

线程个数	9	10	11	12	13	14	15	16
行	28.705	26.010	23.929	21.619	19.244	19.132	16.825	16.820
列	37.019	35.172	31.460	29.738	27.028	25.488	23.628	21.572
4 块	62.410	64.072	61.177	60.643	65.816	62.267	64.074	64.742
9 块	31.162	34.014	30.562	30.228	31.485	31.329	30.994	30.576
16 块	32.150	31.822	32.043	23.319	21.011	20.165	18.504	18.094

根据表 8-6 计算每个线程下每种数据划分方法的运行加速比，并与对应串行算法的实验结果图像及运行时间进行对比分析。运行加速比的值取串行算法与对应并行算法计算时间的比值，以此衡量每种划分方法计算效率的高低。

调用不同进程时，不同划分方法对 D8 算法计算效率的影响存在差异。1～16 个线程下，行、列、块划分方法下的计算部分效率对比如图 8-24 所示。

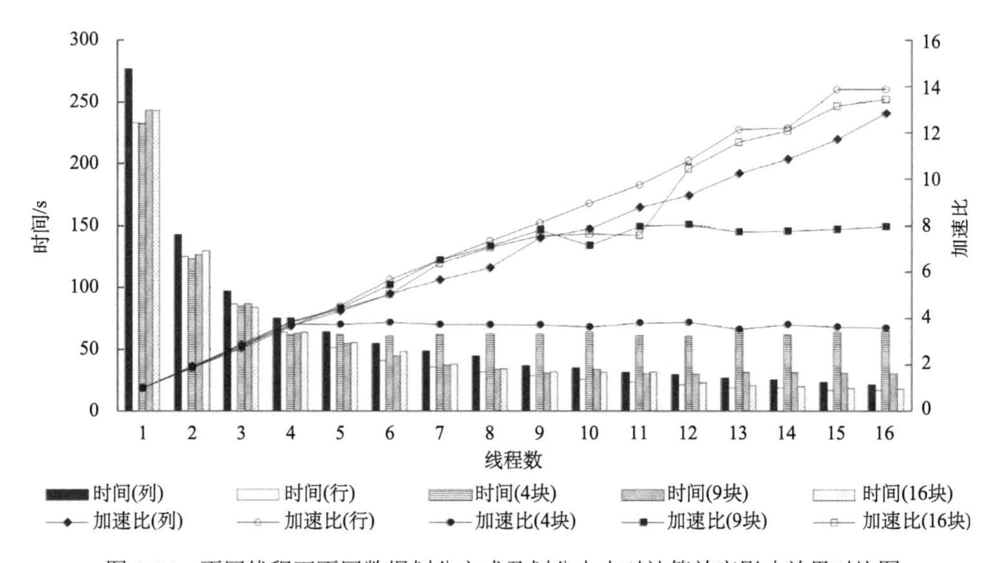

图 8-24　不同线程下不同数据划分方式及划分大小对计算效率影响效果对比图

由图 8-24 可知，行、列、16 块三种并行划分方法下相对于 D8 串行算法的运行加速比随着可调用线程个数的增长呈线性增长趋势，且行划分在不同线程下的运行加速比略优于另外两种划分方法。调用 16 个线程时行划分方法加速比最高，达到 13.88，加速效果显著。划分为 16 块时加速比最高达到 13.46，略低于行划分方法加速比，主要是由于调用 16 个线程时，按行划分和划分为 16 块都可充分利用计算机最大可用线程资源，使该算法实现在本计算机上可达到的最大运行加速比。按列划分计算加速效果略低于以上两种划分方法，加速比峰值为 12.829。在多核并行环境下，对 DEM 数据的并行任务分解需考虑数据流向分布特征，按列任务分解执行任务，每个进程上分配的是不连续的栅格部分，需要重新组合成一列连续的数据，耗费了部分计算时间，因此相较于行划分方法加速效果略低；而粗粒度下的块划分，较大程度地降低了数据结构的破坏程度，有效降低了计算资源的浪费，加速效果与行划分方法相近。另外，行、列、16 块划分方法在 1～16 个线程下运行加速比线性拟合效果如图 8-25 所示。

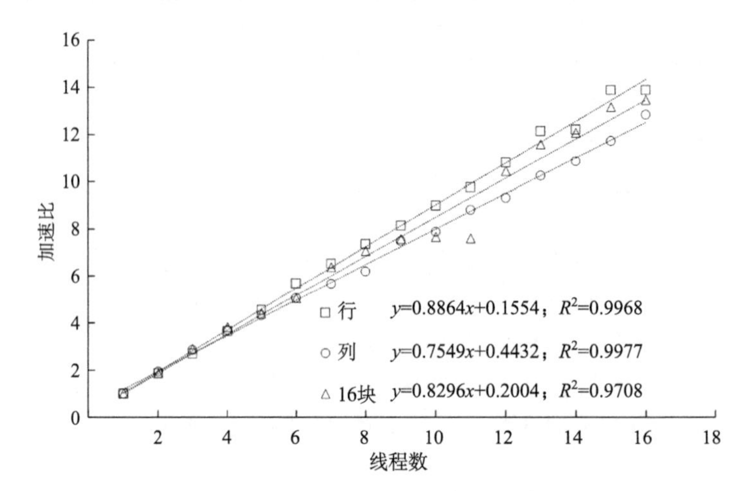

图 8-25　不同线程下行、列划分方式运行加速比线性拟合效果对比

从图 8-25 可以看出，行、列、16 块划分方法的线性拟合效果明显，且其运行加速比随着线程个数的增长呈线性增长。结合图 8-24 发现：当调用 1～4 个线程时，5 种划分方式下 D8 算法的运行加速比随线程个数的增长同样呈现线性增长趋势。

但不同划分块数下调用 1～16 个线程运行加速比变化趋势出现较大的差异。由图 8-24 可知：划分为 4 块，当调用线程个数小于 4 时，运行加速比随线程个数的增加呈线性增长；调用大于 4 个线程时，运行加速比始终约为 3.711，约等于调用 4 个线程时的加速比。划分为 9 块，调用线程数小于 9 个时，加速比随线程数增加呈现线性增长趋势；当调用大于 9 个线程时，运行加速比约为 7.789，大致等于调用 9 个线程时的加速比。划分为 16 块，最大可用线程个数等于 16，运行加速比随线程个数的增加同样呈线性增长。由此可见，D8 算法的运行加速比与划分块数和调用线程个数的大小存在一定的关系，当调用线程个数小于划分块数时，运行加速比随调用线程数的增加呈现线性增长趋势；当调用线程个数大于划分块数时，运行加速比趋于平稳，不再增长，且与线程个数为划分块数时的加速比大致相等。 产生这种现象的主要原因是分块并行计算的线程分配方式，计算任务通过不同的划分块数被分配到不同的进程上并行运算，最大线程利用个数等于划分块数，造成计算资源浪费，因此对算法进行块划分处理时，为充分利用计算资源，使计算加速比达到最高，应保证划分块数与计算机最大可用线程数相等。

此外，本节使用计算时间占比 a 来衡量调用不同线程时 D8 算法采用不同划分方式下计算时间占总时间的变化规律。

$$a = \frac{t_1}{t_2} \tag{8-4}$$

式中，t_1 为计算部分所用时间；t_2 为包括读写在内的总时间，单位为 s。

由于 4 块和 9 块划分方式不能充分利用大于划分块数的线程数，因此本节只对行、列、16 块划分方式下的计算时间占比 a 线性拟合，拟合结果如图 8-26 所示。由图可知：①所有划分方式下计算时间占总时间的比都在 97%以上，所占比例较大；②由于在增加调用线程的过程中提高了计算部分的效率，致使该部分时间缩短，然而读写时间并未缩短，因此划分方式的计算时间占比都随着调用线程个数的增长呈现降低趋势。另外，4 块划分方式下计算时间占比最高为调用 1 个线程，约 99.8%，调用 5～16 个线程时相等且最低，约 99.3%；9 块划分方式下计算时间占比最高同样为调用 1 个线程时，约 99.7%，调用 7～16 个线程时较低，为 98.3%～98.6%。

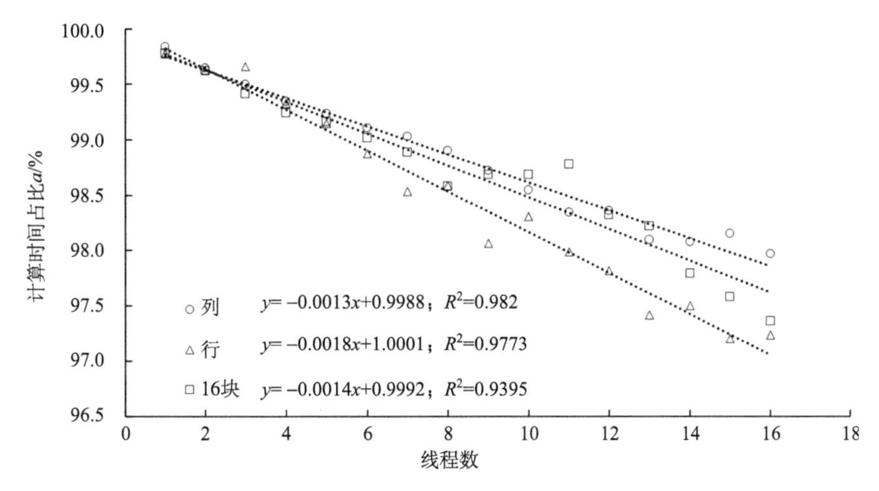

图 8-26　不同数据划分方式及划分大小下计算时间占比结果对比

综上所述，在多核并行计算环境下，以 D8 算法为例，得到数字地形分析并行算法在 dynamic 任务调度策略下按行划分计算效率最高；按块划分方法略低于按行划分方法的计算效率，但划分块数需等于计算机最大可用线程数，才可避免计算资源的浪费；按列划分计算效率最低。通过多核并行计算环境对 D8 算法并行优化，有明显的效果且操作简便，但具有一定的限制性：①部分划分方法不能充分利用计算资源；②可扩展性较差。可结合 GPU 并行算法的设计方法对算法的并行化进一步优化，从而更为有效地提高大数据环境下数字地形分析算法的计算效率。

8.3　GIS 典型几何算法的并行化与算法优化

并行计算是将一项大的数据处理与数值计算任务（或任务的局部）分解为多个可相互独立、同时进行的子任务，并通过这些子任务相互协调地运行，实现快速、高效的问题求解（戴波, 2002）。几何计算是地理信息系统中一类重要的空间分析方法，主要用于解决矢量空间数据分析问题。在地图标注的压盖探测、自动化地图综合、空间数据匹配、空间特征提取等诸多领域有着十分广泛的应用。随着空间数据规模的快速增长，作为 GIS 空间分析的基础功能之一，几何计算逐步向处理数据海量化及计算过程复杂化方向发展，以往的串行算法渐渐不能满足人们对几何计算算法的计算效率和性能等方面的需求。随着计算机硬件和软件技术的进步，并行计算为提高GIS中典型几何计算算法的计算效率、扩大问题处理规模提供了有效手段。并行计算技术作为解决上述问题的有效途径受到越来越多的关注。本节在Visual Studio 2010中，使用标准C++编程语言，基于GDAL库实现空间数据的读写操作，对GIS中典型几何计算算法开展并行算法设计和算法优化方法研究，针对线简化算法的并行化问题，在高性能计算环境下对并行任务调度策略、并行计算粒度、数据分解方法等多个核心内容开展研究。

8.3.1 算法内容及流程

1. 研究内容

并行计算具有将计算能力从单个处理器扩展到无限多个处理器的潜力。大量计算任务被分配到多个分处理器上将获得更快的处理速度，其巨大的数据计算和处理能力优势使并行计算成为计算机领域的研究热点之一。在并行计算方面，并行体系结构、并行软件和并行算法三者缺一不可，其中，并行算法是并行计算的核心和技术瓶颈（王结臣等, 2011）。几何计算的目的是通过计算机设计有效的算法来解决一些与几何实体形状相关的空间分析问题。GIS中几何计算算法包括凸包、最小包几何、最近距离、线简化、线平滑等。其中，线的简化算法是其典型算法。

本节以线简化为例，采用“先开发串行算法—初步开发并行算法—研究算法优化方法（任务调度、计算粒度、数据划分等方面）—并行算法优化”的技术流程开展研究工作，注重GDOS库的应用能力和C++语言编程能力的培养和锻炼，需要开展众多的串行/并行算法对比实验。

本节主要研究包括以下几个方面:

（1）OpenMP环境下3种并行任务调度策略（dynamic、static、guided）对并行算法计算效率的影响研究。

（2）OpenMP环境下不同的并行计算粒度（粗粒度、细粒度等）对并行算法计算效率的影响研究。

（3）OpenMP环境下不同的数据划分方法（序列划分、弹性划分）对并行算法计算效率的影响研究。

（4）并行算法的优化与开发。

2. 研究方法

本节采用OpenMP并行编程模型，以线简化算法为例分析矢量数据空间分析算法在多核并行计算环境下的算法设计和算法优化方法。OpenMP以线程为基础，通过编译指导语句来显式地指导并行化，使编程人员完整地控制并行化。本节实验采用fork-join并行计算模式（张宇亮等, 2005），具体的执行模型如图8-27所示。

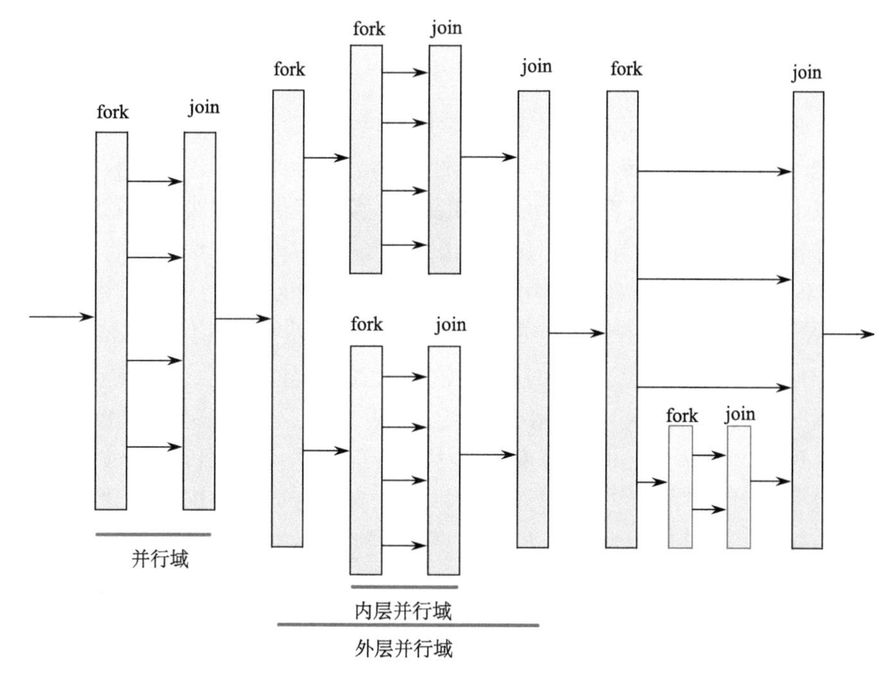

图 8-27　fork-join 并行计算模式

对于运算量非常大的计算程序来说，循环耗时通常占较大的比重，因此可以对循环进行并行化。对于循环的并行执行有一定的限制，前后两个循环之间不能存在相关性，特别是循环中不能存在共享变量，当多个线程对同一个共享变量进行读写的时候，读写的值极有可能是不正确的，这会造成“数据竞争”的现象。为了消除数据之间的竞争，本节在多核计算中主要采取三种策略：数据分解方法、计算粒度与任务调度。

8.3.2　几何计算的并行算法设计与优化策略

几何计算研究的是几何对象的空间分析和空间形态特征提取等相关问题，它在图像分析、模式识别、计算机辅助设计、数据库搜索等研究中应用甚广。大数据时代背景下，几何计算具有计算密集性和算法复杂性等显著特征，对传统算法的计算效率和处理规模提出了越来越高的要求，并行计算技术被引入该领域以解决上述问题。

设置并行程序时，首先需要多线程并发地执行任务，为了指定多少个线程来执行，可以通过调用 omp_set_num_threads（ ）函数。本节中并行计算均采用 2 个线程开展实验，OpenMP 线程设置代码如下：

omp_set_ num_threads（2）

并行算法的设计主要从算法的负载平衡（赵辉等, 2011）、调度策略（刘胜飞等, 2010）和计算粒度（张宇亮等, 2005）考虑，来提高算法的并行效率，优化并行性能。本研究对上述三个方面进行设计，使用的仪器设备为个人计算机，计算机配置为 Intel Celeron（R）Dual-Co 处理器，采用双核双线程。

1. 并行的任务调度策略

OpenMP 是用于共享存储并行程序设计的应用程序接口。OpenMP 编译指导语句及其子句可以把一个串行程序转化成一个在多处理器上运行的并行程序。程序中的数据并行性通常是以 for 循环的形式表达。用 parallel for 编译指导语句来告诉编译器哪些循环的迭代可以并行执行。编译指导语句 parallel 出现在一段将被所有线程并行执行的代码前面。当所有线程执行同样的代码时，由编译指导语句 parallel 标记的代码段内出现编译指导语句 for，从而指导编译器开发程序的数据并行性或功能并行性。Schedual 子句使得我们可以指定如何调度循环迭代，即如何将各次迭代在线程间分配。循环迭代的调度方式有 dynamic 调度、static 调度和 guided 调度。

Dynamic 调度在循环开始时只分配循环中的一部分迭代。线程在完成了分配给它们的迭代后可以获得额外的工作。所有迭代均被分配到线程后，分配过程才算结束。这种调度开销相对较大，但是可以减少负载的不平衡。执行时 Schedual（dynamic）动态地将迭代逐个分配到各个线程。

Static 调度中，循环迭代被执行之前已经被分配到各个线程了。这种调度开销小但是会有明显的负载不平衡现象。执行时 Schedual（static）静态地分配连续的迭代到每个线程。

Guided 调度在执行时，Schedual（guided）采用一种指导性的启发式自调度方法。开始时每个任务会分配到较大的迭代块，之后任务每次请求新的迭代时会被分配到大小递减的迭代块，块最小为 1。

无论是动态调度还是静态调度，线程都会分配到循环中一段连续的迭代。增大数据块的大小会降低程序开销同时提高高速缓存命中率。减小数据块大小可以得到更好的负载平衡效果。增大数据块的大小可以在降低负载平衡的条件下提高高速缓存命中率。数据块大小的最佳值与具体的系统情况有关。

2. 并行计算粒度

数据粒度是海量空间数据并行计算的重要问题之一。通过对不同性质的并行算法的对比分析，提出空间数据粒度模型，量化地反映并行地形分析中数据划分的规模，建立并行数据粒度评价模型。通过计算每一次并行计算的时间与数据粒度效率，实现对计算数据粒度动态更新以追求更高的加速比。

并行计算中的计算粒度有粗粒度、中粒度和细粒度。由于细粒度研究任务量大，完成难度大，根据目前所掌握的知识暂时无法完成细粒度的并行化，所以根据所掌握的知识通过在序列划分和动态任务调度的基础上，此次主要研究并行计算粒度的粗粒度和中粒度的并行化。

粗粒度：主要应用于图层，表示类别级，即仅考虑对象的类别，不考虑对象的某个特定实例。粗粒度的并行计算强度高，完整的应用可以作为并行的粒度，难以有效实现负载平衡。

中粒度：主要应用于几何对象，表示实例级，即需要考虑具体对象的实例。当然，细粒度是在考虑粗粒度的对象类别之后才再考虑特定实例。细粒度的并行计算强度低，没有足够的任务来隐藏长时间的异步通信，容易通过提供大量可管的（更小的）工作单元来实现负载均衡。如果粒度太细，则可能使任务之间的通信和同步开销过大，这样的并行实现有可能比原来的串行算法执行速度更慢。

3. 数据划分方法

数据划分是并行程序设计中的基本技术。划分技术可以用于程序的数据，如将数据分解，然后对分解的数据并行操作。对于数据分块策略，为充分开拓地形分析算法的并发性和可扩展性，数据划分阶段常常忽略处理器数目和目标机器的体系结构，因此，动态调整并行数据以适应不同的计算环境显得愈加重要。空间数据一般具有数据类型和存储结构多变、数据量巨大、空间关系复杂等特征，空间对象实体的存储是变长的，除点对象外，其他类型的空间对象对应的元组的大小均不相同，空间数据之间存在诸如拓扑关系、方位关系、度量关系等多种关联方式，在空间数据的划分过程中需要充分考虑空间关系因素的存在。本节在动态调度下使用的数据划分方法是序列划分和弹性划分。

序列划分指的是按照要素在文件或数据库中存储的先后次序进行数据划分的一种直接且简单的方法。序列划分方法在几何计算算法如点集的凸包、线的简化、平滑等的映射条件下具有较好的适用性。

弹性划分方法是指把数据划分成不同部分并分别映象到不同的处理器上，处理器运行同样的处理程序对所分派的数据进行计算。不同的处理器在计算过程中需要进行一定量的通信。因此，在这种并行处理过程中需要根据串行算法的特点进行合理的并行化设计，以减小不同处理器间的通信对并行程序性能的影响。如果从理论的角度分析数据并行的性能，则整个问题的算法的计算速度与数据划分策略及大小无关。然而，在实际的并行计算中，经常由于问题划分情况的不同而影响整个算法的计算速度。

8.3.3　实验与分析

对于串行算法的开发，首先要做的是对矢量数据的读取。主要通过声明一个数据源访问指针对象，并使用它打开一个 shp 文件，打开之后，将其作为一个要素图层读取，并且查询该图层的要素数量。之后创建一个新的 shapefile 文件，获取数据源访问指针，获取输入图层的空间参考、字段定义和图层几何类型（点、线、多边形）。最后创建一个新图层，从输入图层向目标图层逐一拷贝字段，从输入图层向目标图层逐一拷贝要素，更新结果图层的空间范围，完成矢量数据的读取。通过该方法开发出基于 Douglas-Peucker 算法的线简化串行算法。

本节几何计算算法中基于 Douglas-Peueker 算法的线简化实验数据来源于中国东北某区域的线状矢量数据，该数据共包含 269450 条线，如图 8-28 所示。

1. 任务调度策略对并行计算效率的影响研究

多核环境下影响矢量数据并行计算效率的一个重要因素是并行任务的调度问题。OpenMP 编程模型下有 3 种不同的并行任务调度方法，分别是静态调度（static 调度）、动态调度（dynamic 调度）和启发式调度（guided 调度）。

图 8-28　线简化的实验数据

本节研究以线简化为例对上述 3 种调度方法下的并行加速比进行了对比实验，实验数据见表 8-7，实验结果如图 8-29 所示。

表 8-7　线简化的串行与并行任务调度策略的实验数据

算法		t_1	t_2	t_3	平均时间 t	运行加速比
串行		49.61	49.58	49.51	49.57	
并行	静态调度	36.40	33.21	31.69	33.77	1.48
	动态调度	29.31	37.66	30.27	32.41	1.53
	启发式调度	36.61	32.53	31.43	33.52	1.49

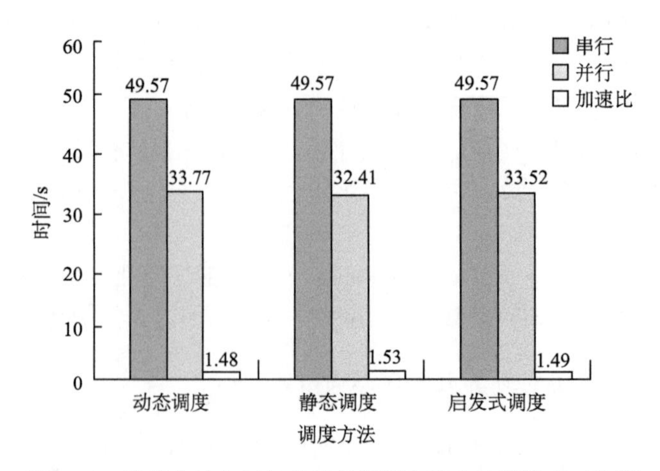

图 8-29　线简化的串行与并行任务调度策略计算效率对比图

从表 8-7 和图 8-29 中的实验结果可以看出，基于 OpenMP 模型下的 Douglas-Peucker 算法的线简化通过任务调度策略的并行化后，各种调度策略都取得了较为理想的计算速度，都能获得更高的并行计算效率，可以有效缓解共享式并行计算效率低的问题。其中，静态调度下能获得更高的并行效率，优于动态调度和启发式调度。该算法较传统算法，可提供更高的任务执行效率并具有更好的可移植性。该方法有待于在更多的领域内应用，以检验其性能。

2. 计算粒度对并行计算效率的影响研究

多核环境下影响矢量数据并行计算效率的另一个重要因素是并行计算粒度问题。OpenMP 编程模型下有 3 种不同的并行计算粒度，分别为基于图层的粗粒度、基于对象的中粒度和基于点对象的细粒度。由于细粒度研究任务量大，完成难度大，根据目前所掌握的知识暂时无法完成细粒度的并行化，本实验根据所掌握的知识，在序列划分和动态任务调度的基础上，研究并行计算粒度的粗粒度和中粒度的并行化及计算效率的影响。本节以线简化为例对粗粒度和中粒度的并行加速比进行了对比实验，实验数据见表 8-8，实验结果如图 8-30 所示。

表 8-8　线简化的串行与并行计算效率的实验数据

算法		t_1	t_2	t_3	平均时间 t	运行加速比
串行		49.61	49.58	49.51	49.57	
并行	粗粒度	61.45	54.61	54.87	56.98	0.87
	中粒度	36.40	33.21	31.69	33.77	1.47

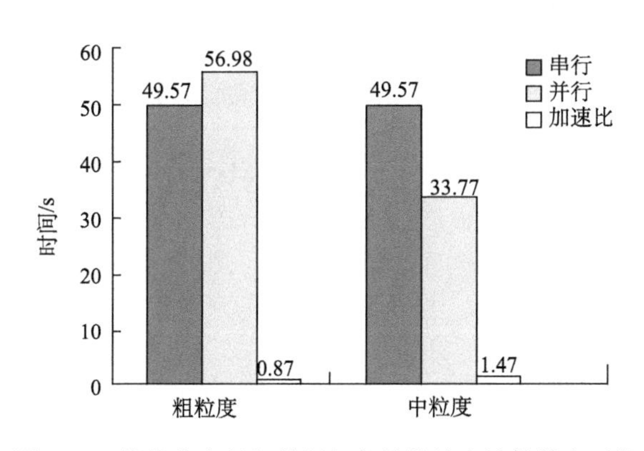

图 8-30　线简化串行与并行任务计算粒度计算效率对比

从上面实验数据和实验结果可以得出，基于 OpenMP 模型的并行计算粒度的各种矢量计算算法表现出一定的复杂性和不确定性。其中，中粒度的并行化取得了较理想的计算效率，该算法较传统算法具有更高的任务执行效率和更好的可移植性。但该方法是否具有普适性，有待于在更多的计算领域内应用，以检验其性能。

3. 数据划分方法对并行计算效率的影响研究

数据划分是并行程序设计中的基本技术。数据划分方法是多核环境下影响矢量数据并行计算效率的一个重要因素。本节在 OpenMP 并行编程模型下分别研究了序列划分和弹性划分，这两种方法是在动态调度下对数据结构的划分。以线简化为例对上述两种数据划分方法下的并行加速比进行了对比实验。实验数据见表 8-9，实验结果如图 8-31 所示。

表 8-9　线简化的串行与并行数据划分的计算效率的实验数据

算法		t_1	t_2	t_3	平均时间 t	运行加速比
串行		49.61	49.58	49.51	49.57	
并行	序列划分（dynamic）	36.40	33.21	31.69	33.77	1.47
	弹性划分（dynamic）	25.77	24.93	25.15	25.29	1.96

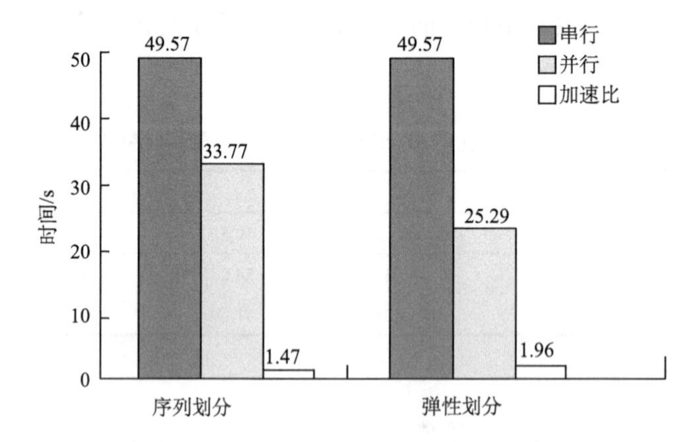

图 8-31　线简化串行与并行数据划分计算效率对比

由以上实验数据和实验结果可知，基于 OpenMP 模型的线简化通过对数据的弹性划分方法能获得更高的并行计算效率，优于序列划分方法的并行计算效率，该算法较传统算法具有更高的任务执行效率和更好的可移植性。该方法有待于在更多的计算领域内应用，以检验其性能。

8.4　本 章 小 结

当前共享内存的计算机上的一个主流并行编程模型是 OpenMP。本章面向单机多核环境下的并行算法及算法优化设计开展研究，以多种数据划分下的叠加分析算法、D8 算法和 GIS 典型几何算法为例，深入探索和分析了串行算法优化、并行算法的负载平衡、调度策略和计算粒度对并行效率的影响、并行算法设计与优化等多个核心问题，主要结论如下。

（1）典型的矢量地图叠加分析操作主要包括点面叠加、线面叠加和面面叠加三种。

本章设计实现了单机多核环境的点面叠加并行化方法、线面叠加并行化算法，并实现了 8 种图层级别的多边形并行叠加算法。并行多边形的叠加过程结合本书 6.1.1 节和 6.5 节，对 8 种图层级别的多边形并行叠置分析工具在单机多核环境下基于数据并行思想和 OpenMP 并行编程模型的实现技术和优化方法进行了分析和总结，基于负载均衡计算策略及多种并行优化方法和策略，实现了包含 8 种操作的并行多边形叠加分析工具集。

（2）单机多核并行环境下，以 D8 算法为例，分析总结了行、列、块数据划分方法对 D8 算法计算效率产生的影响及规律，得到数字地形分析并行算法在 dynamic 任务调度策略下按行划分计算效率最高；块划分方法略低于按行划分方法的计算效率，但划分块数需等于计算机最大可用线程数，才可避免计算资源的浪费；按列划分计算效率最低。

（3）本章研究了 GIS 中典型几何计算算法在 OpenMP 并行编程模型下的实现和优化方法。在高性能计算环境下对并行任务调度策略、并行计算粒度、数据分解方法等多个核心内容开展研究。在完成相关串行算法的基础上，实现了该算法的并行化和优化设计，为相关的矢量数据空间分析方法的多核并行优化提供了思路和参考。

本章以多核环境下的算法并行及算法优化为主要任务，从叠加分析算法、D8 算法和 GIS 典型几何算法三个方面着手，对串行算法优化及并行算法设计、实现、优化和扩展应用问题进行了深入研究，针对典型算法提出了可行的并行化设计和实现方案，对于大量的低成本 GIS 应用在多核环境下提高系统资源利用率、提升空间分析计算效率具有明确的现实意义。

参考文献

陈国良. 1999. 并行计算——结构 算法 编程. 北京: 高等教育出版社.

陈述彭, 鲁学军, 周成虎. 1999. 地理信息系统导论. 北京: 科学出版社.

丑述仁, 高微微, 于占超, 等. 2011. GIS 支持下基于 DEM 的中等流域的划分——以富县为例. 地下水, 33(6): 131-133.

戴波. 2002. 并行算法及其应用. 成都: 电子科技大学硕士学位论文.

韩李涛, 刘海龙, 孔巧丽, 等. 2017. 基于多核计算环境的地貌晕渲并行算法. 计算机应用, 37(7): 1911-1915+1920.

江岭, 刘学军, 阳建逸, 等. 2013. 格网 DEM 水系提取并行算法研究. 地理与地理信息科学, 29(4): 62-66.

晋蓓, 刘学军, 甄艳, 等. 2010. ArcGIS 环境下 DEM 的坡长计算与误差分析. 地球信息科学学报, 12(5): 700-706.

刘胜飞, 张云泉, 孙相征. 2010. 一种改进的 OpenMP 指导调度策略研究. 计算机研究与发展, 47(4): 687-694.

刘学军, 卢华兴, 卞璐, 等. 2006. 基于 DEM 的河网提取算法的比较. 水利学报, 37(9): 1134-1141.

孟岩. 2009. 从网格计算到云计算. 程序员, (4): 68-68.

王结臣, 王豹, 胡玮, 等. 2011. 并行空间分析算法研究进展及评述. 地理与地理信息科学, 27(6): 1-5.

翁明华, 姚成, 李致家. 2009. 数字化流域及流域信息提取方法研究. 水文, 29(5): 13-17.

于海洋, 卢小平, 程钢, 等. 2013. 基于 LiDAR 数据的流域水系网络提取方法研究. 地理与地理信息科学, 29(1): 17-27.

张珂, 郭毅, 李致家, 等. 2005. 基于 DEM 的流域信息提取方法及应用实例. 水力发电, 31(2): 18-21.

张维, 杨昕, 汤国安, 等. 2012. 基于 DEM 的平缓地区水系提取和流域分割的流向算法分析. 测绘科学, 37(2): 94-96.

张宇亮, 张立臣, 李代平. 2005. 并行算法的任务粒度与映射方法的分析. 计算机工程与应用, 31(20): 44-47, 94.

赵辉, 钱文光, 杨丽娟. 2011. OpenMP 中负载平衡优化的分析与研究. 福建电脑, 27(6): 18-19.

赵斯思, 周成虎. 2013. GPU 加速的多边形叠加分析. 地理科学进展, 32(1): 114-120.

周伟明. 2009. 追溯多核计算环境变迁的历史. 程序员, (4): 66-68.

Agarwal D, Puri S, He X, et al. 2012. A System for GIS polygonal overlay computation on Linux cluster: An experience and performance report. Proceedings of the 2012 IEEE 26th International Parallel and Distributed Processing Symposium Workshops & PhD Forum. Shanghai, China: 1433-1439.

Blelloch G E, Bruce M. 1997. Maggs: Parallel algorithms. The Computer Science and Engineering Handbook: 277-315.

Breshears C. 2009. The Art of Concurrency: A Thread Monkey’s Guide to Writing Parallel Applications. Sebastopol, CA, USA. O’Reilly Media Inc: 23-70.

Clarke K C. 2003. Geocomputation’s future at the extremes: High performance computing and nanoclients. Parallel Computing, 29(10): 1281-1295.

Cramer T, Schmidl D, Klemm M, et al. 2012. OpenMP programming on Intel Xeon Phi Coprocessors: An early performance comparison. Proceedings of the Many-core Applications Research Community (MARC) Symposium at RWTH Aachen University. Aachen, Germany: 38-44.

Geer D. 2005. Chip makers turn to multicore processors. Computer, 38(5): 11-13.

Gepner P, Kowalik M F. 2006. Multi-core processors: New way to achieve high system perf-ormance. PARELEC 2006: Proceedings of the 2006 lnternational Symposium on Parallel Computing in Electrical Engineering. Washington, DC: IEEE Computer Society: 9-13.

Goodchild M F. 1977. Statistical aspects of the polygon overlay problem. Harvard Papers on Geographic Information Systems. MA, USA: Addison-Wesley Publishing Company: 1-29.

Jin H, Jlspersen D, Mehrotra P, et al. 2011. High performance computing using MPI and OpenMP on multi-core parallel systems. Parallel Computing, 37(9): 562-575.

Lin C, Snyder L. 2009. 并行程序设计原理. 陆鑫达, 林新华译. 北京: 机械工业出版社.

O’Callaghan J F, Mark D M. 1984. The extraction of drainage networks from digital elevation data. Computer Vision, Graphics, and Image Processing, 28(3): 323-344.

Sharma R, Xu Z W, Sugumaran R, et al. 2016. Parallel landscape driven data reduct-ion & spatial interpolation algorithm for big LiDAR data. ISPRS International Journal of Geo-Information, 5(6): 97: 1-14. URL: http: //dx. doi. org/10. 3390/ijgi5060097, Accessed: Oct.

Shi X. 2012. System and methods for parallelizing polygon overlay computation in multiprocessing environment. US Patent, Pub. No: US 2012/0320087 A1, Dec. 20.

Turton I, Openshaw S. 1998. High-performance computing and geography: Developments, issues, and case studies. Environment and Planning: A, 30: 1839-1856.

Vatti B R. 1992. A generic solution to polygon clipping. Communications of the ACM, 35(7): 56-63.

Wang F. 1993. A parallel intersection algorithm for vector polygon overlay. Computer Graphics and

Applications, IEEE, 13(2): 74-81.

Yang J H, Zhang J X. 2015. Parallel performance of typical algorithms in remote sensing-based mapping on a multi-core computer. Photogrammetric Engineering and Remote Sensing, 81(5): 373-385.

Yildirim A A, Watson D, Tarboton D, et al. 2015. A virtual tile approach to raster-based calculations of large digital elevation models in a shared-memory system. Computers and Geosciences, 82: 78-88.

Zhang S H, Xia Z X, Yuan R, et al. 2014. Parallel computation of a dam-break flow model using OpenMP on a multi-core computer. Journal of Hydrology, 512: 126-133.

Zhou G Y, Liu X L, Fu S H, et al. 2017. Parallel identification and filling of depressions in raster digital elevation models. International Journal of Geographical Information Science, 31(6): 1061-1078.

第 9 章　GPU 并行与 CUDA 应用

9.1　GPU 的并行计算技术

9.1.1　GPU 介绍

从 1999 年至今，以 NVIDIA 公司为代表，提出了图形处理器概念。早期的计算机图形处理相对简单，所以都交由中央处理器来完成，GPU 是现代计算机上必不可少的硬件显卡设备的核心。GPU 的特点是有大量的执行单元和很高的内存带宽，所以，可以协助 CPU 完成一些复杂计算工作。

此前，计算机没有把显示芯片作为一个独立的运算单元。经过 GPU 内核流处理器（stream processor）的发展，图形处理输出是有规范的操作流水线，在其上运行单指令多数据的并行处理，GPU 是很合适的硬件结构（吴恩华, 2004）。硬件技术的发展使得基于 GPU 的通用计算（GPGPU）的研究越来越受到重视，特别是 NVIDIA 正式发布了统一计算设备架构，这带来了 GPU 通用计算革命（张舒等, 2009）。最新的 Fermi CUDA 架构拥有 512 个 CUDA 核心，可在个人计算机上实现超级计算机的性能，成为先进的 GPU 计算架构。GPU 的性能提高很快，越来越成为多核、多线程的高度并行化处理器，它带有超强的计算能力和非常高的存储器带宽（周勇, 2013）。

GPU 设计目标是满足密集型数据的计算，同时具有计算的高度并行化，在计算的流程控制和数据的缓存方面较弱。另外，与 CPU 相比，GPU 上的线程是超轻量级的，创建或释放线程消耗不大，这就使得 GPU 上的线程切换对时间消耗基本可以忽略，保证对不同的处理数据能够频繁做线程切换，从而完成高密度计算，这样可以不需要使用较大的数据缓存，隐藏了存储器访问的延迟。

所以，CPU 适合于需要大容量缓存的复杂控制逻辑运算，GPU 则适合于逻辑分支简单、计算密度高的大规模数据并行计算。在一些对并行计算特性、向量运算优化及浮点运算能力有要求的特定领域，GPU 的处理能力比 CPU 具有更大的优势。

GPU 具有的科学计算能力在计算机图形领域起到越来越重要的作用，同时在其他通用并行计算领域也得到广泛的应用，如流体模拟、频谱分析、分子模拟、天体运行计算、医学成像、碰撞检测、代数计算、数据库应用等领域。现今，基于 GPU 的通用并行计算成为新的研究热点。

9.1.2　基于 GPU 的并行计算

在 NVIDIA GeForce3 及 GeForce4 之后，新一代图形处理器具备了一定的可编程性，主要是在顶点级实现了可编程，但在像素级可编程只实现了有限的功能。在这一阶段，通用计算主要调用图形 API，通用计算研究还很局限，基本是计算机图形学领域的学者对矩阵乘法和代数运算做基本处理等。第五代图形处理器可以使用 C 语言对顶点和像素进行编程，不再依赖于汇编语言，降低了通用并行计算的难度，能够应用于图像压缩技术、流体计算、数据库操作（Govindaraju et al., 2004）等。最新的 GPU 主要是面向高度并行化和计算密集型的计算而设计，具有高性能的体系结构，如多核、高带宽、多线程。NVIDIA Tesla C2070 GPU 具有 448 个核，可以同时并发运行万条线程；显存与 GPU 之间带宽非常高，是内存与 CPU 之间带宽的 10 倍以上；另外，相比四核的 CPU 实现同等性能，Tesla20 系列 GPU 计算处理器只需要 1/10 的成本和 1/20 的功耗（NVIDIA, 2009）。因此，研究人员利用 GPU 的这些优势，成功应用到能源领域、计算金融、数据管理、生命科学和视频音频转换等领域（NVIDIA, 2011）。

GPU 通用并行计算阶段，主要运用图形渲染流水线中的技术。

（1）利用纹理的混合技术，能够把大量数据尽快一次性传输交换到显存中，用 GPU 完成并行计算的通用处理，这样可提高计算的性能。

（2）在 GPU 通用并行计算中，能够基于颜色混合的原理比较两个数据值的大小。例如，可以对两个纹理信息中相应的坐标数据值进行比较，首先利用颜色混合公式设置一个比较条件，然后比较数值，保留其中较大的也可以是较小的。这种比较算法的流程可以使用图形渲染线程技术来实现并行计算。

（3）在使用 GPU 做通用并行计算时，可以利用深度缓冲区中经过计算保留的较近物体点深度方法进行值比较的并行处理，使用深度缓冲区来存储值比较的结果。

（4）利用模板缓冲的技术原理，可以在数据库（Govindaraju et al., 2004）领域中运用图形处理器完成数据操纵的通用并行计算，基本路线是把纹理中的所有元素分在多个元组中，把待连接操作设计成全局结构，这样，使用模板缓冲测试的办法对连接查询操作进行并行执行。

DirectCompute、OpenACC、CUDA 及 MIC 技术是目前主流的并行技术，前三种技术是针对 GPU 的并行计算技术，而 MIC 技术则针对于 CPU（覃金帛等, 2018）。目前，针对 CPU 的 MIC 技术已经成为一种很重要的并行计算技术，加速效果和性价比都具有优势，在本节也会给出简单的介绍。

1. DirectCompute

DirectCompute 是微软公司推出的一种应用于 GPU 通用计算的程序接口，其主要集成在 Microsoft DirectX（微软创建的多媒体编程接口）内。DirectCompute 支持多种并行计算方式，如 CPU 和 GPU 协同的异构计算方式，CPU 负责逻辑运算、GPU 进行大规模的并行计算，两者各司其职共同分担并完成计算任务（Chang, 2011）。与其他通用 GPU 计算框架相比，DirectCompute 具有如下优势（刘璐等, 2016）：

（1）作为 DirectX 中特殊的部分，DirectCompute 不同于常规的渲染着色器。DirectX 处理图形运算时，DirectCompute 可针对流体仿真中可并行的复杂计算单独进行处理，并与其他计算资源进行有效交互，鉴于此特性，可将并行计算部分用 DirectCompute 计算，并用 GPU 缓存存储数据，以便最大化利用 GPU 计算资源。

（2）常规的渲染着色器采用一对一的方式完成数据与线程的映射，而 DirectCompute

可利用单线程处理多个数据，并且其线程数可根据实际需求进行配置。

（3）DirectCompute 具有时序性，支持对 GPU 缓存的无序访问，因此可避免数据交换中额外缓存的申请。

2. OpenACC

OpenACC 是一种指导语句方式的并行编程语言标准，它使用户不用考虑底层硬件架构，从而降低了异构并行编程的使用门槛。用户只要在有并行需要的代码段前写入 OpenACC 指导语句，然后通过对应编译器的编译，就可以自动生成相应的并行化中间代码，从而执行设备的初始化、管理和传输等操作。目前，OpenACC 已经可以针对复杂的 C/++或 Fortran 代码进行加速。OpenACC 编译器具有强大、快速和可移植的特点，目前已经在各行业得以应用。曾文权等（2013）利用基于中间层的 OpenACC 加速技术高效地改写了传统的串行代码，实现了基于 GPU 加速的高斯模糊算法。莫德林等（2014）提出了一种基于 OpenACC 的遥感影像正射纠正快速实现方法，通过对源代码的较小改动，成功地将源代码移植到 GPU 中，并取得了较好的加速比。杨帅（2016）分别使用 CPU、CUDA、OpenACC 实现了一种素数的生成算法，通过对比发现，虽然 OpenACC 相比于 CUDA 性能略差一些，但相比于 CPU 有较大提升。对于不太了解计算机底层硬件架构的人来说，所编写的程序一般不能够充分利用硬件资源。而 OpenACC 作为一种高级并行编程语言，编程人员只用在高级层对设备进行并行编程，而无须直接对硬件进行操作。因此，对于不熟悉硬件架构的人员来说，利用 OpenACC 加速计算是一个不错的选择。

3. CUDA

CUDA 是 NVIDIA 公司提出的一种用于处理 GPU 并行计算的硬件和软件架构，该架构使 GPU 能够解决复杂的计算问题。CUDA 程序的开发语言以 C 语言为基础，并对 C 语言进行扩展。基于 GPU-CUDA 的程序由串行代码和并行代码组成，串行代码在 CPU 上运行，而并行代码在 GPU 上运行。串行代码负责声明变量、变量初始化、数据传递和调用内核函数（kernel function）等工作。并行代码即为串行代码所调用的内核函数。在内核函数中，线程是以并行执行的线程块为单位在设备上执行的，而并行执行的线程块的集合用线程栅格来表示，关于 CUDA 的工作原理和硬件架构将在 9.2 节进行进一步介绍，相关应用研究可自行查阅参考文献（钟庆, 2012; 孔英会等, 2016; 李承功, 2013）。

与 OpenACC 相比，CUDA 使用者需要对计算机底层硬件架构有深入的理解，只有这样才能充分发挥硬件的计算潜能。OpenACC 在为使用者带来便利的同时，也降低了硬件的部分计算潜能，而 CUDA 则恰好相反。对于使用者来说，需要根据应用的需要来做选择。

4. CPU 的 MIC 技术

MIC 是 Intel 公司提出的一种新型架构，其功能是协助 CPU 进行计算。按 MIC 在 CPU 协助处理中充当角色的不同，MIC 主要分为两种运行模式：一种是 MIC 与 GPU 进行有机的结合，此种模式下 MIC 与 GPU 面对计算任务各司其职，共同担负任务，MIC

卡支持通过本地以启动程序，这种模式被称为 native 模式；另一种是 MIC 承担加速的任务，程序从 CPU 端启动，并选择性地将代码卸载（offload）到 MIC 端执行，此种模式被称为 offload 模式。每个基于 MIC 的协处理器可配备多个高频率的计算核心，并拥有专属的存储空间。每个计算核心可支持多个硬件线程，目前单 MIC 卡的双精度浮点计算峰值性能超过 1TFlops（Jeffers and Reinders, 2013）。采用 CPU/MIC 异构架构的高性能计算方式有广泛的应用空间，Lv 等（2013）和张光辉（2015）实现了 GPU/CPU 异构协同计算的、可跨节点的、高效的高阶基函数矩量法；谭郁松等（2014）基于 CPU/MIC 的异构架构实现了向量化 *K*-means 算法，并且探索了 MIC 在非传统 HPC（high performance computing）应用领域的优化策略；洪向共等（2016）实现了基于 CPU/GPU 和 CPU/MIC 的异构架构上的 Roberts 算法，并证明在相同单精度浮点运算能力下，GPU 处理低分辨率图像的速度更快、加速比更高，但处理高分辨率图像时 MIC 的加速效果比 GPU 略好（MIC 加速比最高为 23.52，GPU 为 21.43）。由于 MIC 的指令集和体系结构兼容性较好，相较于 GPU 编译方式，其可移植性更强，速度更快。一些较为简单的软件甚至可以在重新编译后直接在 MIC 上运行。

9.1.3　CUDA 并行程序设计模型

GPU 拥有很强的通用计算能力，但是单纯地将其应用于计算机领域仍需要解决很多技术难题，如用于与 GPU 进行交互的接口十分复杂，并且 DRAM 内存存在较大的局限性。此外，研究人员为了能够使用 GPU 还需要掌握复杂的着色语言（shading language）和计算机图形学。这些都限制了 GPU 在通用计算方面的应用。为了解决开发人员对 GPU 通用计算易用性问题，NVIDIA 在研究 GPU 架构的同时，研究开发了 CUDA，它是一个 GPGPU 模型，这种模型能够大幅度提升 GPU 的计算速率，同时让更多的研究人员使用 GPU 进行通用计算。除了 CUDA，GPGPU 技术出现了 Apple 公司主推的开放计算语言（OpenCL）和 AMD 公司主推的流计算（stream computing）技术。CUDA 只支持 NVIDIA 公司的 GPU，不过基于 CUDA 进行的 GPU 通用计算是主流，这种 GPGPU 架构也是实用化程度最高的，编程模型使得并行计算功能（张朝晖等, 2009）易于实现和维护。

CUDA 编程模型如图 9-1 所示。由于 CUDA 的编程方便与并行性能高的特点，充分利用了 CPU 和 GPU 各自的优点，实现 CPU/GPU 联合执行，使得并行计算得到更快的发展（Kirk et al., 2013）。CUDA 使用了单指令多线程的执行模型 SIMT（single instruction multiple thread），具有很强的并行特点。CUDA 编程是 GPU 和 CPU 的架构，它将 CPU 作为主机，把 GPU 作为执行设备。在 GPU 中可以并行地运行大量的线程，它可以用来承担高度并行的计算。一个 CUDA 程序包含在 CPU 中执行的部分和在 GPU 中执行的部分，两个部分之间的工作方式是串行的，且都拥有自己独立的存储空间。在模型执行过程中，CPU 和 GPU 是互相协同工作的，CPU 主要负责其中的串行任务和计算，完成复杂控制逻辑的调度和运算，在 CPU 中执行的部分称为普通函数，承担着数据的初始化、输入、内存分配、数据传递、结果显示与保存。而 GPU 是专门用于并行任务的处理，负责执行逻辑简单但是计算密度高的大规模任务，在 GPU 中执行的部分称为核函数（kernel），是这个程序中能够大量并行执行的部分。GPU 中的核心处理单元是流处理器阵列（SPA）、流多处理器（stream multiprocessor，SM）和流处理器（SP），由它们负责加载执行并行计算的线程网格（grid）、线程块（block）和线程（thread）（张舒等, 2009）。每个块可以被分配到任意一个处理器核心以并行或串行方式执行。在 CUDA 架构中，线程被分成许多彼此独立线程块（block），同一个线程块内的所有线程使用共享内存协调计算任务，一个 GPU 上的所有线程块组织成网格（grid）。CUDA 在编译时，会将 CPU 代码和 GPU 代码分开编译。程序从主机端的 CPU 代码开始执行，当执行到 GPU 代码时，调用内核函数，并将代码切换到 GPU。当内核函数执行完后，设备代码被切换到 CPU 端，继续执行代码（王智洲等, 2017）。在 CUDA 模型中，CPU 把所有需要计算的数据准备完成后复制到 GPU 内存中，再由 GPU 中的核函数完成对数据的计算，最后再将计算结果从 GPU 的内存复制到主机内存中。

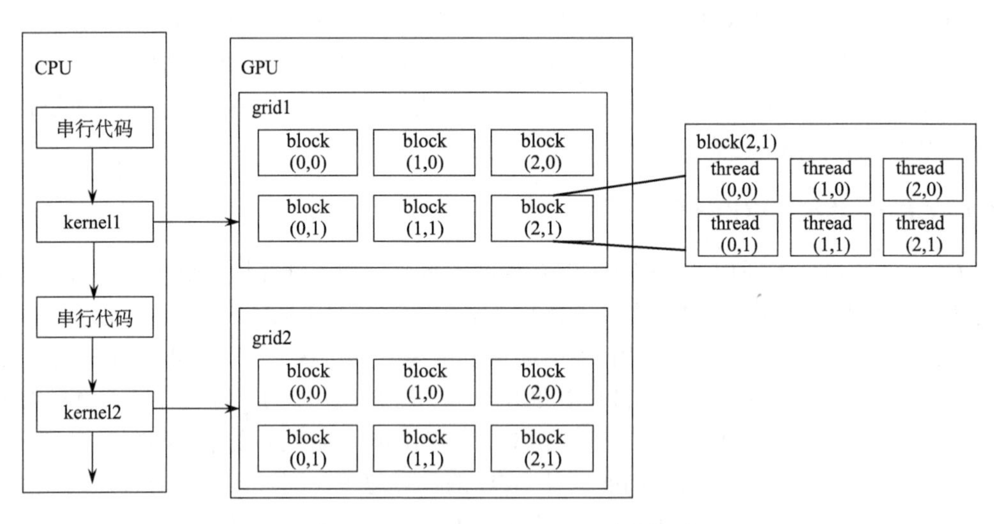

图 9-1　CPU+GPU 的 CUDA 编程模型

运行在 GPU 上的 CUDA 并行计算函数称为 kernel（内核函数），内核函数并不是一个完整的程序，而是整个 CUDA 程序中的一个可以被并行执行的步骤。每一个内核会被 N 个 CUDA 线程执行 N 次。每个 kernel 函数以线程网格（grid）的形式组成，每个 grid 有许多同样大小的线程块 block 组成，每个线程块又由若干个线程（thread）组成，如图 9-1 所示。例如，block 为 16，thread 为 256，则总的线程数为 16×256，在进行 CUDA 程序设计时，需要考虑合理的 block 数和块内线程数 thread（林敏和钟一文, 2015）。

9.2　CUDA 并行计算模型

为了更好地推广 GPU 并行计算技术，NVIDIA 公司提出了 CUDA 的架构平台。CUDA 的结构可以分为两个层面：第一个层面是图形处理器硬件架构的改进与革新，拓宽了 GPU 不仅专用于图形处理领域计算，而且扩展到通用计算能力，这是划时代的技术变革。它设计了新的流处理器 SP，集成合并了像素处理器和顶点处理器。第二个层面是软件技术集成，以往使用 GPU 做并行计算比较复杂，不容易，通过调用图形的复杂 API 或者是使用图形的渲染技术间接地编程，实现处理其他形式的数据，都是借用了图形处理技术实现并行。现在的革新之处是使用 GPU 的硬件架构，以 C 语言为基础加以扩展，形成可供程序设计的库函数软件架构，为程序设计人员面向 GPU 编程提供了一个完整的接口，极大地扩充了 GPU 在各个应用领域中的通用并行计算，这也是国内外学者近年来研究 GPU 通用计算领域的一个公共平台。

CUDA 的架构主要融入了三个重要的概念技术，分别是共享存储器结构、层次线程组结构和屏蔽同步技术（barrier synchronization）。由此保障在完成任务并行化和数据并行化的粗粒度并行技术中，同时嵌套线程并行化和数据并行化的细粒度并行计算。可以把需要解决的计算分析，找出能够并行的部分，然后分解成小的计算单元，就能够映射到 GPU 上，由它协作完成细粒度的并行。由此不必了解硬件的结构细节（刘伟峰和王智广, 2008），基于 CUDA 的并行编程模型既可以在一个 GPU 内核上执行，也能够在多 GPU 上执行。

9.2.1 CUDA 的线程和内存结构

CUDA 的核心是内核程序（kernel），它的定义方式是使用关键字“_global_”来完成，内核程序的执行是在 GPU 上，但是调用关系是由 CPU 处理的，这样就实现了一次调用 GPU 上并行计算，数据装载到 GPU 进行处理，每一次内核程序的调用都进行一次新 GPU 的并行计算过程。

线程是 GPU 上的计算核心结构，与基础 C 程序的不同之处在于，GPU 中的线程不是杂乱无章的，而是组织成一定的线程层次。CUDA 的线程是在线程块（block）执行的，若干个线程块组织成单个 CUDA 内核函数程序，它们共同形成了一个一定大小的计算网格（grid），而对于一个线程块，分割出了细小空间运行线程，最大能够启动 512 个线程。属于同一个线程块内的所有线程高速访问块内的共享内存，同时使用命令“_syncthreads ( ) _”来进行同步。在 CUDA 计算结构中，内存的层次机制是一个重要的架构技术，内存分为三个层次，分别是块内本地内存、共享内存和全局内存。在同一线程块中，每个线程都有属于自己的块内本地内存，同时开辟一块共享内存供每一个线程块使用，线程块内的所有线程都可以访问自己块的共享内存，但是不能访问其他线程块所属的共享内存。因此，不同块之间的共享内存是互相隔离的。对于全局内存，在内核程序中的所有线程块中的线程都可以访问。另外，CUDA 还保留了固定的纹理存储器空间，线程块可以根据需要更加高速地访问它们。

一个完整的 CUDA 程序包含了运行在 CPU 上的逻辑判断函数及运行在 GPU 上的计算密集型函数（称为 kernel）。每个 kernel 是由多个线程（thread）同时执行，通常 32 个线程构成一个 warp，warp 是 CUDA 执行的基本单元。线程是按照如图 9-2 所示的组织方式（Chakroun et al., 2013）执行一个 kernel，即一个线程网格（grid）包含若干个线程块（block），每个线程块包含若干个线程。GPU 有自己独立的内存，CUDA 架构的内存模型如图 9-2 所示。

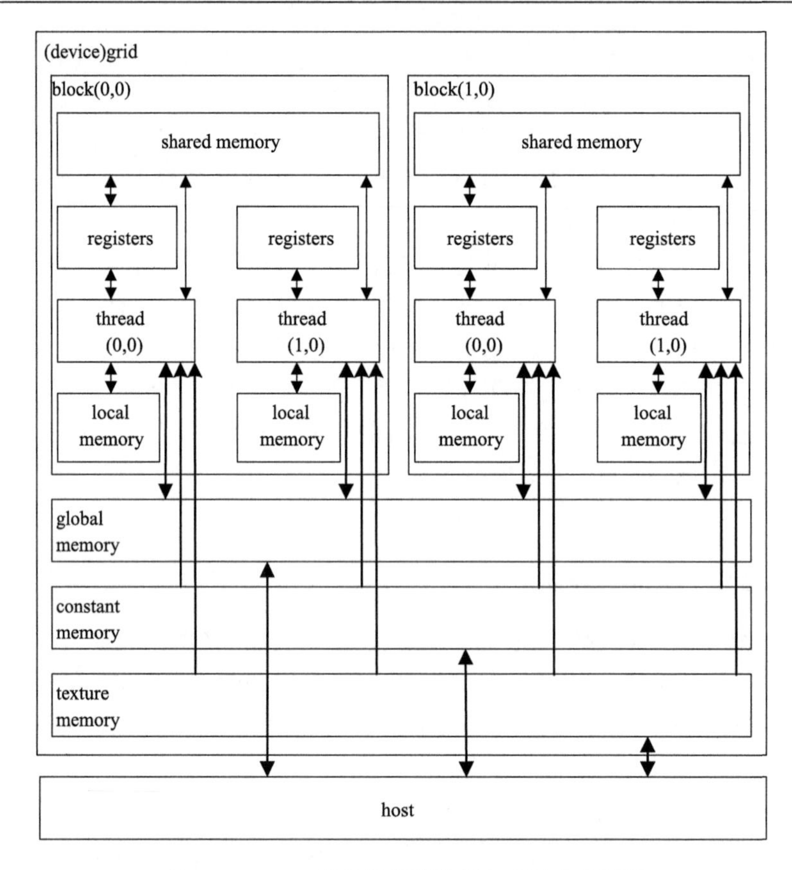

图 9-2　CUDA 架构的线程组织方式及内存模型

CUDA 为满足数据的不同需求提供了 6 种存储器（图 9-2）：寄存器（registers）、本地存储器（local memory）、共享存储器（shared memory）、全局存储器（global memory）、常数存储器（constant memory）和纹理存储器（texture memory）。其中，只有常数存储器与纹理存储器是允许所有线程访问的。寄存器与局部存储器只允许其所属的线程访问，即不同的线程不能互相访问寄存器与局部存储器。共享内存只允许其所属的线程块中的线程访问，即位于不同线程块中的线程不可以互访共享内存。全局存储器只允许其所属的线程网格中的线程访问，但位于不同线程网格中的线程不可以互访全局存储器。存储器类型决定了存储容量及读写速度等特性。全局存储器具有容量最大且延迟最高的特点，共享内存具有容量较小且延迟较低的特性，寄存器是容量最小且访问速度最快的存储器（Chakroun et al., 2013; 李丹丹和杨灿, 2017）。其各自特点如下（满家巨等, 2012）：

（1）寄存器的访问效率最高，每个线程都拥有专属的寄存器，但它的数量比较少。

（2）本地存储器访问速度较慢，也是线程特有的存储单元，主要在寄存器空间不足时使用。

（3）共享存储器访问速度快，是线程块所有线程公有的存储单元，其大小也比较有限。常见的硬件每个线程块可使用的共享存储器大小只有 16KB。

（4）全局存储器的大小与显卡的显存大小相当，它可通过主机端程序和设备端程序访问，充当主机端和设备端的数据交互媒介。

（5）常数存储器是显存中的只读存储单元，它拥有缓存加速的功能，可以节约带宽而加快访问速度，因此适合存储程序中需要频繁访问的只读参数。

（6）纹理存储器也是只读存储器，它由 GPU 用于纹理渲染的图形专用单元发展而来，具有地址映射、数据滤波、缓存等功能，适合实现图像处理、查找表或大量数据随机访问等操作。

9.2.2 CUDA 的程序执行方式

CUDA 程序是基于“主机-设备”的机制，CPU 作为“主机”运行 C 程序，内核程序的线程运行在 GPU 设备上，来协同主机完成并行计算任务的执行，而且 CUDA 约定主机和设备对各自的 DRAM 互不干扰，独立维护。

CUDA 的软件栈模型如图 9-3 所示。同样，为了使编程人员在不同的应用场合对主机和设备进行管理，CUDA 提供了 Libraries、Runtime、Driver 等多层次的接口，用以完成主机与设备间的数据传输和 GPU 上的内存分配与释放。在执行 CUDA 内核程序时，程序主要包括任务控制和并行计算两部分，其中复杂的流程任务控制是执行在 CPU 主机上，当要完成并行计算时，设备上的内核程序负责执行这些计算任务。这种“主机-设备”的机制很好地完成了交替运行，同时分工协作，实现了在 GPU 上的细粒度并行计算。

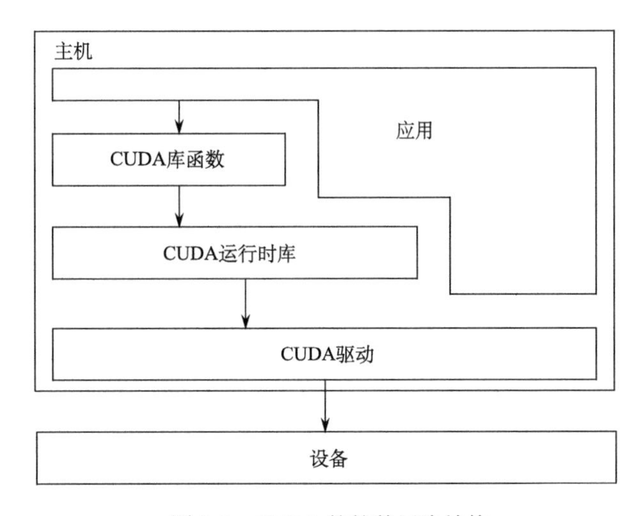

图 9-3 CUDA 的软件层次结构

9.2.3 CUDA 执行模型

CUDA 是 NVIDIA 推出的一套并行计算架构，这个架构可以用 GPU 来解决商业、工业及科学方面的复杂计算问题，它是一个完整的 GPGPU 解决方案，提供了硬件的直接访问接口，而不必像传统方式依赖图形 API 接口来实现 GPU 访问。CUDA 程序开发语言以 C 语言为基础，并对 C 语言进行扩展。

CUDA 编程模型把 CPU 作为主机（host），GPU 作为协处理器（co-processor）或者

设备（device）。一个系统可以有一个或多个设备。相应地，一个 CUDA 程序分为 host 端和 device 端两个部分。host 端是指在 CPU 上运行的串行代码，而 device 端是指在 GPU 上运行的并行代码，在 GPU 上的代码称为内核（kernel）函数。在这个模型中，CPU 和 GPU 协同工作，CPU 负责逻辑性强的事务处理和串行计算，GPU 专注于高度线程化的并行计算。典型的 CUDA 程序执行流程如图 9-4 所示。使用 CUDA 进行编程时，首先准备好主机端数据，运行于 CPU 上的主机端（host）程序依次完成设备初始化和数据准备等串行任务；运行于 GPU 上的设备端（device）程序并行执行一系列的 kernel 函数；最后完成由设备端至主机端的数据拷贝（辛诚和周权, 2018）。

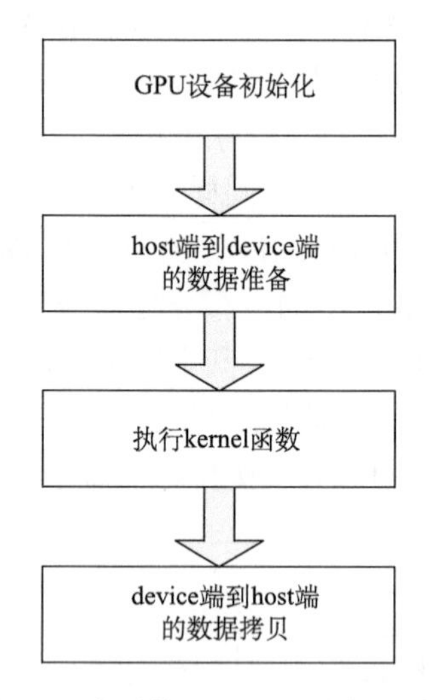

图 9-4　典型的 CUDA 程序执行流程

每一个 kernel 由一组大小相同的线程块（thread block）来并行执行，同一个线程块内的线程通过共享存储空间来协作完成计算，线程块之间是相互独立的。运行时，每一个线程块会被分派到一个流多处理器（SM）上运行。NVIDIA 的 GPU 中，最基本的处理单元是 SP。为了管理这些线程，SM 利用了一种被称为单指令多线程（single instruction multiple threads，SIMT）的新架构（Stockwood et al., 2000）。图 9-5 是一个 SIMT 多处理器模型，显示了 CUDA 的存储层次。每个 SP 对应一个线程，每个 SM 对应一个或几个线程块，SM 实际执行不以线程块为单位，而以 warp 块为单位，每个 warp 块一般包括 32 个线程。执行时，每发出一条指令，SIMT 单元就会选择一个已经准备好的 warp 块执行，并将下一条指令发送到该 warp 块的活动线程。如果某条指令需要等待，SM 会自动切换到下一个 warp 块来执行，以此来隐藏线程的延迟和等待，以达到大量并行化的目的（汪丽杰和赵永华, 2012）。

9.2.4　单指令多线程模式 SIMT

在运行“主机-设备”机制的并行计算时，CPU 主机的主程序使用设备内核的计算网格，在计算网格上部署的所有线程块不是指定到一个处理器上，而是由 CUDA 分配给

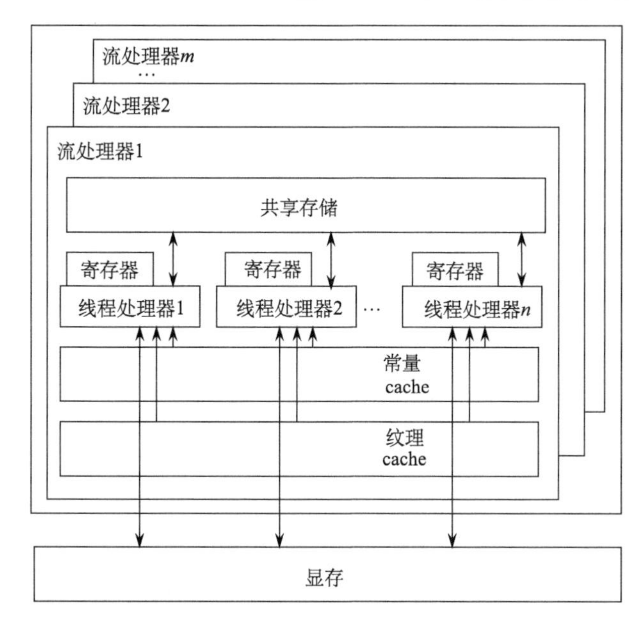

图 9-5　SIMT 多处理器模型及存储层次结构

多处理器并执行，这样使得一个线程块中的所有线程可以执行在一个多处理器中。并发线程是由多处理器创建、执行和管理的，最大特点是保持调度开销是零，同时还可以调用_syncthreads()_指令实现屏障同步。总之，指令特点是创建轻量级的线程、线程调度零开销、快速的屏障同步，这些结合在一起来最大化支持细粒度并行计算。

多处理器管理线程的方式是使用单指令多线程 SIMT 架构实现的，它有一个标量处理器核心，所有线程都映射到这个核心上成为标量线程，每一个标量线程在执行时都是独立地分配和使用各自的寄存器状态和指令地址。计算架构设计了线程组 warp 块单元，它包含 32 个并行线程，用来创建、调度、执行和管理线程，warp 块可以分成两个半块。

SIMT 的模式与单指令多数据流的向量式组织结构相似，虽然是控制多个处理单元，但是是用单指令来完成的。不过 SIMT 使得编程人员可以对独立的标量线程进行线程级细粒度的并行编码，也可以实现数据并行的编码，服务于协同线程，这些是 SIMD 向量机模式做不到的。

9.2.5　CUDA 计算的特点分析

CUDA 计算的特点分析如下（董荦等，2010）。

基于 CUDA 计算的优点：

（1）GPU 通常具有更大的内存带宽。例如，GeForce 9800GT 具有超过 57.6 GB/s 的内存带宽，而目前高阶 CPU 的内存带宽则在 10 GB/s 左右。

（2）GPU 具有更多的执行单元。例如，GeForce 9800GT 具有 112 个 SP。

（3）GPU 较同等级的 CPU 具有价格优势。

基于 CUDA 计算的缺点：

（1）对并行化程度不高的程序运行效率较低。

（2）GPU 目前通常只支持 32bits 浮点数，且很多都不能完全支持 IEEE754 规格，有些运算的精确度可能较低。目前许多 GPU 并没有另外的整数运算单元，因此整数运算的效率较差。

（3）GPU 通常不具有分支预测等复杂的流程控制单元，因此对于具有高度分支的复杂程序，效率较差。

（4）由于 PCI-E 接口带宽限制，若频繁于内存和显存间交换数据会降低程序的运行效率。

9.3 GPU 的计算优势

图形处理器早期只在高档微机和专用的图形工作站上使用，但其应用迅速得到扩大。现在，因为 GPU 具备强大的并行处理能力和极高的存储器带宽，是典型的并行处理器，也可称为“流处理器”，将其用于诸如科学运算、数据分析、线性代数、流体模拟等需要大量重复的数据集运算和密集的内存存取的应用中，可以获得比 CPU 强大得多的计算能力。NVIDIA 公司的 GT200 系列 GPU 最高理论浮点计算能力达到 900 GFLOP/s，而 Intel 公司最新的 3.2GHz Harpertown 四核心平台最高浮点计算能力约为 100 GFLOP/s，前者比后者计算能力高近 1 个数量级。GPU 的计算能力增长迅速，远远高于 CPU 的提高速度。这是因为 GPU 具有由高内存带宽驱动的多个核心，并设计了更多的晶体管专用于数据处理（而非数据高速缓存和流控制）和专用于解决数据并行计算（同一程序在许多数据元素上并行执行），具有高运算密度（算术运算与内存操作的比例）的能力。同时，由于 GPU 结构的原因，通常其具有更多的核心和更高的内存带宽。就带宽相比，NVIDIA 公司的 G80 Ultra 系列最高内存带宽为 103GB/s，比 Intel 公司的 3.2GHz Harpertown 四核心平台最高内存带（宽约为 10GB/s）高 1 个数量级（章浩等, 2009）。

GPU 最初用于 3D 图形处理，帮助 CPU 分担计算量。经过近些年的发展，GPU 在通用计算领域所表现出来的能力已经得到了越来越多的关注。相比于 CPU，GPU 的优势在于：在浮点计算能力方面，GPU 是由数以千计的更小、更为高效、高度并行计算（如图像渲染）所设计的核心组成，这些核心都是用于数据处理，而非 CPU 中的数据缓存和控制，如图 9-6 所示。在并行计算方面，GPU 中可以运行大量的线程，非常适合处理同一个程序在多个数据上面执行的并行计算问题。另外，GPU 的造价和功耗相对较低，在一定程度上能够满足那些需要计算海量数据而无法使用昂贵的巨型计算机的用户的需求（曾炫杰等, 2015）。

GPU 的高性能主要来自并行的多内核结构，在一开始主要用于图形显示的加速。随着显卡的发展，GPU 越来越强大，除了继续在显示图像方面的强大功能外，在计算能力上已经超越了通用的 CPU。为了满足图形图像之外越来越广泛的需求，显卡厂商 NVIDIA 公司推出了 CUDA（邓培智, 2008），让显卡可以用于图像计算以外的目的。CUDA 是一个完整的技术解决方案，也称为 GPGPU（基于 GPU 的通用运算），它提供了硬件的直接访问接口，而不必像传统方式一样必须依赖图形 API 接口来实现 GPGPU 的访问。CUDA 在架构上采用了一种全新的计算体系结构来使用 GPU 提供的硬件资源，从而给大规模的数据计算应用提供了一种比 CPU 更加强大的计算能力。CUDA 采用标准 C 语言作为编程语言，提供大量的高性能计算指令开发能力，使开发者能够在 GPU 的强大计算能力的基础上建立起一种效率更高的密集数据计算解决方案。

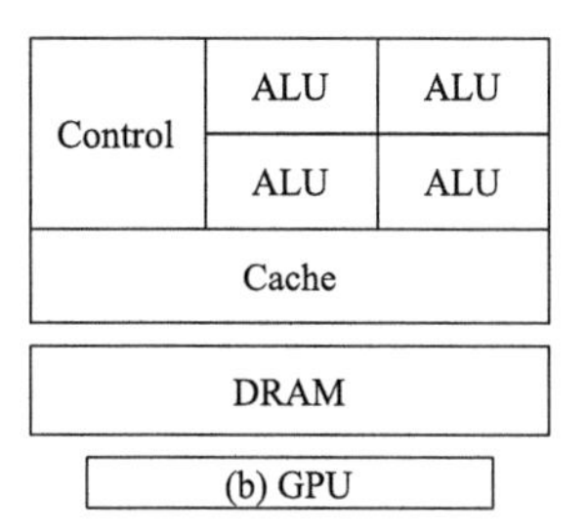

图 9-6　与 CPU 相比 GPU 有更多的运算单元

9.4　RaPC 算法在 GPU 并行环境下的应用

GPU 的“众核”“高带宽”等设计特征使其在解决通用计算问题的应用中展示出了比多核和集群更加高效的并行计算能力（McKenney et al., 2011；赵艳伟等, 2012），而 RaPC 算法的栅格化处理过程使其更适用于 GPU 的流处理器大规模并行执行模式。本节将以多边形并行叠加求交为例研究 RaPC 算法在 CUDA 并行框架下的应用，并分析其在 GPU 平台上的并行性能特征及与矢量多边形裁剪算法的区别。

9.4.1　RaPC 算法效率分析

本节将对 RaPC 算法的计算效率进行考察，通过分析影响其性能表现的主要因素，与经典的 Vatti 多边形裁剪算法进行比较来分析其优势与不足之处。采用 2.2.2 节图 2-3 所示的叠加多边形数据开展实验（未切割），实验硬件条件为配置 Intel i5-3380M CPU 的个人计算机。基于 Vatti 算法实现的多边形求交算法的计算时间为 1.060s，计算结果图层内的多边形图形面积为 11206600m^2，结果如表 9-1 所示。

表 9-1　RaPC 求交算法实验结果及面积误差统计结果

结果	网格大小/m						
	2	5	10	15	20	25	30
计算时间/s	17.544	3.735	1.519	1.061	0.842	0.733	0.652
相对面积误差/%	−0.007	−0.129	0.553	−0.922	−1.065	0.967	0.516

上述实验结果表明，RaPC 算法的计算结果总是存在一定的面积误差，随网格单元的增大，基于 RaPC 算法实现的多边形求交分析算法的计算效率迅速提高，且计算结果的面积误差也随之增大。针对上述数据集，当网格单元设置为 15m 时，得到了与基于

Vatti 算法实现的多边形图层求交算法相当的计算效率，此时相对面积误差为–0.922%。本研究对上述计算效率统计实验进行了补充，通过统计连续增大网格尺寸条件下的计算时间来量化分析网格单元尺寸变化对 RaPC 算法计算效率产生的影响，实验结果如图 9-7 所示。

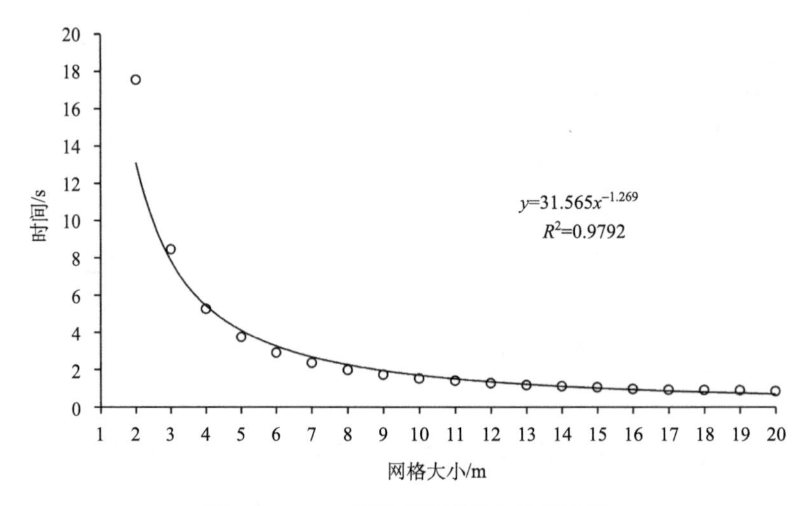

图 9-7　RaPC 算法多边形联合计算结果

图 9-7 表明，RaPC 算法的计算效率与网格单元大小密切相关，随网格的增大计算效率迅速提高，并且在某一特定网格大小处能够达到与 Vatti 算法相当的计算效率。此时若继续增大网格单元，仍旧可以提高计算效率，参照表 9-1。当网格单元为 30m 时，计算时间开销仅约为基于 Vatti 算法实现的多边形求交算法的 49%，而基于 Vatti 算法的多边形求交算法的计算效率优化则困难得多，这说明当计算结果精度要求不高时，RaPC 算法可以通过调整网格单元大小来实现加速，体现出了一定的灵活性。

图 6-2 和图 7-4 揭示了 Vatti 算法的计算效率随所操作的多边形顶点数量的增加所呈现出的近似幂函数或二次曲线的增长规律。本节设计了一组多边形求交实验，通过比较具有相同几何形状但不同顶点数量的多边形间的求交计算时间来观察 RaPC 算法的计算效率的变化规律。多边形顶点数量从 1000～30000 递增时，采用不同网格大小的 RaPC 算法与 Vatti 算法的时间开销对比结果如图 9-8 所示（采用配置了 Intel i7-2600 CPU 的计算机得到）。

由图 9-8 可知，网格大小是 RaPC 算法计算效率的主要影响因素。当网格尺寸较小时，RaPC 算法的计算效率较低，如当采用 1m 网格计算包含 30000 个顶点的多边形叠加时，RaPC 算法的时间开销是 Vatti 算法的 19.8 倍，而当采用 5m 网格执行相同计算过程，RaPC 算法的时间开销仅为 Vatti 算法的 86%，当采用 9m 网格时甚至仅为 28%。因此，随网格的增大，RaPC 算法的计算效率提高显著。以顶点数量为 30000 处的一组不同网格大小的实验横断面数据为例，呈现出与图 9-7 类似却符合程度更高的幂函数变化规律，如图 9-9 所示。

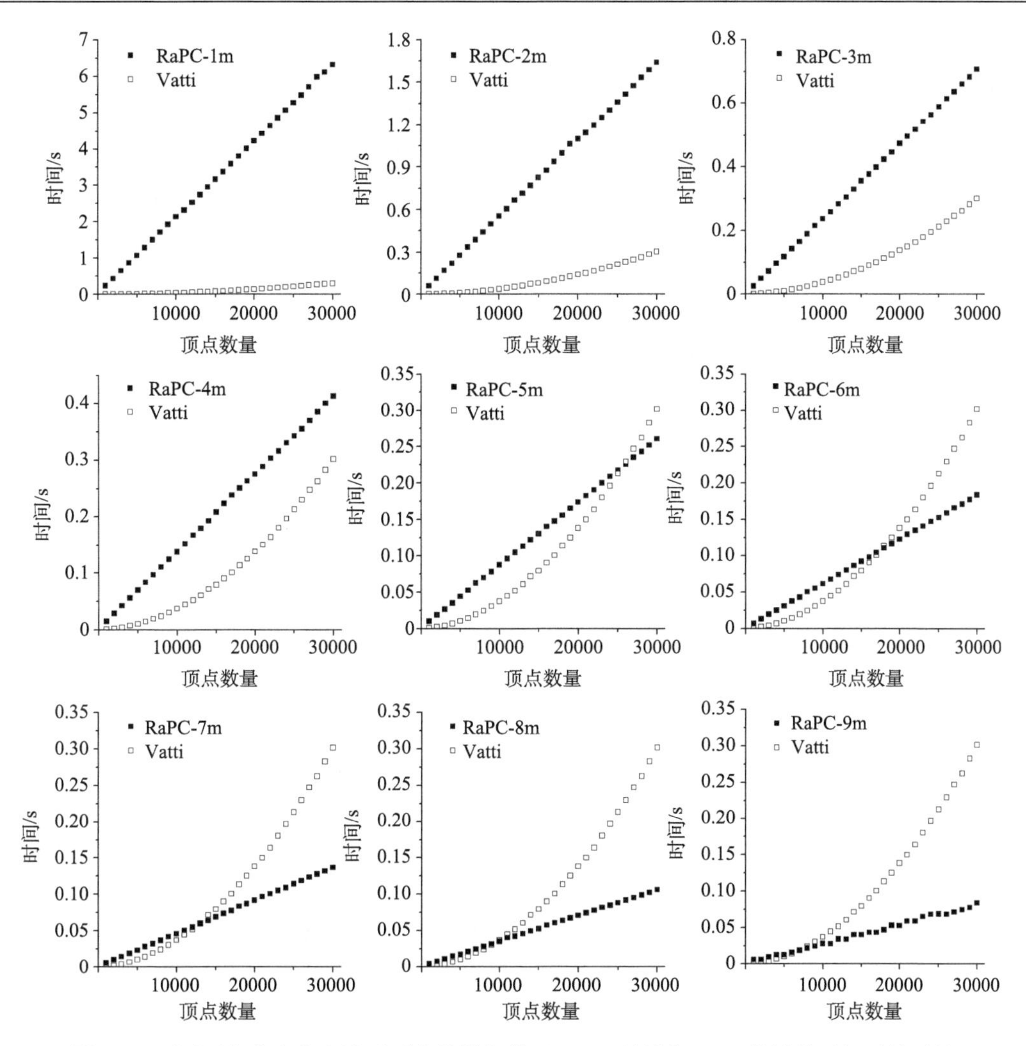

图 9-8　不同网格大小和多边形顶点数量条件下 RaPC 算法与 Vatti 算法的时间开销对比

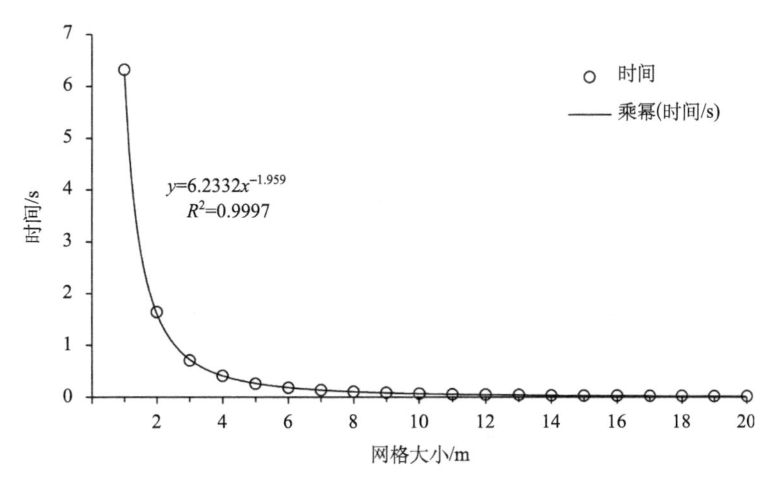

图 9-9　网格大小对 RaPC 算法效率的影响

图 9-9 所示网格大小条件下采用 RaPC 算法所获得的计算结果的面积误差变化如图 9-10 所示。

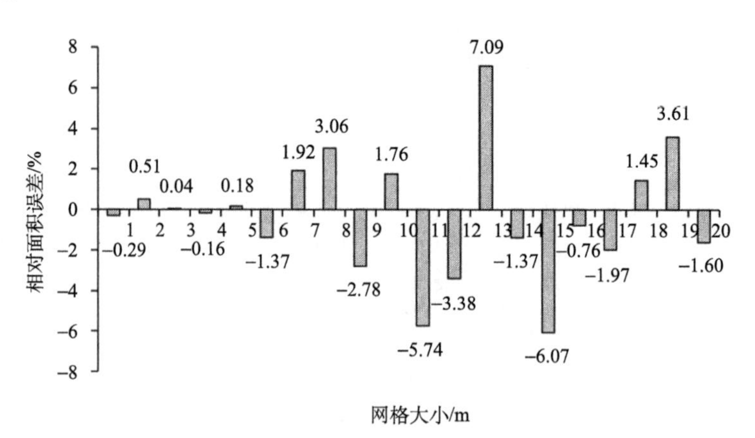

图 9-10　不同网格大小下 RaPC 算法的相对面积误差

图 9-10 表明，尽管增大网格能获得理想的计算效率，但是将导致较大的面积误差，在本节的实验中，当网格尺寸达到 6m 时，面积误差为−1.37%，继续增大网格尺寸所得到的结果的图形误差也将增大，且不稳定。

图 9-8 还表明，与 Vatti 算法类似，多边形顶点数量同样影响 RaPC 算法的计算效率。当多边形所包含的顶点数量较少时，Vatti 算法具有较高的计算效率，随着多边形顶点数量的增加，Vatti 算法的二次多项式或幂函数式的时间开销快速增长规律使其计算效率加速降低。而 RaPC 算法的时间开销则表现出了较为平稳的线性增长模式，且随网格增大，线性增长模型的斜率降低，说明增长放缓。因此，尽管当采用较小的网格时 RaPC 算法的时间开销要高于 Vatti 算法，但是在处理包含更多数量顶点的多边形的叠加操作时，RaPC 算法要更有优势。图 9-11 是分别采用 1m、2m、3m、4m、5m 大小的网格时，RaPC 算法与 Vatti 算法在更大数据量条件下的计算效率对比。由结果可知，即使是采用较小的网格，在处理包含了大量顶点的多边形的叠加问题时，RaPC 算法表现出了明显的优势，能够获得比 Vatti 算法更低的时间开销。

因此，RaPC 算法的计算效率受网格尺寸大小和多边形顶点数量的共同影响，前者是主要因素，呈现出幂函数变化规律，后者是次要因素，为线性变化规律。在选择 RaPC 算法所采用的网格大小时，必须兼顾效率与相对面积精度。综上所述，通过设置合理的网格大小，RaPC 算法能够获得比 Vatti 算法更低的时间开销，且在处理包含大规模顶点的多边形时具有更大的优势，这说明 RaPC 算法具有一定的实用价值。

从算法复杂度的方面分析，最坏情况下，Vatti 算法的时间复杂度为 $O[(p-2)^2]$，其中 p 为单次叠置操作中两个多边形具有的顶点数量（Greiner and Hormann，1998）。RaPC 算法的原子操作为点在多边形内的判断过程，该过程所需要的浮点数计算次数是多边形顶点数量的线性函数，而点在多边形内的判断次数为 $2N$，其中 N 为 RaPC 算法的网格单元数量，它是网格单元大小的二次函数。因此，当网格单元大小恒定时，RaPC 算法的复杂度为 $O(2N)$，这与本节的实验结果相符。

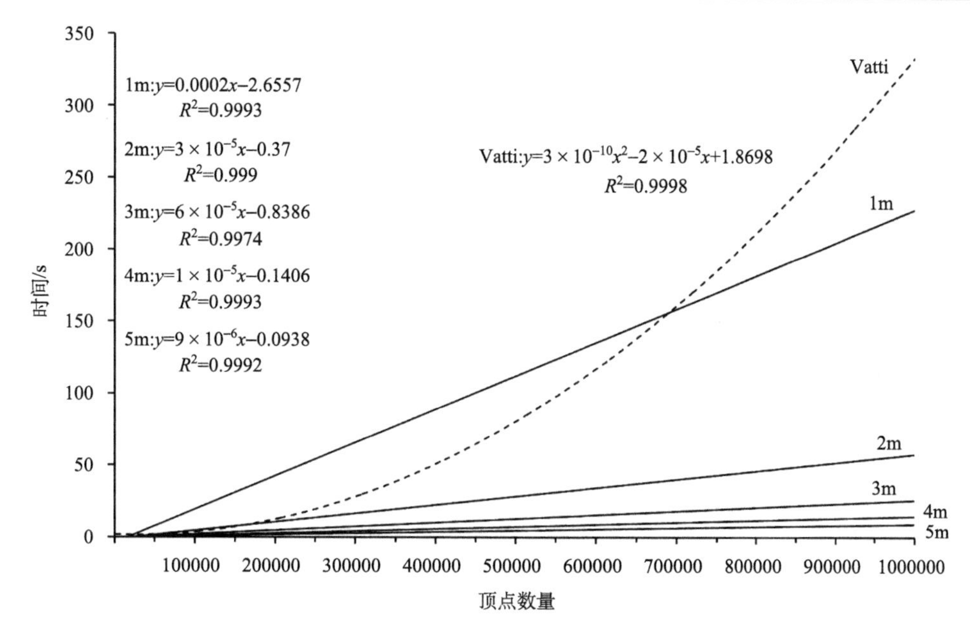

图 9-11　RaPC 算法与 Vatti 算法在处理具有更多顶点多边形时的效率对比

9.4.2　基于 RaPC 算法的 GPU 并行多边形求交算法

在几何对象级别，当多边形所包含的顶点数量较少时，矢量多边形裁剪算法已经足够高效，没有对其进行几何对象级别并行化重构的必要。但是结合图 6-2 和图 7-4 的实验结果可知，当多边形包含的顶点数量较多时，基于矢量计算的多边形裁剪算法（如 Vatti 算法）的计算效率将出现较大下降，面向此类计算任务，9.4.1 节图 9-8 中的实验结果表明，虽然采用较大网格单元的 RaPC 算法可以在较短的时间内完成，但是有可能会带来较大的面积误差（图 9-10）。因此，若既希望采用较小的网格单元达到保持较低面积误差的目的，又希望能够避免 Vatti 算法过快的效率下降带来的时间开销增长，对 Vatti 算法和 RaPC 算法在几何对象级别上的并行化改造是可行的途径。然而，Vatti 算法设计本身非常复杂，计算过程与自身数据结构耦合非常严密，对其进行并行化改造非常困难。而 RaPC 算法的离散化处理方式使其表现出了非常便捷的并行化重构能力。

本节采用图 9-10 所采用的实验多边形数据对 RaPC 算法的各个环节的计算时间进行了比较，实验结果显示，当采用 1m 大小网格且两个多边形顶点数量均为 100000 时，在 3.3.2 节图 3-30 所示的 RaPC 算法流程中，加载数据、多边形离散化（包括参数检查、申请内存、遍历网格赋初值）、构造图斑和整体输出 4 个过程总耗时不到 0.002s，而网格填充过程耗时约为 23.140s，约占算法总时间的 99.991%，此时串行 Vatti 算法计算时间仅为 3.416s。因此，网格填充过程是需要并行化改造的主要步骤。

RaPC 的网格填充过程由两个 for 循环构成，分别从 Y 和 X 方向上从上至下、从左至右遍历网格矩阵的所有行和行内的每一个网格，如图 9-12 所示。

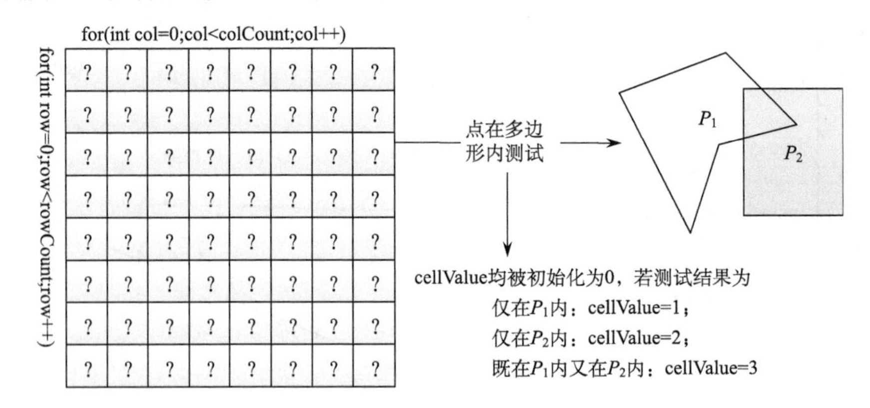

图 9-12　RaPC 算法的网格填充流程

图 9-12 所示的网格填充过程在 OpenMP 环境下的并行化非常简单，将任意方向上的 for 循环进行并行处理均可，此处不再赘述，而几何对象水平的问题处理规模并不适用于集群并行计算环境和 MPI 编程模型，因此集群环境下依旧采用的是与 7.3.3 节图 7-10 所示流程类似的并行化过程实现多边形叠加分析的并行化。而 GPU 环境下的并行化实现则是一个相对较为复杂的过程，下面重点考察上述过程在 CUDA 环境下的并行化改造的实现方法。

基于 CUDA 的并行程序分为主机端（host）和设备端（device）两部分，前者运行于 CPU 上，通常位于程序的发起和结束部分，后者运行于一个或多个 GPU 设备上，通常负责完成大规模的并行计算任务。面向结构化矢量数据模型的 CUDA 算法至少需要完成下述三个计算过程：

（1）从主机端到设备端的输入数据映射；

（2）运行于设备端的并行计算；

（3）从设备端到主机端的计算结果数据映射。

9.4.3　任务映射与数据拷贝

CUDA 采用的 grid/block/thread 三级并行线程结构使其具有了面向 GPU 设备的透明扩展能力。CUDA 以线程网格的形式组织计算任务，一个线程网格包含了一组线程块（blocks），每个线程块又包含了若干线程（threads），大量的并行计算任务以核函数的形式被映射到这些线程内并行执行。物理上，线程块对应于 GPU 设备的流多处理器（SM），每个线程对应于一个标量流处理器（又称为 CUDA core）上，这样的并行结构非常适用于处理矩阵计算，而 RaPC 算法中的网格填充过程也同样适用。图 9-13 是基于 CUDA 的 RaPC 算法并行网格填充的并行任务映射过程示意图。

图 9-13 中的关键是实现主机与设备之间的数据映射和拷贝，以及在设备端实现核函数 isPntInPlg（），为达到上述目标，需要设计合理的数据结构映射规则。与图层水平上大量矢量要素所具有的多种不定长数据类型的高复杂性不同，在几何对象水平上实现上述数据映射则相对简单。以简单多边形为例，本节采用图 9-14 所示的数据结构实现主机端与设备端的数据映射。

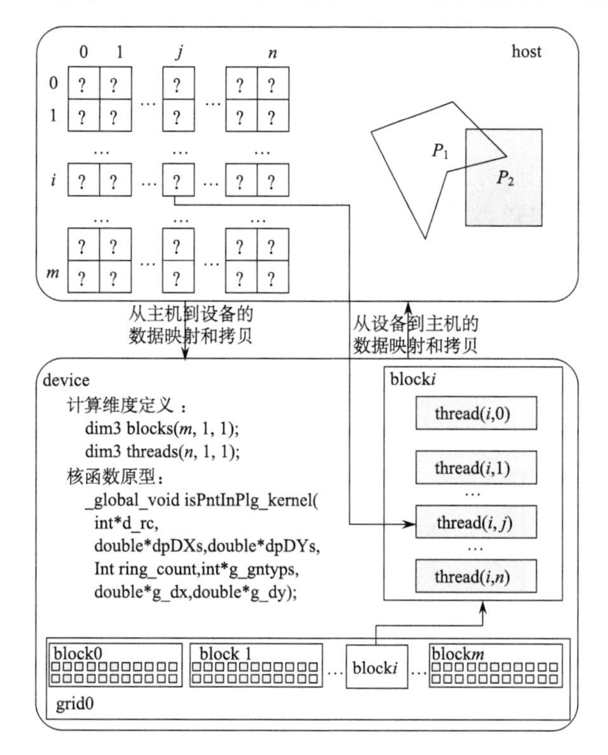

图 9-13　基于 CUDA 的 RaPC 算法并行网格填充过程中的任务映射示意图

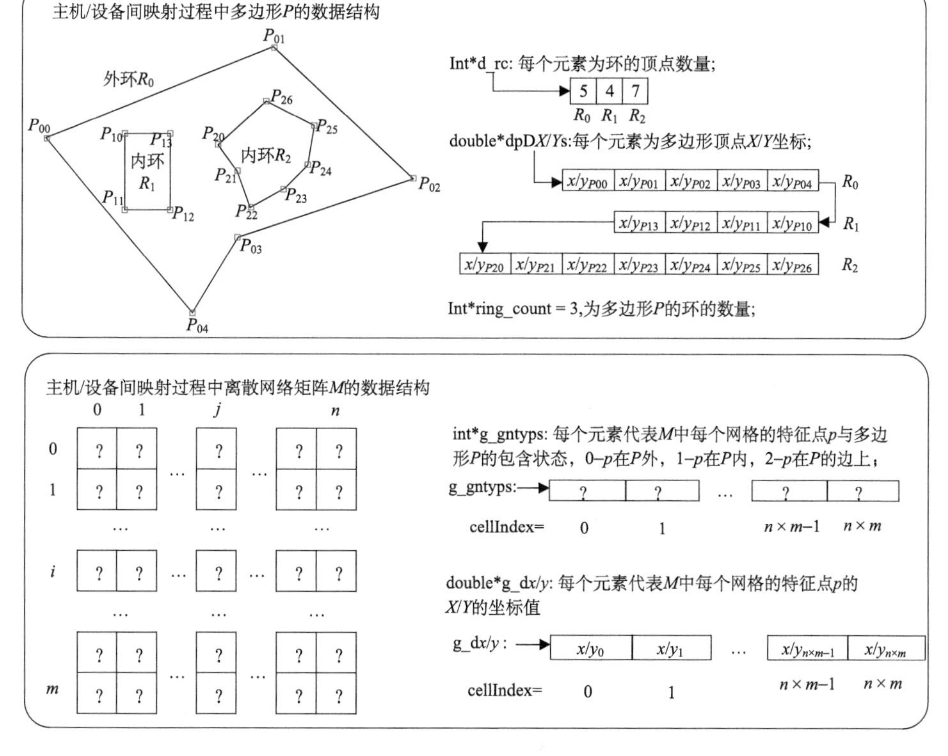

图 9-14　基于 CUDA 的 RaPC 算法中实现数据映射所采用的数据结构

9.4.4　实验分析与讨论

本节基于图 9-13 和图 9-14 所示的并行任务映射方法、数据结构和 CUDA 并行编程模型实现了几何对象级别的并行 RaPC 算法，并开展了实验来考察其在处理包含了大量顶点的多边形叠加且采用较小尺寸的网格时的性能表现。实验硬件平台为 Thinkpad T430 便携式个人计算机，CPU 为 i5-3380M（双核 4 线程），GPU 为 NVIDIA NVS 5400M（2 个流多处理器，共 96 个 CUDA core），编程环境为 VisualStudio 2010 和 CUDA 5.5。采用与图 9-8 中实验相同形状但不同顶点数量的多边形数据，RaPC 算法均采用 1m 大小网格，实验结果如图 9-15 所示。

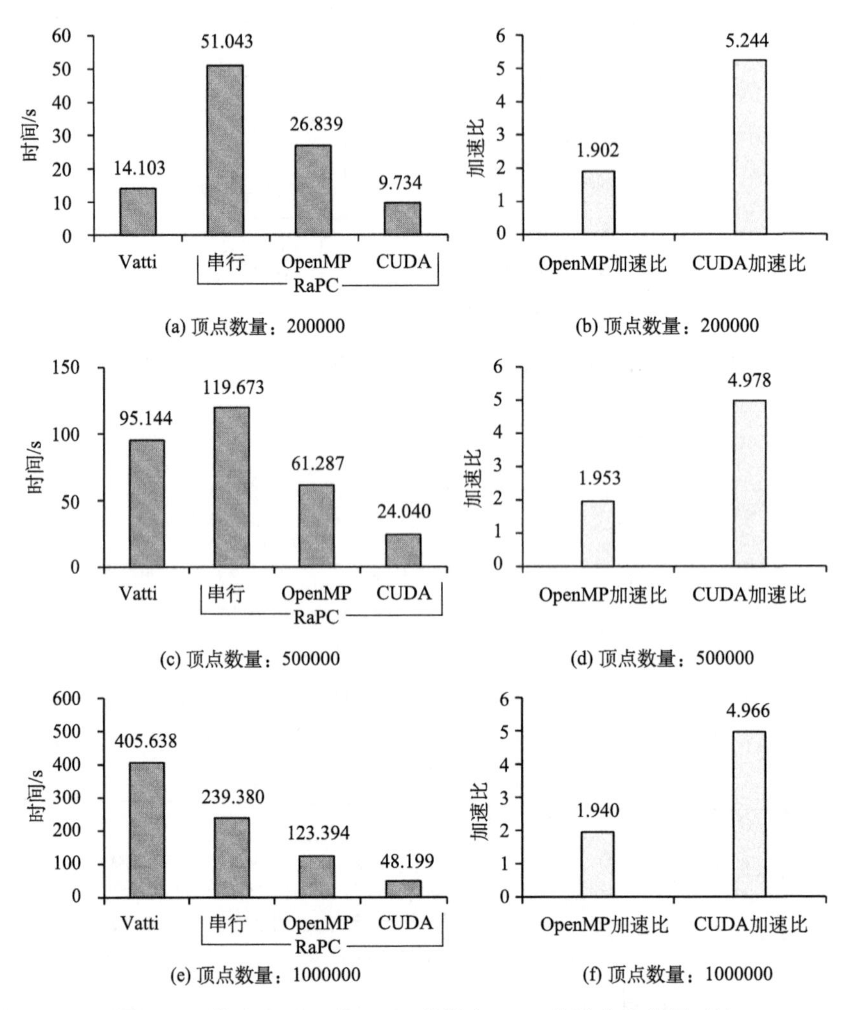

图 9-15　基于 CUDA 的 RaPC 算法与 Vatti 算法实验结果对比

从串行算法的角度看，图 9-15 中的实验结果表明，随多边形顶点数量的增加，Vatti 算法计算效率迅速下降，串行的 RaPC 算法虽然时间开销增长速率低于 Vatti 算法，但是当顶点数量低于一定水平时，其计算效率要远低于 Vatti 算法。因此，Vatti 算法与 RaPC

算法在串行条件下各有优势。

CPU 并行条件下，基于 OpenMP 的并行 RaPC 算法平均获得了 1.931 的并行加速比，这对双核 CPU 来说是非常理想的数值，且随多边形顶点数量的增加保持了较高的并行加速稳定性，这说明 RaPC 算法能够在比要素图层更细粒度、更底层的水平实现多边形裁剪的并行加速。

GPU 并行条件下，基于 CUDA 的并行 RaPC 算法平均加速比达到了约 5.063（blocks=127，threads=215），这充分体现了 GPU 硬件加速的强大威力。与 CPU 并行类似，随多边形顶点数量增加，GPU 并行算法同样维持了较稳定的高加速性能。因此，本节提出的 RaPC 算法同样适用于基于 GPU 硬件加速的并行计算环境，且能获得比 CPU 并行算法高得多的加速性能。此外，图 9-15 中，网格单元大小固定为 1m，三组实验所采用的多边形形状和大小一致（区别是边界点密度不同），RaPC 算法计算结果的相对面积误差均约为 0.015%。

由于本节 GPU 硬件实验平台的限制（NVS 5400M 仅拥有 96 个 CUDA core），基于 GPU 的 RaPC 算法的并行加速性能仅达到了 CPU 并行的约 2.6 倍，而目前主流的 GPU 加速设备的流处理器数量、显存大小、带宽和频率均要远超本节所采用的 GPU 设备，仅在个人桌面平台上，廉价的 GTX 650 显卡就已经拥有 384 个 CUDA core，而目前顶级的 GTX TITAN 的 CUDA core 数量甚至达到了 2488 个，若采用此类设备，基于 CUDA 的并行 RaPC 算法无须更改代码即可获得更加显著的性能提升。

9.5 本章小结

本章主要研究了 GPU 与 CUDA 并行计算技术，详细分析并阐述了 GPU、CUDA 的并行计算技术和模型，总结了 CUDA 的计算特点及 GPU 的计算优势，并比较了 GPU 并行环境下的 RaPC 算法与经典的 Vatti 算法。GPU 并行环境下，计算流程与数据结构高度耦合的 Vatti 算法难以从内部实现并行化改造，而基于 CUDA 的并行 RaPC 算法保持了稳定的高并行性，且在处理包含大量顶点的多边形叠加分析问题时的计算速度明显优于串行 Vatti 算法和基于 OpenMP 的并行 RaPC 算法。结果表明：RaPC 算法在 GPU 并行计算环境下展现出了更强大的加速性能，是对多边形裁剪问题进行高效求解的新途径。

参考文献

邓培智. 2008. CUDA 编程模型. 程序员, (5): 84-85.

董荦, 葛万成, 陈康力. 2010. CUDA 并行计算的应用研究. 信息技术, (4): 11-15.

洪向共, 陈威, 熊镝. 2016. 基于 CPU_MIC_GPU 异构架构的 Roberts 算法优化探究. 科学技术与工程, 16(36): 217-222.

孔英会, 王之涵, 车辚辚. 2016. 基于卷积神经网络(CNN)和 CUDA 加速的实时视频人脸识别. 科学技术与工程, 16(35): 96-100.

李承功. 2013. 流场的格子 Boltzmann 模拟及其 GPU-CUDA 并行计算. 大连: 大连理工大学博士学位论文.

李丹丹, 杨灿. 2017. 基于 GPU 并行的功能脑网络属性分析方法. 计算机工程与设计, 38(6): 1614-1618.

林敏, 钟一文. 2015. 三种 GPU 并行的自适应邻域模拟退火算法. 计算机工程与应用, 51(22): 70-76.

刘璐, 刘箴, 何高奇, 等. 2016. 一种基于 DirectCompute 加速的实时流体仿真框架. 系统仿真学报, 28(10): 2467-2475.

刘伟峰, 王智广. 2008. 细粒度并行计算编程模型研究. 微电子学与计算机, (10): 103-106.

满家巨, 邹有, 陈传淼. 2012. 基于 CUDA 的火焰模拟. 湖南师范大学自然科学学报, 35(6): 18-23.

莫德林, 戴晨光, 张振超, 等. 2014. 一种基于 OpenACC 的遥感影像正射纠正快速实现方法. 影像技术, 26(2): 47-49.

覃金帛, 曾志强, 梁藉, 等. 2018. GPU 并行优化技术在水利计算中的应用综述. 计算机工程与应用, 54(03): 23-29, 63.

谭郁松, 伍复慧, 吴庆波, 等. 2014. 面向 CPU/MIC 异构架构的 K-Means 向量化算法. 计算机科学与探索, 8(6): 641-652.

汪丽杰, 赵永华. 2012. 基于 CUDA 实现 MRRR 算法并行. 计算机科学, 39(3): 286-289.

王智洲, 孙霄峰, 尹勇, 等. 2017. 基于 CUDA 的散货船稳性并行计算. 舰船科学技术, 39(19): 40-44.

吴恩华. 2004. 图形处理器用于通用计算的技术、现状及其挑战. 软件学报, 15(10): 1493-1504.

辛诚, 周权. 2018. 基于 CUDA 的相息图快速生成算法研究. 现代计算机(专业版), (5): 69-72.

杨帅. 2016. 一种基于 OpenACC 指令加速的素数生成算法. 信息与电脑: 理论版, (20): 97-98.

曾文权, 胡玉贵, 何拥军, 等. 2013. 一种基于 OPENACC 的 GPU 加速实现高斯模糊算法. 计算机技术与发展, 23(7): 147-150.

曾炫杰, 陈强, 谭海鹏, 等. 2015. 基于 CUDA 的加速双边滤波算法. 计算机科学, 42(S1): 163-167.

张朝晖, 刘俊起, 徐勤建. 2009. GPU 并性计算技术分析与应用. 信息技术, (11): 86-89.

张光辉. 2015. CPU/MIC 异构平台中矩量法与时域有限差分法的研究. 西安: 西安电子科技大学硕士学位论文.

张舒, 褚艳利, 赵开勇, 等. 2009. 高效能运算之 CUDA. 北京: 中国水利水电出版社.

章浩, 庞振山, 姚长利, 等. 2009. 基于 CUDA 技术的矿产储量计算. 地质通报, 28(Z1): 216-223.

赵艳伟, 程振林, 董慧, 等. 2012. 图形处理器空间插值并行算法的实现. 中国图象图形学报, 17(4): 575-581.

钟庆. 2012. 基于 CUDA 并行计算的三维形状变形编辑. 大连: 大连理工大学硕士学位论文.

周勇. 2013. 基于并行计算的数据流处理方法研究. 大连: 大连理工大学博士学位论文.

Chakroun I, Melab N, Mezmaz M, et al. 2013. Combining multi-core and GPU computing for solving combinatorial optimization problems. Journal of Parallel & Distributed Computing, 73(12): 1563-1577.

Chang J. 2011. 异构计算: 计算巨头的下一个十年. 个人电脑, 17(11): 82-88.

Govindaraju N K, Lloyd B, Wang W, et al. 2004. Fast computation of database operations using graphics processors. Proceedings of the 2004 ACM SIGMOD International Conference on Mangagement of Data.

Greiner G, Hormann K. 1998. Efficient clipping of arbitrary polygons. ACM Transactions on Graphics, 17(2): 71-83.

Jeffers J, Reinders J. 2013. Intel Xeon Phi Coprocessor High Performance Programming. Newnes: Morgan Kaufmann Publishers Inc.

Kirk D B, Hwu W M W. 2013. Programming Massively Parallel Processors: A Hands-on Approach. Beijing: China Machine Press.

Lv Z, Lin Z, Yan Y, et al. 2013. Accelerated higher-order MoM using GPU. Radar Conference 2013, IET

International: 1-4.

McKenney M, Luna G D, Hill S, et al. 2011. Geospatial overlay computation on the GPU. Proceedings of the 19th ACM SIGSPATIAL International Conference on Advances in Geographic Information Systems, ACM. NY, USA: 473-476.

NVIDIA. 2009. NVIDIA Tesla 20 Series, Tesla C2050/C2070 Board Specification. https://www.nvidia.com/en-us/. [2020-7-1].

NVIDIA. 2011. High Performance Computing. https: //cn.mellanox.com/solutions/hpc. [2020-7-1].

Stockwood J, Harr R, Callahan T, et al. 2000. Hardware-software co-design of embedded reconfigurable architectures. Proceedings 37th Design Automation Conference. Los Angeles, CA, USA: IEEE: 507-512.

第 10 章　高性能集群的并行叠加分析实验

GIS 是典型的数据密集型的计算机应用系统，随着数据采集技术的快速发展，GIS 数据量日益膨胀，如何能够高性能地管理海量的空间数据是目前众多 GIS 应用系统必须面对和解决的问题。使用并行计算解决 GIS 问题需要从并行算法、并行软件、并行体系结构三方面综合考虑。本书第 4 章内容研究并行叠加分析的算法设计和开发，第 5 章研究空间数据域分解的问题为并行叠加分析提供基础，本章在此基础上建设高性能、高可用的并行叠加分析系统，探索分布式环境下海量空间数据管理与并行处理的实践运行问题，研究空间数据集群化管理模式和性能优化，为并行算法提供 I/O 的加速能力。

本章研究首先在分析已有高性能并行地学计算系统的基础上，给出基于 MySQL 集群和 MPI 模式的并行 GIS 总体框架，研究目标为实现局域网集群内的高性能空间计算平台，系统特点是具有强大的数据存储和空间分析服务；再次详细介绍框架的数据存储、任务调度等关键技术与解决方案；以自主研发的“开放式地理信息处理工具集”为基础，研究开发并行算法和构建高性能并行空间分析系统。最后以 Overlay 算法的并行化运算对该框架的加速性能和并行数据协同能力进行测试。

10.1　并行叠加分析系统设计

集群技术具有高度可伸缩、高可用、易管理和高性价比的特性，本节并行空间系统框架采用数据与计算本地化策略，着重从实现的角度分析高性能环境下的并行空间分析系统的数据管理、并行算法部署和任务调度。

10.1.1　系统架构与分析

并行空间分析系统（parallel spatial analysis system, PSAS）采用集群体系结构，实现各类复杂地理计算并行程序的运行。从并行系统体系结构上看，并行空间分析系统集群采用了共享磁盘 SMP 集群方式，即总体上它是一个计算机集群，但是其中每个节点，都是一台多 CPU/多核处理器的高性能服务器，在体系结构上是一个 SMP 系统。

明确系统架构的核心内容后，作为一个完整的并行分析系统底层需要合理高效的数据存储和管理系统，在此基础上并行算法工具集处理数据，算法之间参数的交换又需要良好的通信层设计，从使用者的角度并行任务的启动、分配和监控也需要相应的配套组件。因此从整体上对系统进行层次方面划分，系统框架可以分为以下 5 层（图 10-1）。

1）数据存储层

矢量空间数据的主要载体为基于 Linux 操作系统的 MySQL spatial 集群和基于并行文件系统 GPFS 的共享磁盘阵列，并行计算中的临时结果既可以存储在 Linux 的文件系统中，也可以在 MySQL 中创建临时表存储。数据存储层提供空间分析的空间数据，空间数据库引擎是空间数据与外界的通道，外界通过空间数据库引擎将数据存储在数据库中，同时空间数据库引擎通过空间索引对空间数据进行组织，以保证外界能根据空间范围快速检索需要的数据。

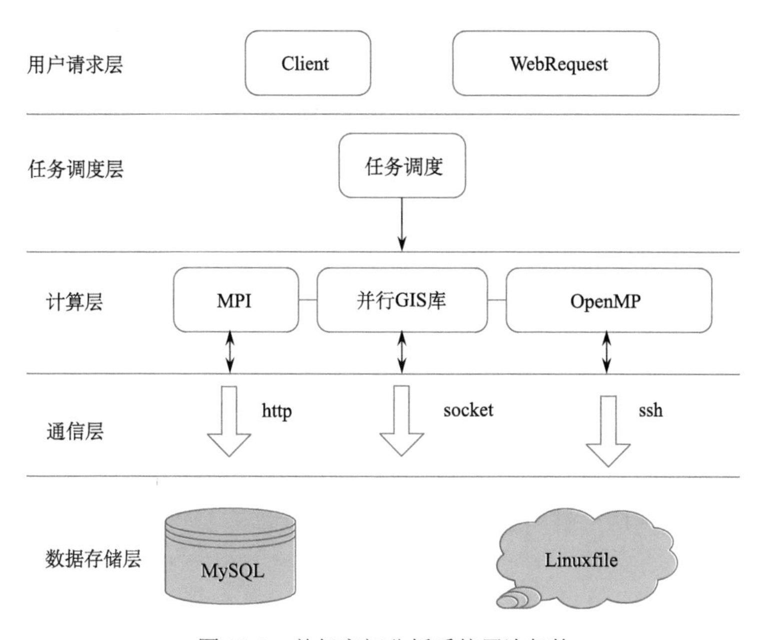

图 10-1　并行空间分析系统层次架构

2）通信层

通信层是连接底层空间数据和空间分析算法的管道。本节的并行处理框架根据软件和硬件实现的条件，采用多种机制进行数据传输和消息通信。按照网络协议层次和应用对象，分别采用了 socket、ssh、http 三种通信方式。socket 管道通信位于系统最底层进行大文件快速传输。并行叠加分析算法中使用经典的消息传递模型 MPI 进行并行化，MPI 采用安全通道协议 ssh 进行通信。同时在并行分析系统的任务启动和调度中，使用 ssh 进行集群节点的远程控制和任务启动。http 协议支持广域网访问，在本系统中主要应用在 web 客户端的访问和在线服务通信。

3）计算层

主要由并行 GIS 空间分析模块组成。各个子节点均部署一份并行 GIS 算法包。该部分是开放式 GIS 工具集中的核心，从底层进行研发，充分利用 MPI 多进程技术提升原始算法性能。模块涉及内容基本包括：空间几何分析（buffer, overlay），空间关系分析（nearest, disjoint, touch）、空间插值分析等，本节将选取典型 overlay 算法进行并行化封装，实现高性能目标。主要通过空间分析算法包的指令，利用多机多核的计算资源进行并行化处理，经任务分解、执行、结果缝合得出结果。

本节的并行叠加分析主要以数据分解并行为基础，在采用动态数据分解的策略中，计算层还承担数据分解预处理的工作。空间数据的预处理是根据空间分析算法程序所指定的处理方法获取空间数据分解后自己范围内的数据，并通知各个子节点进行并行数据抽取。空间数据预处理层和处理核之间并不存在数据的通信，前者只通知处理核应处理哪部分数据，由处理核实际执行取数据和计算的任务。

4）任务调度层

任务调度是整个并行框架的核心部分，负责计算节点的负载均衡。并行空间分析算法与传统的串行算法最大的区别，就是必须考虑各个子节点运行的状态和任务、数据在这些节点中的分配和工作流的整合。用户请求服务必须通过任务调度器进行排队，等到集群资源状态达到基本运行条件才启动该服务。

5）用户请求层

该层的具体表现为一个跨平台的客户端应用程序，可以运行在 Windows 和 Linux 下，更高层次的应用可以将客户端封装为基于 Web 的 WPS（web process service）。本集群系统的用户请求层采用 C/S 和 B/S 模式实现，开发语言分别为 C++（MFC）和基于 Flex 的 RIA（富互联网客户端技术）。

从系统整体架构分析，并行空间分析系统框架与传统的 GIS 软件空间分析模块的不同主要在于底层数据存储与空间分析工具之间添加空间数据预处理层，包括空间数据的并行 I/O 管理和空间数据的分解处理。海量空间数据通常通过空间数据库引擎存放在数据库中，基于空间数据域分解的并行化空间分析算法需要对空间数据进行多线程或多进程访问。

10.1.2 微内核工具集

在分析系统整体架构前首先对系统的内核工具集的设计思想和特性进行阐述。并行空间分析系统的研究工作主要在“开放式 GIS 工具集”基础上进行，对其中空间叠加分析模块和负责空间数据存储的空间数据库管理系统进行并行处理研究。首先介绍开放式 GIS 处理工具集的研究思路，它是按照微内核的思想进行研发，将广泛使用的通用性的 GIS 工具集封装到极小粒度的程序体内。微内核 GIS 工具集可以保证 GIS 功能与外围操作系统、应用系统和业务系统的分离，在外部条件改变时微内核不需要做任何改变，具有较强的环境适应性和可扩展性。在软件上表现为耦合度非常低的几个动态链接库或可执行程序。微内核形式的 GIS 工具集具有下列特性。

（1）内核稳定普适：逻辑结构严谨，编程实现模型统一，基于底层开发语言。

（2）完全兼容主流操作系统：采用与操作系统同等级别的编程语言开发，保证兼容性。

（3）软件表现形式多样：组件式、插件式、web 服务等形式。

（4）计算机平台无关性：编程实现与硬件架构分离，即不依赖于特定的硬件设施。

（5）模块间低耦合高内聚：保证内核的独立性，减少依赖关系。

（6）数据源多样，支持多种空间数据库：使用抽象数据模型保持流行数据源与格式的兼容性。

（7）多层次多样的开发语言：从基础应用到云服务应用需要对应用层次语言提供 port 接口，如向 java 和.NET 的封装。

系统将复杂的基础地理信息处理功能包装为能够满足几何对象级、要素级、集合级、图层级等不同处理粒度要求的、自由组合的、灵活应用的“工具集”，突破“大而全”

体系的限制，满足地理信息在不同应用领域的个性化需求（图 10-2）。

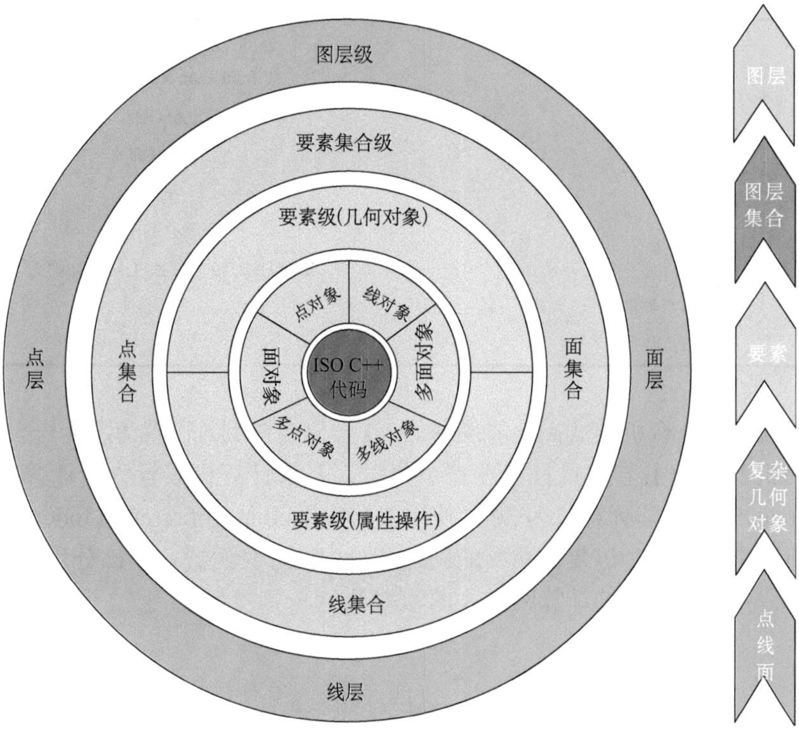

图 10-2　从几何对象到图层级别的多粒度支持

Overlay 模块提供矢量叠加操作的多种工具，包括求差、求交、求并、空间连接等，每一种操作均提供从几何对象到集合再到图层基本的不同粒度的工具。例如，求交操作有 polygonIntersectPolygon（）、intersectPolygonLayer（）对象和图层级别的函数。在系统层面上，多粒度特性使工具集不仅可以被分拆为单独的工具调用，也使最终用户或者二次开发者可随意进行功能组合，面向所需功能搭建不同规模和尺度的 GIS 应用。

所有工具集均基于标准 C++开发，具有良好的跨平台、多语言支持和高效运行的特点，可方便地实现在 Windows、Linux、Unix 等平台上部署，并通过 CLR、JNI 封装实现多语言调用，有效降低了代码维护难度和成本，通过 SWIG 代码封装工具实现了更多的语言调用支持。工具集的基础算法库目前已经实现了.NET CLR 和 java 的封装，并应用于制作高级地图服务。

10.1.3　软硬件环境

硬件中会对系统性能有较大影响的主要有内存、硬盘和网络设备。硬盘性能对空间数据库性能有关键影响。空间数据库技术是一个实时的空间数据访问技术，网络速度对数据传输的性能有重要影响。并发用户数量越多，网络带宽要求越高。本节采用 IBM 的硬件解决方案，硬盘采用高速机械式硬盘，机架式服务器，高性能集群配置详细参数情况如表 10-1 所示。

表 10-1　并行空间分析系统高性能集群参数

配置参数	参数值
主板	Intel
CPU	Intel xeon X5650，6 核
主频	2.66GHz
内存	6×4GB
显卡	集成
网络	千兆网络
磁盘阵列	IBM DS3512（24×1TB SAS 硬盘）
存储节点数量	1
计算节点数量	6

集群系统共有 6 台机架式高性能服务器，1 台磁盘阵列。设置情况为一台有 24 颗核心 CPU 的机器作为主节点负责管理整个集群，其余计算机设置为子计算节点标记为 node01～node05，磁盘阵列容量为 20T，使用 RAID5（redundant array of independent disks）格式存储海量空间数据。该集群网络的硬件环境由两部分组成，一部分用于连接外部网络，另一部分是集群内部的计算网络（图 10-3）。

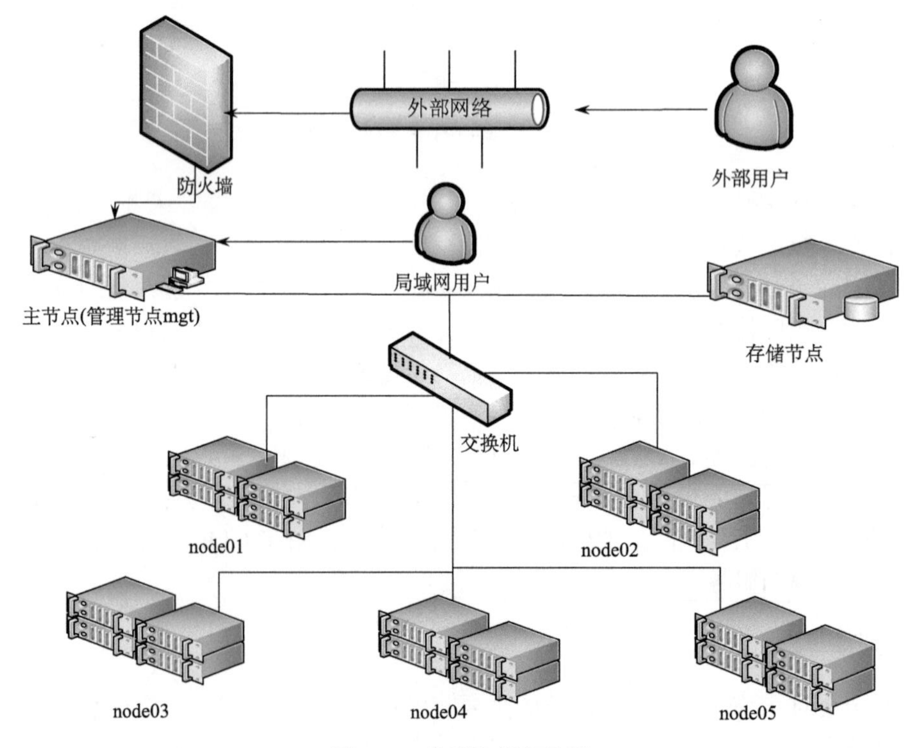

图 10-3　集群内部拓扑图

从软件环境设置上分析，集群服务器的操作系统、数据库软件和文件系统对系统性能会产生重要影响。PC 平台搭建的集群通常采用 Windows 操作系统配合 SQL Server 或者 Oracle 数据库；超级计算机和高性能集群一般使用 Linux 配合 MySQL 或 PostgreSQL。基于微软平台的集群受到商业化限制较多，性能优化需要遵循微软的技术。Oracle 支持多种操作系统，包括 Windows、Unix-like 系列操作系统。其中，Oracle RAC（real application cluster）真正应用集群是与本节并行空间数据管理系统相似的产品，其特点将在空间数据库集群一节进行介绍。开源的数据库具有可扩展性好、优化空间较大、跨平台性好等优点，欠缺之处是软件配置相对烦琐、用户支持不够。本节的并行空间分析系统服务器操作系统为红帽（Redhat）6.2，空间数据库选择 MySQL 社区版 5.5.25，单机的文件系统为 ext4，磁盘阵列设置了共享文件系统 NFS 和 IBM GPFS 高速文件系统。

10.1.4　数据模型设计

并行计算环境下使用的空间数据模型应该做适当的改造，从而具有适合于并行计算的特征。本节所研究的并行空间分析系统并不重新设计全新的空间数据模型及数据结构，而是从空间数据存储和分配的角度应对并行环境下的需求。

系统的数据格式驱动以抽象类的形式设计，它的子类空间数据源仍然为抽象类，第三层为具体的数据格式实现。目前可以支持主流的 GIS 数据格式，如 ESRI Shapefile、MySQL、Oracle、GML 等（图 10-4）。

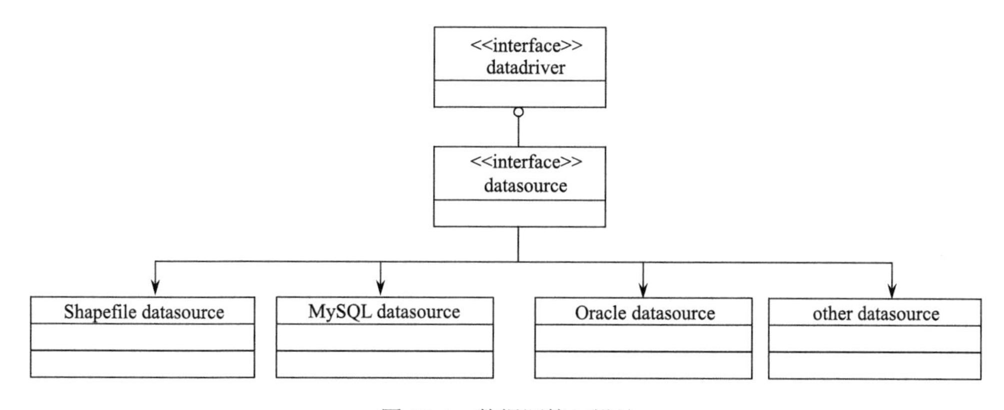

图 10-4　数据源接口设计

该系统的数据模型主要分为几何要素模型和数据库内置型拓扑模型。下面对系统中两种数据类型的实现进行简单介绍。

1. 几何模型

并行空间分析系统以开放式 GIS 工具集为基础，借助新型硬件架构进行组建。其中空间数据模型的制定是叠加分析并行化加速、空间数据存储高效化、用户请求规范化的基石。考虑到地理信息互操作性较强，兼容性是 GIS 工具能够被用户接受的一个重要指标，因此工具集的数据模型采用 OGC 简单要素规范（simple feature specification, SFS）设计，根据 MySQL 特点和实际需求对规范的部分内容进行开发实现。模型的接口设计如图 10-5 所示，利用面向对象的设计模式，以抽象—继承—多态的层次结构实现几何对象的内存数据结构。

系统的几何数据模型是内存式数据模型，是地图从空间数据库中抽取之后在客户端内存中的组织形式。图 10-5 中层次结构清晰地显示了几何类型间的继承关系，其中 Geometry 为抽象类（父类），所有细粒度模型均从该处继承获得。抽象几何类不可以被实例化，它是其他相关几何类型的基类。从该类继承而来的具体集合类可以划分为零维、一维和二维几何对象，相应地，每一维度的几何对象可以存在于二维、三维或者四维空间中，举例来说，二维点对象可以含有 *X* 和 *Y* 两个维度的坐标，而三维点对象可以保护 *Z* 值或者 *M* 值，四维点对象需要同时包含 *Z* 值和 *M* 值，其中 *Z* 值一般用来表达空间高度，而 *M* 值被用于表达某种度量值。

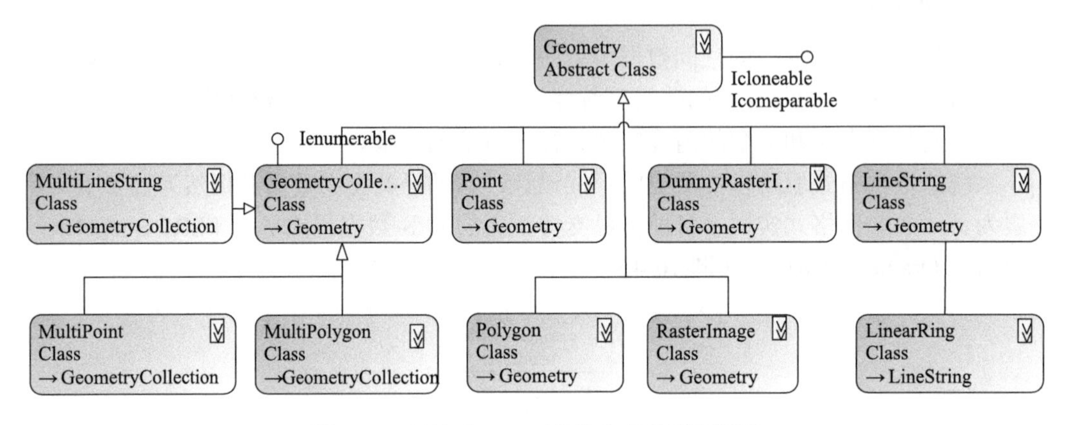

图 10-5　开放式 GIS 工具集实现的要素模型

模型设计同时考虑几何对象之间的拓扑关系，在抽象几何类内设置了检查拓扑关系的谓词操作，包括：intersects，disjoint，equals，touches，crosses，within，contains，overlaps。从设计模式上，geometry 抽象类采用工厂模式（factory model），可以自身调用生成几何对象的接口。从兼容性考虑，为与其他 GIS 软件中实现的几何模型进行数据转换和互连，实现了 wkt（well-known text）和 wkb（well-known binary）两种底层的数据输入输出方式。wkt 和 wkb 是 OGC 制定的空间数据的组织规范，wkt 是以文本形式描述，wkb 是以二进制形式描述（袁一泓和高勇, 2008）。PostGIS 对两种规范进行了扩展，实现了具有空间参考信息的 ewkt 和 ewkb（PostGIS doc, 2010）。由于 wkb 将几何对象以二进制的方式进行编码，比 wkt 纯文本形式的表达更加紧凑。

通过遵循 OGC 提出的一系列接口标准从理论上保证工具集的兼容和互操作能力，内核采用层次较低的 C/C++语言编程实现，可以通过“一次编写，多次编译”的方法来解决系统跨平台运行的问题。通过扩展 C/C++内核，系统可实现多个层次的开发接口，对外屏蔽异构平台，并大大提高系统扩展能力。

2. 数据库拓扑模型

叠加分析结果的拓扑分析与质量控制方法采用内存动态拓扑的模型实现，可以很好地处理经常更新的数据，但是数据容量受到内存大小限制。在空间数据库中以静态表形式的拓扑模型可以处理更新较少的拓扑检查工作，数据容量仅受到数据库表容量的限制。系统基于 MySQL 表结构设计数据库型拓扑模型。数据库型的拓扑数据模型要求能够对面状数据间的拓扑关系在数据库中清晰地进行存储表达，同样要求能够反映面状对象间的公共节点、公共边、起始节点、终止节点、左右多边形、岛洞多边形等拓扑信息。

基于 MySQL 数据库，工具集的数据管理模块对于新生成的数据库均会生成一个系统表，记录空间数据库中的所有图层，相当于 ArcGIS 中的数据源管理模块。同时还会生成拓扑系统表，建立节点-边表结构，维护图层要素的拓扑关系，其中三张关键的节点、弧段、面关系表结构如表 10-2～表 10-4。

（1）点状信息存储。

表 10-2 数据库点拓扑信息表

序号	字段名称	字段类型	字段含义	备注
1	node_id	整型	节点索引	唯一标识，主键
2	node_edge	文本	节点关联的边 ID	起始点关联边 ID 为正值，终止点关联边 ID 为负值
3	node	点类型	节点几何信息	

（2）线状信息存储。

表 10-3 数据库线拓扑信息表

序号	字段名称	字段类型	字段含义	备注
1	edge_id	整型	线索引	唯一标识，主键
2	f_node	整型	线的起始节点索引	
3	t_node	整型	线的终止节点索引	
4	left_id	整型	线的左多边形 ID	不存在标记为 0
5	right_id	整型	线的右多边形 ID	一定存在
6	edge	线类型	线几何信息	

（3）面状信息存储。

表 10-4 数据库面拓扑信息表

序号	字段名称	字段类型	字段含义	备注
1	face_id	整型	面索引	唯一标识，主键
2	face_edge	文本	面关联的边	走向与边走向一致时边 ID 为正值，否则为负值，岛洞间使用 0 值进行分割
3	face	面类型	面几何信息	

10.2　并行空间数据管理

与数值并行计算架构类似，并行空间分析系统中的关键技术也会涉及数据存储、数据分发、任务调度与协同等多种技术，不同的是矢量空间数据具有多尺度和分布不规则等空间特性，不能简单地按照数值并行计算方法进行组织。本节分析空间数据高效存储和访问的关键技术，提出数据管理本地化与服务器一体化的控制方法。

本节研究的并行叠加分析算法的应用背景是面对海量土地利用数据的变化监控，以面向对象的形式在空间数据库中组织数据。数据管理层的整体架构如图 10-6 所示，其中空间数据的物理存储有共享磁盘和本地磁盘两种形式，子节点具有独立的多核处理器和内存。数据是空间分析的基石，其组织方式主要有文件式管理和关系数据库管理。文件式空间数据具有数据容量小、要素关系简单、携带方便等优点，ESRI 的 shapefile 和 USGS 的 TIGER 文件就是其中的典型代表，基于关系型数据库的空间数据管理适合面向海量数据的大型应用，其组织结构复杂、拓扑关系组织严格，因此也给空间数据库的查询性能和空间关系、索引的支持能力的提升带来巨大挑战。流行的空间数据库主要有商业的 Oracle Spatial、Arcgis SDE 和开源的 MySQL、Postgis。

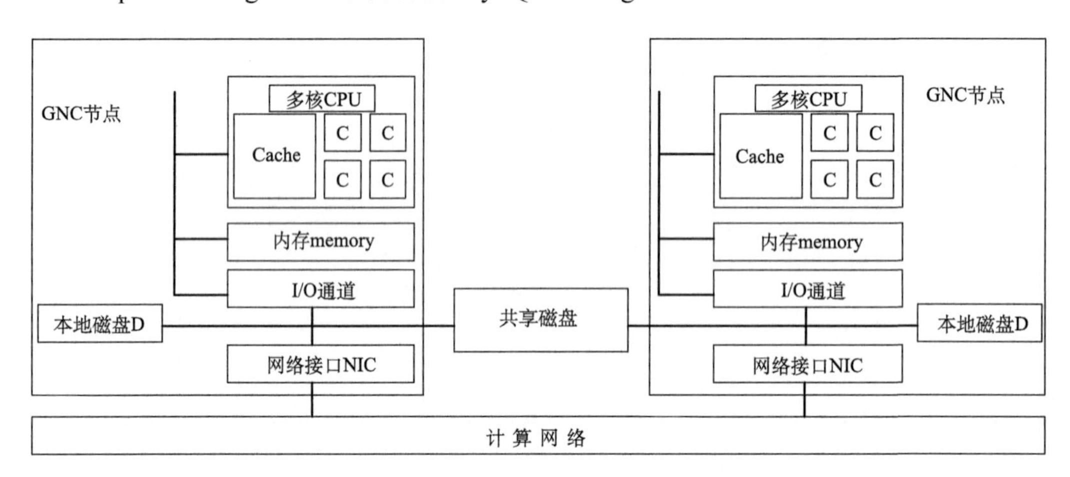

图 10-6　空间数据集群体系结构

计算机技术的不断发展通常很难满足高性能计算机应用的需求，主要原因是相比处理器而言，I/O 子系统是一个明显的瓶颈。中央处理器的性能按照摩尔定律每 18 个月基本都有 100%的性能提升，而最新发展的固态硬盘（solid state disk, SSD）采用闪存作为存储介质，读取速度比传统机械硬盘更快，但是由于价格较贵、容量相对较低等原因不适宜在大规模集群中应用。在解决 I/O 瓶颈问题上有两种方式，一种是硬件解决方法，即并行使用磁盘；另一种是软件解决方法，即并行文件系统。算法设计和软件开发方面，新算法的创新难以与硬件的发展速度比肩，因此只能借助有限的硬件的组合获得性能提升。为解决高效外存 I/O 问题采用并行文件系统和对象-关系型空间数据库作为底层数据存储支撑。空间数据库技术路线将从单服务器版、串行文件系统逐步向集群版、并行文件系统转换。

10.2.1　读写分离的空间数据库集群

数据的高效抽取是基于数据分解的并行空间分析算法加速的关键，系统只有有效地从磁盘中存取到相应的数据才能达到较高的性能。由于空间数据的海量特性，单个实例的空间数据库显然无法应对频繁和大量的访问。马修军等（2006）研究了基于 P2P 技术的协同共享时空资源管理系统，采用无主节点的形式避免单节点故障和读写瓶颈，但是每个节点都必须存储所有节点 IP 和空间数据的全局分布信息，带来节点间频繁的广播通信。

目前解决数据库扩展能力的方法主要有两个：数据分片和读写分离。数据分片（sharding）原理是将数据库中的大表做水平切分，多个数据库实例维护一个数据表，主节点需要掌握全局的分区信息，通过应用架构解决访问路由和数据合并的问题。数据分片的架构方式优势是具有很强的集群扩展能力，理论上可以做到线性扩展，而且整个集群仍然具有较高的可用性，单个节点故障不会影响其他节点提供服务。大表切分方法原理简单，是一种非常好的解决数据库扩展性的方案。但是其对应用场景的要求很高，表的切分设计应该考虑跨域的操作。

Oracle 数据库实时应用集群（real application clusters，RAC）是集群数据库方面的优秀产品代表，RAC 的特点包括双机并行、高可用性、易伸缩性、低成本、高吞吐量（Oracle, 2011）。RAC 是由多台服务器构成的逻辑主体，比单台数据库服务器能接收更多的客户端请求。这在要求高吞吐量的系统中，能够得到非常明显的体现。在 RAC 的架构中，多个实例分布在多个服务器上，能同时打开同一个数据库，而每个实例能够接收相等数量的客户端请求，随着服务器的增加，吞吐量也在不断地增加。RAC 存在的不足是价格高，不适合中小型用户；在高吞吐的同时性能会有所下降，需要合理地设计、开发、使用 RAC 才能够提高系统的处理性能。

本节以 MySQL 数据库的空间扩展为基础，利用其集群优势和简单易用性研究高性能集群下的并行空间数据管理方案。

1. 数据库集群设计

除具有一般并行计算框架的存储管理、资源监控和发现等功能外，并行空间分析系统的资源管理更侧重空间数据库、GIS 算法库和模型库的管理。计算本地化（local computing）是并行计算中获得加速的一种经典模式，通过数据并发读写的方式与计算组件匹配获得处理的加速效果。按照这种计算模式并行叠加分析必须应对 GIS 数据图层中海量的地理要素，空间数据域分解一章为数据并行奠定了理论基础，而具体实现依赖于合理的空间数据库架构设计。MySQL 在充分利用其遵循 OGC 简单要素模型的基础上同时具有良好的集群性能，Google、Facebook 等大型互联网公司均使用 MySQL 存储海量数据。

常见的关系型数据库都可以为一个数据库指定多个数据文件，将数据文件均匀分布在多个物理磁盘上，多个磁盘的磁头同时运转响应数据访问以提高工作效率，在并行叠加分析过程中主节点将数据划分标记发送到子节点后，子节点会在自身对应的数据库抽取数据，达到同样的数据同步效果。利用这种分布式读写硬盘的数据库设计模式，系统的空间数据存储主要采用空间数据库集群架构的形式，并行计算过程中完全无共享，绝大多数的空间数据采用 MySQL 空间数据集群的形式管理，少量文件式空间数据可以通过 GPFS 或 NFS 共享文件系统存储。下面对空间数据库集群进行介绍。

1）Master-Slave 的 MySQL 集群

为提高分布式集群的数据并发访问效率和容错能力，数据组织形式采用 MySQL 集群的复制机制（replication）。MySQL replication 可以实现 READ/WRITE 操作的分离，这个功能在大规模读写操作中会非常实用，而且通过同步复制策略可以提升集群扩展时的性能和负载均衡。MySQL 数据库存储引擎有 MyISAM 和 InnoDB 两种，该并行空间数据库采用的 MyISAM 引擎可支持空间数据结构和 R-tree 索引。矢量数据导入各节点数据库中并建立空间索引，加速数据抽取速度。在并行空间分析操作中，数据读操作频率远大于写操作，因此瓶颈在于如何快速抽取数据。

MySQL 空间数据库集群采用 master-slave 模式，master 节点与子节点拥有同样的本地数据库、并行计算包，另外需要配置管理功能，主要包括并行任务启动器、接受外部用户计算命令的监听程序。MySQL 本身自带同步复制功能，但是需要进行一定的配置才会生效。系统中数据库的主要配置参数见表 10-5。

表 10-5　MySQL 集群配置参数

参数名称	示例	意义
server-id	server-id=1	指定 master 节点的序号
binlog-do-db	binlog-do-db=test1	需要备份的数据库名称
log-bin	log-bin=/master-bin.log	表示打开 binlog，打开该选项才可以通过 I/O 写到 slave 的 relay-log，也是可以进行 replication 的前提
master-host	master-host=192.168.1.5	slave 配置，设定主节点
replicate-do-db	replicate-do-db=test1	slave 配置，设定同步数据库
master-user	master-user=user1	slave 配置主节点同步用户

同步复制功能的空间数据库集群如图 10-7 所示，从数据流程可以看出对主节点空间数据库（spatial database, SDB）的更新操作（插入、删除等）会中继传输给子节点，达到数据同步的效果。因为并行空间分析系统中每个节点都可以实现数据本地化的读取，当并行算法的读操作大于写操作时集群的 I/O 负担将会减轻。

2）读写分离

空间分析数据通常具有数据量大、数据分布广等特点，在并行计算体系下如何组织管理这些空间数据，直接关系到并行 GIS 算法效率的提升。空间数据划分问题已被证明为 NP（非确定多项式）问题（方裕等, 2006），必须采取合理方案组织管理数据。本架构中对待处理数据采取冗余存储机制，每个子节点均保存一份，减少算法输入数据的传输。这种空间数据组织方法可以实现本地负载均衡，每个计算子节点上的数据负载尽可能地接近，同时保证了计算的本地化，计算节点只需要读取本地数据库。该架构采用

shared-nothing 模式，整个集群由一个 master 管理节点控制多个 slave 从节点，各节点间不存在共享的存储设备。MySQL 并行集群的所有成员都可以同时接收客户端的读数据请求。

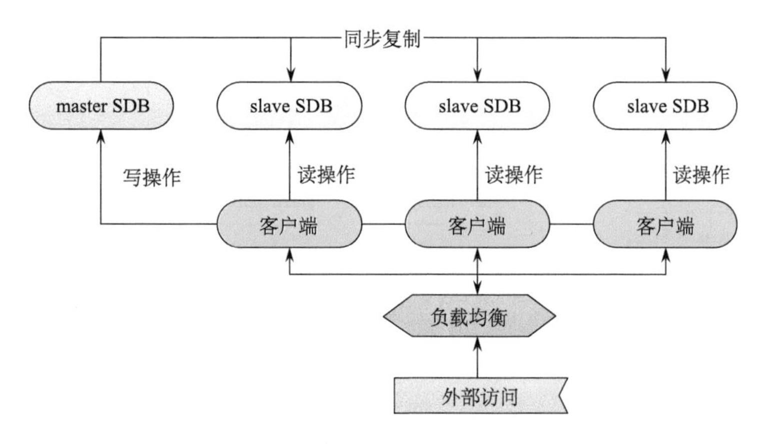

图 10-7　读写分离的 MySQL 空间数据库集群

写操作只允许在一个节点服务器进行，通常选择主节点作为写操作入口。设计的前提是空间分析操作中读操作频率要远远大于写操作频率。如果频繁地对主节点进行写操作将在数据库端造成严重的数据竞争，影响整体并行运算的加速效果，同时数据质量也难以保证。

在 master-slave 模式的 MySQL 空间数据库集群中，master 组的服务器的主要特点包括：

（1）负责应用客户端的写数据处理。

（2）解决单点服务的方案，提高可用性的方案。

（3）作为 slave 组服务器的复制数据源。

slave 组的服务器的特点包括：

（1）负责应用客户端的读数据处理。

（2）分担应用系统强大的读数据压力。

（3）保持与 master 组的数据一致。

3）进一步优化方法

并行空间分析算法具有复杂性和运算时间不可预计性，因此多从一主的架构方式中主节点的写操作很有可能引起运算的阻塞。仔细分析以上的数据库架构形式，可以发现其中存在的问题：

（1）主从间的数据库同步必定存在延迟，因为网络传输耗时是不可避免的，存在瞬间的主从数据不一致。

（2）如果主从节点的网络断开，从节点会在网络正常后，批量同步。

（3）如果对从机进行修改数据，那么很可能从机在执行主机的 binlog 时出现错误而停止同步。

根据以上分析的不足之处可以设计集群的改进方法，针对单个主节点的写数据瓶颈问题，可以设置集群的双 master 互相备份的架构。虽然在物理上双主节点之间仍然可能存在写数据冲突，但是在逻辑上可以控制仍然按照主从的形式工作只有一个节点的写入。双 master 备份的空间数据库集群架构如图 10-8 所示，虚框表示写节点在整体上相当于一个节点，客户端发起写操作在物理上只写入一个节点，主节点相互备份后分担对各子节点的同步任务。

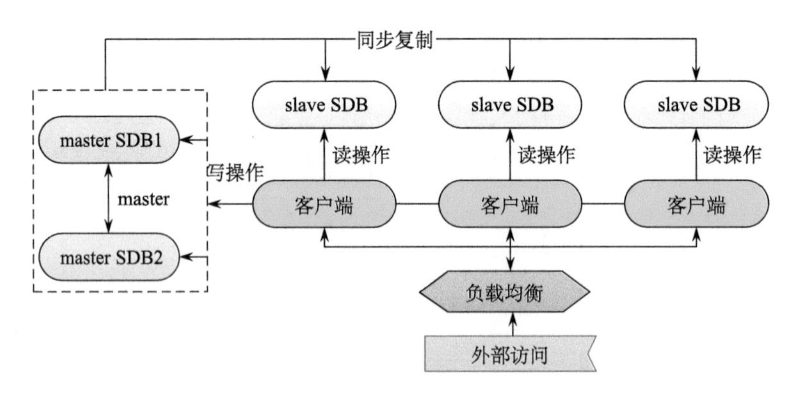

图 10-8　双 master 的空间数据集群策略

2. 数据同步机制

1）配置自动同步

使用集群数据管理客户端上传数据，空间数据管理模块导入数据并建立空间索引，MySQL 对相应的表开启同步功能，生成 binlog，然后 MySQL 会自动化地将对主节点的所有更新操作发送到子节点；子节点接收到更新命令后通过数据传输加载 binlog，并且将其解析为 SQL 语句，最后执行此 SQL 语句对数据库进行更新。MySQL 的同步机制是采用异步通信的方式，实现过程需要开启三个线程，主节点开启 I/O 线程输出 binlog，从节点开启 I/O 线程接受 binlog 和 SQL 写数据库线程（图 10-9）。

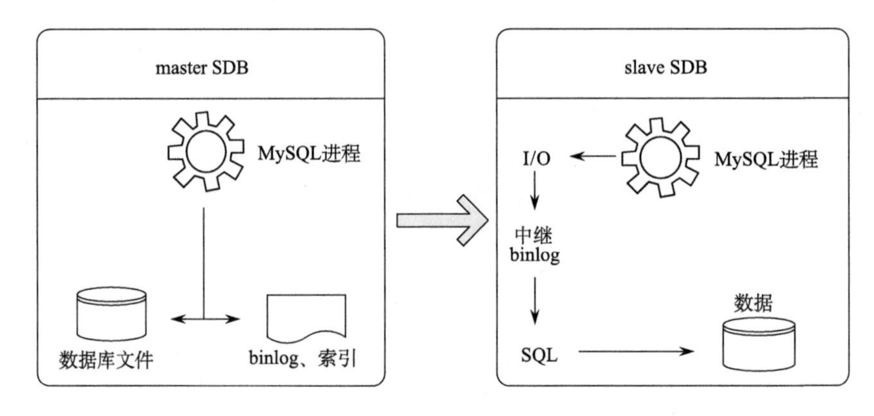

图 10-9　空间数据库同步机制

基于同步机制的空间数据库集群系统实现数据的并行加载，具体机制如下：

开启 MySQL 的复制备份策略。这里配置参数可以设定只同步指定的数据表，而不是同步整个数据库，防止不必要的数据传输和同步。表级别的数据分发具有粒度适中、速度快等特点。

2）编程同步

使用“开放式 GIS 工具集”自定义同步，我们在工具集中对 MySQL 的应用开发接口的空间部分进行扩展，使其具有远程同步的功能。原理是从原数据库抽取同步空间数据源对应的 SQL 表达文件（包括数据和空间参考、索引等），编写程序注入到指定的子节点。

3）使用并行文件系统

该系统挂载 IBM GPFS 并行文件系统，存储位置使用一个独立的磁盘阵列（RAID），如果将数据库的实际数据存储在该并行文件系统中，同步的任务就由文件系统自动完成。GPFS 并行文件系统是将文件簇分在多个文件存储节点上，从功能上一般可分为文件服务器、存储服务器和用户。对于本节的 GPFS 系统的数据块大小确定，我们使用 Linux 命令 dd 对其进行读写性能测试，实验证明采用 1MB 大小的分块方式对空间数据的读写比较适用。

总体分析该并行空间数据库集群，其特点是在利用分布式环境存储空间数据，计算子节点查询数据时数据直接在客户端和存储硬盘之间传递，服务器被旁路，服务器端的 I/O 压力得到缓解甚至消除，可以有效地避免数据额外延迟和通信阻塞。

3. RAID 存储方法

本节系统采用 RAID 作为容错和同步的重要工具。RAID 存储与并行空间数据库集群并不矛盾，RAID 存储不但加强了系统的容错能力、减轻数据共享的难度，而且可以弥补空间数据库管理空间数据的不足，可以提高系统的可用性。RAID 按照不同的功能和设置策略可以分为 0～5 等多个级别。本系统选择 RAID5 策略，RAID5 阵列的搭建至少需要使用 3 块磁盘，当有数据写入磁盘的时候，如果按照 1 块硬盘的方式就是直接写入这块磁盘，如果是 RAID5 的话数据写入会根据算法分成 3 部分，然后写入这 3 块磁盘，写入的同时还会在这 3 块磁盘上写入校验信息。RAID5 的磁盘空间利用率高，存储成本相对较便宜。

并行空间分析系统采用本地磁盘与共享磁盘阵列的架构方式如图 10-10 所示，其中 GCC（geocomputing cluster）表示集群中单个节点，拥有独立的 CPU、内存、单机硬盘等硬件设备。并行空间分析中，读写分离的空间数据集群以架设到各本地硬盘为主，减少网络传输开销。共享磁盘用于文件式空间数据或者遥感影像存储，MySQL 的同步机制也可以通过该共享磁盘阵列实现。

RAID 高性能来源于三个方面。首先，不同磁盘上的数据可以同时读取，从而可以提高磁盘带宽；其次，所有磁盘可以并行地执行搜索操作，从而可以减少搜索时间，而搜索时间是磁盘操作最耗时的操作之一；最后，在一些 RAID 中一个请求可以并行地处理，从而可以提高整个系统的性能。为了尽可能地并行访问多个磁盘，数据必须充分地分布存储在磁盘上，可以在磁盘中间隔地存储数据，这样只要请求足够多，每个磁盘至少都能有一部分请求，于是数据就可以并行地从所有磁盘读取，最大限度地提高磁盘带宽。

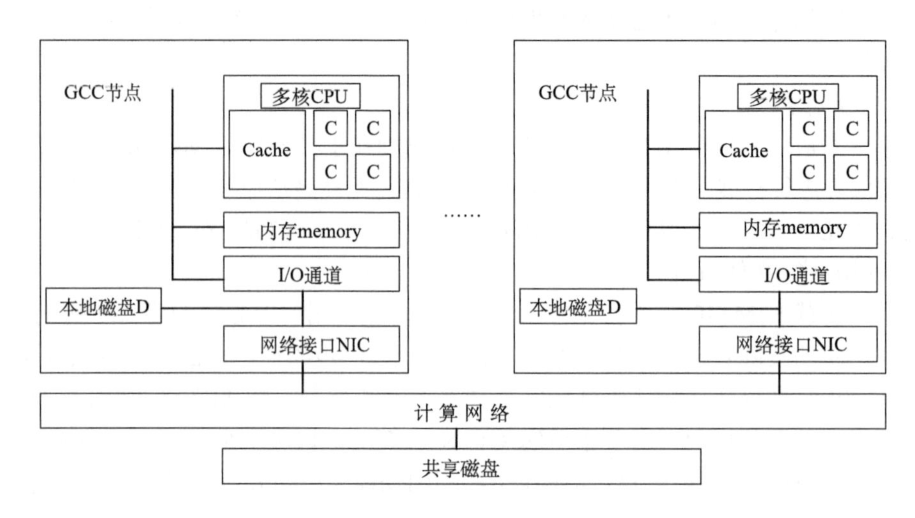

图 10-10 本地磁盘与共享磁盘的多存储方式

10.2.2 空间数据的高效访问实现

空间数据库是 GIS 的核心技术之一，也是地学高性能计算所依赖的重要基础，海量空间数据的处理不可避免地要解决空间数据高效分布式访问的问题。由于空间数据库研究范围广泛，下面结合理论和系统实现成果阐述该高性能系统中空间数据库集群的性能优化，主要有集群的高并发能力、共享文件系统的数据存储技术和数据库性能调优等。

空间数据库服务器需要 4 个基本资源：CPU、内存、硬盘和网络，如果这 4 个资源中任何一个性能弱、不稳定或超负载工作，那么就可能导致整个数据库服务器的性能低下。在并行 GIS 分析系统的整体计算过程中，空间数据库服务器 MySQL 和网络传输的压力最大，同时也是限制并行加速性能的瓶颈环节，它们不仅占用大量的内存和 CPU 资源，而且会消耗大部分的磁盘 I/O 资源。为更好地设计并行算法和空间数据存储，我们对集群中部署的 MySQL 数据库的并发访问能力进行压力测试。在并行空间分析系统中普遍存在多进程多并发访问空间数据库系统，并发控制将保证多个用户同时运行一个数据库时的正确性（王卓昊和方金云, 2005）。

1）测试环境

MySQL 版本为 5.5.25（社区版），测试网络为 1000MB 内部局域网，压力测试工具使用 mysqlslap，通过模拟多个客户端并发访问 MySQL 来执行测试。测试目的为尽量模拟真实情况，测试过程中 mysqlslap 会自动生成测试表并插入测试数据。mysqlslap 测试的主要参数设置如表 10-6 所示。

表 10-6　测试工具参数列表

```
--auto-generate-sql, -a  //自动生成测试表和数据
--concurrency=n  //n为并发量，也就是模拟多少个客户端同时执行sql语句
--auto-generate-sql-load-type=type
//测试语句的类型。取值包括：read，key，write，update和mixed(默认)
--number-of-queries=n  //总测试查询数量(并发客户段×每客户查询次数)
-number-char-cols=n, -x n  //自动生成的测试表中包含多少个字符类型的列，默认为1
-number-int-cols=n, -y n  //自动生成的测试表中包含多少个数字类型的列，默认为1
-engine=engine_name, -e engine_name  //创建测试表所使用的存储引擎，可指定多个
--auto-generate-sql-add-autoincrement  //创建auto increment的主键
--auto-generate-sql-secondary-indexes=n  //创建n列索引
```

2）读写吞吐能力测试

（1）写测试。所有测试表均由 10 个 int 型字段和 10 个字符串型字段组成。每个组实验均测试 myisam 和 innodb 两个引擎。测试的方法都是用多个线程并发，并发数量设置为 1，读写请求设置为运行 10000 次。主键的设置分别用 GUID 和自增（auto increment）两种，测试的查询类型为 write 和 read 两种。为测试 MySQL 数据库的冗余容错功能测试条件增加是否使用 binlog 选项。在 GDOS 高性能 GIS 集群的架构中主服务器将 binlog 发送到从服务器，然后从服务器根据记录执行更新操作，起到主从数据服务器数据同步的功能。现实情况中数据库建立索引的情况较多，因此采用--auto-generate-sql-secondary-indexes=2 创建两列索引。

（2）读测试。空间数据库数据读取操作主要是用主键（key）查找表中的行记录，因此数据库集群的读测试按照该模式进行组织。测试工具中使用参数“load-type = key”表示按照主键查询，MySQLslap 的 read 参数对读取全表。

实验过程说明：共采用 4 次不同条件的测试，每种条件下的实验均运行 5 次取其性能的平均值。从表 10-7 的实验结果可以看出实际应用中由于开启 binlog 功能数据库会做数据备份与同步，所以写性能会有所下降。在其他测试条件不变的情况下，开启 binlog 后 MySQL 的写性能下降明显，约为 45%。与 innodb 存储引擎相比，myisam 写速度更快，读速度相差不大（表 10-8）。

表 10-7　MySQL 写操作吞吐测试

实验	是否开启 binlog	主键设置	是否索引	myisam 吞吐/s	innodb 吞吐/s
1	NO	GUID	NO	3661	2042
2	YES	GUID	NO	1965	1173
3	YES	GUID	YES	1592	836
4	YES	auto increment	YES	1437	976

表 10-8　MySQL 读操作吞吐测试

实验	主键设置	myisam 吞吐/s	innodb 吞吐/s
1	GUID	4729	5274
2	auto increment	4502	4951

3）并发响应能力测试

空间数据库并发访问的响应能力与关系数据库本身有着密切的关系，也与网络通信等技术有重要关系，这里我们利用工具 mysqlslap 测试局域网内本系统空间数据库集群的并发响应能力。首先进行并发访问时间的测试，将总查询次数设置为 10000，分别在并发数为 5、10、20、40、60 时测试响应时间，因为空间数据库对空间索引的需要，只选择 myisam 存储引擎。测试命令如下：

```
mysqlslap -a -c 5 -x 10 -y 10 -number-of-queries 10000 -e myisam
```

分析实验结果见图 10-11，在总访问数量不变的情况下，当 MySQL 空间数据库的访问用户数成倍增加时，其响应时间基本呈线性状态下降，在并发数量大于 40 的情况下响应时间缩短效果已非常不明显。说明采用 MySQL 空间数据库在一定并发时有极限情况存在，但是仍然能获得不错的响应时间。因此，我们采用 MySQL 作为海量地理数据并行叠加计算平台的数据管理方法具有合理性。图 10-12 进一步分析说明并发数量与响应时间的变化趋势，基本上呈现两条接近直线段的下降线和上扬线的相交情况。

为测试单用户对数据库频繁的操作，使用一个并发数、多次请求的形式测试响应时间，数据库响应能力如图 10-13 所示。分析可以看出单用户多次访问时，MySQL 的响应时间逐步增加，与线性公式 $y = 3.7277x - 3.4953$ 趋势线拟合形态良好。测试结果与多用户并发测试效果一致，可以认为系统对 MySQL 空间数据库的配置具有可靠性和可用性。

4）空间数据读测试

以上测试对象是基于广泛的应用对象，数据大多以常规数据类型为主（整型、字符型等），为更好地理解其对空间数据并发访问的能力，使用工具集的可视化客户端对数据抽取的并发性进行压力测试。首先在客户端内设置自动化测试脚本，其主要内容为首先

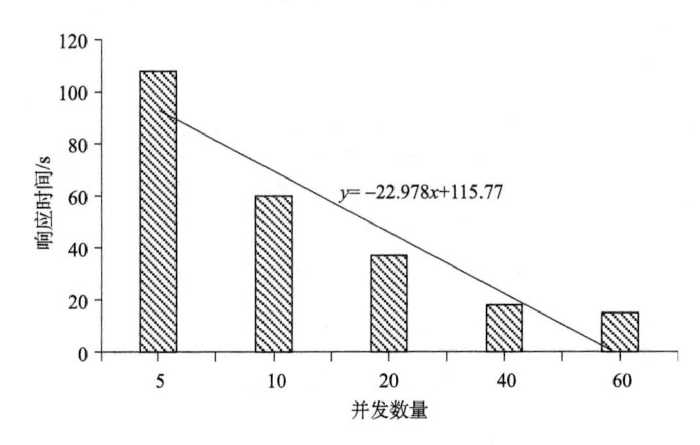

图 10-11　10000 次访问多并发响应时间测试

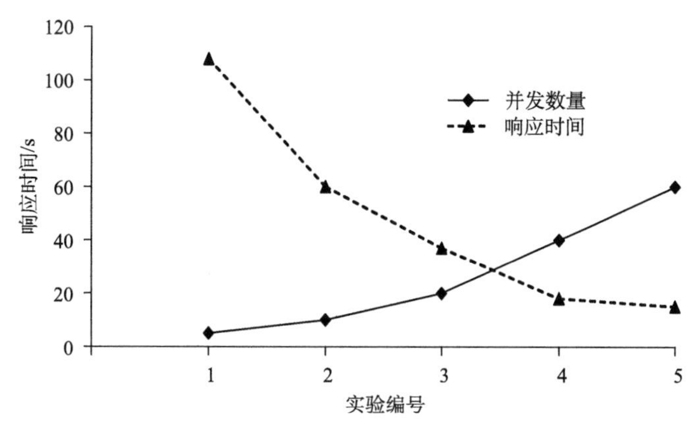

图 10-12　并发数与响应时间的关系

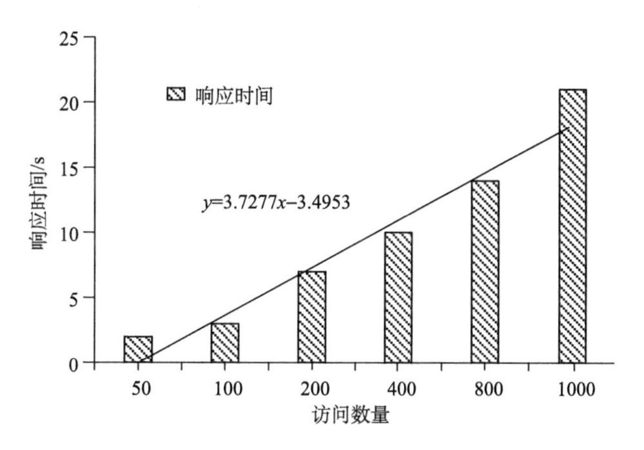

图 10-13　单用户多访问测试结果

载入一个图层，然后脚本随机地对图层进行缩放、平移等操作，每次操作均向 MySQL 空间数据库发送一次请求，抽取当前窗口覆盖的要素。请求图层为多边形，具有 3407 条记录，导入数据库前文件大小为 18MB。测试的效果如图 10-14 所示。

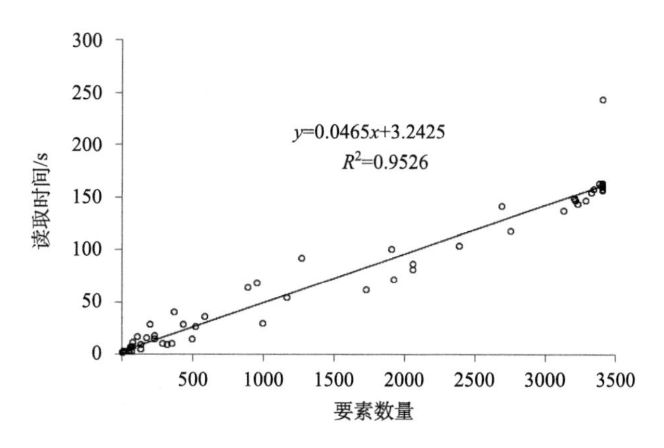

图 10-14　空间数据库并发读测试

从图 10-14 可以看出在要素数量小于 500 时抽取速度极快，小于 50ms，1000～3000 个要素时读取时间有所上升但波动情况比较明显，在 3000 个要素以上时耗时聚类效果比例明显，说明在此次的读取时间稳定。数据读取总体时间呈线性上升趋势，与方程 $y = 0.0465x + 3.2425$ 拟合较好。

综合以上分析，MySQL 的 myisam 引擎更适合空间数据的存储，而且具有较好的并发写能力。因为采取分布式访问的方式，读数据响应能力在并行叠加分析中影响较小，主要瓶颈在于最后结果收集阶段的并发写操作。根据以上分析并行空间数据库集群并发写能力能够应对大量访问。

10.2.3　数据访问冲突控制

根据空间数据域分解方法的分析，并行算法的关键在于数据的分布式切分，在此基础上确定空间数据的存储和组织模式。矢量数据的分解主要采用非均衡的方式，这样增加了数据管理和一致性维护的难度，各个节点之间必须协同检验对同一数据的写操作。下面从数据冲突的出现情景和解决方法进行讨论。

1. 写数据冲突

以上测试结果表明本节 MySQL 空间数据库集群具有出色的数据并发读取能力，写操作性能有待进一步优化。并行叠加分析算法执行过程中会涉及大量的 MySQL 数据库读写操作，快速写操作不仅可以提高叠加的效率，而且可以减少数据在网络中的阻塞。本节并行叠加分析算法设计中两个具有大量要素图层求交分析中，当线程达到 7 个以上后加速性能基本无法继续提升，原因就在于最后主节点回收中间计算结果时对同一数据表（图层）的并发写冲突。图 10-15 显示了并行叠加分析中可能出现数据竞争的情形，如果使用 MapReduce 的计算方法描述并行叠加方法，重叠的写操作会在 reduce 阶段产生冲突。

本节的并行叠加分析算法以基于对象的数据分解为基础，因此最频繁的操作是针对数据库中的表和行记录。叠加过程中的主要数据冲突发生在对同一数据库或者同一表的写入。并行系统中的写表冲突主要有两处：

（1）叠加分析中的并行联合操作的二叉树合并在中间过程中会生成许多无须写入最终数据库的临时表。

（2）所有合并结果最后都在主节点处收集。如果每个子节点的计算结果都直接写入主节点，后者的冲突情况往往更严重。一个减少冲突的策略就是中间过程尽量合并，减少主节点写入要素的数量。

2. 冲突控制方法

数据库端并发控制是解决数据库大量写操作的一种有效手段（罗拥军, 2005）。本节的并行空间分析系统中从系统架构和中间件层次实现基于空间操作事务的并行控制，面对结构和功能进行相应的设计。

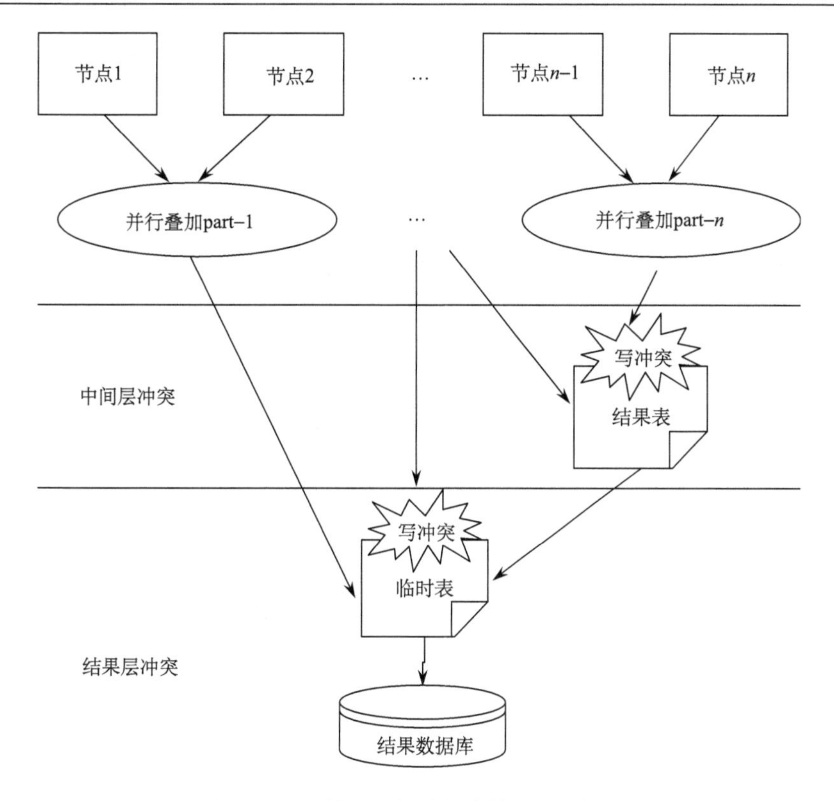

图 10-15　并行叠加过程中的写冲突情况

1）读写分离的并发控制

系统级别的并发写控制从业务流程层次控制对某一个数据库的并发写操作。读写分离式的并发控制过程是：首先将原数据库复制到 slave 节点，复制数据只用于用户的 select 操作，没有经过更新和删除操作，因此查询速度非常快；原数据库只用于 insert、update 等更新操作。

该方法是一种粗粒度的控制，原理是减轻同一数据库的读压力，无读锁限制数据库性能，单向写入数据。本节设计的空间数据库集群具有读写分离的特征，因此较容易实现粗粒度的并发控制。数据库同步速度取决于数据库的 binlog 数量和网络性能，因此在数据库内部需要更细致的控制机制。

2）多粒度锁控制

数据库内部的并发控制基本思路是调度事务或操作串行化执行，进而维护数据的完整性和操作一致性。在数据库中，除传统的计算资源（如 CPU、内存、I/O 等）的竞争外，数据也是一种多用户共享资源。如何保证数据并发访问的一致性、有效性是所有数据库必须解决的一个问题，锁冲突也是影响数据库并发访问性能的一个重要因素。从这个角度来说，锁对数据库而言显得尤其重要，也更加复杂。

MySQL 空间数据库提供四个层次的并发锁操作，从底层到高层的顺序依次如下：

（1）元数据（meta-data）锁，在表缓存中实现，位于 SQL 层。

（2）表数据锁（row-locks），位于 SQL 层。在开放式 GIS 工具集的数据管理工具中，

GTGDosDatasource 类的 createfeature 函数中设有一个 bool 型参数用来指定是否对操作表加锁。

（3）行锁（row-locks），根据存储引擎特有的锁机制，在引擎层实现。

（4）全局读锁，主要用来实现 SQL 层的数据备份。

MySQL 关系数据库有多种并发控制协议，但对于空间数据库存储不能简单套用。问题的解决方法是从空间的角度分析 MySQL 锁机制的特点、常见的锁问题，来加强空间数据库集群的并发写能力。

对应到 MySQL 的空间数据存储，从粗到细的顺序空间数据库锁的设定主要有空间数据集、图层或要素集合、要素三种粒度，分别对应 MySQL 数据库中的数据库（schema）、表（table）、行（row）（图 10-16）。由此可见空间数据的锁定粒度使用面向空间对象的定义，使用不同的粒度锁能够较好地适应空间数据的写操作，因此写冲突控制的一种方法是在数据插入时选择不同粒度的锁。

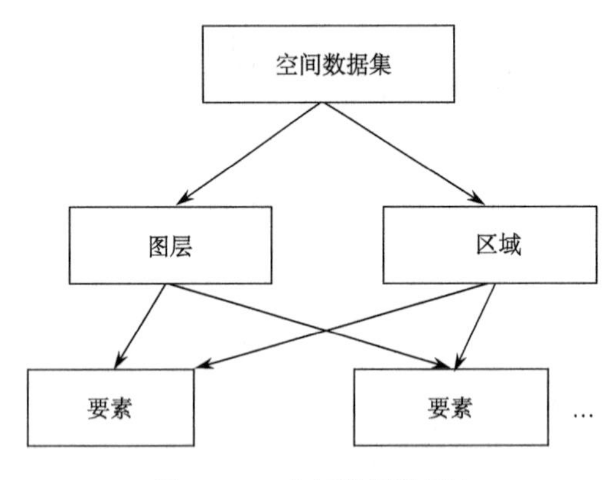

图 10-16　空间数据锁层次

10.3　并行方案分析

GIS 空间分析算法的并行化设计不同于常规的空间数据处理，不但需要考虑待分析数据对象本身的空间特性，还必须兼顾空间运算所带来的对象间的串联关系。因此，本节在设计空间叠加分析的分布式并行方案时，主要抓住数据特征和运算复杂性两个关键点，结合本节特有的分布式体系架构。以上内容介绍了空间数据在系统中的架构形式，本小节从计算与数据结合的方式探讨并行的方案。

10.3.1　计算与存储协同设计

并行空间分析系统除数据资源共享外，还需要实现计算资源（CPU、海量存储器等）的共享。本节设计并行算法的策略与空间数据的组织方式密切相关，因此需要综合衡量并行程序与数据库的协同问题。

1. 计算逻辑层与数据逻辑层

并行空间分析系统物理上的分布式特征和数据的分配、共享模式决定了计算与存储设计模式的复杂性。集群是对硬件设备要求较高的一种方案，其配置管理也比较复杂；但是集群的开发能力很强、取得的性能一般也比较稳定（张立立, 2005）。并行计算加速的一个重要准则是减少计算节点间的数据传输，因此并行空间分析系统中的空间数据库集群应该与计算集群具有独立性。系统中的数据层集群与计算层集群在逻辑上是分离的（图 10-17）。这种逻辑上的独立性保证了系统架构设计的清晰合理，但是在物理实现上需要考虑对等关系、交互关系等。

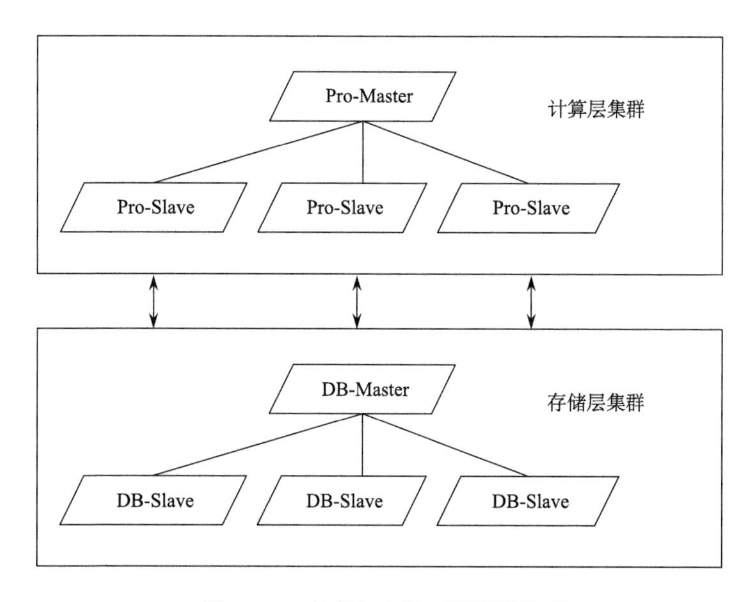

图 10-17　计算与存储两层逻辑集群

本节并行空间分析系统实际由存储和计算两种逻辑集群组成（图 10-17），逻辑上两个系统是上下游的关系，即数据在底层，是计算模块的输入处理对象。但是在物理实现中无标志性的隔离物可以将两集群中的节点分离，很可能在同一个物理节点上产生重叠。如果以两个集合表示计算集群节点和存储节点，对两组集合内元素进行一一映射，则有（n+1）×（m+1）种组合。随机映射组合情况下，系统的稳定性和性能将具有不可预测性，极端情况下集合中元素均不在同一物理节点中映射。例如，p_node1 与 d_node1 呈计算和数据提供关系，但是 p_node1p_node1在物理节点 1，d_node1d_node1在物理节点 2 上（不同物理地址），每对映射都如此情况，集群节点间的数据传输消耗将严重影响整个系统的性能。

$$S_p = \{p\_master, p\_node1, p\_node2 \cdots p\_noden\}$$

$$S_d = \{d\_master, d\_node\_1, d\_node\_2 \cdots d\_node\_m\}$$

可以用叠加的方式理解两层架构的对应关系，与图层叠加空间数据域分解原理类似，两层节点要素存在多对象的相交关系，只有在一一对应时关系明确，才能具有较好的可分解性和可并行性。但是无论用何种组合方式实现基于集群的并行空间数据分析，都有3个层次的问题需要解决：

（1）将空间数据的全局信息以适当方式在各节点上进行广播，并将并行程序在各节点进行部署、启动。

（2）针对不同的空间分析算法，确定不同的调度策略，需要选择合适的通信类型和数据部署模式，保证并行程序间互操作的正确性和高效性。

（3）将可并行执行的多个进程映射到具体体系结构上去执行。

从本系统的具体架构方面考虑以上问题，当以上集合中的对应关系如果形成每个计算节点与每个存储节点多关联，相当于实现P2P形式的计算架构。P2P没有中心服务器的概念，可以避免单点故障的出现，但是该模式的空间分析模型存在计算资源与存储资源不一致问题。因此本节的并行系统设置主节点控制计算和存储的全局信息，在master节点承担任务和数据的调度。

并行任务启动后，关于输入数据的全局信息交于master节点控制，根据启动计算任务的节点和空间数据库的部署情况设置并行算法数据源的链接地址。

2. 计算与数据协同方法

在叠加分析中地图数据是以对象（数据库行记录）作为数据存储的基本单位，存储在基于对象的存储设备，而非数据块或文件形式，这就决定了计算和数据必须有数据库管理系统的中间桥接。空间分析算法的并行化设计与实现大多是基于SIMD或者MIMD并行计算模式，使用pvm或mpi并行计算软件，而空间数据模型的并行特征将着眼于空间数据模型本身及空间数据的组织结构和存储方式（张丽丽, 2008）。空间分析软件和存储服务器会同时对所在机器集群的资源进行竞争，计算层和存储层协同的目的是合理地分配系统硬件资源（磁盘、网络、CPU）等，在分布式环境下最大限度地减少计算与数据交换引起的性能瓶颈（陈占龙等, 2008）。

针对计算层和存储层双层逻辑集群的并行空间分析系统需要，同时解决高性能环境下计算效能和合理存储的问题，空间数据分析工具将并行算法映射在计算节点上，配合使用下一层的空间数据管理层，完成数据计算加速功能。

1）计算与存储物理重叠的协同方法

架构方式是程序运行节点与所需的数据尽可能地在同一台物理机器上。图10-18显示了物理实现中计算和存储在主节点的重合情况，图中的虚线框表示主节点可以不承担这些任务或者只承担其中的一项任务，只负责应用层的请求监听、并行任务启动和调度等任务。当主节点承担计算或者存储其中一项任务时，那么对应的存储或计算任务就需要跨越物理网络交给其他节点负责。相应的通信和数据传输代价也会随之产生。增加计算任务与数据存储在物理机器上的重叠率，可以减少并行化运行的时间成本。

2）数据透明访问协同方法

数据层对于外部用户设置为可透明访问。在主从同步的空间数据库架构下，用户无须关心数据的读取来源，系统会选择就近的数据源作为输入。数据层被设计为虚拟层，并行空间数据存储系统将与设备相关的特性从设备层中分离出来，将存储系统的逻辑结构与物理存储的映射关系隐藏到对象层，这样可以保持数据库集群的整体一致性和完整性。从用户的角度而言，使用空间数据存储对象并没有什么不同，用户无须关心数据如何存储，只需通过简单的对象接口方便地实现对数据的透明访问。

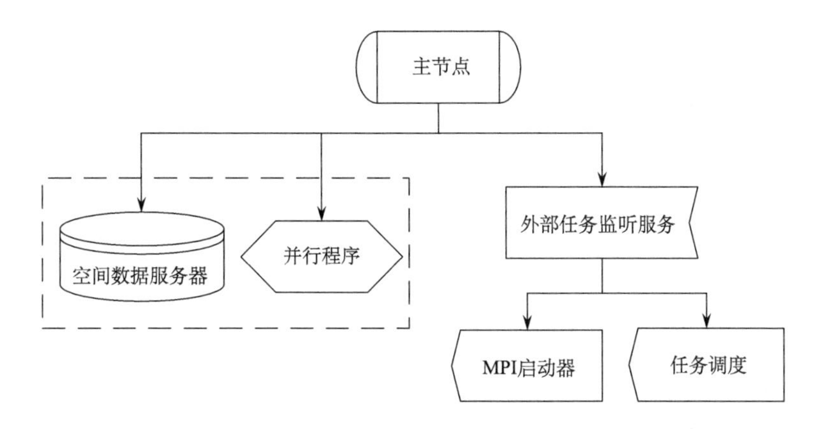

图 10-18　计算与存储重叠的节点设置

数据层虚拟化访问的实现依赖于系统应用层的负载均衡中间件。本系统实现中采用 Linux 环境下的 SLUM 负载平衡中间件，根据并行程序对数据的请求，采用 IP 转发的方式实现数据存储与计算的对等性。IP 转发式的负载均衡策略与并行空间数据库的部署策略具有适用性，因为在 GIS 工具集中 MySQL 数据源 GTGDosMySQLDatasource 建立连接的函数的参数之一就是数据库 host 地址。虚拟层中间件需要从任务调度器内获得进程在集群中的分配情况，然后把数据库的 IP 部署情况返回给调度器实现并行程序对数据层的访问。IP 转发形式的数据库访问可以减少一个数据库应对多个数据请求的情况，实现数据与计算的平衡状态（图 10-19）。

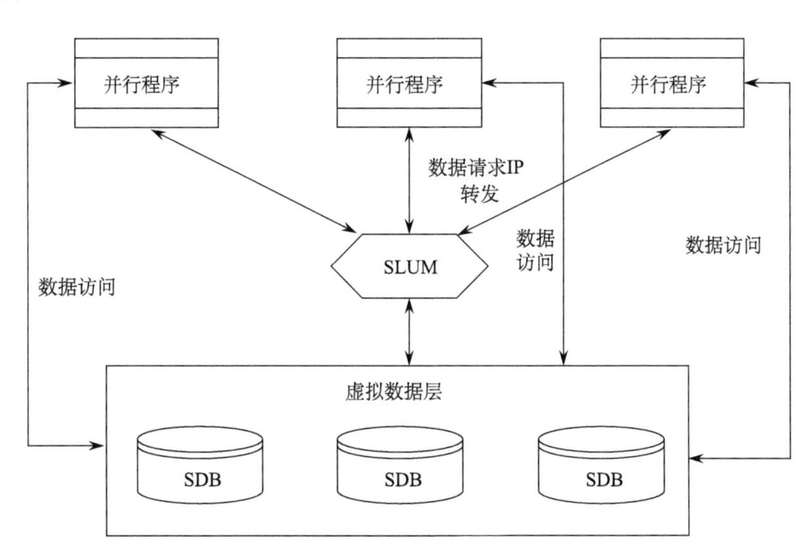

图 10-19　数据层的虚拟化访问

综合以上分析，高性能并行环境下计算与存储的设计模式具有不确定性，从逻辑层和物理层的协同考虑，计算与存储重叠可以减少网络传输代价，将并行计算的焦点集中到计算过程；从易用性的角度，数据层应该是透明的，类似一个虚拟组织，用户计算只需要指定条件抽取数据。同时叠加操作的拓扑类型也是计算与数据协同需要衡量的条件。

10.3.2 并行叠加的 MapReduce 特征分析

并行叠加分析操作在高性能集群范围内的加速效果可以满足局域网内的部分需求，但是在 GIS 面对更广大的社会用户时，需要使用更加先进和强大的云计算技术，为此本节的并行叠加分析算法初始设计便预留好兼容 MapReduce 的模式。下面对并行叠加算法的 MapReduce 特征进行分析，为下一步的云计算环境的迁移奠定基础（图 10-20）。

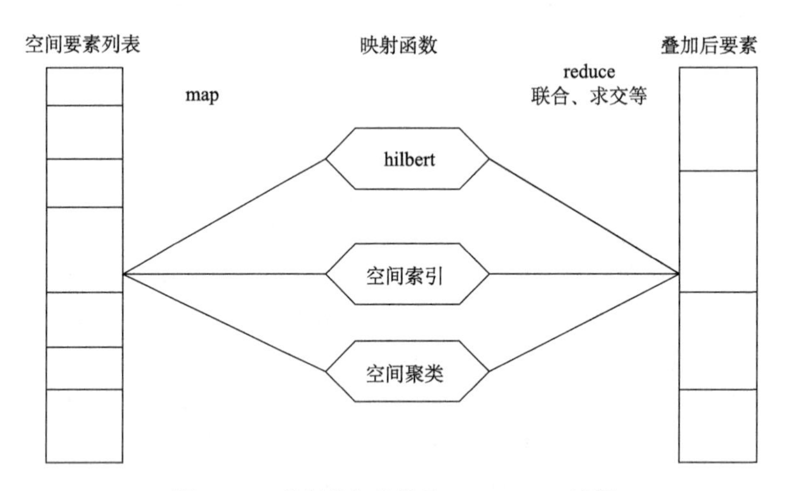

图 10-20 并行叠加分析的 MapReduce 特征

并行叠加分析的数据分解和计算过程同样遵循 MapReduce 过程。首先 map 阶段是指对叠加图层要素的分解，并对分解块按照一定的规则（函数）进行映射。不同的并行化方法映射方式不同，每一种分解策略实质上就对应一种映射函数。最基本的是将某一编码区间范围内的（hilbert、fid）要素映射到指定节点，对应的函数为 hilbert 编码和 fid 顺序数组，其他的分解函数还包括空间索引的树状结构编码、K-means 空间聚类的分簇规则等。

与云计算下的 MapReduce 过程有所区别，并行叠加分析的过程不仅需要处理大量的数据，而且需要及时的响应能力。例如，Google 的页面内容更新的索引应用需要云计算节点上升到很大规模才有性能的提升，不要求即时得到计算结果。本节的并行叠加的该过程没有选用云计算的数据存储方式，空间数据模型面向对象程度较高，因此通过关系数据库的存储和 MPI 通信的并行即可以达到一定的加速性能。下一步研究中，如有可能将在云计算基础设施之上设计实施并行叠加分析算法。

10.3.3 多路 I/O 并行

本书第 3 章并行叠加实验说明并行空间分析计算任务的特点表现为“计算和 I/O 交

织，操作与数据关联”，在计算密集的同时也存在 I/O 密集的问题，并行空间计算平台除采用并行处理提高计算效率，还应该考虑数据的并行 I/O 性能。并行空间分析系统对于文件式的空间数据，系统必须提供自定义的 I/O 功能。

并行叠加分析系统中并行 I/O 方法和技术都是为了实现以下目标：

（1）最大限度地利用已有的并行 I/O 设备来提高带宽；

（2）尽量减少对每个设备的磁盘读写操作；

（3）尽量减少进程间 I/O 传递消息的数量，降低不必要的通信开销；

（4）提高访问数据和被请求数据间的命中率，以减少不必要的数据存取。

在基于消息通信的应用程序中，进程经常需要访问远程进程的数据，接收进程依赖于发生进程，聚合通信则需要所有的参与进程到达一个点。这种机制导致通信时间和同步时间之间产生等待状态，等待状态对于多进程的通信敏感型应用是限制性能的瓶颈。表 10-9 为本节系统中常见的等待状态范式。

表 10-9　MPI 等待状态范式

低效通信范式	说明	诊断建议
迟发送	MPI_Recv 操作早于 MPI_Send 操作	MPI_Recv 修改成非阻塞式的 MPI_Irev,或者把 MPI_Send 提前
迟接受	MPI_Send 数据发送阻塞，因为 MPI_Recv 操作还没有开始	MPI_Send 操作修改成非阻塞式
等待 MPI barrier 时间	等待最后一个进程到达 barrier 点	由于负载不平衡导致该结果，检查不同进程的 barrier 时间点，把提前完成的进程的计算移交给后完成的进程

为防止 MPI 过度等待情况的出现，本系统实现通过多路并行 I/O 的方式进行物理数据传递。数据并行传输方法的基本思路是利用多路传输机制，同时打开多个数据传输链路通道，充分利用单条链路未使用的剩余网络带宽进行数据传输，最大化地利用网络带宽，提高数据的传输效率。以下测试为千兆以太网环境下，单线程数据传输和多线程数据传输的效率对比（表 10-10）。传输性能测试环境为千兆以太网，传输数据量 667MB。

表 10-10　多路 I/O 测试结果

线程数	传输时间/ms	传输速率/（MB/s）
单线程	12.808	53.5
多线程（3 节点，3 线程）	9.095	80.9

由表 10-10 可以看出，多线程数据并行传输的情况下，传输速率得到较大的提升，提升幅度大约为 51%。可见多线程并行传输充分利用了单线程传输情况下闲置的带宽资源。由此带来传输时间的大幅缩短。传输时间由原来的 12.808s 降为 9.095s，降幅为 29%，即效率提升达到 29%（表 10-11）。

表 10-11 矢量数据传输的加速情况

数据名称	类型	大小/KB	加速比
Export_Outputrailall.shp	多线	6970	3.511
16_6.shp	多多边形	9273	3.438
Export_Outputguodao.shp	多线	12019	3.567
楼房轮廓.shp	多多边形	194414	4.138
Soil.shp	多多边形	227262	5.033
Export_Outputraodall.shp	多线	337820	4.563

10.4 任务管理与状态监控

空间数据的域分解目的就是实现并行计算数据量的负载均衡，实际运行中集群物理状态和程序执行情况对计算的性能和准确性也有很大影响。对本节的 MPI 并行算法，基于 torque 和 maui 对并行空间分析系统算法进行任务管理和调度，对 PBS 客户端和 ganglia 进行状态监控。

10.4.1 作业管理

并行 GIS 集群系统中作业管理通常由资源管理器和任务调度器组成，共同负责计算任务的提交、排队分发和状态监控。资源管理系统能够屏蔽底层资源的异构性和复杂性，有效地管理资源，提高资源的利用率，并可按照管理员的意愿控制资源的使用方式。作业调度系统通常从资源管理系统得到各个节点上的资源状况和系统的作业信息，之后根据调度策略生成一个作业队列优先级列表。

首先资源管理器负责实时获取每个子节点心跳信息（heartbeat），解析该节点的健康状态（内存容量、CPU 占有率、硬盘资源等），为任务队列的优先级排序提供参考信息，以合理分配资源保证集群运行效率。并行 GIS 空间分析系统使用客户端形式的 xpbsMon 可视化工具监控集群状态，它不仅可以通过 ssh 隧道获取每个阶段的心跳信息监控节点的存活，如图 10-21 所示，绿色代表可用节点，红色代表宕机节点，还可以通过集群高级命令 qstat 查看节点情况的进程信息（进程 ID、用户、进程命令等）。

本系统的任务装载管理系统由 torque 和 maui 组成。torque 作为一个 pbs_server 负责接收用户作业提交信息和收集任务队列的状态（张洋等, 2007）。torque 默认包含一个队列维护控件，但是功能比较薄弱，而 maui 可以很好地支持队列的优先级维护，用户先提交的作业位于队首，已经完成的作业将从 maui 队列中弹出。并行 GIS 中的空间分析算法可以分为批处理作业和交互式作业两种。以并行叠加为例，其中的求交操作只需两个图层的一次叠加便可获得结果图层，可以以批处理的方式进行任务分发，而联合操作需要在局部合并以后与其他节点结果进行进一步的合并。批处理作业调度只需要将任务提交到队列，没有上下文依赖关系，便于任务队列的维护，而交互式作业需要关注作业前后的依赖关系，往往需要多个队列维护一个操作。图 10-22 展示了 torque 和 maui 作业排队情况，其功能还包括报告 JobID 和可用 CPU 等情况，并可以手动改变作业的优先级，让依赖少的任务先执行。

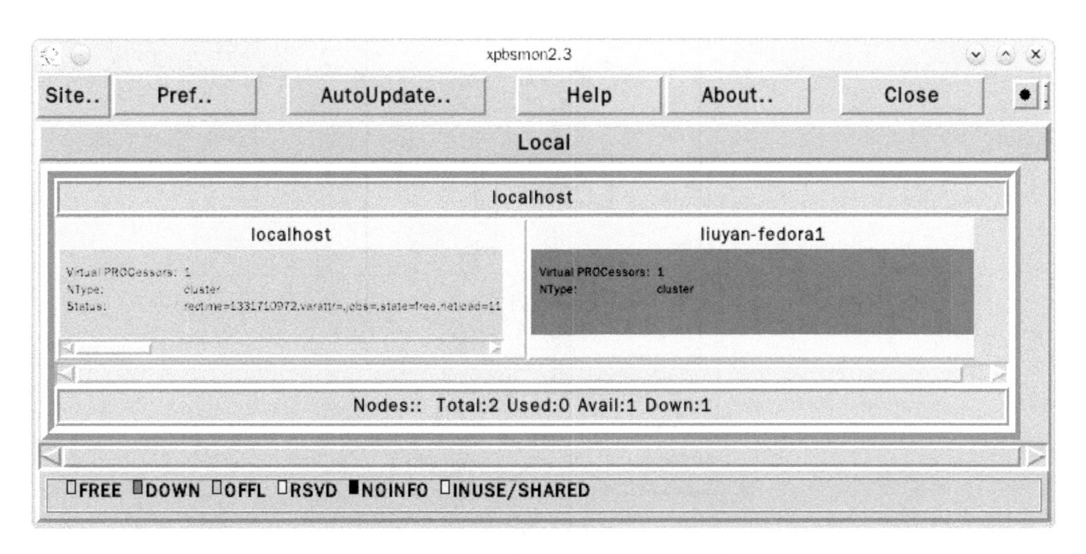

图 10-21　PBS 集群节点心跳状态监控

JOBS　Listed By Queue(s): batch@kekezhou.fedora

Other Criteria　Select Jobs

Job id	Name	User	PEs	CputUse	WallUse	S	Queue
11.localhost	pbs	kekezhou	1	0	0	Q	batch@kekezhou.fedora kekezhou.fedora 11.localhost
13.localhost	showxclock	kekezhou	1	0	0	Q	batch@kekezhou.fedora kekezhou.fedora 13.localhost
15.localhost	tor	kekezhou	1	0	0	Q	batch@kekezhou.fedora kekezhou.fedora 15.localhost
16.localhost	showxclock	kekezhou	1	0	0	Q	batch@kekezhou.fedora kekezhou.fedora 16.localhost
17.localhost	pbs	kekezhou	1	0	0	Q	batch@kekezhou.fedora kekezhou.fedora 17.localhost
18.localhost	STDIN	kekezhou	1	0	0	Q	batch@kekezhou.fedora kekezhou.fedora 18.localhost
19.localhost	map_overlay	kekezhou	1	0	0	Q	batch@kekezhou.fedora kekezhou.fedora 19.localhost

图 10-22　并行任务队列

MPI 消息传递的最大通信量不超过 2MB，并且数据类型只有浮点型、整型和字符型，适合传递算法中函数的简单输入参数或小型矩阵数组。本系统中 MPI 主要负责启动各子节点的 GIS 算法包和传递参数。利用 MPI 的扩展数据类型，可以用来传递 GIS 简单要素对象中的点对象。对于集群中较大容量的数据传输则直接利用 socket 套接字进行通信，避免 MPI 传递带来的信道阻塞。并行 GIS 空间分析系统节点间的通信建立在 MPI 基础之上，有 4 种通信模式：标准通信模式、缓冲通信模式、同步通信模式和就绪通信模式。叠加分析系统中 MPI 的主要功能为传递并行算法的参数、数据抽取地址、范围等。图 10-23 显示了基于 MPI 的任务装配和启动过程。

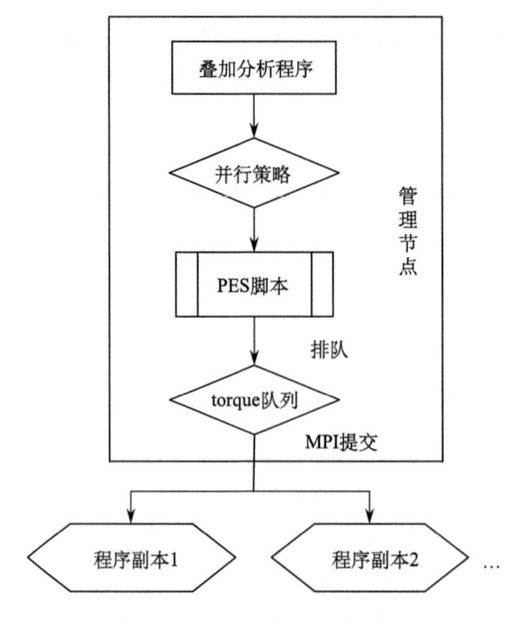

图 10-23　作业制作和提交过程

10.4.2　状态监控

并行空间分析系统中的状态监控中的分析数据主要包括 CPU 使用率、内存使用率、I/O 数据、集群之间的带宽和带宽使用率、MPI 通信数据量，程序中的函数调用关系。从算法运行和系统物理性能方面考虑，系统内主要设置了空间分析作业状态监控和集群硬件性能监控。

1）作业状态监控

首先我们在 pbs 调度程序的基础上，应用其开发 API 接口将 pbs 作业中的状态信息进行抽取。并行作业的运行状态监控采用 B/S 架构，pbs 命令“pbs status”显示每个作业的运行情况，通过架设CGI快速服务器，将这些资源作为网页信息进行发布(图10-24)。

图 10-24　web 并行作业运行状态监控

2）集群性能监控

本系统采用 ganglia 进行集群系统性能监控。ganglia 是一个多用途的系统状态监控工具，可以应用多核并行程序、分布式计算集群、网格技术集群等并行系统。它使用 SSH 通道抽取节点资源状态，客户端以 web 页面显示状态信息（图 10-25）。

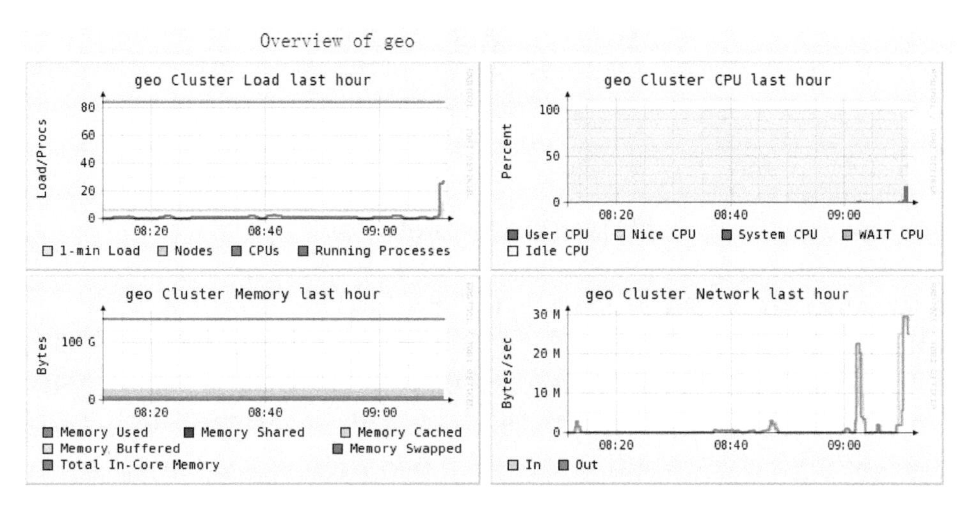

图 10-25　集群系统性能监控

10.5　并行系统叠加实验

并行系统环境中的叠加实验环境为操作系统 Redhat6.2（Linux2.6.38），编程环境为 gcc4.7 编译器和标准 C/C++开发语言，网络环境为 1000MB 局域网，并行库采用 MPICH2-1.3.2，MySQL 空间数据库为 5.5.25 集群版，高性能集群硬件设施为 IBM，20T 硬盘，24 核 CPU。程序运行过程中，MPI 根据配置脚本为多核 CPU 分配计算任务而无须手动干预，缺省情况下任务会平均分配到各处理器核。

10.5.1　并行系统叠加擦除实验

空间叠加分析实质是图层间的 boolean 运算，因此，其需从算法本身的并行特征出发，才能使并行算法的效率更理想。与传统的并行计算模式一样，并行 overlay 算法也可以利用功能划分（function-decomposition）和数据分解（data-decomposition）来实现。功能划分是从任务级别对并行算法进行切分，对于 overlay 算法来讲，由于其具有代数运算的性质，按功能并行必须与分布式计算系统和具体数据结构紧密耦合，导致算法通用性和可移植性较差。因此，overlay 算法比较适合以数据并行的方式进行并行化。本小节并行 overlay 实验以擦除（erase）操作为例，采用数据并行策略并以管道方式进行叠加分析。A 地图中每一个 Na 多边形都将配送到 p 个节点中的某一个，$1<p<\text{Na}$，而 B 地图中的多边形将依次对其进行空间叠加运算。运算结果将同时产生并存储至结果收集器中，或进入下次的管道线叠加操作中。管道式并行 overlay 过程如图 10-26 所示，其中第一步

相交操作无结果，因此直接进入下一次求交。

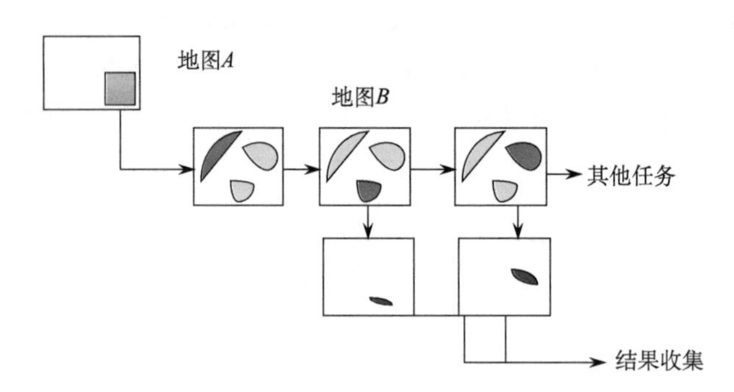

图 10-26 管道线式 overlay 方法

在并行 GIS 框架中，并不是发送地图 *A* 中多边形的真实数据到计算模块中，只需要 master 任务控制器发送需要叠加的地图 *A* 中的多边形索引号，计算模块会在就近（几乎都是本地）的 MySQL 空间数据库中抽取该行数据。为提高效率，使用按图层 FID 等步长划分的方式，每次将一个步长内的多边形索引发送到一个计算节点，剩余多边形按此规则依次轮询发送，该方法基本能够保持计算任务的负载均衡。实验中算法的执行过程如下：

（1）启动计算环境。通过系统数据管理工具将 shapefile 格式矢量数据导入 MySQL master 节点，其 replication 机制会自动将数据同步到各 slave 节点；开启管理节点任务监控和调度服务；将 overlay 算法包分发到各子节点。

（2）用户向管理节点提交作业。任务调度将该作业压入队列并分配唯一的 JobID。调度器根据集群的状态和队列优先顺序启动作业。

（3）overlay 运算启动。首先根据分配的 FID 去元数据表中寻找待处理图层，抽取数据后各自计算，求交结果存储到本地临时表中。

（4）master 节点收集各节点的临时结果形成最后结果，任务结束，将该 Job 弹出队列。

为测试并行空间分析框架中 MySQL 空间集群和 MPI 通信的计算能力，利用多边形图层的叠加擦除分析进行实验。

首先使用该高性能集群运行第 4 章研究的并行叠加方法，实验以叠加分析中的擦除操作为例。实验中底层矢量数据为程序自动生成矩形有洞多边形（polygon），要素个数分 6 万、20 万、100 万多个级别，叠加图层为世界行政区图层 224 个多边形要素。操作过程为用世界行政区图层对矩形多边形图层进行擦除，最后叠加运算效果如图 10-27 所示。并行效率统计情况如表 10-12 所示。

从实验统计结果可以看出并行擦除操作的运行时间肯定小于串行方法。随着数据量的增大，节点间通信开销和数据频繁读写增加，导致加速比有所下降，但是总体效率仍有优势。在数据量特别大的情况下（百万级别要素），串行方法甚至无法完成运算。总体说明并行空间分析框架能够加速复杂 GIS 算法的效率，系统稳定性和扩展性需要进一步加强。

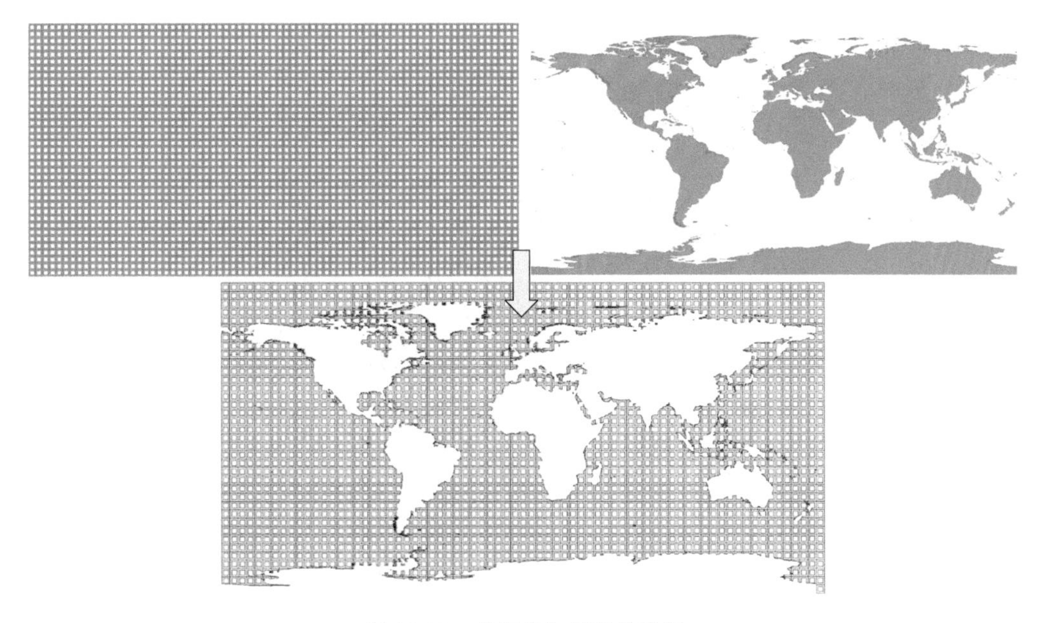

图 10-27　并行叠加擦除效果图

表 10-12　并行擦除实验结果

节点数	图层 1	图层 2	串行时间	并行时间/s	加速比
4	6 万	251	508s	61	1.08
4	20 万	251	732s	157	1.15
4	100 万	251	>5 h	<7500	>1.20

10.5.2　计算与存储协同方法验证

实验数据为土地利用矢量图与全国县域多边形，利用空间数据域分解的形式进行并行求交。多边形数据的真实情况如表 10-13、图 10-28 所示。

表 10-13　实验数据信息表

数据名称	数据类型	数据大小/MB	要素个数/个	线段数/个
土地利用图	polygon	121.6	15615	472643
平移后土地利用图	polygon	121.6	15615	472643

计算与数据存储协同实验以叠加求交操作为例，采用两种数据存储策略进行比较，一种采用单个主节点提供数据支持，另一种采取每个计算节点与存储同机对应的方式。实验环境为并行空间分析系统的高性能集群，单个主节点的数据库设置在 mgt 管理节点，独立计算和存储的节点为 mgt+（node01～node05）。

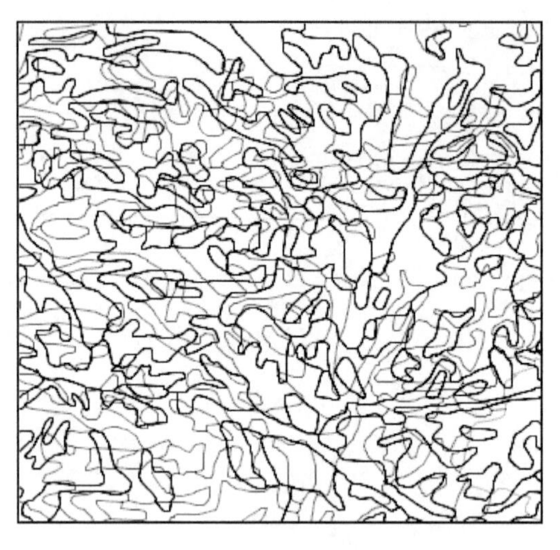

图 10-28　部分叠加数据显示效果

从以上的实验结果图 10-29 可以看出本节算法与 ArcGIS 算法的执行结果一致。从统计图 10-30 可以看出多节点多数据库的协同方式要优于多节点单数据库的模式，但是加速效果并不明显。多节点单数据库只有主节点提供原始叠加数据，每次的读请求数据库会自动添加读锁，加之多进程的请求响应能力有所下降；多节点多数据库在进程数据少于数据库数量时每个进程独占一个数据库，当大于数据库数量时也会多个进程访问同一数据库，但是比多节点单数据库连接分布要均衡。

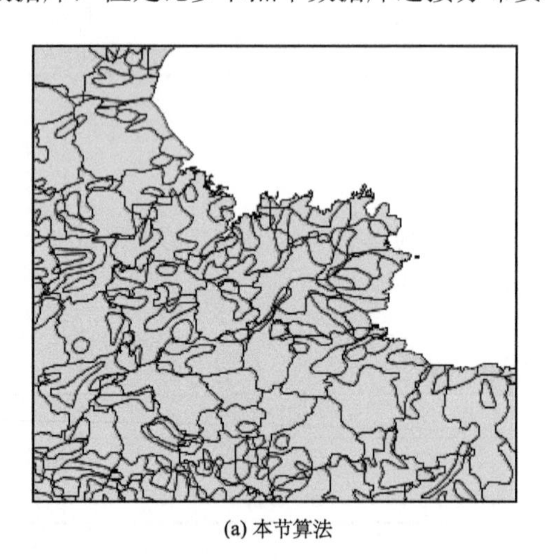

(a) 本节算法

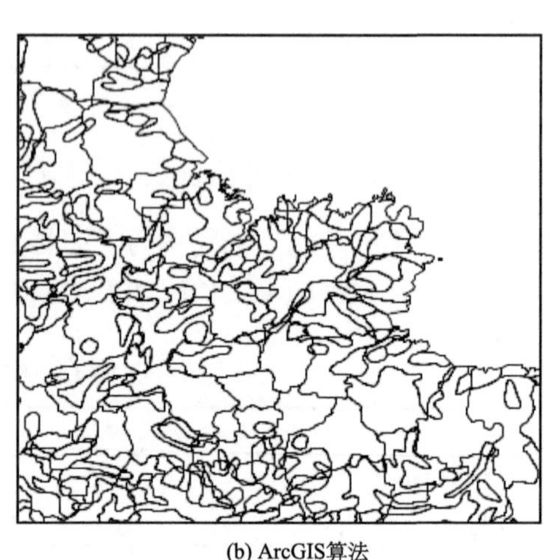

(b) ArcGIS算法

图 10-29　ArcGIS 与本节算法结果

多节点多数据库策略的加速效果并不十分明显，其中一个主要原因是数据量不够大，每个计算节点未能重复利用其计算资源，产生 CPU 空转现象。同时数据量不是非常大，这也导致由 I/O 引起的性能消耗作用不是非常明显。在一个进程时多节点多数据库的并行算法计算时间稍微大于串行方法，原因在于主节点并行过程初始化和向分布式节点发送数据抽取信息消耗的时间。

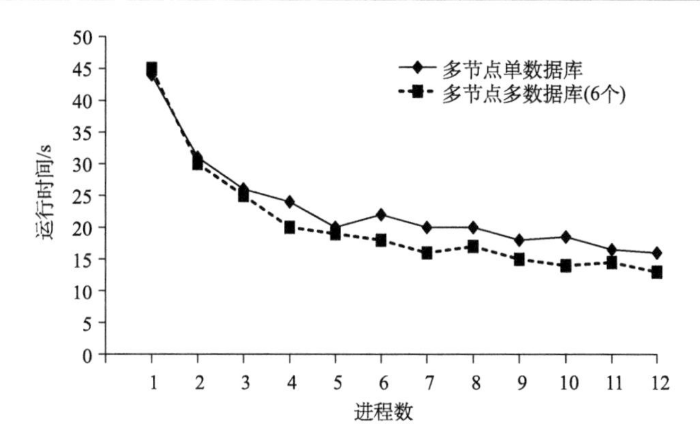

图 10-30　不同数据库协同方案对算法性能影响

10.6　本 章 小 结

针对并行叠加分析算法以数据分解为基础的实现策略，设计了基于高性能硬件环境的空间数据管理系统，利用 MySQL 的高效和高可扩展性构建并行空间数据库系统。并对系统的读写性能、并发访问能力进行测试，结果表明并行对等的协同运算方式可以避免集中式空间数据服务器引起的网络拥塞和单点失效问题，提高了海量地理信息数据叠加分析的数据抽取能力和并行节点协同计算的可靠性和可用性。在并行空间数据存储的基础上，实现了并行叠加分析算法的系统，利用擦除和求交验证了算法具有良好的加速性能。

参 考 文 献

陈占龙, 吴洁, 谢忠, 等. 2008. 分布式空间信息的对等协同计算机制研究. 计算机应用研究, 25(7): 2060-2063.

方裕, 邬伦, 谢昆青, 等. 2006. 分布式协同计算的 GIS 技术研究. 地理与地理信息科学, 22(3): 9-12.

罗拥军. 2005. 基于中间件技术的空间数据库多策略并发控制研究. 柳州职业技术学院学报, 5(1): 79-83.

马修军, 刘晨, 谢昆青, 等. 2006. P2P 环境中的全局空间数据目录研究. 地理与地理信息科学, 22(3): 23-25.

王卓昊, 方金云. 2005. 基于 MySQL 的空间数据库的实现技术. 计算机应用, 25(B12): 186-187.

袁一泓, 高勇. 2008. 面向对象的时空数据模型及其实现技术. 地理与地理信息科学, 24(3): 41-44.

张立立. 2005. 海量地理空间数据的高性能计算. 北京: 中国科学院地理科学与资源研究所博士学位论文.

张丽丽. 2008. 支持空间分析的并行算法的研究与实现. 南京: 南京航空航天大学硕士学位论文.

张洋, 陈文波, 李廉, 等. 2007. 高性能集群作业管理系统 TORQUE 分析与应用实现. 计算机工程与科学, 29(10): 132-134.

Oracle. 2011. Oracle Real Application Clusters (RAC). https://www.oracle.com/database/real-application-clusters/. [2020-9-1].

Postgis doc. 2010. Open Source Geospatial Foundation. http: //postgis.refractions.net/docs/ST_Geom FromEWKT.html. [2020-9-1].

第 11 章　多边形叠加算法应用——以并行缓冲区生成算法为例

11.1　多边形叠加算法应用

空间数据规模的快速膨胀给现有的计算资源和传统的地学计算方法带来了前所未有的压力，高性能计算已成为解决海量空间数据分析、处理及大规模空间可视化的重要手段（Turton and Openshaw, 1998; Clarke, 2003）。集群环境下基于消息传递接口（message passing interface，MPI）的并行计算模式得到了充分的重视和发展，已有的并行化空间分析算法大多基于该架构实现。数据划分和任务分解是实现并行计算的两种主要模式（Grama et al., 2003），目前高性能空间分析算法的研究仍然以数据并行方式为主（王结臣等, 2011）。许多学者对带有拓扑关系的空间分析并行算法的任务划分进行了研究（Sloan et al., 1999; Mineter and Dowers, 1999; Darling et al., 2000），本节选择基于更利于实现并行任务分解的 OGC 简单要素模型开展对缓冲区算法开发和优化的研究。

空间分析是地理信息系统的核心和关键功能之一，也是评价一个地理信息系统功能的重要指标。缓冲区分析是地理信息系统重要和基本的空间操作功能，是很多空间分析方法的基础，也是地图信息检索与综合处理的重要功能。缓冲区分析是指为了识别某地理实体或空间物体对其周围的邻近性或影响度而根据点、线和面实体（集合），自动建立其周围一定宽度范围（缓冲半径）内的缓冲区多边形实体，从而实现空间数据在其领域得以扩展的信息分析方法，广泛应用在地理信息系统的各种分析及交通、林业、资源管理、城市规划、环境与生态保护等领域，如在水污染监测、城市规划与管理、地震灾害和损失估计、洪水灾害分析、矿产资源评估、道路交通管理、地形地貌分析等领域都有广泛应用（刘湘南等, 2005; 张成才, 2006; Chang，2006）。例如，评估城市中道路的噪声对附近的某居民区有无影响、海上漏油点对附近海域环境污染的范围、计算一个国家领海的范围等。

缓冲区处理的是一类邻近度问题，代表了一种影响范围或服务范围，是地图信息检索与综合处理和 GIS 空间分析的重要功能（毋河海, 1997; Environmental Systems Research Institute, Inc, 2013）。以往针对缓冲区分析算法的研究多面向缓冲区域的生成算法展开，如毋河海（1997）提出了双线生成的几何算法模型和针对自相交问题的关系处理模型，对缓冲区生成的核心算法进行了研究和原则性的阐述；吴华意等（1999）提出了一种基于缓冲曲线和边约束三角网辅助的矢量缓冲区生成算法；Zalik 等（2003）详细描述了线段集合的非对称缓冲区生成算法；按照缓冲边界点生成方式的差异，缓冲区又可以分为角平分线法和凸角圆弧法（黄杏元等, 2004；周成虎和裴涛, 2011）；Bhatia 等（2013）基于 Zalik 的线段缓冲区生成算法，实现了采用扫描线思想和向量代数的缓冲区生成和结果多边形融合算法。虽然上述基于矢量计算方法的缓冲区生成算法可以得到较为精确的结果，但是需要诸多复杂的计算和空间关系判断，实现过程较为复杂。朱熤等（2006）基于“条带扫描”思想实现了复杂线目标缓冲区的构建和效率优化。李科和杜林（2005）提出了基于膨胀算法的缓冲区生成算法，其本质是利用栅格化的思想简化矢量缓冲区生成的过程，通过提取矢量对象按照一定窗口大小和规则膨胀后的边界得到目标缓冲区域。但是类似的基于栅格化边界提取思想的矢量缓冲区生成算法通常带来较大误差。经典的缓冲区生成算法包括双平行线法、栅格转换方法等，前者包含了一系列的复杂数值计算，后者不可避免地引入了误差，而基于更为基础的多边形合并操作可以实现缓冲区生成算法的简化处理，降低算法之间的耦合性和多边形缓冲区分析算法的开发难度。本节将详细阐述一种基于几何部件缓冲区域合并思想的矢量缓冲区生成算法。

11.1.1　缓冲区生成算法原理

基于矢量数据的缓冲区生成算法通常包括平行线生成、构环和环之间空间关系处理三个步骤，其中构环和空间关系处理过程包含大量的复杂数值计算，如交点计算、向量计算、夹角判断、自相交处理等，需要处理多种特殊情况，实现较为困难。本节提出将成熟的多边形裁剪算法引入矢量缓冲区的生成过程，用来代替复杂的构环和空间关系处理等过程，实现对缓冲区生成算法的简化处理。目前公认的能在有限时间内完成任意多边形裁剪问题的有效算法主要有 Vatti 算法（Vatti, 1992）和 Greiner-Hormann 算法（Greiner and Hormann, 1998）等。Vatti 算法是对 Sutherland 和 Weiler 等所提出的多边形裁剪算法（Sutherland, 1974; Weiler and Atherton, 1977）的重大改进，本节研究基于 Vatti 算法实现多边形合并操作。单侧缓冲区生成较为简单，且非对称缓冲区可采用双侧区分处理、端点圆弧圆心平移的办法方便地实现，因此本研究仅以最为典型的双侧、对称缓冲区的生成方法为例阐述该算法的原理。下面分别描述点、线和多边形三种基本几何对象的缓冲区构造方法。

1）点

在缓冲区半径 r 确定的前提下，点的缓冲区生成和构造方法最为简单，只需根据缓冲区半径 r 按照点 P_0 的坐标为圆心绘制首尾相连的圆环即可。圆环上的点 $P(x, y)$ 与作为圆心的点 P_0（x_P, y_P）的坐标满足下列表达式：

$$(x-x_P)^2+(y-y_P)^2=r^2 \tag{11-1}$$

圆环上的点由式（11-1）计算得到，逐一连接形成闭合的环，即构成点 P_0 以 r 为半径的缓冲区域，如图 11-1（a）所示。增加点数量对圆环进行加密即可得到更为平滑的缓冲区边界。

对于由多个单点部件构成的多点几何对象，构成它的每个点均按照单点几何对象缓冲区的生成规则构建各自的缓冲区域，结果可能将出现重叠，如图 11-1（b）所示，此时通过调用多边形合并操作实现重叠区域的融合，得到合并后的多点几何对象的缓冲区图形，如图 11-1（c）所示。

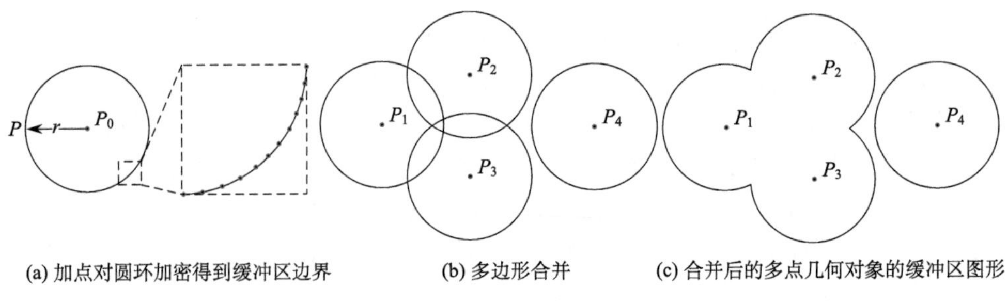

(a) 加点对圆环加密得到缓冲区边界　　(b) 多边形合并　　(c) 合并后的多点几何对象的缓冲区图形

图 11-1　点对象的缓冲区构建

2）线

线类型的几何对象可看作是一组首尾相连的线段的组合，每条线段由起点和终点两个点部件构成。如图 11-2（a）所示，线段 L 的缓冲区生成过程包括三个步骤：首先是求线段 L 两侧距离线段为 r 的平行线 L_{left} 和 L_{right}；其次分别以线段起点 P_s 和终点 P_e 为圆心做半圆弧 C_s 和 C_e；最后顺次连接左侧平行线 L_{left}、起点半圆弧 C_s、右侧平行线 L_{right} 和终点半圆弧 C_e，构造出如图 11-2（c）所示的多边形，即为线段 L 半径为 r 的缓冲区域。若一条折线由多条线段构成，如图 11-2（b）所示，通过分别对构成该折线的每一条线段求缓冲区。而线段缓冲区为两端均为半圆形的多边形，因此相连线段的缓冲区多边形在公共点处同为圆心重合的半圆形，然后采用多边形合并操作将所有缓冲区合并为一个多边形，即可得到折线的完整缓冲区结果多边形，如图 11-2（d）所示。由多条独立折线部件构成的一个线状几何对象称为多线，只需将构成多线的每条折线的缓冲区结果合并即可得到多线几何对象的缓冲区。

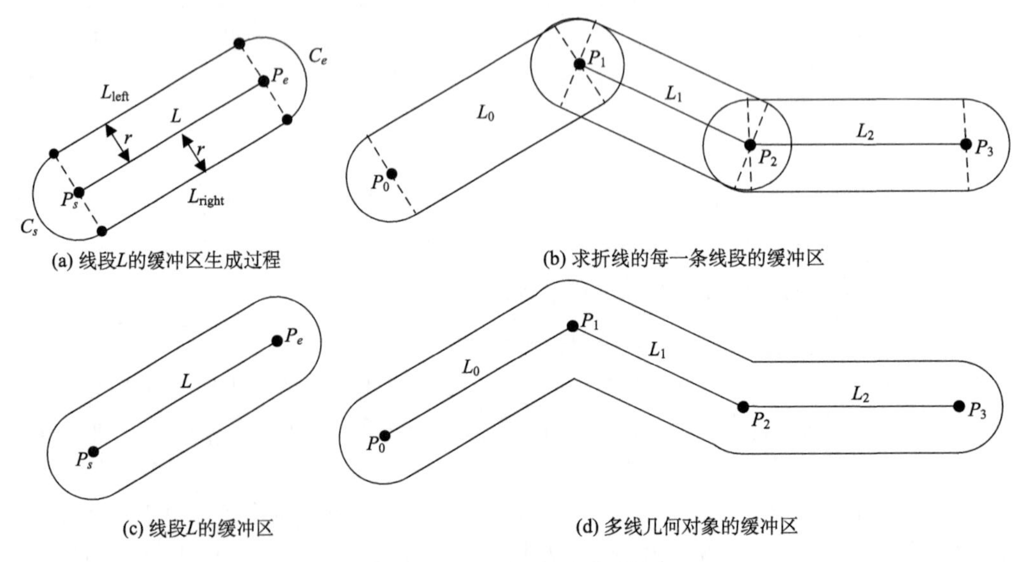

(a) 线段L的缓冲区生成过程　　(b) 求折线的每一条线段的缓冲区

(c) 线段L的缓冲区　　(d) 多线几何对象的缓冲区

图 11-2　线对象的缓冲区构建

3）多边形

多边形可看作由一组首尾闭合的折线包围而成的面状区域，每条闭合的折线又称为环，根据构成环的点的走向不同又分为内环和外环。简单多边形指的是仅包含一个外环若干个内环的多边形，而包含了多个外环的多边形又被称为多多边形，同样，多多边形的缓冲区域可由构成它的每个简单多边形的缓冲区合并得到。基于几何部件缓冲区域合并的简单多边形的缓冲区生成过程由分解、构环、合并和剔除 4 个步骤组成。首先是对输入多边形的环进行分解，得到一组折线，然后对每条折线按照图 11-2 给出的方法构造单独的缓冲区多边形，再将得到的折线缓冲区合并，最后对生成的多边形的各个环进行选择和剔除，以双侧缓冲区生成为例，其规则为保留由输入多边形外环生成的外环和由输入多边形内环生成的内环，其他均删除。

如图 11-3（a）所示，输入多边形由外环 R_0 和内环 R_1 构成，分别将其在起点/终点处打断后按照折线缓冲区生成方法构建缓冲区域，得到图 11-3（b）所示的 4 个环，包括 R_0'、R_0''、R_1'、R_1''，按照结果缓冲区多边形环的保留规则，保留外环 R_0 生成的外环 R_0' 和内环 R_1 生成的内环 R_1''，删除 R_0'' 和 R_1'，最后生成图 11-3（c）中实线包围的阴影填充区域所示的结果多边形。由多个多边形组成的多多边形的缓冲区可通过合并每个简单多边形的缓冲区结果多边形得到。在构建内环的内侧缓冲区时若合并后的缓冲区多边形的内环消失，这说明缓冲区半径超过了内环可容纳的可缓冲范围，此时将内环生成的所有的环丢弃，但任意多边形的内环生成的缓冲区域永远不可能越过包含该内环的外环所生成的缓冲区域。多边形的缓冲边界同样会出现弧形边界部分。

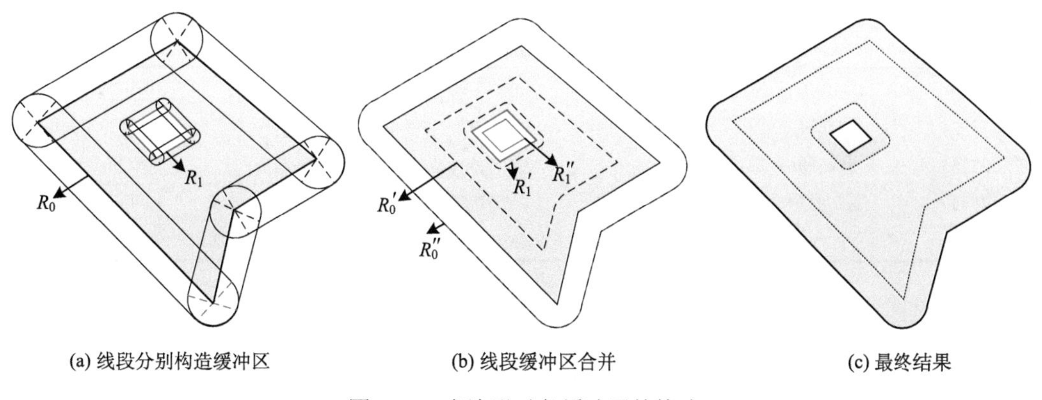

图 11-3　多边形对象缓冲区的构建

11.1.2　串行算法性能分析

对于点、线和多边形三种类型的几何对象，基于几何部件缓冲区域合并的矢量缓冲区生成算法在处理线状几何对象时最为典型，为了分析不同数据量下该算法（串行）的性能表现，本节基于不同数据量的真实路网线状数据集开展了相关实验，实验数据如图 11-4 所示。缓冲区多边形生成完成后的合并过程中，本节采用 R-tree 空间索引（Guttman, 1984）实现相交多边形的预筛选来过滤掉不相交的多边形，这种考虑到几何要素间空间关系的预筛选策略能有效减少多边形合并操作的调用次数，提高算法效率。

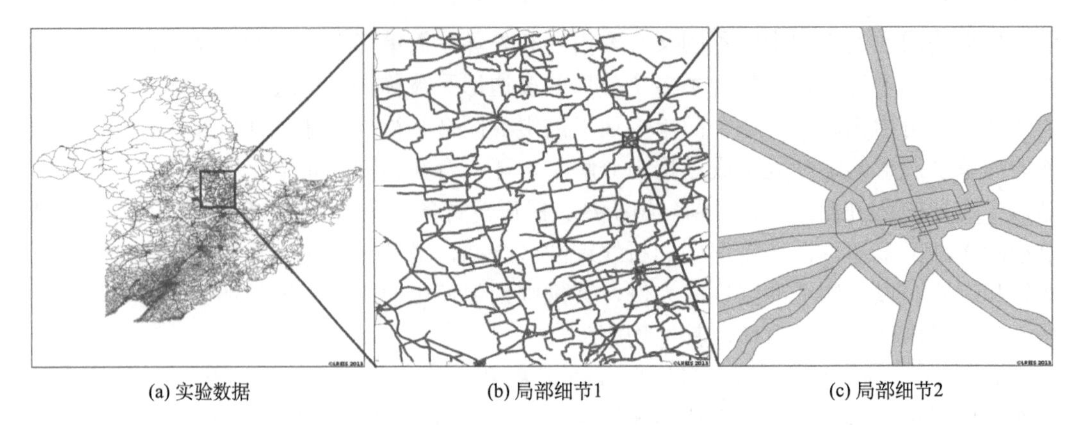

(a) 实验数据　　(b) 局部细节1　　(c) 局部细节2

图 11-4　实验数据及缓冲区结果实例

本研究中实验平台为Dell OPTIPLEX 990计算机，配备主频为3.4GHz的Intel i7-2600 4核8线程CPU，4G内存，操作系统为Fedora Linux 15（运行MPI程序）/Windows 7（运行ArcGIS程序），本节在相同硬件平台上与ArcGIS 9.3/10.1 SP1版本下的串行buffer工具进行了对比，实验结果列于表11-1中。

表 11-1　串行缓冲区生成算法时间开销对比

线数量	节点数量	时间/s（不合并）		时间/s（相交合并）	
		本书算法	ArcGIS 9.3/10.1	本书算法	ArcGIS 9.3/10.1
1950	24012	1.030	<1.00/<1.00	1.677	10.50/42.00
13324	147824	6.911	4.00/3.67	13.291	189.00/2053.00
33205	318590	14.547	9.33/7.60	32.098	787.00/—
45850	470825	21.544	13.67/10.50	57.885	1 243.50/—
108414	1067682	52.097	31.33/25.00	128.545	3 676.50/—

表11-1中的实验结果表明，当相交的不同要素的缓冲区结果多边形不合并时，本节提出的基于几何部件缓冲区域合并的buffer算法效率不及ArcGIS中的buffer工具，效率平均相差0.7～1倍。但是当不同要素的缓冲区结果多边形相交者需要合并时，ArcGIS 10.1（with SP1版本）花费了超过10h却未得到结果，而其9.3版本虽然能得到结果，但时间开销比本节算法要多得多，且本节提出的buffer算法所体现出的性能优势随数据量的增加而变得更加显著。因此，本书提出的基于几何部件缓冲区域合并的buffer算法具有一定的实用性，且能有效解决目前商业GIS软件中缓冲区分析合并过程中遇到的严重性能瓶颈。

在实验过程中还发现一些异常现象，在ArcGIS 10.1版本中，当ArcToolBox运行环境中的Parallel Processing Factor设置为0、1或者低于10%，且生成的缓冲区结果多边形不合并时，其buffer tool的CPU利用率始终维持在25%～27%，而本节实现的算法仅为12%，实验计算机CPU型号为Intel i7-2600（4核8线程）。因此本节猜测ArcGIS可能对其代码进行了多核并行优化。

11.1.3　基于 MPI 的并行缓冲区生成算法

在科研和工程应用中，缓冲区分析算法同样面临大数据量背景下的效率提升问题，姚艺强等（2007）在网格环境下利用分布式并行计算来加速缓冲区分析算法，虽然同是基数据分解的并行思想，但是其所利用的网格计算环境注重异构计算环境下的分布式处理，与基于 MPI 的集群环境有所区别，通常情况下难以达到高性能计算所要求的并行加速效果。有必要利用高性能计算技术设计并行缓冲区算法，并研究其实现和优化方法，来解决缓冲区分析中遇到的海量数据处理难题。并行缓冲区分析算法的逻辑流程包括了 4 个主要环节，分别是任务划分、并行生成缓冲区多边形、缓冲区多边形合并和结果数据输出，上述 4 个环节分别对应分解、计算、合并和输出 4 个步骤，如图 11-5 所示。

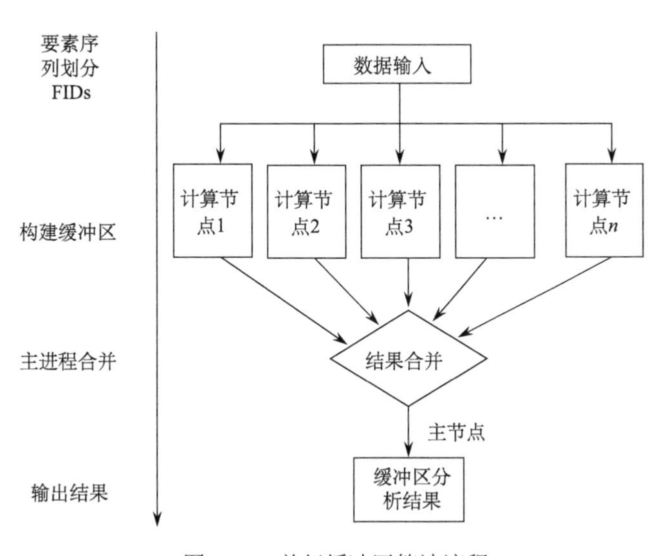

图 11-5　并行缓冲区算法流程

基于简单要素模型的并行数据分解以要素标识符（FID）为依据，将所有矢量要素按个数平均分配至各个计算节点以并行生成缓冲区多边形，最后将所有进程的计算结果交由主进程完成最终的合并过程，这三个步骤是并行缓冲区分析算法的核心环节，也是进行算法优化的主要研究方向。数据输出涉及矢量数据模型、并行文件系统及并行数据库等多种应用环境，并非并行缓冲区分析算法的核心步骤，与其他环节相比耗时很短，因此在本研究中不做讨论。

按照上述逻辑流程本节设计并实现了基于 MPI 编程模型及数据并行思想的并行缓冲区分析算法，并采用多组线状真实路网数据开展实验，结果在表 11-2 中列出。由表 11-2 可知，基于 MPI 和多边形合并的并行缓冲区算法可以得到一定的效率提升，且当缓冲区结果多边形不需合并时，采用 4 个进程并行计算可以得到与 ArcGIS 相近的计算效率。但是，基于 MPI 和数据并行的并行计算并没有给缓冲区分析算法带来理想的加速比，当进程数增多时并行计算效率甚至出现了下降趋势，这说明采用朴素的并行思想设计实现的并行算法存在相当的优化空间，需要对其进行细致的瓶颈分析并加以消除。对并行缓冲区算法的优化和改进方法研究将在下一节中进行详细阐述。

表 11-2　基于几何部件缓冲区域合并的并行 buffer 算法时间开销

线数量	节点数量	不同进程数时间开销/s（不合并）				不同进程数时间开销/s（相交合并）			
		1	2	3	4	1	2	3	4
1950	24012	1.342	1.209	1.161	1.288	1.426	1.225	1.091	1.255
13324	147824	8.959	6.070	5.059	4.667	11.191	8.046	8.280	7.217
33205	318590	19.723	12.964	11.211	10.092	26.802	21.248	18.881	17.756
45850	470825	26.797	17.671	16.338	14.976	56.901	52.758	55.062	52.350
108414	1067682	68.113	39.048	34.747	33.324	126.907	105.749	109.755	109.927
134145	1482071	86.318	49.955	44.208	43.016	243.110	214.180	211.997	224.911
269450	3231870	192.465	106.241	93.741	84.229	494.808	368.687	418.435	442.850

注：基于 Fedora 15（Linux 2.6.38.6-26.rc1.fc15. x86_x64）系统开展实验得到上述结果。

11.2　缓冲区叠加合并并行优化

11.2.1　缓冲与联合

进行缓冲区合并的算法之前首先介绍空间邻近度的概念：邻近度（proximity）描述地理空间中两个地物距离相近的程度，是空间分析的一个重要手段。查询公共设施（商场、邮局、银行、医院、车站、学校等）的服务半径，铁路、河流的穿过对周围区域的影响、污染源对周围影响范围的确定等都是一个邻近度问题。缓冲区分析通过几何元素的膨胀扩大其在空间中的影响范围（图 11-6），因此可以作为解决邻近度问题的空间分析工具之一。

在缓冲区分析中线形要素缓冲最具有代表性，如检测河流泛滥的影响区域。在邻近分析中的缓冲区分析中，根据点或者线缓冲后的区域需要将相邻近的多边形合并（图 11-7），联合缓冲区是叠加分析功能中的一种。一种简单快速的线串缓冲区生成方法是首先对线串的各组成线段做外包缓冲，然后对相邻线段的缓冲区进行合并。图 11-7 举例说明常见几何类型的缓冲合并效果。

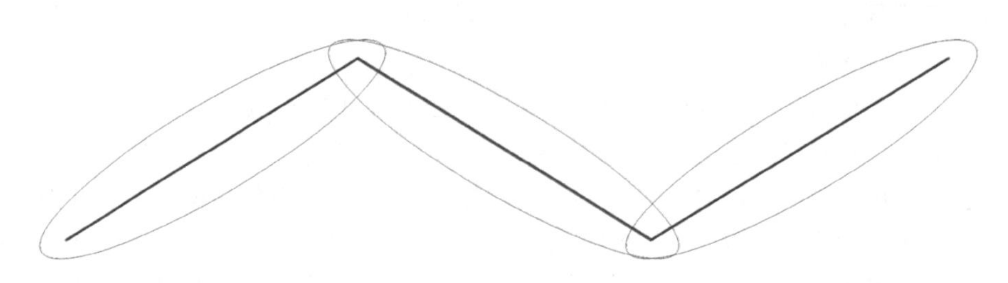

图 11-6　缓冲区生成阶段

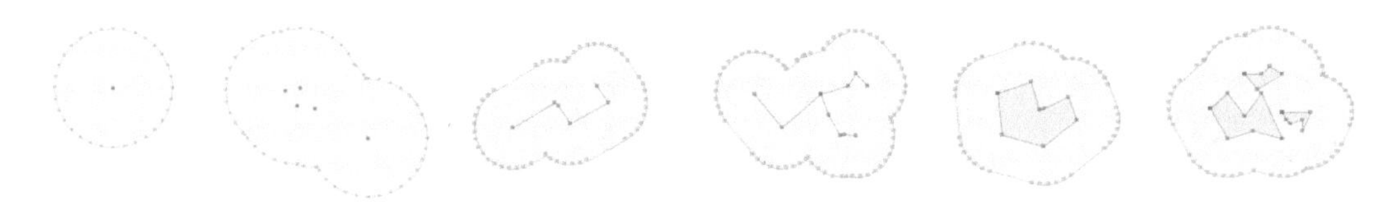

图 11-7　带联合的缓冲分析

从数学的角度看，缓冲区分析的基本思想是给定一个空间对象或集合，确定它们的邻域，邻域的大小由邻域半径 R 决定。因此对象 O_i 的缓冲区定义为

$$B_i = \{x : d(x, O_i) \leqslant R\} \tag{11-2}$$

即对象 O_i 的半径为 R 的缓冲区定义为距对象 O_i 的距离 d 小于 R 的平面内全部点的集合。d 通常取最小欧氏距离，但也可是自定义的距离。对于给定几何对象集合 O：

$$O = \{O_i : i = 1, 2, \cdots, n\} \tag{11-3}$$

其半径为 R 的缓冲区是各个对象缓冲区的并，其公式如下，其中 B_i 为每个子对象的缓冲范围。

$$\text{Buf} = \bigcup_{i=1}^{n} B_i \tag{11-4}$$

从线缓冲后的合并过程可以看出，每个线段的外包缓冲范围相当于一个多边形，它们彼此之间的操作相当于叠加分析中的联合操作，因此可以将问题转化为多边形的叠加联合问题进行求解。同时，这种联合的优点是相邻线段的缓冲范围也具有相邻（相交）关系（当 R>0 时），因此可以为联合的并行化提供有利的条件。针对这种彼此连通的联合问题，本节设计了以下形式的并行二叉树合并策略。

11.2.2　基于并行归约的二叉树合并

并行归约（parallel reduction）是 PRAM 并行计算中一种经典的计算模式，是指对于给定的包含 n 个元素的集合和一个具有结合性质的二元操作，通过对元素之间不断地使用该二元操作最终形成不可结合的结果集。该模式通常用在数值计算的并行求和过程中，Google 的 MapReduce 实现也是其中典型的代表。下面以并行求和为例说明并行归约的计算流程（图 11-8），设待处理元素集合由 n 个整数 a 组成，目标函数为求 $\text{sum} = \sum_{i=0}^{n-1} a_i$ 的值。

在并行归约算法的启发下，多边形的合并过程同样可以转换为类似求和的过程，如并行归约求和的加法操作相当于多边形的合并过程，求和的最终结果相当于多边形彼此合并后的多多边形（multi_polygon），因此线图层的缓冲后的单独多边形元素可以采用以上方式进行联合。在多边形图层中，图元间的关系可能相邻或相离，但是线串图元中每条线段缓冲后的环必然与前后两个相邻的环相交（甚至是其他距离小于 R 的相邻环）。对于这种拓扑关系确定的情形，利用以上合并算法中提到的迭代合并即可达到效果，但是数据量较大时迭代合并消耗内存较大，因此提出基于两两结合的并行归约形式的二叉树缓冲合并方法，利用集群系统的无共享模式分布式合并多边形。

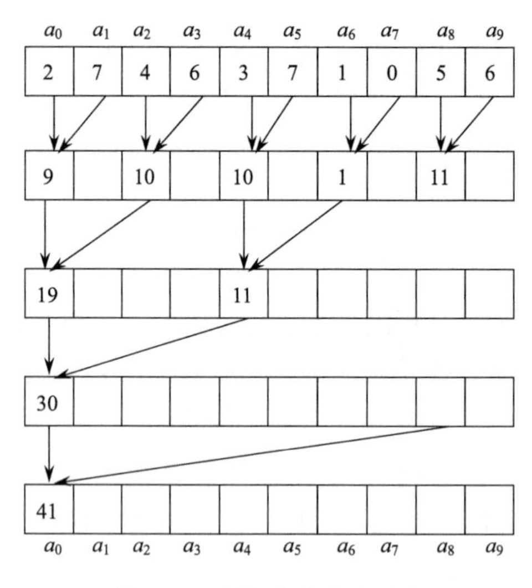

图 11-8　并行归约求和流程

与 PRAM 模型下的并行归约求和操作不同，多边形之间的归约合并数据量较大，在共享内存模式下存在瓶颈，根据本节并行集群的基础设施，将并行归约合并的操作应用于多个计算节点解决该问题。

在进行并行化之前，首先对缓冲联合算法的特点进行分析，针对计算耗时的过程并行加速。

1. 算法耗时分析

缓冲区分析由两个步骤组成：一是根据单个要素的线串生成独立的缓冲范围（环要素），二是将所有相交的独立环进行合并。为加速该算法将针对这两个过程进行并行优化。本节实现的线缓冲区分析的基础步骤是按照线串中的线段生成外包环，因为线段粒度适中且耦合性较小，该步骤可以按照线段数量划分直接进行并行化计算。线段数量的等价评价方法是其端点的数量，因此本节的并行缓冲联合方法使用点数量作为负载均衡的标准之一。

假设缓冲区分析的总耗时为$T_{\text{all}}(n)$，n 为要素数量，缓冲和合并两阶段的耗时分别用$T_{\text{buffer}}(n)$和$T_{\text{union}}(n)$表示，则算法的总耗时如下：

$$T_{\text{all}}(n) = T_{\text{buffer}}(n) + T_{\text{union}}(n)$$

进行并行化前的单机串行缓冲区分析的伪代码如表 11-3 所示。

从串行算法的描述可以看出单个线段缓冲后的合并过程是一个级联迭代的过程，合并所有相交环的操作相当于图论中搜索所有连通分支。在搜索合并的过程中，前一次合并的结果对以后的合并继续产生影响，最后形成“滚雪球”形式的效果。如果按照以上并行归约求和的形式在单机共享内存中计算该过程容易因为程序的递归操作造成内存溢出等错误，而将不同的连通分支在并行计算机中独立运行可以较好地解决以上问题。

表 11-3　缓冲分析串行执行过程

```
1. get featurelayer from spatial database
2. for(i= 0; i < feauture_count; ++i)
3. {
4.   Buffer(feature(i)); //单个要素生成缓冲区
5. }
6. for(j = 0; j < feature_count; ++j)// 缓冲区联合
7. if(feature(j)intersect feature(j+1)) {
8.   union feature(j)and feature(j+1)
9. }else
10. {
11.   union feature(j)and feature(j+2)
12. }
13. create output polygon featurelayer//生成结果图层
```

为评估算法中两个阶段的关系，我们使用 11 组不同的河流图层进行实验验证。河流数据存储在 MySQL 空间数据库中，每条河流包含的点数具有不确定性。表 11-4（11 组实验中的 buffer 与 union 用时）显示算法运算时间与要素和点的数量密切相关。为便于理解绘制图 11-9 与图 11-10 分别显示算法中 buffer 阶段和 union 阶段的用时情况。从表中的对比关系可以看出在 11 组实验中，合并的过程基本占用算法总时间的 75%，缓冲时间基本占 25%。计算用时与要素点数量基本呈线性关系。

表 11-4　buffer 与 union 实验结果

序号	要素数量/个	点数/个	缓冲时间/s	比例/%	联合时间/s	比例/%
1	11840	196659	7.96	40	11.79	60
2	30128	393351	15.25	31	32.82	69
3	52611	590004	21.94	28	58.12	72
4	72078	786656	29.16	25	85.94	75
5	88985	983305	36.40	24	109.04	76
6	103797	1181160	43.98	26	124.64	74
7	112963	1377917	55.64	27	156.16	73
8	126439	1574599	63.72	27	179.42	73
9	144375	1771258	72.27	27	207.35	73
10	169131	1968152	77.92	25	240.16	75
11	187788	2164802	84.25	24	273.93	76

2. *数据分解*

如果按照图层要素分解，河流长度和点数量具有不确定性，难以保证每个子节点同时完成计算任务。根据以上实验分析可知缓冲分析与要素点个数密切相关，因此并行缓冲合并的数据分解以线串包含点数为负载均衡的标准。

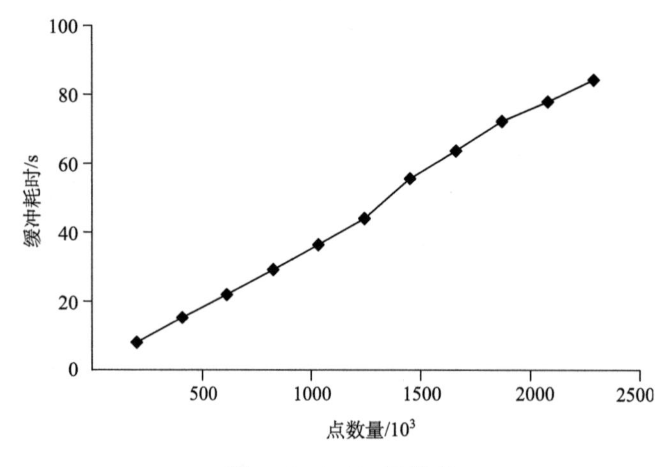

图 11-9 buffer 性能表

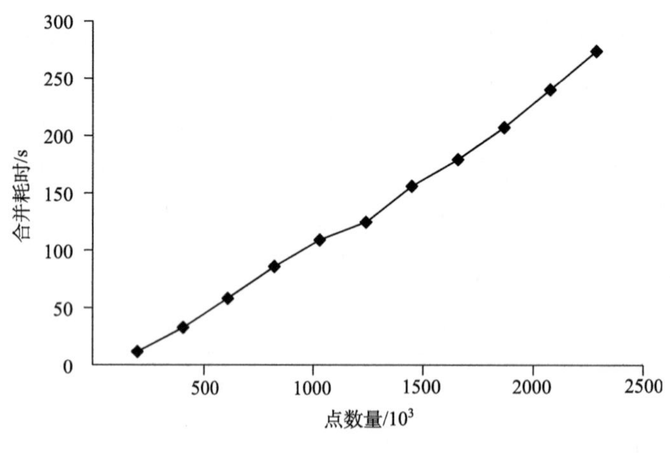

图 11-10 union 过程性能表

因为图层不具有点数量属性，需要在运算开始前估算图层点的分布情况，获得对象总点数，这一步是并行算法中的额外开销。根据运算进程的数量指定每个节点需要计算的平均点数。然后按照空间对象为单位，将点数总和近似等于平均点数的要素划分为一个单元，将这些要素的 ID 存储到数组中，发送给子节点对这些要素进行缓冲区分析。

3. 合并优化

映射归约模式的归约收集过程是一个重要的瓶颈，主节点等待所有子节点计算完成并回收数据，串行地合并所有多边形非常耗时。为解决回收阶段的瓶颈，我们设计二叉合并树形式的并行缓冲区分析算法（图 11-11）。在二叉树并行合并算法中主节点和子节点是计算上的对等关系，每个计算节点都执行相同的操作步骤：

（1）抽取部分线要素数据，然后执行缓冲区生成和合并操作；

（2）当一个节点内完成 buffer 和 union 生成中间结果后，被另一个节点拉取并与它自身完成的结果进一步合并；

（3）每组缓冲区持续合并直到只有一个缓冲区存在。

从操作过程可以看出多边形合并以并行化方式进行。使用二叉树并行合并算法可以将 union 操作的计算复杂度由 $O(n)$降低到 $O(\log n)$。

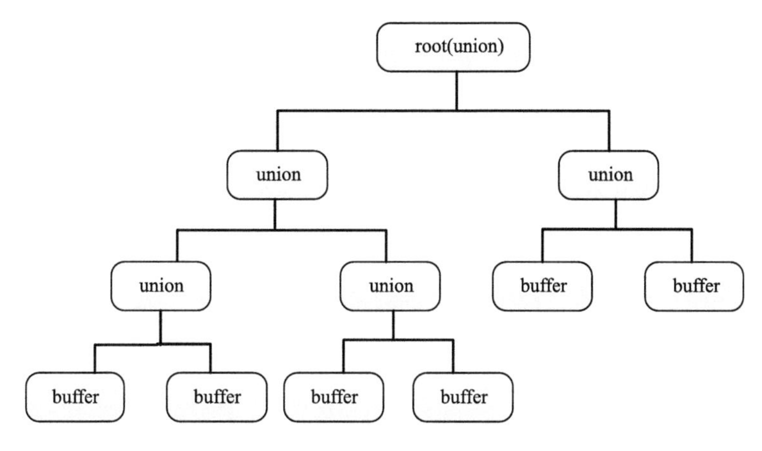

图 11-11　二叉合并树示意图

MPI 实现的并行二叉树合并的缓冲区分析算法伪代码如表 11-5 所示，其中主节点负责计算平均计算量并发送数据划分信息，其他节点独立计算。

表 11-5　二叉树并行合并伪代码

```
1.variant declare
Total point count: nPts
Process count:   nProcess
Average count:  nAve
2. data assignment
              nPts = getLayerPtsCount( );
              nAve = nPts/nProcess
              int tempts = 0;
vector<int>  cursor;
Cursor.pushbace(0);
                For(int I = 0; I < featCount; i++)
{
       If(tempts < nAve)
       {
  Tempts += fid(i).ptCount();
  }else
  {
       Tempts = 0;
       Cursor.pushbace(i);
```

续表

```
    }
}
If(cursor[cursor.size()-1] != lastFid)
{
      Cursor.pushback(lastFid);
}
EveryNode do: computer(cursor[j] to cursor[j+1])
3. union
everyNode binary union ;
while(process !=1)
{
     each two adjacement process union;
}
```

4. 实验分析与比较

软件环境：遵循 MPI 并行编程规范，编程实现版本为 MPICH2-1.4.1p1，MySQL 版本为 5.5.25 MySQL community server（GPL）。硬件环境为 IBM 高性能集群。

通过以上的分析表明基于点数负载均衡的并行二叉树合并算法优于已有算法，以下实验与结果用于证明算法的有效性和候选算法的优势。所有算法均运行在以上 PC 集群系统中，并不使用 MPI 直接发送几何数据，数据进行本地化抽取和存储。实际上 GIS 简单要素模型并不完全支持并行计算，MPI 也无法使用 C++序列化地发送几何数据。实验数据为线状河流，采用不同要素数量的图层进行多次实验。

只针对二叉树合并算法的实验过程如下所述。

1）进程内并行合并

经过对串行程序各部分运行时间的分析后发现，union 的操作比较费时，于是将 union 操作分配到各个进程，每一个进程只对自己分配到的一部分河流进行 union 操作，之后再将各个进程结果 reduce 到主进程最后进行一次 union。

2）二叉树状合并

主节点单独回收结果容易造成单点瓶颈，为缓解单个主进程做 reduce 造成的压力，采用进程间树状归并的策略，如有 4 个进程（进程 ID 分别为 0～3），那么各个进程做完各自 buffer 和 union 之后，3 号进程会将结果发送到 2 号进程，在 2 号进程中将其与 2 号进程本身的结果做一次 union 操作，同时，0 号和 1 号进程也采用同样的思路，则 2 号进程在做完 union 之后将结果发送到 0 号进程再做一次 union 操作。由于传递整个结果的数据结构有难度，实现是采用传递各个进程 IP 的方式，再由接收进程根据收到的 IP 去远端读取存在临时数据库中的结果。

3）基于河流点数的负载均衡

对 buffer 操作和 union 操作细分，最小操作单元都是点，点数的多少也就成为影响计算量多少的重要因素。在分割计算任务之前，先遍历所有河流，计算出总点数，然后根据进程数算出每个进程理想情况下该分配到的点数的平均数，然后根据平均数分配各个进程要计算的河流条数。

使用点数量负载均衡的二叉树合并算法测试情况如表 11-6 所示。从表中可以发现多进程明显的加速比，但是同一节点内增加进程数加速效果不如增加节点数加速效果显著。

表 11-6　多线程并行及计算时间

进程数	节点数×节点上进程数	时间/s
1	1×1	327.868
2	1×2	201.643
4	4×1	104.803
8	4×2	66.069
16	4×4	43.046

5. 对比方法设计

为对比点数量负载均衡的二叉树合并算法的优越性，设计另外一种算法进行对比。该方法基于要素数量的负载均衡策略和主节点逐个合并，每个子节点输入相同数量的要素分别执行缓冲和合并，并将结果写入本地数据库，最后主节点回收数据并且逐个合并（图 11-12）。

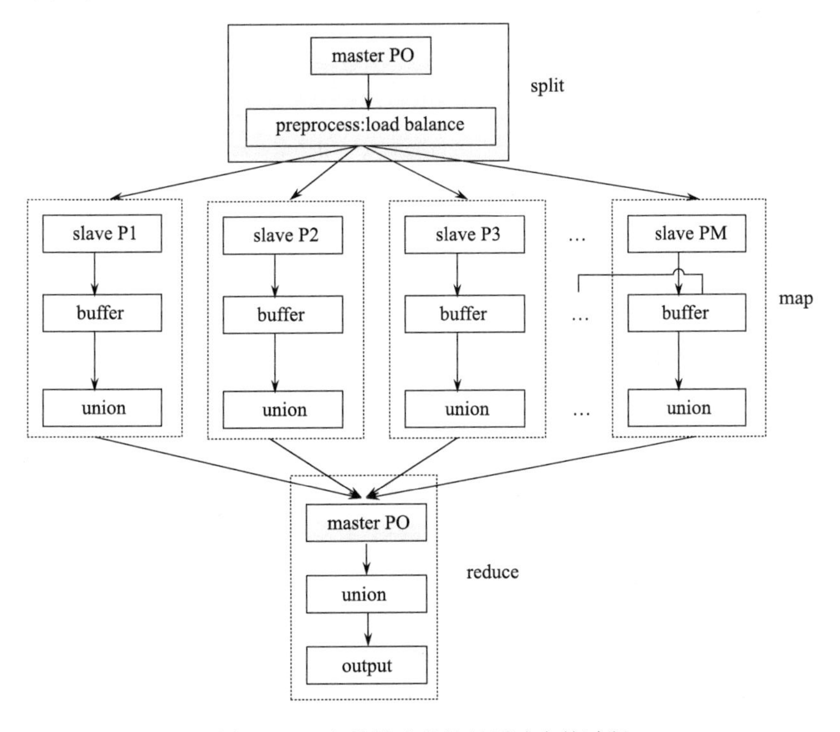

图 11-12　主从模式的并行缓冲合并过程

实验分别用 1、2、4、8、16 个进程测试算法的加速情况，测试数据集为包含 200000 条要素的线（河流）图层。图 11-13～图 11-15 显示两种算法策略的加速比和效率情况，其中加速比 S 为单进程运行时间与多进程运行时间之比，加速效率 E 是指 S 与进程数量 P 之比。

$$S=\frac{T_s}{T_p}, E=\frac{S}{P} \tag{11-5}$$

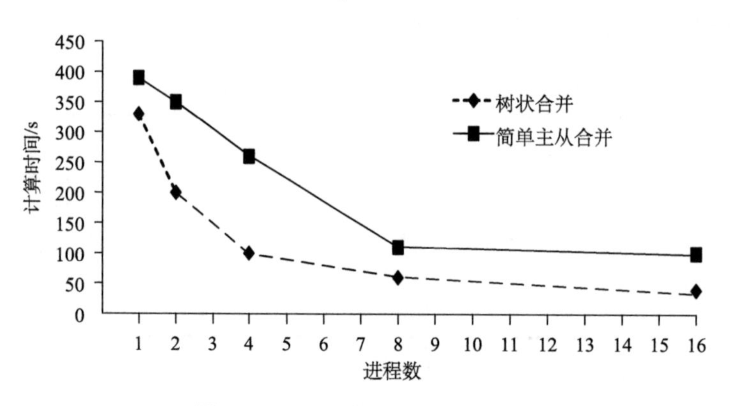

图 11-13　两种算法策略运行时间

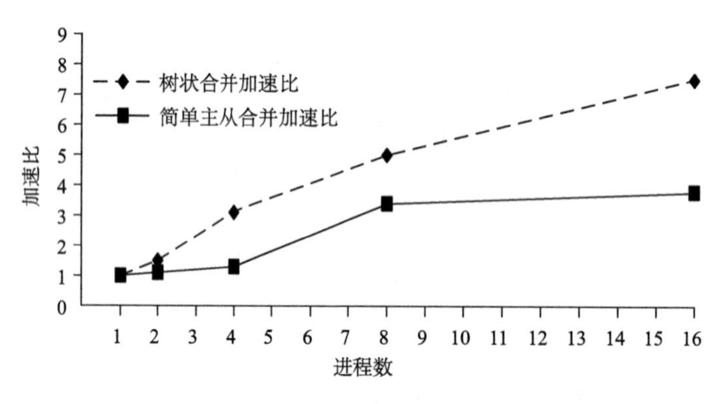

图 11-14　两种算法策略加速比

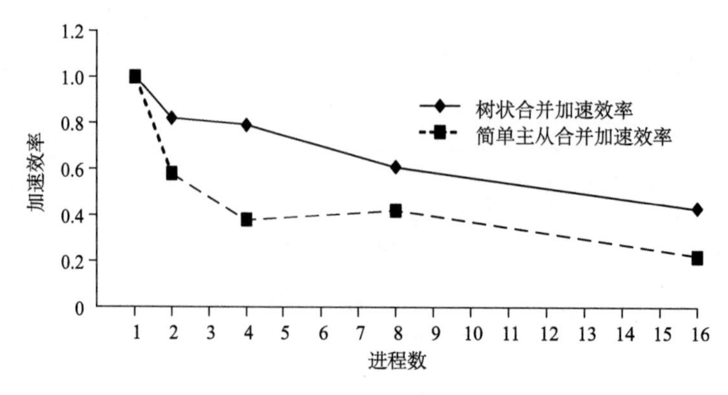

图 11-15　两种算法策略加速效率

对于主从形式的对比算法，单进程缓冲用时为 393.538s，使用 16 个进程并行运行后时间减少到 98.362s，最大加速比为 4。但是随着进程数量的增加，16 个进程时加速效率降低到 0.25。低效率的主要原因来自主节点的合并操作，如以上的分析，主节点进行最后合并而其他节点处于闲置状态。本节提出的二叉树并行合并方法中 16 个进程时加速比达到 7.62。本节算法在加速比和效率方面均优于对比方法，在 16 进程时运行时间由 327.868s 降低至 43.046s，加速比达到 7.62。结果证明两两合并的策略具有最小的运算时间，适合大规模数据的并行合并。

从加速比统计图显示当进程数比较小时，二叉树并行合并法加速效果并不十分明显，原因在于负载过程额外对数据集要素点的迭代统计。总体观察，在进程数大于 4 时该方法是最优的可用的选择。图 11-15 显示各算法的加速效率，当进程数从 8 增加至 16 时，对比算法加速效率为 0.435～0.25，而本节算法为 0.62～0.48。结果的差别主要在于具体的实验环境，当进程为 8 时由于空间数据库的共享会带来数据竞争的额外开销，当实际物理节点增加时情况得以改善。

并行合并后的河流图层结果如图 11-16 所示，从图中可以看出所有直接或者间接连通的线串都融合为一个多多边形整体，缓冲范围之间的缝隙形成多边形内的洞。

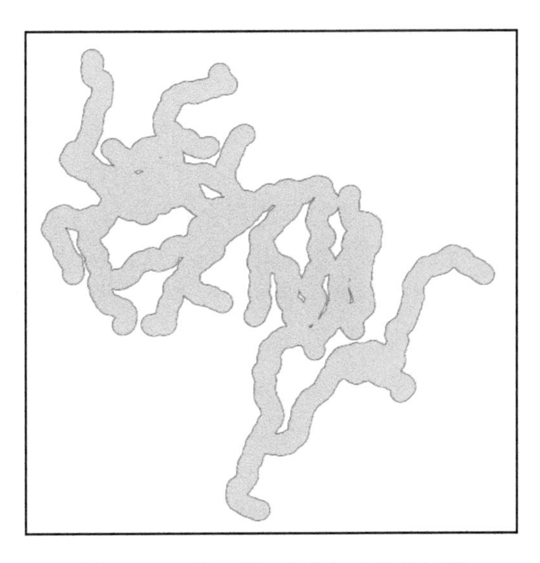

图 11-16　并行缓冲后叠加合并的河流

11.3　基于 MPI 的并行缓冲区生成算法的优化方法

目前一些商业 GIS 软件的缓冲区分析工具的计算效率难以让人满意，且 MPI 环境下缓冲区算法的并行化及优化方法的研究较少，因此大数据量应用背景下的并行缓冲区算法及其优化方法值得深入研究。本节将以并行缓冲区算法的性能瓶颈分析入手，研究和分析对其进行并行优化的有效方法。

11.3.1 并行缓冲区算法效率分析

由 6.1.1 节图 6-4 所示实验结果可知，实现高性能计算的一个无法回避的问题是如何平衡各个并行任务间的负载，因为只有达到了负载平衡才能使所有的计算任务在相近的时间内完成，这对于在基于 MPI 实现的集群并行计算环境中运行的并行缓冲区算法尤为重要，因为只有使率先完成计算任务的 MPI 进程的合并操作的启动前等待时间最短，集群系统的综合利用率才能得到提升。本研究中开展了两次按照 FID（feature ID，FID）进行序列划分以实现并行任务分配的并行缓冲区分析实验，并统计了速度相差最大的两个进程的分步时间开销，实验结果在表 11-7 中列出。

表 11-7　序列划分条件下的并行进程间时间开销差异

进程/要素数量		单进程时间开销/s		单进程数据量	
		构建缓冲区	合并	要素数量	顶点数量
4/134145	最快	9.284	9.073	33536	256908
	最慢	20.150	57.449	33537	492465
8/269450	最快	21.491	7.833	33681	313627
	最慢	37.772	91.226	33683	547461

由表 11-7 可以发现，虽然基于要素序列划分的方法能够实现不同 MPI 进程间要素个数的平均分配，且实现了一定的并行加速，但是不同进程间的矢量要素所包含的节点数量差异巨大，而基于 Vatti 算法实现的多边形合并操作对节点数量敏感（图 6-2 及图 7-4），基于该操作实现的缓冲区算法必然受其影响，这直接导致不同进程间计算时间的较大差异，最慢进程的时间开销约是最快者的 2.2 倍，最慢者的合并时间约是最快者的 11.6 倍。数据分割不合理易造成性能瓶颈，从而造成 MPI 并行算法潜在的性能瓶颈，因此对数据并行模式下的并行任务的均匀分解是实现各个 MPI 进程间负载均衡的前提条件，也是对并行算法进行优化的一个重要方向。

根据最大限度利用资源的原则，最大限度降低 MPI 进程间的互相等待时间可以提高效率。不同的进程完成计算任务后结果集合的归并过程同样存在优化提速的空间，这通常需要重新设计 MPI 进程间结果集合的归并方法。如表 11-7 所示，不同进程的计算时间存在差异，在无法达到负载平衡时尤为明显，这将导致先计算完毕的进程需要等待其他未完成的进程，如果进程间结果归并的任务被分配给单一进程（图 11-5）统一执行，该进程需要等待其他所有进程全部执行完毕后才能继续执行结果归并的任务，这显然降低了程序的并行计算效率，造成性能瓶颈。针对该问题，考虑多个 MPI 进程间结果归并过程的特点，与多边形的“树状”合并原则类似，进程间结果归并的最终结果同样与各个进程的归并顺序无关，其结果和过程同样是确定的，因此也可以使用分治法进行优化。因此本节在进程水平上设计了 MPI 进程间结果集合的“树状”归并方法，以降低不同进程间的结果集合的归并等待时间，达到对并行缓冲区算法进行优化和加速的目的。下面将分别对上述两项优化方法进行研究和分析。

11.3.2　应用顶点数量指标的负载平衡方法

按照要素个数分割数据集以实现并行任务分解是在处理基于简单要素模型的矢量空间数据时最直接有效的方法。该方法的原理很简单，假设输入数据共有 F 个矢量要素，并行环境中有 n 个 MPI 进程，则按照该方法划分数据时每个进程分配得到的要素个数 m 为

$$m=\lceil F/n\rceil \text{ 或 } m=\lfloor F/n\rfloor \tag{11-6}$$

显然，该方法在分解要素大小非常均匀的数据集时可以近似得到均衡的结果，但是当底层算法对操作数据的点数量敏感时，大多数情况下该算法难以实现真正的负载均衡，此时需要寻找新的数据分解方法。

针对按要素个数的并行任务数据分解方法的缺陷，结合并行矢量缓冲区结果合并算子对多边形点数敏感的特点，本节提出基于顶点数量统计的并行任务数据分解方法。该方法以几何对象所包含的顶点数作为数据分组的依据，假设一组输入数据共包含 N 个顶点，并行环境中有 n 个 MPI 进程，则预期情况下每个进程将被分配到一组共包含 P 个节点的矢量要素，且有：

$$P=\lceil N/n\rceil \tag{11-7}$$

而分配到每个进程上的要素数量不再固定，但在不分割几何对象的前提下它们所拥有的顶点总数 P_i 应接近 P，其中 $i=1,2,3,\cdots,n$。通过遍历统计所有要素的几何对象的顶点数即可完成数据分解的过程。该分解方法显然比按照要素个数进行任务分解更为耗时，但是实验结果表明，相对于获得的性能提升，由该方法带来的时间开销增加是完全值得承受的。在 MPI 进程数恒定为 4，且算法其他特征保持一致的前提下，本研究中对 7 组不同数据量的路网数据分别进行了基于要素个数分割及点数分割的缓冲区分析实验，结果在表 11-8 中列出。

表 11-8　基于点数任务分解优化的并行缓冲区算法实验结果

要素/节点数量	时间开销（4 个 MPI 进程）T/s		
	T_{FIDs}	T_{points}	T_{DP}
13324/147824	7.517	6.558	0.042
18154/215048	14.043	11.618	0.101
33205/318590	18.267	15.594	0.103
45850/470825	52.023	46.478	0.142
108414/1067682	110.365	101.155	0.396
134145/1482071	224.633	204.446	0.429
269450/3231870	430.176	419.370	1.379

表 11-8 中，T_{FIDs} 为按要素个数分割的并行算法总时间；T_{points} 为按照点数分割的并行算法总时间；T_{DP} 为按点数分割数据的数据划分过程所花费的时间（已包含在 T_{points} 中）。实验结果表明，点数分割方法平均以约 0.43%的时间开销代价获得了高于 10%的性能提升，因此该方法能够提升并行缓冲区算法的计算效率。

11.3.3　并行结果归并优化

当多个并行执行的 MPI 进程执行完毕后，不同进程生成的结果多边形集合同样需要进行相交判断和合并，较简单的一种处理方式是将所有结果全部交由单一进程实现合并和输出，采用该方法实现的单一进程归并的 MPI 并行程序的执行流程如图 11-17 所示，该方法的一个显著缺点是负责合并输出的进程必须等待所有进程全部执行完毕后才能最终开始执行并完成合并输出的操作，造成了资源浪费，本节中将对此现象进行详细分析和优化。

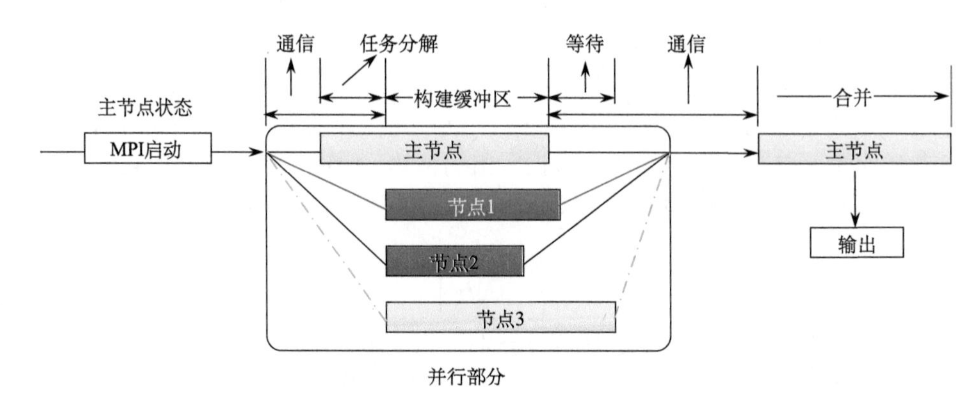

图 11-17　单一进程合并 4 个 MPI 进程的缓冲区分析结果流程

结合多边形合并过程中所采用的分治方法，本研究中为进程间结果集合的归并设计了一种新的方法，通过最大限度缩短进程间等待时间来实现算法加速，本节称其为 MPI 进程间“树状”归并优化方法，其流程如图 11-18 所示。

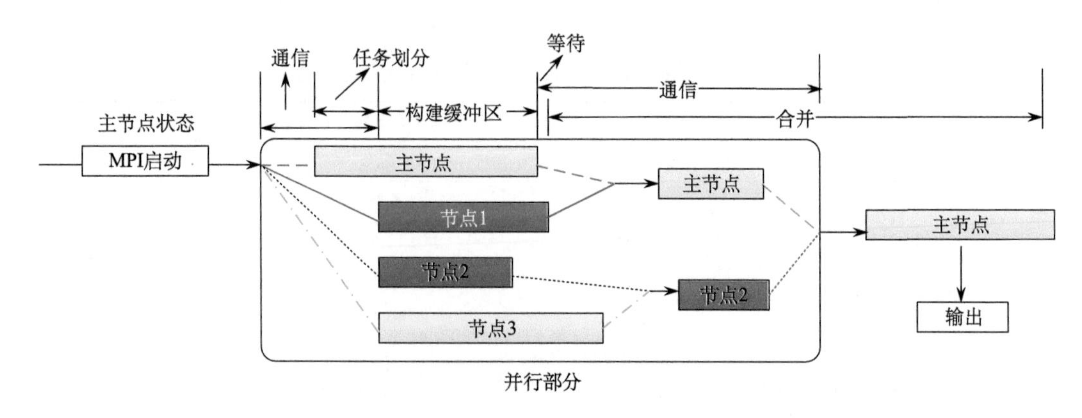

图 11-18　4 个 MPI 进程的缓冲区分析结果的“树状”归并合并流程

以图 11-18 中的 4 个 MPI 进程为例进行说明，规定第一个进程和第二个进程归并，结果由第一个进程保持和处理，第三和第四归并，结果由第三个进程保持和处理，然后第一个和第三个进程将前两次归并的结果再次归并，依次类推。这样通过为多个 MPI 并行进程预先规划出一条“树状”归并路径可降低 MPI 程序开发的难度。本节实现了具有上述结果归并流程的并行缓冲区算法，为与单一进程归并模式的并行缓冲区算法进行对比，在保持算法其他特征一致的前提下，采用 7 组不同数据量的路网数据开展了相关实验，结果在表 11-9 中列出。

表 11-9　“树状”归并优化后的并行缓冲区分析算法实验结果

要素/节点数量	并行时间开销（4 个 MPI 进程）/s		串行算法	加速比	效率提升比率/%
	单一进程合并	“树状”归并合并			
13324/147824	6.432	5.503	11.288	2.051	16.9
33205/318590	15.691	10.499	27.067	2.578	33.1
45850/470825	46.747	21.909	57.271	2.614	53.1
108414/1067682	100.939	44.612	127.707	2.863	55.8
134145/1482071	198.670	78.781	243.979	3.097	60.3
269450/3231870	419.306	172.288	499.723	2.901	58.9
1329758/12471234	1685.036	878.841	2509.740	2.856	47.8
平均	—	—	—	2.708	46.6

由表 11-9 可知，MPI 进程间结果“树状”归并优化可为并行缓冲区分析算法带来平均约 46.6%的效率提升，4 个 MPI 进程下的并行加速比提升至 2.708，优化效果显著。因此，MPI 进程间多边形集合的“树状”归并方法对并行缓冲区分析算法具有明显的优化效果，具备较高的实用价值，而基于上述优化措施的并行缓冲区分析算法的逻辑流程如图 11-19 所示。

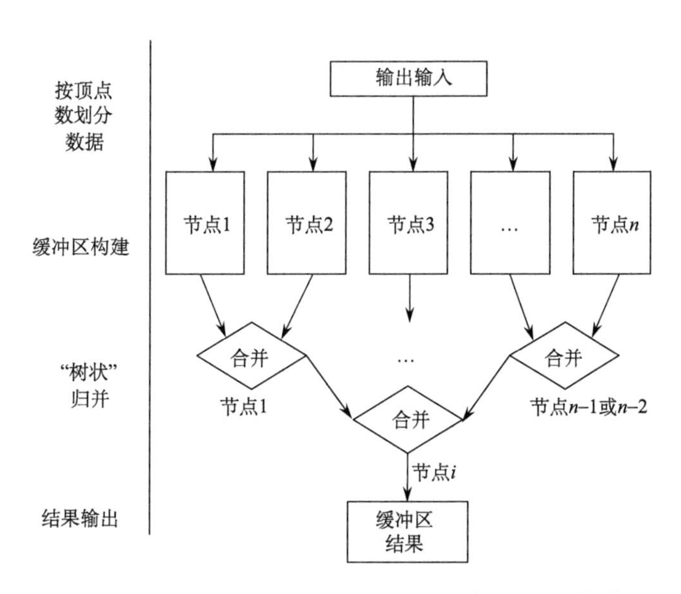

图 11-19　应用进程间“树状”归并方法的并行缓冲区生成算法逻辑流程

MPI 进程间“树状”归并优化依旧存在改进的空间，如事先不指定归并顺序，而是采用“先完成先归并”的模式，为每个进程定义进化系数，优先归并最先执行完的两个进程，每完成一次归并，一个进程进化系数加 1 的同时另一进程结束，每次归并只处理包含相同进化系数的进程，除非某一进化系数所标识的进程数只有 1 个。直到所有进程都被归并完毕，算法由最后一个具有最高进化系数的进程完成最终结果合并和输出。但是这样将大大增加进程间通信量和程序的复杂度，会使 MPI 并行程序开发的难度显著提高，在实际应用中应做出适当的取舍，对于该问题有待更加深入的研究。

11.4 本章小结

本章介绍了一种基于几何部件缓冲区域合并的矢量数据缓冲区生成算法，采用数据并行思想和 MPI 编程模型对缓冲区算法的并行化实现开展研究，并详细分析了可能导致其效率低下的两处性能瓶颈，分别提出了优化解决方案：针对并行任务负载均衡问题的按节点数量进行并行任务分割的方法和 MPI 进程间结果集合的“树状”归并方法。实验结果表明，点数分割方法平均以约 0.43%的时间开销代价获得了高于 10%的性能提升；MPI 进程间结果集合的“树状”归并优化可为并行缓冲区分析算法带来平均约 46.6%的效率提升，4 个 MPI 进程下的并行加速比提升至 2.708，优化效果显著。进而比较该算法与 ArcGIS buffer 工具在缓冲区结果多边形合并与不合并两种条件下的效率差异，实验结果显示，与 ArcGIS buffer 工具相比，①当缓冲区结果多边形不合并时，虽然串行缓冲区算法的时间开销较高，但可轻易通过并行方式实现加速。②当缓冲区结果合并时，本章提出的算法要明显优于 ArcGIS buffer 工具，并且经过优化的并行缓冲区算法表现出了更高的计算效率和更大规模的数据处理能力。因此，基于几何部件缓冲区域合并的矢量数据缓冲区生成算法具有一定的实用价值，两种优化方法能有效改善缓冲区分析算法的性能表现，是对缓冲区分析算法进行并行化和优化改进的有效途径，具备一定的实用价值。

参考文献

黄杏元, 马劲松, 汤琴, 等. 2004. 地理信息系统概论. 北京: 高等教育出版社.
李科, 杜林. 2005. 基于膨胀算法的缓冲区分析的设计与实现. 测绘学院学报, 22(3): 229-231.
刘湘南, 黄方, 王平, 等. 2005. GIS 空间分析原理与方法. 北京: 科学出版社: 104-107.
王结臣, 王豹, 胡玮, 等. 2011. 并行空间分析算法研究进展及评述. 地理与地理信息科学, 27(6): 1-5.
毋河海. 1997. 关于 GIS 缓冲区的建立问题. 武汉测绘科技大学学报, 22(4): 358-366.
吴华意, 龚健雅, 李德仁. 1999. 缓冲曲线和边约束三角网辅助的缓冲区生成算法, 28(4): 356-359.
姚艺强, 高劲松, 孟令奎, 等. 2007. 网格环境下缓冲区分析的并行计算. 地理空间信息, 5(1): 98-101.
张成才. 2006. GIS 空间分析理论与方法. 武汉: 武汉大学出版社.
周成虎, 裴涛. 2011. 地理信息系统空间分析原理. 北京: 科学出版社.
朱熀, 艾廷华, 王洪. 2006. 基于条带扫描思想的线目标缓冲区快速构建. 测绘学报, 35(2): 171-176.
Bhatia S, Vira V, Choksi D, et al. 2013. An algorithm for generating geometric buffers for vector feature layers. Geo-spatial Information Science, 16(2): 130-138.
Chang K T. 2006. Introduction to Geographic Information Systems. Boston: McGraw-Hill Higher Education.

Clarke K C. 2003. Geocomputation's future at the extremes: High performance computing and nanoclients. Parallel Computing, 29(10): 1281-1295.

Darling G J, Sloan T M, Mulholland C. 2000. The input, preparation, and distribution of data for parallel GIS operations. //Bode A. Euro-Par 2000, LNCS 1900. Berlin: Springer-Verlag: 500-505.

Environmental Systems Research Institute, Inc. 2013. Buffer - GIS Dictionary. 2012. URL: http: //support. esri. com/en/knowledgebase/GISDictionary/term/buffer. [2020-3-31].

Grama A, Gupta A, Karypis G, et al. 2003. Introduction to Parallel Computing(Second Edition). New Jersey: Addison Wesley: 85-142.

Greiner G, Hormann K. 1998. Efficient clipping of arbitrary polygons. ACM Transactions on Graphics, 17(2): 71-83.

Guttman A. 1984. R-Trees: A dynamic index structure for spatial searching. Proceedings of ACM SIGMOD Conference on Management of Data. New York: ACM Press: 47-57.

Mineter M J, Dowers S. 1999. Parallel processing for geographical applications: A layered approach. Journal of Geographical Systems, 1(1): 61-74.

Sloan T M, Mineter M J, Dowers S, et al. 1999. Partitioning of vector-topological data for parallel GIS operations: Assessment and performance analysis. Proceedings of Euro-Par'99 Parallel Processing, Lecture Notes in Computer Science, 1685: 691-694.

Sutherland I E. 1974. Reentrant polygon clipping. Communications of the ACM, 17(1): 32-42.

Turton I, Openshaw S. 1998. High-performance computing and geography: Developments, issues, and case studies. Environment and Planning: A, 30: 1839-1856.

Vatti B R. 1992. A generic solution to polygon clipping. Communications of the ACM, 35(7): 56-63.

Weiler K, Atherton P. 1977. Hidden surface removal using polygon area sorting. Proceedings of the SIGGRAPH'77. New York: ACM Press: 214-222.

Zalik B, Zadravec M, Clapworthy G. 2003. Construction of a non-symmetric geometric buffer from a set of line segments. Computers and Geosciences, 29(1): 53-63.

第 12 章　高性能 GIS 发展展望

空间叠加分析在选址规划和土地利用变化监测中有重要应用，如根据农作物土地利用类型和交通道路图叠加分析决策蔬菜仓储基地建设地点。空间叠加分析是通过将两个或多个已有地图进行求交构造新的地图覆盖的操作，同时也是一个多图层空间联合的过程（spatial join）。输入和输出地图以带拓扑关系的矢量数据形式进行存储（Burrough et al., 1998）。空间叠加分析是一种计算密集型应用，由一系列图形和属性操作组成，主要过程包括比较大量线段间关系探测相交点，并根据一定的地理指标对叠加后产生的结果图形按照属性进行重新分类或分级。这种应用显然可以利用并行计算机获取高效的解决方案，同时矢量空间拓扑数据图层的叠加分析需要保持严格的准确性，因此对计算量和精确性提出更高的要求。

空间叠加分析是 GIS 空间分析的核心问题之一，是构建高级空间分析工具及地理处理模型的一类基础算法工具，具有典型的高算法复杂性和计算密集性特征。空间叠加分析基于拓扑关系实现，创建和维护拓扑关系的前提条件是设计并实现用于存储和表达拓扑数据模型的拓扑数据结构，因此清晰定义要素间的拓扑关系、设计高效合理的拓扑数据结构和明确拓扑叠加的实现过程是实现空间叠加分析算法所面临的关键问题。

按照数据—信息—知识的发展路线，GIS 已经由单纯的数据处理与格式转换转向数据价值的深度分析和挖掘，这给现有的 GIS 发展带来全新的挑战，同时这也对 GIS 空间分析算法与工具提出更新更高的要求。面对空间数据规模膨胀所带来的计算压力，利用并行计算架构的强大计算资源来增加 GIS 复杂软件系统的性能已成为可用和重要的 GIS 软件工程手段。近几年计算机硬件和软件技术的迅速发展降低了高性能计算的复杂度，使得研究学者和空间分析人员可以改变传统使用 GIS 的模式，提升解决具有较高复杂度的城市和地区问题的能力。

网格 GIS、WebGIS 等是多种分布式计算模式与 GIS 技术相结合的产物，实现基于分布式网络的空间信息共享与交换，但这些技术都是依靠集群分布式计算资源获取空间数据分析的高性能，并没有从根本上解决海量空间数据分析处理的并行新算法的问题。近年来云计算已经成为互联网革命的新浪潮，已经有许多地理信息系统的应用架构在云计算架构之上。其目标是改变传统的分布式计算体系架构，通过网络服务的模式提供各种存储和计算能力，实现云服务和数据相分离。但是云计算仍然需要实现对空间地理数据的高性能存取和处理。计算机硬件方面，多核多 CPU 逐渐成为计算机体系架构的主流设计。因此本书在此背景下，通过对空间分析算法的并行化改造，对高性能并行叠加分析问题的关键技术进行深入探讨与研究具有现实的意义与实用价值。

传统 GIS 的主要功能包括三个方面：以数据库管理系统为基础的空间数据管理功能、以桌面和 web 为主要载体的可视化功能及以理论算法为基础的空间分析功能。在对这些传统操作进行并行化，单纯地从硬件方面提高配置并不能获得最佳的性能提升，并行空间操作还需要从算法本身入手，探索可并行性，结合具体并行计算架构设计并行策略，而不能依照传统 GIS 软件模式进行设计开发。地学计算技术的发展基础依赖于高性能计算中的计算能力、算法和模式，并行空间运算可以用于解决因 GIS 模型、算法的过度复杂造成处理过程中的密集性的计算及 I/O 操作。

空间信息服务中涉及的空间数据种类复杂、数据量巨大、算法复杂耗时，传统的解决方案难以应对，高性能分布式计算体系的出现可以提供高效平台很好地解决上述问题。图 12-1 展示 GIS 生态环境的发展趋势：以数据转换为基础向属性查询和空间分析递减的金字塔，而未来 GIS 将更加突出空间分析功能，所以应当充分利用当代先进的 IT 技术和硬件设施，挖掘空间分析的潜力。

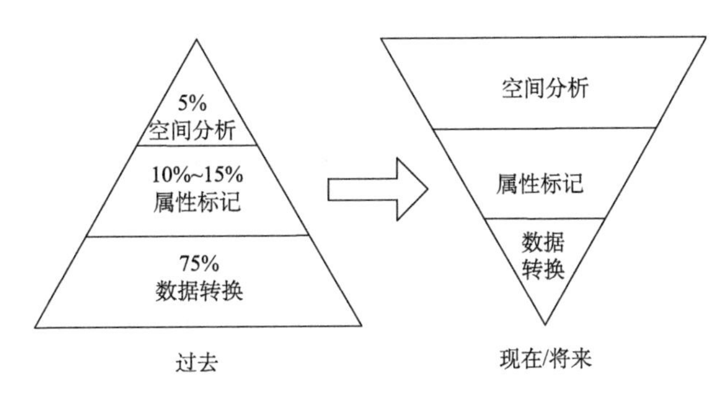

图 12-1　未来 GIS 发展趋势

相对于普通非空间数据的分析处理，空间分析更复杂、更耗时。地理空间数据具备信息数量海量化、时空跨度分布广、时效性强、多源异构等特征，对有效组织多源的相关数据进行综合分析，以建立响应速度快、计算能力强和空间数据高效组织与管理的新机制来认知、模拟、预测和调控自然地理环境和社会经济过程，客观上要求大力发展空间分析并行计算方法。多核计算架构、分布式集群、简易的并行开发环境和网格技术、云计算的发展为空间分析的并行化计算提供客观条件。地理空间信息随着信息时代的爆炸一起膨胀，面对海量的空间数据，如何快速提取有用信息过滤干扰噪声进行辅助决策需要使用新策略和技术进行解决，而并行计算为问题的求解提供一种解决方案。空间分析建立在空间对象关系运算的基础上，而空间对象关系运算的前提是准确的空间对象定义和对象相互之间关系的定义。

当前学术界并没有高性能并行 GIS 的明确定义，从实际应用中可以总结出高性能并行 GIS 主要是利用并行计算机架构和并行算法及程序设计，来解决大规模问题或者提高问题求解的加速比。赵春宇等（2006）在其博士学位论文中简单阐述高性能并行 GIS 的特点：将空间信息科学领域的理论与并行计算技术相结合，解决 GIS 中海量地理空间数据的并行存储、查询、检索、分析等关键技术问题，提高 GIS 的空间数据处理与管理能力，为地学问题中计算密集型和数据密集型的各类空间操作提供强大、高性能的并行处理能力。并行化 GIS 已经是高性能地学空间计算的一种主要方式（薛勇等, 2008），其使用计算科学理念发展 GIS 专业领域的理论、算法、体系结构、系统、支撑工具和基础设施。

根据 GIS 发展趋势可以看出，在 GIS 的生态环境中，应用方向逐渐从原始低级的数据转换操作向高级的空间分析转变。其中空间分析是指从地理对象间的空间关系中获得派生信息和新知识，研究对象为空间事物分布的内在联系，广义上讲任何从其他领域收集的资料与空间位置有关都可以视为空间分析的研究内容（王劲峰和王智勇，2000）。

从 IT 业界的软件成果发展来看，并行化编程技术如多线程、多进程、多任务编程发展为科学计算和公共应用提供至少一个数量级的速度跨越。计算科学领域的快速发展引起跨领域的带动作用，地学计算被视为计算科学在地理和地球中各类问题的应用范例。地学计算技术的发展基础依赖于高性能计算中的计算技术、算法和模式。遥感与全球定位系统生产空间数据，智能化计算提供中心工具，下游处理工厂由高性能计算提供计算能力。因特网的发展为大范围分布式计算提供可能，分布式计算架构已经在许多科研领域和大型 IT 企业得到应用，并成为海量空间数据处理和大规模应用的事实解决方案。

目前主流的 GIS 软件如 ArcGIS、MapInfo、MapGIS 等均具有相似的多边形叠置分析功能，这些软件以符合 OGC 简单要素模型规范的矢量数据结构为运算对象，几何计算过程基本相同，在结果图形的属性分配中略有差异。矢量数据具有存储量小、几何精度高、易于产生关系等许多优点，但也存在着数据结构复杂、数据冗余，空间分析运算上比较复杂等缺点，特别是缺乏与遥感数据、数字高程数据直接结合的能力，这样使得数据的更新比较缓慢，且成本代价相对较高，这些缺点在多边形叠置分析中分析更加突出。矢量多边形叠置有以下的难点和不尽合理之处：

（1）矢量多边形叠加每次只能叠加两个图层，对于多图层的叠加，就要在上次叠置后新的一次叠置前，重新进行叠置数据初始化。

（2）由于原图层数据的误差或者数字化误差，出现在不同图层上的同一线化要素等不能精确地重合，导致叠置过程中会出现大量的狭小多边形。

（3）新多边形的拓扑关系形式及多边形与新的属性特征连接过程会随着新图层的多边形的数目增大而大大增加处理的工作量。

（4）叠置的目的是要得到原叠置层上各属性综合后新分类的空间分布，要求对众多小多边形进行指定要求的类别合并，多边形的合并又是几何数据和拓扑数据重构，与初始化重构一样耗力耗时。

本书主要研究 GIS 平台软件中叠加分析的并行处理算法的相关理论和技术，通过空间数据域的合理分解，利用高性能集群架构和并行编程技术提高空间叠加分析功能的计算效率，对 GIS 叠加分析并行化中所涉及的空间分析算法分类、空间数据分解、空间索引、空间数据存储方法、并行 I/O 策略等方面的关键技术展开研究。针对 GIS 中矢量多边形叠加分析在多种不同并行计算环境下的并行算法设计、并行优化问题进行了理论和实现方法探索，解决了多边形裁剪算法、数据划分、并行任务负载均衡和并行计算结果归并方法等核心问题；提出并发展了一种新的能够同时应用于多核并行和集群并行环境的数据分解方法——DWSI 算法，一种应用多边形叠加合并思想及算法实现的并行矢量要素缓冲区生成算法和一种适用于在 GPU 并行计算环境下实现细粒度并行的任意多边形裁剪算法——RaPC 算法；开发实现了多核和集群并行的功能完整的多边形叠加分析算法，对 GPU 环境下的相应算法工具的设计和实现进行了有益探索。本书的工作不仅对提升 GIS 矢量叠加分析计算效率、完善高性能 GIS 算法和软件体系研究具有明确的理论价值和现实意义，同时为 GIS 中其他矢量分析算法的设计实现、并行化及相关优化工作提供了借鉴和参考。具体研究包括：

（1）对海量地理数据高性能计算研究的历史、现状、国内外发展情况的综述。从数据规模的扩张、应用模型的复杂化和实时计算能力三个方面讨论了地学计算对高性能处理的需求；回顾面向高性能处理的 GIS 数据模型、结构和算法；20 世纪 90 年代以来典型的 GIS 并行处理系统实现和效率情况；地学高性能计算软件平台的体系结构发展变化情况；分析了叠加分析中涉及的点面包含测试、线面裁剪、多边形布尔操作等基础算法的特点及已有并行化策略。在总结 IT、GIS 技术发展趋势的基础上，讨论了海量地理数据高性能处理技术发展的趋势。

（2）对空间数据域的并行分解及处理策略的研究。明确空间数据的分解不是目的，而是达到算法并行化的数据预处理的重要手段。在并行计算环境下实现了数据域分解、处理、结果缝合和数据输出的数据并行分治策略。重点是使用 Hilbert 空间填充曲线实现了叠加图层的空间数据域分解，采用 median 和 middle 两种排序策略优化空间排序分解的聚类特性；利用主从式的空间索引实现了叠加图层中的要素分组和划分，确保了空间邻近的数据对象分配到同一计算节点。使用 *k*-means 空间统计规律探索了叠加数据的就近分配策略。

（3）并行叠加分析的研究和实现。主要针对使用频率较高的联合与求交操作，在不同的数据分解策略下实现并行化。实现方式包括多核并行化与 MPI 集群并行化。分析讨论了多核并行算法内层并行和外层并行的特点，MPI 并行叠加算法的通信模式、数据传递的分析。最后通过大量实验证明了各种空间数据分解策略均可以提升叠加分析的性能，不仅能够处理海量的数据，而且多进程时性能优于传统商业产品。

（4）叠加分析结果的拓扑分析和质量检查。利用拓扑数据结构和图论方法实现了线要素转多边形的方法。使用分块的形式检查结果图层的拓扑错误，研究实现了悬线检查、碎屑多边形检查、重叠线检查等方法。研究空间数据拓扑关系一致性的检查与维护。

（5）基于空间数据域分解策略和 MySQL 集群的高性能空间分析系统的设计和实现。探索分布式存储环境下的空间数据库访问性能优化技术，构建了读写分离的 MySQL 空间数据库集群，并对其并发访问能力进行测试和优化，证明该系统的性能可以应对 GIS 中并发量大的应用。通过并行叠加分析实验证明了高性能并行 GIS 分析系统平台的实用性。实现 C/S 和 B/S 两种模式的集群状态监控模块。与团队合作使用 C/C++开发高性能的空间分析基础库，使用高质量绘图库实现桌面地图客户端。

本书针对 GIS 中矢量多边形叠加分析问题的高性能并行化求解开展研究，在多核、集群和 GPU 环境下的并行算法设计、数据分解方法、多边形裁剪算法和并行算法优化等多个方面取得了阶段性的研究成果与进展：

（1）在前人研究的基础上对空间叠加分析及并行化的关键问题和算法体系进行了系统总结，分析并明确了拓扑叠加与非拓扑叠加所需处理的关键问题的异同，详细讨论了并行粒度及问题规模与并行计算环境的适用性问题，为后续的研究工作奠定了坚实可靠的方法和理论基础。在此基础上，明确了多边形非拓扑叠加分析算法具有比拓扑叠加更为广泛的适用性，且现实中也面临着更为迫切的并行高性能计算需求的显著特征；指出了对多边形叠加分析算法进行并行化的前提是明确其所需处理的多边形图层间要素的数量对应关系，确定了“多对多”映射条件下的数据分解方法、并行任务映射方法、结果归并方法和新的多边形裁剪算法等多个研究重点。

（2）验证了“一对多”映射条件下的要素序列划分方法可使多边形求交、求差等算法获得理想的并行加速效果；指出多边形叠加过程中的“多对多”映射关系所导致的多边形叠加相交蔓延性问题是给多边形联合、合并、交集取反等算法带来并行任务数据分解困难的主要原因；提出并改进了一种具有分组间关联最小化特征的双向 R-tree 种子索引算法（DWSI 算法）来解决多边形“多对多”映射条件下的相交蔓延性问题，与要素序列划分和规则格网划分方法相比，DWSI 算法能够使多边形叠加分析算法获得更加高效和稳定的并行加速比；在多核并行环境下基于 DWSI 算法实现了多边形并行叠加联合算法，并在并行任务负载均衡、OpenMP 任务调度方法、数据访问方法等方面进行了有效改进和优化。

（3）对基于 Vatti 算法的 union 算子实现的多边形叠加合并算法的计算效率与多边形顶点数量之间的关系进行了详细研究，采用“树状”合并方法实现了多边形集合合并过程的加速，有效地规避了多边形合并过程中的顶点累积效应带来的潜在的性能瓶颈；探讨了集群并行和多边形“多对多”映射环境下的并行任务映射难题，针对集群多边形并行合并算法设计了 6 种并行任务映射方法，并比较了它们的并行效率差异，指出基于 MySQL 精确空间查询预筛选和基于 R-tree 预筛选方法的多边形直接合并方法是在集群环境下分别实现针对中小数据量和大数据量的多边形并行合并的有效方法；探索了多边形并行叠加分析在 GIS 其他高级空间分析算法中的应用问题，提出并实现了一种基于几何部件缓冲区域合并思想的并行矢量缓冲区生成算法，并对该算法的任务负载均衡和结果归并方法进行了优化，获得了比主流商业 GIS 软件的缓冲区分析工具更为高效的计算效率。

（4）针对目前基于矢量计算的多边形裁剪算法的不足和栅格化处理的优势，提出了一种支持交、差、并等多种基本布尔算子的新型任意多边形裁剪算法——基于栅格化思想的多边形裁剪（RaPC）算法，详细阐述了算法原理；除简单的离散网格输出方法外，通过设计完善的窗口扫描追踪规则、顶点提取规则、岛（洞）处理机制、环绕边界追踪算法实现了构造单一结果多边形的整体输出方法，使 RaPC 算法能够同时支持两种计算结果输出模式；研究了 RaPC 算法的栅格化处理方式所带来的面积、形状和拓扑三类误差，并分析了误差与网格单元大小、多边形几何形状之间的关系；结合 RaPC 算法栅格化处理的算法设计特点，完成了其向 CUDA 并行计算环境的迁移和代码重构，实现了 GPU 加速的多边形并行叠加求交算法；研究了不同并行环境下 RaPC 算法和 Vatti 算法的计算效率变化特征，实验结果表明，多核和集群并行环境下，Vatti 算法在处理较小规模的数据集时具有明显的优势，而 RaPC 算法更适用于处理较大规模的数据集。在 GPU 并行环境下，计算流程与数据结构高度耦合的 Vatti 算法难以从内部实现并行化改造，而基于 CUDA 的并行 RaPC 算法则保持了稳定的高并行性，且在处理包含大量顶点的多边形叠加分析问题时的计算速度明显优于串行 Vatti 算法和基于 OpenMP 的并行 RaPC 算法。

（5）开发实现了面向多核并行计算环境和集群多机并行计算环境的功能完整的多边

形非加权并行叠加分析算法集合和面向 GPU 计算环境的典型并行多边形叠加分析算法，构成了 GDOS 地理空间数据操作系统的多边形叠加分析并行工具集原型子系统。

本书的主要工作是探讨 GIS 平台软件中空间叠加分析并行化的相关内容，实现其中的关键技术，初步为今后的研究道路做好基础，明确进一步的研究方向，由于时间的限制，还有很多问题需要在今后的研究工作中逐步解决、逐步完善，这些问题主要包括如下几个方面：

（1）跟踪最新的并行计算技术，包括软件和硬件。云计算技术正处在快速发展阶段，下一步预备使用 MapReduce 的模式探索 overlay 的并行化。多核计算技术发展很快，已经有一些软件能够支持多核多处理器计算机的多线程并行处理，GIS 平台软件对多线程的支持将大大提高数据处理效率。跟踪最新并行程序设计工具，如适用于多核多处理器并行处理的标准库、针对多核多处理器进行优化的编译器等，这些都将影响着 GIS 软件的并行化。

（2）算法的计算效率通常涉及逻辑设计、代码编写、编译环境、硬件环境等多个方面，本书所实现的并行算法的优化大多只涉及代码逻辑和编写规范两个方面，对于编译环境和硬件优化较少涉及。将来可从代码编译方面入手尝试更为底层的优化手段，若条件允许，可采用更新硬件（如更为强大的 GPU 设备，更快的网络设备等）的方式来提高计算效率。

（3）空间数据域的分解和合并策略的进一步探索。由于该问题具有 NP 特性，因此下一步工作中需要根据不同情况发现更多和适应性更强的分解方法。并行叠加分析的策略和编程实现都有继续优化和提升的空间。本书的叠加分析主要基于对象的方式进行并行化，未来可以考虑使用对象快速序列化的方式进行数据传输，如 google protobuf 和 facebook shrift，这对高性能环境下的结构化数据的快速处理有一定启发意义。面对空间分析中一些复杂的数据结构和模型，如网络数据结构，需要在将来的工作中对这些数据的并行处理方式做进一步的研究和讨论。

（4）多边形叠加分析的其他操作类型，如 update、identify 等操作的并行化算法的研究和实现。同时基于主从索引的并行方式可继续优化调整。多图层同时叠加的情况在本书中只是简单地阐述了一种解决方法，在未来的工作中需要研究和实现。本书中所有的叠加分析操作及其并行化均限定在两个图层或更细粒度的要素/几何对象间开展，对于多个图层间叠加分析操作的并行计算问题尚未涉及，此类问题更适合采用能够处理更大粒度并行问题的流水线并行计算技术来解决，而合理的任务逻辑设计、节点间通信机制和能够封装并行复杂性的软件框架是应用流水线并行计算技术所亟须解决的问题，值得深入研究。

（5）并行空间分析应用系统的建立和性能优化。本书基于实现系统的基本架构和部分并行算法，并对 MySQL 空间数据库集群进行性能测试。但这些工作与实际应用系统建设相比还是做了大量简化的情况，忽略了一些实际中可能真实存在的问题。因此，将来的工作重点之一就是结合应用实际进一步优化和细化系统，以更好地满足实际使用。其中，系统的动态监控和任务调度需要向云服务的形式发展，使更广大的用户受益于高性能空间计算。

除此之外，本书中涉及的一些算法，也值得更加深入地探讨与研究：

（1）目前的一些多边形裁剪算法均不能满足复杂、海量矢量数据叠加所必需的精确和高效的计算能力要求，同时带有容差的叠加分析更为复杂，相关基础理论仍需研究。

（2）目前所实现的 DWSI 算法在多核和并行环境下实现了有效的并行任务数据分解，采用基于 R-tree 空间索引数据结构的双向种子轮转搜索机制克服了多边形叠加分析过程中的相交蔓延性问题，且通过引入期望分组大小和分组间分割要素的处理方法解决了 DWSI 算法在处理图层内大部分要素相交于同一组时产生的并行失效问题。但是，改进后 DWSI 算法的期望分组大小的选择通常依靠已有经验，需要进行实验且可能需要耗费大量时间才能获得，因此如何快速合理地选择期望分组大小是对 DWSI 算法进行进一步优化的潜在研究方向。

（3）本书对 RaPC 算法的原理、误差表现和变化规律、计算效率等进行了初步阐述和分析，但是在计算结果形状误差的量化评价和控制方法、沿多边形边界网格单元的取舍方法、更加高效的边界追踪和网格单元顶点提取算法等多个方面并未进行深入的分析和算法优化，RaPC 算法在上述几个方面仍旧存在相当的改进空间，值得开展深入研究。

（4）目前已经实现了基于 Vatti 算法的多核、集群并行多边形非加权叠加分析算法工具集，包含了多边形求交、求差、合并、联合、交集取反、标识、更新和空间连接共 8 种分析工具，而基于 RaPC 算法和 CUDA 并行技术仅实现了细粒度（几何对象级别）的并行多边形裁剪算法，因此在 GPU 环境下完善并实现具有更广泛适用性的图层级多边形叠加分析算法是将来努力的方向之一。

（5）针对 RaPC 算法解决多边形裁剪问题时易带来误差的缺点，考虑将 RaPC 算法的栅格化处理过程与 Vatti 算法的精确求交和交点插入过程相结合，借鉴人眼观察二维区域能快速寻找到多边形压盖区域或边界交点的特点，首先采用栅格化过程扫描大致的交点区域，然后采用小区域求交和交点插入的方法得到精确矢量裁剪计算结果。上述借鉴仿生学思想的计算过程是将来设计、开发新的高效多边形裁剪算法可能的研究方向之一。

（6）本书研究了三种不同并行计算环境下多边形并行叠加的实现和优化方法，但是对不同并行计算环境之间的协作加速问题尚未涉及，CPU/GPU/集群的混合并行计算模式在实现更加高效的并行算法和自适应问题规模的按需弹性计算方面存在较大的应用价值，值得进一步深入研究。

参考文献

王劲峰, 王智勇. 2000. 地理信息空间分析的理论体系探讨. 地理学报, 55(1): 50-54.

薛勇, 万伟, 艾建文. 2008. 高性能地学计算进展. 世界科技研究与发展, 30(3): 314-319.

赵春宇, 孟令奎, 林志勇. 2006. 一种面向并行空间数据库的数据划分方法研究. 武汉大学学报(信息科学版), 31(11): 391-394.

Burrough P A, McDonnell R, McDonnell R A, et al. 1998. Principles of Geographical Information Systems. Oxford: Oxford University Press.